甘肃省馆藏祁连山与黄河历史生态环境档案叙录

GANSUSHENG GUANCANG QILIANSHAN YU HUANGHE LISHI SHENGTAI HUANJING DANGAN XULU

丛书主编 / 张秀丽　张景平

● 祁连山河西走廊东部卷

QILIANSHAN HEXIZOULANG DONGBUJUAN

主编 / 张景平
马保福
赵玉梅
郭潇月

蘭州大學出版社
LANZHOU UNIVERSITY PRESS

图书在版编目（CIP）数据

甘肃省馆藏祁连山与黄河历史生态环境档案叙录. 祁连山河西走廊东部卷 / 张秀丽，张景平丛书主编 ；张景平等主编. -- 兰州 ：兰州大学出版社，2024. 12.
ISBN 978-7-311-06783-0

Ⅰ. X321.242

中国国家版本馆 CIP 数据核字第 2024ND7385 号

责任编辑　武素珍　张国梁　冯宜梅　熊　芳
封面设计　汪如祥

书　　名　甘肃省馆藏祁连山与黄河历史生态环境档案叙录
　　　　　祁连山河西走廊东部卷
作　　者　张景平　马保福　赵玉梅　郭潇月　主编
出版发行　兰州大学出版社　(地址:兰州市天水南路222号　730000)
电　　话　0931-8912613(总编办公室)　0931-8617156(营销中心)
网　　址　http://press.lzu.edu.cn
电子信箱　press@lzu.edu.cn
印　　刷　陕西龙山海天艺术印务有限公司
开　　本　880 mm×1230 mm　1/16
成品尺寸　210 mm×285 mm
印　　张　23.5(插页8)
字　　数　573千
版　　次　2024年12月第1版
印　　次　2024年12月第1次印刷
书　　号　ISBN 978-7-311-06783-0
定　　价　280.00元

《甘肃省馆藏祁连山与黄河历史生态环境档案叙录》

编纂委员会

参与编纂单位

牵头单位　甘肃省档案馆　兰州大学

合作单位　酒泉市档案馆　张掖市档案馆
　　　　　武威市档案馆　白银市档案馆
　　　　　定西市档案馆　天水市档案馆
　　　　　平凉市档案馆　临夏回族自治州档案馆
　　　　　庆阳市档案馆　甘南藏族自治州档案馆

依托课题

本丛书系国家重点档案保护与开发项目成果

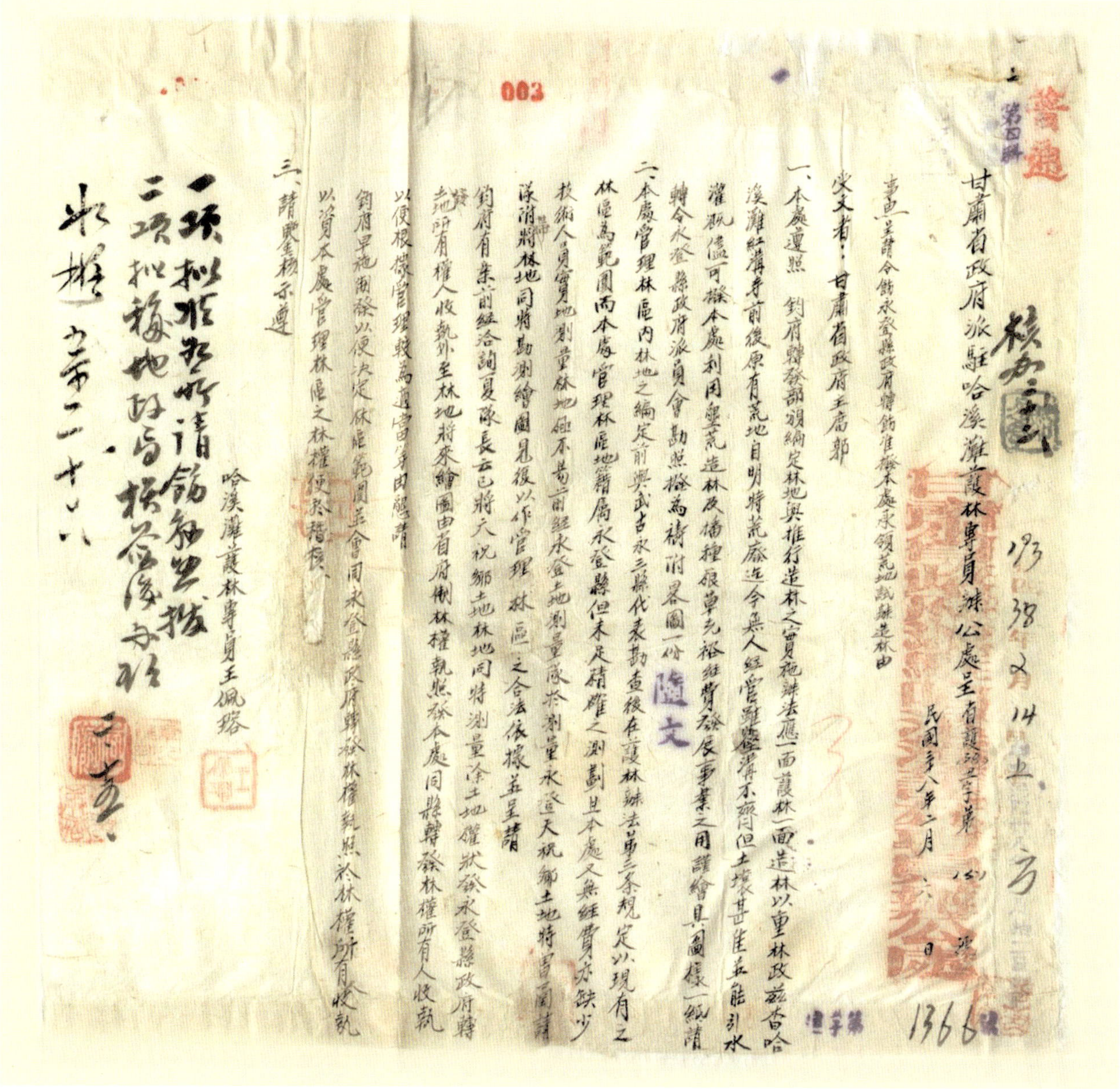

▲《永登县配拨荒地、进行荒地建设》(027-006-0064-0001,甘肃省档案馆藏)

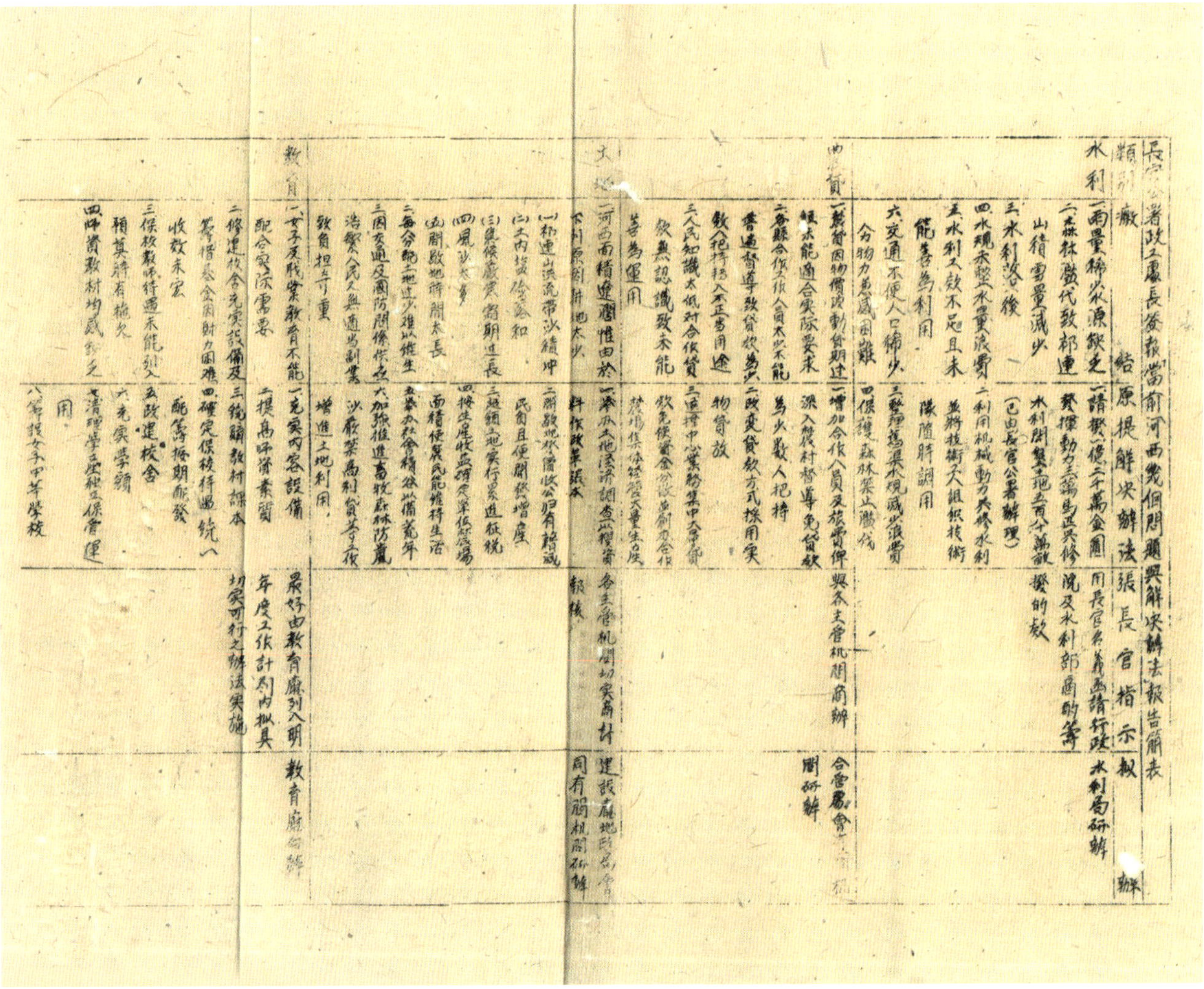

長官公署政工處長簽報當前河西幾個問題與解決辦法報告簡表

類別	癥結	解決辦法	張長官指示	承辦
水利	一、雨量稀少，水源缺乏。二、森林濫伐，致祁連山積雪量減少。三、水利落後。四、水規未整，水量浪費。五、水利又效不足且未能善為利用。六、交通不便，人口稀少，分物力感困難。	一、請撥億二千萬金圓，發揮動力，並籌馬區長興修水利，開墾荒地五百餘萬畝（已由長官公署辦理）。二、利用機械動力興修水利，並將技術人員組織技術隊隨時調用。三、整理舊渠，水規減少浪費。四、保護森林，禁止濫伐。	用長官名義函請行政院及水利部商酌籌撥的款	水利局研辦
物資	一、貸款因物價波動，貸期過短，未能適合實際要求。二、各縣合作社人員太少，不能普遍督導，致貸款為少數人把持，移入不正當用途。三、人民知識太低，對合作貸款無認識，致未能善為運用。	一、增加合作人員及旅費，俾深入農村督導，免貸款為少數人把持。二、改變貸款方式，採用實物貸放。三、選擇中心業務，集中大量貸款，免使資金分散，並創辦合作農場，集體經營大量生產。	與各主管機關商辦	合會農會……研辦
土地	一、河西面積遼闊，惟由於下列原因耕地太少：(一)祁連山洪流帶沙積沖；(二)土內鹽分過和；(三)氣候嚴寒，霜期過長；(四)風沙太多；(五)荒敵地時間太長。二、每分配之地過少，難以維生。三、因交通及國防關係，依照人民又無適當副業，致負担過重。	一、舉辦土地經濟調查，以獲資料作改革張本。二、荒敵地不償收公歸有，贈諸民自且便開發增產。三、超額之地，實行累進征稅。四、按生產收益確定最低農場面積，使農民能維持生活。五、舉辦社會積谷，以備荒年。六、加強推進畜牧、森林、防風沙、救災等高利貸等夜，增進土地利用。	各主管機關切實商討報核	建設廳、地政局會同有關機關研辦
教育	一、女子及職業教育不能配合實際需要。二、修建校舍，充實設備，及籌措基金困難，財力困難。三、保校教師待遇未能列入收數未定。四、師資教材均感缺乏。	一、充實內容設備。二、提高師資素質。三、統籌教材課本，酌籌預期配發。四、確定保校待遇，統一預算，將有拖欠。五、改建校舍。六、充實學額。七、清理學產，使保學會運用。八、籌設女子中等學校。	最好由教育廳列入明年度工作計劃內，擬具切實可行之辦法實施	教育廳辦

▲《甘肃省政府关于发本省河西地区土地问题及解决方案给甘肃省地政局的训令》
（004-007-0599-0006，甘肃省档案馆藏）

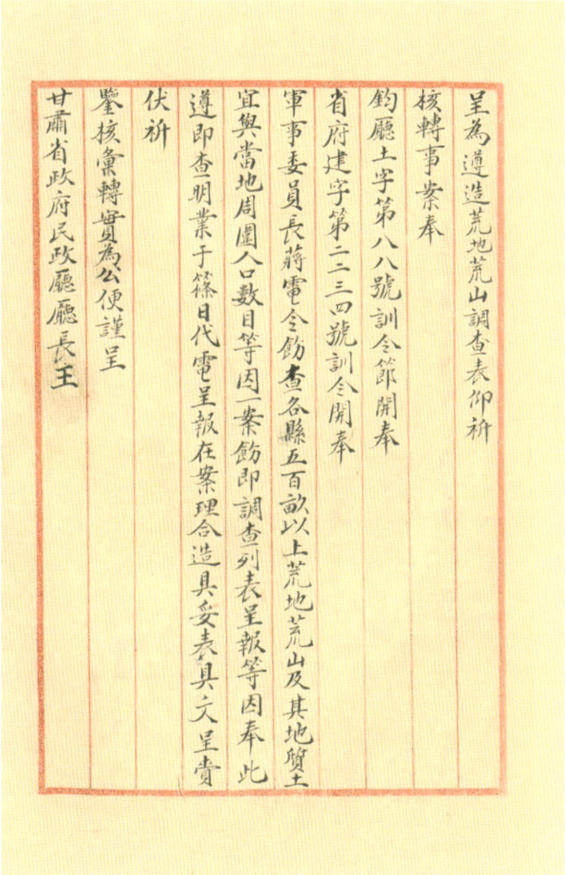

《武威荒山荒地调查表》

（015-005-0479-0001，甘肃省档案馆藏）

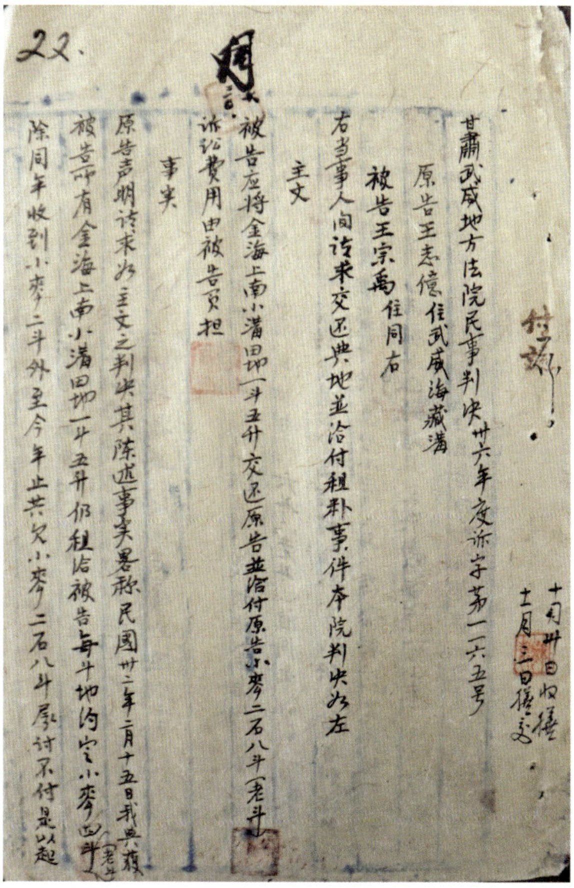

《王志亿请求交付典地案并给租粮案》

（043-002-1381-002，武威市档案馆藏）

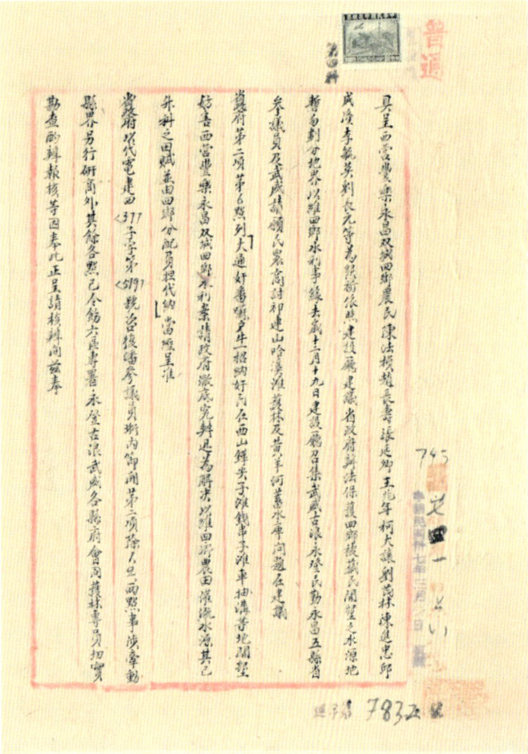

▲《甘肃陈法桢、赵长寿、张延卿等10人关于请暂不划分地界保护水源地致甘肃省建设厅的呈文》（027-005-0227-0001，甘肃省档案馆藏）

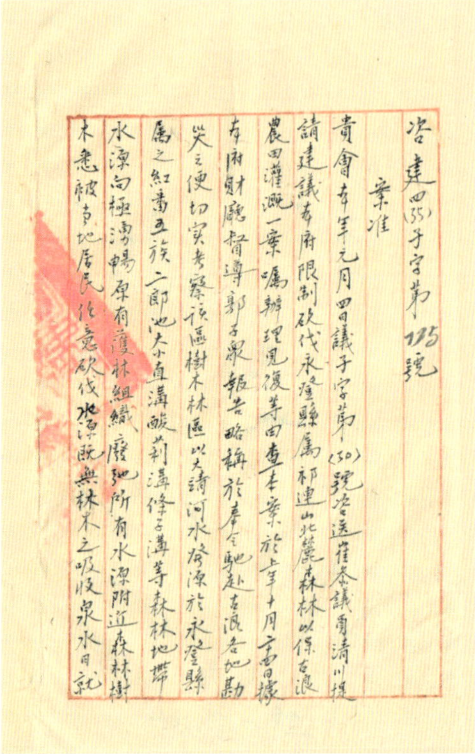

▲《甘肃省政府关于已令古浪、永登县政府拟定保护祁连山北麓森林树木办法给甘肃省参议会的咨》（027-001-0055-0002，甘肃省档案馆藏）

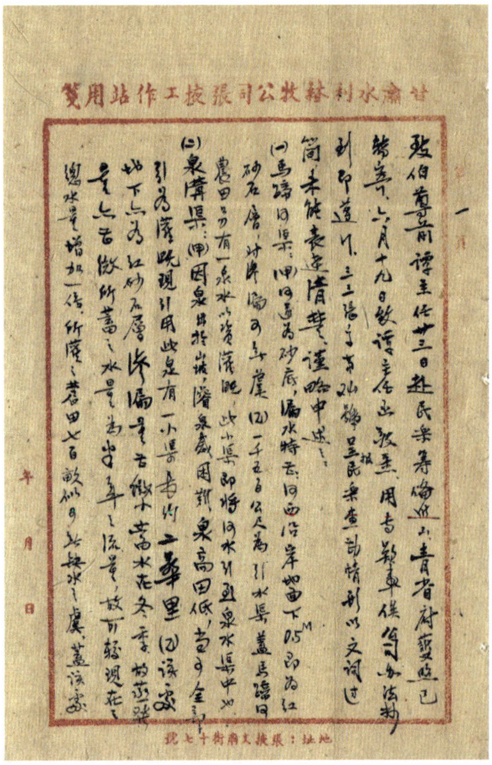

◀《甘肃水利林牧公司为报勘察马蹄河渠、泉沟渠、大草滩拦洪水库情形致甘肃水利林牧公司武威工作站的函》（039-001-0511-0012，甘肃省档案馆）

前言

党的十八大以来，生态文明建设被纳入中国特色社会主义事业“五位一体”总体布局，融入经济、政治、文化、社会建设的各方面和全过程。在习近平生态文明思想指引下，我国生态环境事业取得历史性成就，美丽中国日益从蓝图成为现实，中华民族永续发展得到了更好的保障。甘肃地处中国西北，是全国生态文明建设的重要区域，森林草原保护、水源涵养、荒漠化防治、水土流失治理方面的任务十分繁重。习近平总书记对甘肃生态环境保护工作始终高度关注，多次对祁连山治理作出重要批示，强调要筑牢生态安全屏障，推动祁连山生态环境保护由乱到治；两次亲临黄河兰州段视察，擘画并推动了黄河流域生态保护和高质量发展战略的全面展开。从“黄河之滨也很美”的寄语到“黄河很美，将来会更美”的期待，习近平总书记的关怀与嘱托，为甘肃省生态环境事业指明了方向。

党的二十届三中全会明确指出，必须完善生态文明制度体系，协同推进降碳、减污、扩绿、增长，积极应对气候变化，加快完善落实绿水青山就是金山银山理念的体制机制。注重从历史中挖掘精神价值、总结经验教训，并为现实与未来提供借鉴，是中华文化的突出特点。历史档案作为珍贵的第一手文献，对研究区域生态环境的长时段演化规律以及特定时空范围内人与自然互动机制有着独特而不可替代的价值和作用。面对时代的召唤，档案界与史学界应主动作为，积极回应国家关切、面向现实需求，努力为生态文明建设做出自己应有的贡献。

甘肃省档案馆与兰州大学在历史档案开发编研方面有着长时间的合作历史，双方致力于历史档案中生态环境资料的联合挖掘与共同研究。在实践中我们意识到，有必要提出“历史生态环境档案”这一概念，将记录历史时期“山水林田湖草沙”等生态要素客观状况以及人类的认识开发活动的档案文献视为一个整体，围绕当前生态文明建设的实际需求，以多学科协作、系统化推进的方式加以整理研究。

甘肃省各级档案部门收藏的历史生态环境档案以民国档案为主，数量丰富、来源明晰、谱系完整。但这些珍贵文献散布于篇帙浩瀚的档案海洋中，分属不同全宗、没有专门标签，不利于全面有效检索，更遑论系统开发利用。为此，我们借鉴了古籍整理与历史文献学经典工作方式，将撰写“叙录”作为甘肃馆藏历史生态环境档案整理研究的第一突破口，开启了“甘肃省馆藏祁连山与黄河历史生态环境档案叙录”丛书的编写工作。“叙录”是古代目录学体系中的重要载体，是历史文献学研究的必备工具，具有勾勒源流、略观大意的指示功能，与档案系统熟悉的各类档案馆指南存在明显的亲缘关系。我们首次将“叙录”编写引入历史档案编研工作中，旨在通过对甘肃省各级馆藏档案的深入调查，探索大批量专题历史档案的信息提取汇集，提升历史档案检索与体系化运用的效率。

“甘肃省馆藏祁连山与黄河历史生态环境档案叙录”丛书共分为7卷，分别为《总叙卷》《黄河干流卷》《洮河大夏河卷》《渭河卷》《泾河卷》《祁连山河西走廊西部卷》和《祁连山河西走廊东部卷》。本套丛书按祁连山–河西走廊与黄河流域甘肃境内主要水系为原则进行分卷，原因有三：其一，甘肃省地域面积广大，涉及档案数量众多，以地域与流域为标准的划分，有助于读者更为精准地检索相关信息；其二，甘肃省内部各区域生态环境禀赋差异极大，涉及的经济、社会、文化问题差异极大，以地域与流域为标准分卷，有助于展现各区域生态环境演化史的内在规律、增强文献获取的针对性；其三，此种以地域与流域为单位的整理思路渊源有自，承袭自中国治水文献整理方法与地理学著作修纂原则，展现出对文化传统的继承。在丛书各卷之下，我们兼顾当前生态环境工作所涉及的主要方面与历史档案的内容特点进行分类，有助于有关单位及学术工作者全面、准确、方便检索档案文献，为相关档案的全面整理、系统刊布与深入研究打下坚实基础，也将为全国历史生态环境类档案的编研工作提供某些有益的借鉴。

“甘肃省馆藏祁连山与黄河历史生态环境档案叙录”丛书的正式谋划开启于2019年9月，获得了国家档案局与甘肃省档案局的大力支持，被列入国家重点档案保护与开发项目，于2021年初正式开展有关工作。甘肃省档案馆与兰州大学派出精兵强将组成联合课题组，将档案部门的馆藏资源优势与高等院校的智力资源优势充分结合起来，克服各种困难、跋涉上万公里，于2024年全面完成甘肃省各级档案馆藏祁连山与黄河历史生态环境档案的调查与叙录编写任务，相关成果获得了验收专家的高度肯定。在调查与编写工作中，甘肃省各市州档案馆领导及一线工作人员对我们的工作给予全力支持，来自省内外各领域、各行业的专家学者为我们的工作厘清思路、把脉问诊，提出了诸多提纲挈领的建设性意见。在此，我们谨向参与、关心、支持“甘肃省馆藏祁连山与黄河历史生态环境档案叙录”丛书编写工作的社会各界人士，表示由衷的感谢。

“甘肃省馆藏祁连山与黄河历史生态环境档案叙录”丛书的编写工作无先例可循，于档案部门还是历史学界，都是一次全新的尝试。限于学力与水平，本套丛书在体例设计等方面还存在诸多不足；各档案收藏单位的著录与开放情况不尽相同，加之任务繁重、工期紧迫，内容搜罗难免有所遗漏，我们诚恳接受方家与读者的批评。我们期待丛书出版能够抛砖引玉，为推动中国历史生态环境档案的整理研究工作做出甘肃贡献。

张秀丽　张景平

2024年11月20日

《祁连山河西走廊东部卷》叙记

一、祁连山与河西走廊自然概况

祁连山与河西走廊所包含的地理单元可分为三，由南至北为祁连山、河西走廊平原区、北山。

祁连山东起乌鞘岭东端的松山，西至当金山口，东西长约1200公里，南北宽200～500公里，总面积约224 100平方公里。作为甘青交界，祁连山在甘肃境内的面积约76 400平方公里。祁连山原为古生代的大地槽，现属于秦—祁—昆造山带的祁连山褶皱系，是青藏高原向北东方向扩展的前缘地区，地质构造极其活跃，地貌复杂。祁连山主体地貌为高山、盆地、沟谷，中又以山地为主。受地质构造影响，祁连山形成了一系列呈西北—东南走向的平行山脉与山间盆地。由于山地平均海拔超过4000米，冰川地貌形成，现代冰川普遍发育，诸多河流由此发源并进一步侵蚀山体，众多沟谷形成。沟谷多居于山地内部，海拔多在3000米以上，宽度为10～30公里，两侧为连续的山麓洪积倾斜平原，草原广布。

河西走廊平原区东起古浪峡口，西至疏勒河下游甘新交界的库木塔格沙漠东缘，绵延1000公里，是介于祁连山和北山之间的断陷沉降带。受酒泉黑山与山丹大黄山的横向断块隆起影响，河西走廊平原区被分为三段。东段为武威盆地，自古浪峡口到大黄山、马滩营一线，由东、西、南三面向中心倾斜，北面为石羊河；中段为酒泉—张掖盆地，由东南向北西倾斜，最低处为黑河；西段为瓜州—敦煌盆地

北山属于天山余脉，大体呈东西走向，由马鬃山、龙首山、合黎山等不连续的山体组成。马鬃山包括金塔北山、大马鬃山和小马鬃山，海拔在1800～2500米，相对高差低于300米，地貌为低山、残丘与准平原区，属于荒漠山地。合黎山与龙首山在地质构造上属于阿拉善—北山山地边缘隆起的弧形构造山地，南陡北缓。由于北山山势断续，中间有较为宽广的草原，因此河西走廊平原区一定程度上与阿拉善高原相接。受风力剥蚀影响，岩层与山麓砾石裸露。

由于所述地理单元居于欧亚大陆腹地，远离海洋，同时受大陆性气候和青藏高原气候的影响，总体上干旱少雨、蒸发强烈，年均气温为5～10 ℃，昼夜温差大，全年日照时间可达3000～4000小时，除祁连山区外，其余地区降水量大体自东南向西北递减。气候区具体可分为大陆性高寒半湿润山地气候区、河西走廊西部暖温带干旱区与河西走廊冷温带十旱区。

其中，祁连山区为大陆性高寒半湿润山地气候，冬季长而寒冷干燥，夏季短而温凉湿润。年均气温低于4 ℃，1月平均气温低于零下11 ℃，7月平均气温低于15 ℃。降水在时间上表现为年际变化和季节变化大，降水量在100～600毫米，降水期主要集中于每年的5～9月；空间表现为由东到西递减，随海拔增高而增加。植被表现出突出的生态地理边缘效应特征与高原地带性规律。植被带可分为荒漠植被带、干性山地草原植被带、山地森林草原带、亚高山灌丛草甸植被带、高山寒漠草甸植被带。

疏勒河下游谷地为河西走廊西部暖温带干旱区，包括安西、敦煌两县中部。其年均气温在8～10 ℃，1月平均气温为-13～-8 ℃，7月平均气温为24～26 ℃，年降水量低于50毫米，气候极端干燥，干燥指数大于15，光热条件优越，全年日照时间在3200小时以上，适应开发太阳能和风能。

疏勒河下游谷地以外的其余地区为河西走廊冷温带干旱区。年均气温5～8 ℃，1月平均气温为-12.9～-8 ℃，7月平均气温为19～26.1 ℃，年降水量为35～200毫米，干燥指数在4～15。

该地区属于内流区，河流众多，分属石羊河、黑河、疏勒河三大流域水系。

石羊河水系在河西走廊东段，发源于祁连山东部冷龙岭北坡，主要河流从西往东依次为大靖河、古浪河、黄羊河、杂木河、金塔河、西营河、东大河、西大河。按当前的地表水力联系及其尾闾归宿，石羊河流域可分为三个独立的子水系——大靖河水系、六河水系、西大河水系，其归宿分别为大靖盆地、民勤盆地与金川—昌宁盆地，流域总面积4.16万平方公里。

黑河水系在河西走廊中段，以黑河为干流，支流众多，包括讨赖河、山丹河、梨园河、沙河、摆浪河以及不与干流发生直接水力联系的马蹄河、酥油口河等浅山短流。黑河干流有东西两源，分别为青海省祁连县八一冰川与青海省门源县景阳岭。两源自祁连县八宝镇西北汇合后自莺落峡入河西走廊，后经正义峡入阿拉善台地，在狼心山附近进入内蒙古额济纳旗，最后注入居延海。以莺落峡和正义峡为界，干流分为上、中、下游，全长821公里，流域总面积约为14.29万平方公里，甘肃境内约为6.18万平方公里。黑河干支流渠系化特征极为突出，流域水资源开发程度高。

疏勒河流域水系在河西走廊西段，分为北部疏勒河水系和南部苏干湖水系两部分。疏勒河水系以疏勒河为干流，主要河流包括党河、榆林河、小昌马河、石油河、白羊河。疏勒河干流发源于祁连山西段托来南山和疏勒南山之间的沙果林那穆吉木岭，后经疏勒峡、纳柳峡、柳沟峡入昌马盆地，出昌马峡后进入河西走廊，形成十余条辐射状沟道。东支流入玉门花海灌区，西支注入哈拉湖。以昌马峡、双塔水库为界，干流分为上、中、下游，全长670公里。疏勒河水系总面积为10.19万平方公里。苏干湖水系的干流为大哈尔腾河，小哈尔腾河为其主要支流。大哈尔腾河发源于党河南山东段的野牛脊山，在中游纳入克希且尔甘德沟与红庙沟支流之后潜入地下，以地下水和泉水的形式交替出现，最后注入苏干湖。干流全长约320公里，流域总面积约为2.11万平方公里。

该地理单元矿产资源十分丰富，现已发现矿藏40多种，包括金、银、铜、铁、煤、镍等。

二、祁连山与河西走廊历史概况

从新石器时代晚期到青铜时代，河西走廊相继孕育了马家窑文化、齐家文化、四坝文化和沙井文化，农业经济与游牧经济颇为发达，手工业方面的彩陶制作技术、青铜冶炼技术展示了远古先民的创造力以及河西走廊作为中西交流孔道的特殊地位。

在汉武帝拓边西北之前，羌、月氏、乌孙、匈奴、吐火罗等游牧民族活动于河西走廊地区。尔后，汉廷进兵河西走廊，先后设立了酒泉、张掖、敦煌、武威四郡，河西走廊始被纳入中原王朝的疆域版图。汉朝在河西走廊修塞建燧、移民实边、开渠屯垦等大规模的开发活动使其繁荣日盛。《汉书》卷28下《地理志》载其“风雨时节，谷籴常贱，少盗贼，有和气之应，贤于内郡”。

两汉之际，窦融占河西，后归光武。东汉魏晋继续控制河西走廊。这一时期，鲜卑入居河西走廊，河西走廊的民族问题日益复杂。

正当中原因西晋“八王之乱”而动荡不安时，张轨出任护羌校尉、凉州刺史，保据河西。此后河西走廊保持了一个世纪的相对安定，前凉、前秦、后凉、南凉、西凉、北凉政权相继建立，交相互攻，终于元嘉十六年（439）北凉为北魏所灭，北朝纳河西走廊于版图。

开皇九年（589），隋朝一统南北，河西走廊进一步发展。大业五年（609），隋炀帝征讨吐谷浑，亲巡河西，在焉支山大会西域各国国王，宣威中外。此事是河西走廊历史上一次举足轻重的事件。李唐起家于关陇，极为重视对西北的经营，河西走廊又处在“前拒吐蕃，北临突厥”的关键位置，自然是经略的重中之重。河西走廊开始了新一轮的大规模开发，人口迅速增加。然而，安史之乱爆发不久，吐蕃乘机占领河西走廊，甘州回鹘亦藉势崛起，此后中原王朝失去对河西走廊的控制长达数世纪。

公元11世纪，元昊发兵攻打回鹘，河西走廊尽归西夏所有。这一时期，当地的农业经济和游牧经济都有长足的发展，商贸也颇为发达，藏传佛教开始流行。宝庆三年（1227），河西走廊的归属转移到蒙古族人手中。忽必烈与阿里不哥争位时，焦点之一就在河西走廊。甘肃行省始设于中统二年（1261）。至元二十三年（1286）治所徙于甘州（今甘肃省张掖市甘州区），被称为“甘肃等处行中书省”，系甘肃设省之始。甘肃行省囊括了河西走廊，不过，肃州以西的瓜州、沙州一带的实际控制权并不在中央。由于元朝实行重农政策，在当地开展大规模屯田，河西走廊的农业迅速恢复。此外，中西商业贸易比之前更上一个台阶，阿拉伯人、欧洲人都乐于来此贸易。甘州一带盛产白骆驼，用白驼绒与羊绒织成的绒布是极受西方上层社会追捧的上等毛纺品。甘州、肃州南部祁连山区所产的大黄品质上乘。这些都是河西走廊重要的对外输出商品。

洪武五年（1372），明廷派出的西路军一路势如破竹，彻底攻下河西走廊，不久在肃州城西修筑嘉峪关作为帝国的西北门户，敦煌被“弃置边外”，不受王朝直接管辖，仅设沙州卫、赤金蒙古卫两羁縻卫以为屏护。其余各地则设卫与守御千户所，包括庄浪卫、凉州卫、镇番卫、永昌卫、山丹卫、甘州五卫、肃州卫、镇夷守御千户所、古浪守御千户所与高台守御千户所，其皆隶于陕西行都指挥使司，并通过实土卫所的形式实际掌控。屯田与卫所制度相适应，朝廷为屯田开发付出了高昂的成本，灌渠的修建即见一斑。河西走廊现代灌区、渠系和管理制度可追溯到当时。明宣德年间，蒙古诸部开始入居河套，与青海蒙古遥相呼应。嘉靖年间，土默特蒙古不断侵扰河西走廊。明末，漠北的喀尔喀蒙古进入青海，取代了海西蒙古。和硕特蒙古紧随其后，取而代之并挺进西藏，发展势力。

清康熙年间，朝廷平定三藩之乱开始着手解决占据天山南北、日渐兴起的准噶尔蒙古。平准战争耗时日久，跨康雍乾三朝。出于“稍裨军实”的角度考虑，朝廷在河西走廊开展大规模屯田活动以期补充军需。从长远来看，这一举动对当地的地方社会治理产生了极为深远的影响，而正因河西走廊的崛起，甘肃的独立性也由此凸显。此外，雍正元年（1723），青海和硕特蒙古首领罗卜藏丹津掀起叛乱，朝廷派出年羹尧与岳锺琪平叛，河西走廊为战争提供重要保障。由于回族在张掖、武威、酒泉等地聚居，陕甘回民大起义期间，河西走廊也是策源地之一。同治四年（1865），河西走廊的起义爆发于凉州，继而绵延至肃州，肃州逐渐发展为起义中心，后东至古浪、民勤，西至玉门、敦煌，响应声此起彼伏。事后，河西走廊的回民被“安插”到陇东、陇西一带。同治兵燹对河西走廊的地方社会打击极大。左宗棠在任陕甘总督期间，对当地的水利与植树建设有所指示，命令修渠筑坝，广植树木，左公柳即是。光绪二十六年（1900），敦煌藏经洞被发现。

由于叙录的收发文单位多为当地的行政机关，而民国时期的行政区划很大程度是由清代康雍乾三世奠定，故有必要在叙述民国重要历史事件前用一定篇幅做较为完整的梳理。

清初，当地承袭明代旧疆并以卫所领民守土，政区调整不多。康熙五十七年（1718），由于关外区域渐次收复，设赤金卫、靖逆卫、柳沟所。雍正二年（1724），又设沙州所、安西卫，安西卫属安西直隶厅。同年，朝廷接受川陕总督年羹尧的建议，改部分卫所为州县，凉州厅改置为凉州府，所属凉州卫改为武威县，镇番卫改为镇番县，永昌卫改为永昌县，古浪千户所改为古浪县，庄浪所改为平番县，甘州厅改置为甘州府，甘州左右两卫改为张掖县，山丹卫改为山丹县，高台镇夷千户所改为高台县，肃州卫省并入甘州府。雍正四年（1726），沙州所、柳沟所升格为卫。雍正七年（1729）置肃州直隶州与肃州直隶州王子庄分州。雍正十三年（1735），出于屯田需要，置高台县毛目分县。乾隆七年（1742），为避免水利纠纷，甘州府属高台县改划为肃州直隶州。乾隆八年（1743），张掖县析置东乐分县，张掖县丞分驻东乐。乾隆十五年（1750），张掖县再析置抚彝厅。乾隆二十四年（1759），裁安西、柳沟二卫，设渊泉县；裁沙州卫置敦煌县；裁赤金卫、靖逆卫改置玉门县。乾隆三十九年（1774），废渊泉县。清末，河西走廊与祁连山所在地区由甘凉道、安肃道监领，统有二府二直隶州十一县二散厅。甘州府领张掖县、山丹县、抚彝厅，凉州府领武威县、镇番县、永昌县、古浪县、平番县、永昌县、庄浪厅，安西直隶州领敦煌县、玉门县，肃州直隶州领高台县。

1913年，《划一现行各省地方行政官厅组织令》《划一现行各道地方行政官厅组织令》《划一现行各县地方行政官厅组织令》颁布，地方行政制度变更为省道县三级制，府、厅、州、分州、分县，一律改为县。肃州直隶州改为酒泉县，肃州直隶州王子庄分州改为金塔县，高台县毛目分县改为毛目县，张掖县东乐分县改为东乐县，抚彝厅改为抚彝县，安西直隶州改为安西县。以上诸县仍隶于甘凉道与安肃道。1927年，废道一级行政建置。1928年、1929年，毛目县更名为鼎新县，东乐县更名为民乐县，镇番县更名为民勤县，平番县更名为永登县，抚彝县更名为临泽县。1936年，省与县市间近于“实级”的行政督察专员公署开始在甘肃设立，武威县、民乐县、民勤县、永昌县、山丹县、张掖县、临泽县、古浪县八县受辖于第六行政督察区，专署驻武威县；酒泉县、金塔县、鼎新县、高台县、玉门县、安西县、敦煌县七县受辖于第七行政督察区，专署驻酒泉县；永登初受辖于第一行政督察区，1941年划归第六行政督察区。此外，考虑到国防开发建设，1937年，析安西、玉门等县北部的马鬃山一带区域设立马鬃山设治局，1938年，马鬃山设治局更名为肃北设治局，隶第七行政督察区。以上为民国时期河西走廊县级政区的沿革情况。

民国初年，河西走廊基本为“甘马”所控制。“甘马”即马占鳌家族。马占鳌降清为后人博得了政治资本，官至提督衔总兵。马占鳌长子马安良接任后进一步升迁，1912年官至甘肃提督，其三子马廷勷为甘凉道观察使，历任凉州总兵、凉州镇守使。马安良的部将马璘则任甘州镇守使。

1924年，冯玉祥发动北京政变，所部改称国民军。次年，冯玉祥专任西北边防督办，开始着眼于西北。1925年10月，国民军进驻兰州，局势有所变化。1928年，马廷勷涉嫌与河湟事变有关，马部与国民军兵戎相见，终败于国民军孙连仲部，河西走廊为冯玉祥所控制。1929年，西北科学考察团在河西走廊开始长达三年的地质调查。

1930年，中原大战中冯玉祥部败北，马仲英乘势入驻张掖，自称甘宁青联军总司令，积极扩充势力。1931年，马步芳与马仲英争夺河西走廊，最终两人达成一致瓜分地盘。1936年10月，为打通国际路线、在河西创建根据地，中国工农红军西路军渡过黄河，开始在古浪县、永昌县、山丹县、高台县、临泽县、张掖县与二马部队激战。因孤军深入、补给不力、敌我力量悬殊，于1937年3月中旬终告失败，河西走廊仍为二马所据。

从20世纪30年代初到40年代初，国民政府相继派马鸿宾、邵力子、朱绍良、于学忠、贺耀祖、谷正伦主甘。从朱绍良开始基本实现了号令全省，但河西走廊驻扎的军队始终是二马部队而非中央军，河西走廊长期处于军政分立的状态。1941年夏，苏德战争爆发，盛世才与苏联的关系发生变化。蒋介石认识到解决新疆问题的前提是令中央军入驻河西走廊，掌控向内地进兵新疆的通道，于是派蒙藏委员会委员长吴忠信率团前往甘宁青三省考察，说服马步芳、马步青调防让出河西走廊。事情发展较为顺利，1942年1月至11月，河西走廊基本完成了中央军换防工作，河西走廊完全掌控于国民政府。

20世纪30年代到40年代，政府和民众对西北的重视程度与日俱增，开发西北的声浪愈演愈烈。全面抗战爆发后，西北逐渐成为国民政府抗战建国的重要基地。1938年，甘新公路建成。甘新公路横贯河西走廊，连接新疆迪化（今乌鲁木齐）与甘肃兰州，是为抗战初期重要的国际援华通道。此外，从1938年到1945年，在国民政府经济部长、著名地质学家翁文灏的主持下，资源委员会大力投资玉门油矿的建设，将其建成彼时中国的唯一一处现代化石油基地。以1939年老君庙一号油井的开钻为起点，玉门油矿的开发为抗战，特别是滇缅公路被切断后的国内石油供应做出了重要贡献。1942年，正值中央军换防之际，蒋介石巡视西北，首次踏足河西走廊，一个月内先后视察了嘉峪关、玉门、酒泉、张掖、武威等县。这进一步说明了河西走廊的战略地位。河西走廊的开发进一步加快。其中，水利建设取得了引人瞩目的成绩。中国银行与甘肃省政府合股成立的甘肃水利林牧公司以河西走廊的水利事业作为公司业务的核心，将政策、资金、人才重点投入于此。由甘肃水利林牧公司主导，河西走廊大批旧渠整理完毕，登丰渠、鸳鸯池水库、马尾湖水库等工程相继建成，河西走廊水利现代化进程持续展开。在开发之外，当时也已开始着眼保护当地的自然资源。1942年，国民政府颁发训令，因“祁连山森林对西北气候及国防建设关系均极重大”，农林部祁连山国有林区管理处成立，设置林警保护森林，还对祁连山区做了系统性的调查并结成报告。

1945年抗日战争结束，国民政府汲汲于收复东部沦陷区，对西北的关注程度降低，解放战争爆发后更无心亦无力开发西北。总体而言，20世纪40年代后期河西走廊的建设呈缓慢状态。1949年10月，中华人民共和国成立，河西走廊的历史从此开启了崭新篇章。

河西走廊自古以来就是多民族聚居区，境内少数民族主要有藏族、蒙古族、哈萨克族、裕固族。藏族有南北三十六族。乾隆十八年（1753），设庄浪茶马理番同知管辖境内三十六族。民国时期，藏民分布于河西走廊祁连山北麓，即永登、民乐、张掖、临泽、高台、酒泉等县的南部山区。蒙古族多为青海和硕特部的后裔，主要聚居于肃州北部的马鬃山与祁连山西段的党河南山地区，即后来所设的肃北设治局境内。哈萨克族集中迁入河西走廊的时间在全面抗战爆发前后。1936—1939年间，先后有四批，共计一万一千余来自新疆的哈萨克族人迁入甘肃。他们主要驻牧于肃州、安西、敦煌、玉门一带的祁连山南山。甘肃省政府曾在玉门设立哈萨克族民众管理局进行管理。裕固族在当时又称黄番、撒里畏兀儿，以明代东迁的撒里畏兀儿人为主。清时裕固族被划分为七族，首领被称为七族黄番总管，该称谓一直沿用至民国。裕固族主要分布在张掖、酒泉、高台、临泽境内的祁连山南山。

三、甘肃省馆藏祁连山与河西走廊历史生态环境档案提要

目前本卷收录之档案集中收藏于甘肃省档案馆、张掖市档案馆及酒泉市档案馆，同类叙录顺序即以上述收藏单位为先后。数量上，以甘肃省档案馆及酒泉市档案馆的档案为大宗，张掖市档案馆次之；若论民国十七县级行政单位的档案叙录，又以民乐县档案最为丰富。

内容上，本卷循体例分为生态环境调查、自然灾害与赈济、自然资源开发与生态保护、资源环境纠纷与诉讼四部分，以下分别述之。

生态环境调查部分的综合调查类档案内容极为丰富，包括各县地图、巡视调查报告、调查表等等。因水利勘察报告的内容多不局限于水利，水利部河西水利总队各分队的测量工作又兼及水利与地形，部分档案归于综合调查类。由于1946年10月后工作内容调整，除水文信息外，水文站还需监测雨量、气温等，故而水文站档案部分归于综合调查类，部分归为水资源类，相关人事档案亦照此处理。本类还包括酒泉市档案馆所藏甘肃省第七区的兵要地志档案，其载有当地的道路、河流、湖泊、居民、气象、物产、国防情况等，价值极高。此外，祁连山调查队的系列档案亦值得注意，涵盖工作计划、预算经费、调查路线、调查情况、勘察报告，内容包括但不限于气象、森林、水源、地质、土壤、畜牧种种。

气象类档案以气象统计表、雨雪阴晴表为主，部分档案还系有米粮价格时估表。地质矿产

类档案数量较少，矿区图与甘肃省矿产勘测总队的勘察档案颇有价值。土地资源类档案的主题集中于土地测量、土地登记、土地复查、地籍整理、地籍图、重估地价、荒山荒地调查、警备计划等。此外还有零星确地档案，此类档案涵盖县界、省界与国界三种层次，其中中蒙勘界档案颇为完整，细节生动，读者可作留意。水资源类档案以甘肃水利林牧公司和水文站档案为大宗，主要包括水利调查及相关人事档案。甘肃省档案馆馆藏《酒泉金塔水利图》《安西玉门水系图》《敦煌水系表》与张掖市档案馆馆藏《张掖县全境渠系图》可为复原当时当地的渠系情形提供重要参照。林草动物类档案数量较少，祁连山林区调查表可与综合调查类档案中有关内容相映照。

自然灾害与赈济部分的前四类档案侧重自然灾害，以灾害类型为分类依据，包括旱灾、水灾、地震及地质灾害、其他灾害与复合灾害。河西走廊地处我国西北干旱区，降水极为稀缺，多旱魃成灾；不仅如此，因其属于内陆河流域，尽管河流年均流量较小，但季节性波动极大，夏季常有洪水，档案中多“山水暴发”而成水灾，是以旱灾类档案与水灾类档案篇幅均占相当比重。河西走廊虽处于我国地震分布带，但震灾频率远远低于一般水旱灾害，此类灾害只有零星档案。其他灾害与复合灾害类包括流沙（档案多名之“水冲沙压”）、雹灾、虫灾、风灾等等，未知灾害档案亦归于此。以上四类档案的主要内容为灾情呈报、被灾花名册。值得注意的是，水灾类中有一批水毁工程档案。水毁工程即受水灾影响的道路、桥梁抢修，其建设主体为公路工程管理局。甘肃省第七区公路工程管理局所主持的临水河桥、酒架公路、甘新公路工程档案记载了征用民夫、工程费用等问题。因官办水利工程极少，当时的水毁工程并不涉及水利设施。

自然灾害与赈济部分的第五类“综合赈务类档案”关注赈济问题，包括赈灾条例、勘报灾歉条例、专门性赈济组织（如地方赈务会、救济水灾委员会）规章、冬季救济四柱清册、乞丐花名册、官方赈灾与减免粮赋的往来公文。灾害与赈务密不可分，地方受灾呈报灾情的后续行为多为请求上级政府赈济，因此一场灾情的全貌时或分散至前四类与第五类，还请读者利用本卷时留意参阅。

自然资源开发与生态环境保护是本卷篇幅最大的部分，大约占全卷的三分之二。在这一部分，以开发内容为分类依据分为矿产资源、土地资源、水资源、林草资源四类，兼及两类以上则置于综合类，此外还有最为特殊的与生态环境相关的政区调整类档案。

综合开发与保护类档案多为县政府向省政府呈送的年度施政报告统计与年度工作报告、建设工作报告表、甘肃省政府委员会会议档案、甘肃省年度行政会议档案。其中，甘肃省档案馆馆藏县政府报送地方情况及政务工作报告表、县长巡视报告表、下乡巡视报告书等报告表、报告书极为珍贵。此类档案成于二十世纪三四十年代，大约在1932年至1944年、1947年至1948年间。报告表表头包括“实业”“建设”“内务”“司法”“其他特别情形”“其他特别工作”诸项，森罗万象。以永昌县民国二十一年（1932）1月至6月上旬地方情况及政务工作报告表所载内容为例，此表反映了当地煤炭经营与调查、开渠造林、逃民情形、查勘灾情豁免粮草、禁止在水田旱地筑坟等内容。此外，一处生动的细节透露出地方对植树的重视：对缠足女子家长的惩罚是令具在北海子植树五十株。档案中对民国年间地方基层行政的描摹，价值极高。这一时期还留有一批甘肃省政府视察员、行政督察专员公署视察员赴各县视察的报告表（又称政、农村经济观察表或县政视察表），此部分内容也应着重关注。

水土保持档案也归于综合类。一般提及民国时期甘肃省的水土保持工作只会谈到1942年成立的天水水土保持试验区，实际上1942年召开的全省行政会议要求各县限期普遍于荒山开挖水平沟、保持水土，并将其列入五年工作规划，至1947年分三期完成。当然其作用不可高估。本卷所录档案显示各县呈报省政府相关情形多成文于1947至1948年，不少县政府如临泽、瓜州、武威等县政府适才上报本县不适宜开挖水平沟，敷衍政令。

矿产开发类档案较少，矿产种类以煤矿为主，也有金矿、火黏土矿、铁矿、锰矿、油矿，主要为开矿执照、呈请书、矿床说明书等。

土地资源开发类档案多围绕荒山荒地开垦、农业调查表、春耕籽种贷借、公荒牧租征收等。其中垦区档案值得一提，这批档案主要藏于甘肃省档案馆与酒泉市档案馆。在国民政府高喊开发西北的背景下，中央一直有意在河西走廊进行垦殖。1941年，行政院欲将敦煌划为垦区，省政府回文有所不便，此事搁置。次年，甘肃河西屯垦实验区成立，位于酒泉县东部。同年，内政部又致函省政府，要求协助设立河西关外垦区，省政府训令敦煌县、玉门县、瓜州县予以协助。河西关外垦区是将岷县垦区的管理机构迁往关外，新起炉灶，如今酒泉市档案馆还藏有少许岷县垦区的档案。岷县垦区原归农林部岷县垦区管理局管理，管理局系中央垦务总局直属单位，于1941年成立；又或以为1944年岷县垦区的结束是人事斗争的结果，但档案反映出这一解释失之简单。公路修建也属于土地资源开发。酒泉市档案馆藏有一批较为完整的甘新路酒架线（今酒额公路）建设档案，囊括了测绘、施工、用工、费用、筑路纠纷等各方面的问题，若深入挖掘，对于民国公路史的研究或有裨益。

水资源开发与管理类档案是这一部分的重点。本类档案又可分为开发和管理两部分。

水资源开发档案主要为水利工程建设档案。前期的水利工程修建规模较小，档案多为县政府给省政府的汇报呈文中述及的“修筑渠堤”。1941年以后，甘肃水利林牧公司受省政府委托主持大规模的河西水利工程开发，以金塔鸳鸯池水库、高台三清渠、永昌金龙坝为代表的工程档案体量便极为可观。综合性的年度河西农田水利计划书、工程师编写的单个水利工程或流域性灌溉工程文献数量也有不少，此档案多附有图表。由于传统方志中“桥梁”属于“水利”，桥梁建设档案亦循此归于本类。此外，水磨也是水资源开发的一种，档案馆也藏有一些相关档案。

水资源管理档案又可进一步细分为两类。第一类是甘肃水利林牧公司与专门性水利机构——水利部河西水利工程总队的日常行政档案，其中人事档案颇丰。第二类是地方灌溉秩序的日常运行档案，包括水利农官的委任、水规及其执行情况。关于前者，张掖市档案馆与酒泉市档案馆藏有不少渠长、水利老人的委任状；后者则以安（西）玉（门）分水档案为代表。

林草动物资源开发与保护类档案也较为丰富。本类档案可按主题分为林、草和动物三类。林业档案中有一系列农林部祁连山国有林区保护与管理的条例办法，其余内容较为单一，不外乎省政府与各县政府强调植树的重要性、限制伐木、各县定期向省政府报告苗圃建设与植树造林情形、砍伐祁连山木材、国防木料等内容。草业档案全与河西草原改良实验区相关，包括1945年与1946年的年度工作报告、1946年1月到10月的月度工作简报，有工作项目、原定工作进度、工作实施情形以及效果、野生牧草调查、牧场气候观测、栽树、引种优良牧草、播种苜蓿兵草根栽培试验萌芽调查表、气候观测表、优良牧草调查表等内容。河西草原改良实验区成立于1945年5月，以改良草原、发展畜牧业为旨趣。动物档案较少，主要有畜牧概况调查表、1946年农林部兽疫西北防疫处的工作简报、祁连山畜牧调查报告。

生态环境相关的政区调整类档案颇有特色，目前所收档案均系水利与政区地理的关系。一方面，水利影响县界划分，如安西、敦煌两县因为沙石墩一带民众用水纠纷问题调整安西县西湖地区的归属；另一方面，水利也会作用于县域内部村落的隶属调整，如民乐县连和村代表呈请将之归于六坝，便于完纳粮草。

资源环境纠纷与诉讼按资源类型分为矿产、土地、水利和林草四类。一般矿产纠纷的持续时间较长，如1926—1932年张怀志相关的矿权纠纷，1943—1945年赵国璧与陈锦基的杏树沟煤矿产权纠纷，1944年敦煌、安西两县民众的开矿纠纷等。土地纠纷则多以界务纠纷的面貌呈现，包括金塔和鼎新，永登和古浪，山丹、民勤、张掖和阿拉善旗，甘青祁连山省界等。《五凉全志・古浪县志・地理志》载："河西讼案之大者，莫过于水利。"水利纠纷是本类档案中最有分量的内容，档案中多见"阻截水利""不遵水规""紊乱水章"等字样。一般而言，水利纠纷始于民众与民众之间的冲突，如酒金水案、安玉水案、三清渠水案等，但在近代化的浪潮下，民国时期已出现了企业与民众间的用水冲突，具体可参看甘肃省档案馆馆藏《甘肃水泥公司与村民争用渠水发生纠纷的各类文件》。林草纠纷集中于偷伐森林、破坏树苗，在多数档案的语境下，"破坏森林"还跟"损坏水源"构成了一定关系。此外，杨如桂案在本类档案中占有不小篇幅。1940年，民乐县第二区第一联保主任张其文向省政府控诉，称保林所所长柏英俊暗中砍伐明令禁伐的海潮坝森林，杨如桂前往阻止，被柏英俊一伙殴毙。柏英俊等人随后呈文省政府，称系杨如桂等人伐木渔利，杨如桂实因吸食张其文等人送来的洋烟身亡，己方为保护森林与张氏家族结怨，故受此诬陷。围绕这一案件，不少档案产生并留存，现均藏于甘肃省档案馆。

四、本卷编写情况概述

在国家档案局与甘肃省档案局的大力支持下，"甘肃省馆藏祁连山与黄河历史生态环境档案叙录"丛书编写工作于2021年2月正式启动。祁连山、河西走廊相关历史生态环境档案收藏于甘肃省档案馆、武威市档案馆、张掖市档案馆、酒泉市档案馆。兰州大学与甘肃省档案馆组成联合课题组，在各市档案馆同仁的大力支持下，奔波于兰州与河西走廊各地，紧锣密鼓地开展系列工作，调研目录、翻阅案卷，分类别目、撰写提要，克服了众多无法预期的困难与不可抗力的影响。2023年10月，档案的逐条摘要初稿编写工作大致完成；2024年3月，分卷分类与初稿校订工作完成。

由于祁连山、河西走廊相关历史生态环境档案总数较大，考虑到这一狭长区域的东部、西部因自然环境差异，其历史生态环境档案涉及的问题亦有所不同，故将叙录相应分为东部、西部两卷。《祁连山河西走廊东部卷》主要以石羊河流域为地域范围，涉及空间范围包括今武威市全部、兰州市永登县以及金昌市永昌县；受历史行政区划与具体事务处理关系影响，有涉及今张掖市山丹县、民乐县档案划入本卷。《祁连山河西走廊东部卷》编写过程中，四位分卷主编各司其职，一同推进相关工作。在该卷生态环境档案叙录过程中，兰州大学历史文化学院教授张景平负责主要技术工作，确立了全卷的基本结构并划定了档案搜检范围。甘肃省档案馆副馆长马保福负责统筹部署本卷编写工作，与张景平共同确定了档案分类与提要撰写标准等技术问题。武威市档案馆馆长赵玉梅大力协调本馆的调档工作，为来馆工作的课题组成员提供了工作与生活方面的诸多便利。甘肃省档案馆开发利用（编研）处一级主任科员郭潇月积极协调有关工作，对一些关键档案的提要工作给予直接指导。

曾经或正在在兰州大学求学的学子是本卷工作的主力军，在丛书主编与分卷主编的带领下投入到艰苦的工作中。多为繁体行草或草书写就的民国政府公文字迹辨认不易，所涉区域性制度、事件与人物亦显陌生而同学们不畏困难、夜以继日，圆满完成了既定工作安排。他们是：兰州大学研究生院毛建荣，中央民族大学历史文化学院博士研究生陈智威，云南大学历史与档案学院博士研究生王瑞雪，南开大学历史学院博士研究生王申元、硕士研究生王嘉宇，复旦大学中国历史地理研究中心博士研究生王稔知，中共香河县委组织部汪梦媛，北京大学医学人文学院硕士研究生何昕玥，北京师范大学历史学院硕士研究生李世财，云南省个旧市民政局付思思，武汉大学历史学院硕士研究生浦月、刘东湘，兰州大学历史文化学院博士研究生吴华锋以及硕士研究生范雯晓、杨璐、张好、郭泰乐、陈言冰。在此，谨向他们表示诚挚的感谢。

凡　例

一、甘肃省馆藏祁连山与黄河历史生态环境档案，指记录今甘肃省辖境内祁连山-河西走廊以及黄河流域生态环境客观状况、人与自然互动关系的历史档案。这些档案涉及山、水、林、田、湖、草等多类型生态单元，涵盖历史上国家与社会认识、开发、保护生态环境的各种活动。这些档案成文于1949年9月30日前，现收藏于甘肃省各级档案馆，其中绝大多数档案为民国档案、少数为清代档案。近年来，甘肃省历史档案绝大多数已集中至市（州）以上档案馆收藏保管，故本叙录所涉及的祁连山与黄河历史生态环境档案主要收藏于省、市（州）两级档案馆。相关档案类型以官文书为主，包括各类调查报告、表册、会议记录、提案、函电、司法诉讼文书、红契等，兼涉少数收藏于档案系统的民间文书。

二、本叙录以案卷为单位介绍甘肃省馆藏祁连山与黄河历史生态环境档案收藏信息及主要内容，一案卷一叙录。每一则叙录包括叙录编号、题名、发文单位、收文单位、收藏单位、档案编号、成文时间、涉及地域、关键词、内容提要等信息。叙录编号记录该条目在相关分卷中的位置，系编写者添加。题名照录各收藏单位目录中的原题名；个别文件没有题名或题名不完整、不能揭示内容的，编写者则根据通行著录原则拟写题名。发文单位、收文单位皆尊重案卷原文。档案编号一般为四组数字（极个别档案依据其原始编目情况为三组），分别为全宗号、目录号、案卷号、卷内顺序号，各组数字间以连接号；一条叙录涉及多个卷内顺序号的，第三组数字后同时保留多个卷内顺序号（以顿号隔开、连续者间以连接号）并整体加括号，如001-003-221-（0001、0007-0009）。成文时间主要为文件的正式，清代档案以汉字书写之年号纪年、农历月日表示，民国档案按阿拉伯数字书写的公历“年-月-日”表示；部分档案无日或无月、日的，分别精确到月、年，年月日俱无的直接标明“不详”。涉及地域精确到县，对涉及地名及其政区性质一概遵循文本原貌，如导河县（今临夏县）、会川县（今已撤销并入渭源）、卓尼设治局（今卓尼县）等。内容提要力求以简练文字介绍案卷大意，对于部分题名详尽足以概括内容的案卷、或目录开放但内容尚待审核开放的案卷，内容提要简化为“如题”。《总叙卷》因其文献全部收藏于甘肃省档案馆，内容涉及全省或省内较大范围地区，为使结构紧凑，省略“收藏单位”“涉及地域”两项信息。

三、为便于检索，同时体现甘肃省各区域生态环境事务的内在差异，本叙录以地域-流域原则划分各卷。各卷中将涉及的历史生态环境档案分为生态环境调查与监测、资源开发与建设、自然灾害与赈济、资源环境纠纷与诉讼等四大类，冠以一级标题壹、贰、叁……；每个大别又分为若干小类，冠以二级中文标题一、二、三……。每一小类下，各条叙录依据档案号顺序排列，并根据收藏单位相对集中。

四、本叙录中少数档案同时涉及多个分卷、多个分类内容的，为了不拆解原始文件，相关叙录在多个分卷与分类中一概并存。

五、本叙录为最大程度保留档案原始风貌，对文中所涉及的各类数字书写方法以及计量单位如公里、公尺、方、担等，皆未做统一。

六、本叙录各类信息中，原文件漫漶不清者，用□代替，一字一□。

目　录

壹　生态环境调查类档案

一、综合调查类档案

【叙录编号】 0001
【档案题名】
永昌县地图一份
【发文单位】 永昌县政府
【收文单位】 甘肃省政府
【档案编号】 004-001-0364-0020
【成文时间】 不详
【收藏单位】 甘肃省档案馆
【涉及地域】 永昌县
【关 键 词】 永昌地图
【内容提要】
如题，为县志附图。

【叙录编号】 0002
【档案题名】
《永昌县志》
【发文单位】 永昌县政府
【收文单位】 甘肃省政府
【档案编号】 004-001-0365-0001
【成文时间】 不详
【收藏单位】 甘肃省档案馆
【涉及地域】 永昌县
【关 键 词】 县志
【内容提要】
《永昌县志》乾隆五十年（1785）永昌县知县李登瀛书版，卷首邑域总图、水利图，卷二为地理志（本册至六卷“君子鉴定焉”为止）。

【叙录编号】 0003
【档案题名】
甘肃省民政厅厅长施奎龄巡视河西关外笔记
【发文单位】 施奎龄
【收文单位】 甘肃省政府
【档案编号】 004-004-0133-0001
【成文时间】 不详
【收藏单位】 甘肃省档案馆
【涉及地域】 甘肃省
【关 键 词】 巡视笔记
【内容提要】
施奎龄于6月29日巡视河西关外，附有巡视笔记，前半为毛笔草就，后半为硬笔誊抄，涉及各地政治、农业、民政情形。

【叙录编号】 0004
【档案题名】
古浪县政府关于报送民国二十二年度（1933）12月份地方情形政务工作表致甘肃省政府、甘肃省民政厅的呈
【发文单位】 古浪县政府
【收文单位】 甘肃省民政厅
【档案编号】 004-008-0133-0021
【成文时间】 1934-01
【收藏单位】 甘肃省档案馆
【涉及地域】 古浪县
【关 键 词】 保护桥梁；风雹灾害；秋旱少雨

【内容提要】

“建设”：切实保护汽车路、桥梁，如有损伤及时补修。“农村情形”：现值年终岁暮，各乡村民众因受风雹灾害之后，收成歉薄，以致其他公款稍有逃避。“有无灾害”：天气干旱，白喉症复有流行。“市面概况”：夏秋雨收歉，商业不能振兴。“其他特别情形”：本年秋旱少雨，若猪年春夏雨多尚能补救，否则定成旱灾。

【叙录编号】 0005

【档案题名】

甘肃省政府职员杜凌云《河西归来话观感》

【发文单位】 杜凌云

【收文单位】 不详

【档案编号】 004-008-0606-0002

【成文时间】 不详

【收藏单位】 甘肃省档案馆

【涉及地域】 河西走廊

【关 键 词】 河西走廊；祁连山森林；沙漠南移；鸳鸯池水库；玉门油矿；滥伐

【内容提要】

（页27）植树造林在河西与水利交通意义一样重大，过去的左公柳已难见到，马家军在公路旁植树尚可观，但距政府一人15树的标准还有距离。（页28）报旱灾又报水灾是河西特点，因其田地靠祁连山雪水浇灌，早春易旱，入秋又涝。（页29）河西水源减少，与九年（1920）、十六年（1927）两次地震引发的地质气候变化有关，泉水干涸，祁连山积雪减少。（页29）沙漠南移，许多田地被压，可借鉴酒泉西南乡讨赖河南岸植树防沙经验。（页31）河西气候由地势决定，而非东西南北方向。（页35）红柳条是防沙物，但人民往往以其作为燃料，沙漠南移亦与此有关。（页38）金塔鸳鸯池水库是西北唯一现代水利工程，储秋水以备春夏，可灌溉10万亩，解决了酒泉、金塔两县的分水纠纷，故河西各县纷纷效仿建水库，中央水利部、甘肃省水利局亦分别勘测。（页38～40）玉门油矿为祁连山下一新式工业，但因工艺不精，导致原油顺流而淌。（页44）祁连山是河西生命线，以其有雪水故也，但若不保护祁连山森林，则失去其保水功能，如今公私滥伐，无怪水流渐少。

【叙录编号】 0006

【档案题名】

甘肃省政府职员杜凌云《解决河西民生问题之我见》

【发文单位】 杜凌云

【收文单位】 不详

【档案编号】 004-008-0606-0001

【成文时间】 不详

【收藏单位】 甘肃省档案馆

【涉及地域】 河西走廊

【关 键 词】 河西水利；蓄水库；保护祁连山森林；发展畜牧

【内容提要】

（页53～56）建设西北，水利第一，近年来气候转暖，祁连山雪水不足，同时雪水未能尽量管理，导致灌溉不足。河西荒地不必全部开垦为农田，高原山地缺水，不宜农耕，但宜畜牧。故当修建蓄水库，疏通渠道，严禁砍伐祁连山森林，保养水源，发展畜牧与农业并行。

【叙录编号】 0007

【档案题名】

武威县政府呈报本县风俗纲要

【发文单位】 甘肃省民政厅；武威县政府

【收文单位】 甘肃省民政厅；武威县政府

【档案编号】 015-005-0072-（0005-0007）

【成文时间】 1933-08-05—1933-08-12

【收藏单位】 甘肃省档案馆
【涉及地域】 武威县
【关 键 词】 风土；民俗
【内容提要】

武威县政府呈文甘肃省民政厅，送本县风俗纲要请存转。介绍县气候亢旱，热度高。山间或内地温差大，沙漠差异更大。终年少雨，年均两三次为常态。农作物大小麦、糜谷、山芋、豆类最常见，玉米、刀豆、西瓜、葫芦、茄子、青椒、白菜、荞麦次之，芝麻、豆角、苜蓿又次之。甘肃省政府回文准予备查。

【叙录编号】 0008
【档案题名】

行政院水利委员会、甘肃省政府、祁连山国有林区管理处关于抽调人员到调查队工作、追加调查经费、发护照、报送调查路线的训令、代电

【发文单位】 农林部祁连山国有林区管理处；第七区行政督察专员公署等
【收文单位】 甘肃省政府；山丹县政府等
【档案编号】 027-001-0699（全案卷）
【成文时间】 1944-09-24—1945-07-19
【收藏单位】 甘肃省档案馆
【涉及地域】 祁连山
【关 键 词】 祁连山调查队
【内容提要】

行政院水利委员会回电甘肃省政府祁连山调查队工作计划，西北兽疫防治处报送选派申葆和参加祁连山调查队致函甘肃省政府，甘肃省建设厅致函甘肃水利林牧公司，甘肃省科学教育馆派邓叔群、何景参加祁连山调查森林植物，农林部祁连山国有林区管理处请清水房派人参加调查并惠赐调查队工作计划及分配预算，建设厅令赵缵绪在张掖等候，甘肃省政府请行政院增加祁连山调查队经费，甘肃省政府训令山丹、张掖、民乐三县协助调查队过境。农林部祁连山国有林区管理处报送《农林部祁连山国有林区管理处公私有林实施办法草案》，第七区行政督察专员公署报送祁连山查勘队费用情况。

【叙录编号】 0009
【档案题名】

甘肃省政府等关于祁连山调查队一事的各类文件

【发文单位】 农林部祁连山国有林区管理处；张掖县政府等
【收文单位】 甘肃省政府；甘肃省建设厅
【档案编号】 027-001-0700-（0001-0030）
【成文时间】 1945-05-25—1945-09-27
【收藏单位】 甘肃省档案馆
【涉及地域】 张掖县；山丹县
【关 键 词】 祁连山调查队
【内容提要】

此案卷包含30份文件，均与祁连山调查队有关。经济部致函甘肃省政府，祁连山调查工作所需的林牧及水土保持专业人员应由农林部选派。甘肃水利林牧公司致函甘肃省建设厅，同意派邓叔群、周重光参加祁连山调查工作队。甘肃省政府致电财政部，请尽快拨发祁连山调查队的经费。甘肃省政府又致函青海省，请协助祁连山调查队的工作。邓叔群又私下里给甘肃省建设厅厅长张心一写信，关于祁连山调查队的注意事项，一共提了三点，张心一回函给邓叔群，已通知调查队经过各县协助保护，且已通知青海省政府，请发祁连山调查队护照。甘肃省政府分别致函青海省政府，致电民乐县、张掖县及山丹县，请协助祁连山调查队。青海省政府回函，同意协助，并希望调查队早日到达。行政院水利委员会致电甘肃省政府，已派方宗岱、方德英参加祁连山调查队。行政院致电甘肃省政府，祁连山调查队不需变更名称，甘肃省政府将此事转电调查队。

调查队致电甘肃省建设厅，请汇转祁连山调查队的工作经费，甘肃省建设厅回电，所需经费已汇发。行政院令甘肃省政府追加给调查队53万元经费，甘肃省政府就此事致电祁连山调查队、财政部，该队增加动植物专家各一人，所需经费已由行政院准予照拨。财政部国库署致电甘肃省政府，祁连山调查队所需的300万元经费待审计部审核，完毕后即可拨发，又准将这笔经费转移本年度（1945）岁出办理。财政部致电甘肃省政府，祁连山调查队的经费已拨发（1945年6月11日），甘肃省政府回令已收到，又致电祁连山调查队，请其查收。财政部后又致电甘肃省政府，已拨发祁连山调查队增加动植物专家的经费，甘肃省政府回令收到（1945年8月）。武威县政府致电甘肃省政府，祁连山调查队森林组已于1945年7月11日抵达该地。祁连山调查队致函甘肃省建设厅，报送该队的行程情况及拨发经费的情况（1945年7月）。调查队王日伦致电甘肃省建设厅，该队调查工作已完毕（1945年9月4日），现在武威，请派车来接，甘肃省建设厅就此事致函西北公路管理局，请该局从武威调拨车辆接运该队。甘肃省建设厅致电祁连山调查队，可搭乘东行返兰车辆运送调查队人员与货物，西北公路管理局又致电甘肃省建设厅，已派拨6078号车接运祁连山调查队人员。甘肃省政府向行政院报送祁连山调查队的森林调查概况，又严令第六、七区行政督察专员公署，应保护祁连山森林资源并严禁砍伐林木。

【叙录编号】 0010
【档案题名】
民勤县自然环境及其改造问题
【发文单位】 姚佑生
【收文单位】 不详
【档案编号】 038-001-0036-0002
【成文时间】 不详
【收藏单位】 甘肃省档案馆
【涉及地域】 民勤县
【关 键 词】 自然环境；改造方略；地图
【内容提要】
如题，附有《民勤县中部形势略图》。

【叙录编号】 0011
【档案题名】
永昌祁连山区查勘路线图
【发文单位】 甘肃水利林牧公司武威工作站
【收文单位】 不详
【档案编号】 038-001-0219-0002
【成文时间】 不详
【收藏单位】 甘肃省档案馆
【涉及地域】 永昌县
【关 键 词】 祁连山
【内容提要】
该部分共1份文件，内容如题。

【叙录编号】 0012
【档案题名】
为请赠黑河流域三次勘察路线等公函
【发文单位】 西北地质调查分所
【收文单位】 甘肃水利林牧公司
【档案编号】 039-001-0025-0031
【成文时间】 1946-09-30
【收藏单位】 甘肃省档案馆
【涉及地域】 黑河流域
【关 键 词】 黑河流域勘察路线
【内容提要】
如题。

【叙录编号】 0013
【档案题名】
甘肃水利林牧公司、军令部第七陆地测量队关于洽借该队武威图一事的往来公函
【发文单位】 甘肃水利林牧公司；军事委员会

军令部第七陆地测量队
【收文单位】 军事委员会军令部第七陆地测量队；甘肃水利林牧公司
【档案编号】 039-001-0196-（0033-0034）
【成文时间】 1946-03-27—1946-05-04
【收藏单位】 甘肃省档案馆
【涉及地域】 武威县
【关 键 词】 测量；地图
【内容提要】

共2份文件，因甘肃水利林牧公司拟洽借武威附近五万分之一地形图尚未出版，军令部第七测量队希甘肃水利林牧公司派员来队参观。

【叙录编号】 0014
【档案题名】

皇城滩水文站呈报请逾格准予本站雇用工役

【发文单位】 皇城滩水文站
【收文单位】 甘肃水文总站
【档案编号】 039-001-0606-0025
【成文时间】 1947-06-12
【收藏单位】 甘肃省档案馆
【涉及地域】 永昌县
【关 键 词】 逾格；工役
【内容提要】

皇城滩水文站因人手不足请求雇佣更多工役（0025）。

【叙录编号】 0015
【档案题名】

就检发修正报汛办法事水利部致甘肃河西水利工程总队、中央水利实验处致甘肃省水文总站的训令

【发文单位】 水利部；中央水利实验处
【收文单位】 甘肃河西水利工程总队；甘肃省水文总站
【档案编号】

039-001-0635-（0004-0007）；

039-001-0635-（0013-0015）

【成文时间】 1947-12-03—1947-12-29
【收藏单位】 甘肃省档案馆
【涉及地域】 甘肃省
【关 键 词】 报汛办法
【内容提要】

共5份文件，水利部就汛期内事做出的规定。一、凡是在汛期以内逐日电报水位流量，雨量的测站均称为报汛站。二、各河流设报汛站应由该流域主管水利机关选择重要测站，于该年度开始时依照附表一（0006）填送本部核定后，再由各站主管机关径送交通部电信总局。三、各主管水利机关应将该流域各报汛站历年最高洪水位、最大洪水流量及其发生年月日，按照附表二（0006）格式查明填报备查。四、报汛期间规定，自6月1日起至9月30日止，如情形特殊，得斟酌提早或延长之，但须预先电报本部备查。五、各报汛站规定每日上午8时发电本部及主管机关报告水位及流量一次，下午4时电报水利部及主管机关雨量一次。六、各项报汛电报统由水利部整理列表，汇送中央广播电台，按时广播。在大汛期间星期日，亦照常汇送。七、各报汛站如遇暴雨，历时3小时或历时虽不及3小时而雨量达30公厘以上时，应将降雨时刻及数量立即电报水利部及主管机关。八、各报汛站于报汛期间内应将每周水位流量、雨量依照表三（0007）填就后，快邮分寄水利部及主管机关。汛期过后即予停止。九、电报水位流量，下文用三组数字代表，第一组为日期钟点，第二组为水位，第三组为流量，例如某站在14日上午8时测得水位为9659公尺，流量为4200秒立方公尺。如水位超过100公尺，流量超过1万秒立方公尺，则第一组、第二组及第二组、第三组之间各加入0001，余类推。十、电报雨量：第一组及

第二组为降雨起讫日期及时间，第三组为雨势，或急（电码1838）或缓（4883）或为中常（1627），第四组为降雨数量，第五组表示雨仍续降（4958）或停止（2972）或仍有雨意（2548），或已放晴（2532）。十一、电报内时刻用24小时计时。十二、各河流致报汛站得兼报其他次要雨量站之雨量。十三、各次要雨量站应将雨量记录于每日上午送交附近报讯站电报水利部及主管部门。十四、各报汛站兼报次要雨量站站名，由各主管水利机关依附表四（0007）填报。十五、各报汛站收集附近各次要雨量站降雨记录即单独拍发。十六、各报汛站的报汛电报应在观测后半小时内送至当地电报局。十七、各报汛站在规定报汛期间外，如发现冰凌或河面水冻等情形应随时电报水利部及主管部门。而后中央水利实验处将办法发至甘肃省水文总站。

【叙录编号】　0016
【档案题名】
　　甘肃水利林牧公司总管理处就缮发河西水利座谈会议记录事致安西工作站的函
【发文单位】　甘肃水利林牧公司总管理处
【收文单位】　甘肃水利林牧公司安西工作站
【档案编号】　039-001-0626-（0002-0003）
【成文时间】　1944-10-18
【收藏单位】　甘肃省档案馆
【涉及地域】　甘肃省
【关 键 词】　河西水利座谈；会议记录
【内容提要】

共2份文件，河西水利座谈首先由谭主任、张主任、原主任对酒张两站入祁连山和第三查勘队入山查勘状况进行报道。黑河东西两岔查得蓄水地点3处：1.拉东峡，距张掖170公里，有公路，无桥架，峡口为石灰岩，筑55公尺高坝，蓄水量可达14900余万公方；2.油葫芦，峡口亦系石灰岩，筑60公尺高坝，蓄水量10600余万公方，下游之马粪沟附近松林尚多；3.耳朵笼，峡口亦系石灰岩，筑70公里高坝，可蓄水量为13600余万公方，附近树大，石质略差。山内可见水库地点查寻8处，两营河：1.九条岭滩，筑26公尺高坝，可蓄水量为1290余万公方；2.柳窑河，筑20公尺高坝，可蓄水量为1000余万公方；金渠河：3.经大板，筑20公尺高坝，可蓄水量为880余万公方；4.青大板，筑20公尺高坝，可蓄水量为890余万公方；杂木河：5.马鹿峡，筑20公尺高坝，可蓄水量为400余万公方；6.松木潭，筑20公尺高坝，可蓄水量为970余万公方；黄羊河：7.花尖滩，筑25公尺高坝，可蓄水量为930万公方；8.毛地湾子，筑10公尺高坝，可蓄水量为520万公方。可建水库之地点：1.讨赖河峡，筑40公尺高坝，可蓄水量为10000万公方；2.疏勒河，筑3公尺高坝，可蓄水量为10000万公方。3.洪水河，峡仅七八公尺宽，可蓄水量为700万公方。4.花城湖，蓄水1000万公方，灌金塔生地湾7万亩新地。安西现有水利：1.泉水地，计8万余亩，就现状观之尚可扩充一倍；2.河水地：（1）疏勒河灌地6.8万余亩，若筑库蓄水，可加产10万亩；（2）踏实河1.5万余亩可加至6万亩。而后，会议商谈新工计划，由各站于本年11月底寄送计划各2份。

【叙录编号】　0017
【档案题名】
　　甘肃河西水利工程总队第三分队水文站为呈送工作月报的呈
【发文单位】　甘肃河西水利工程总队第三分队三岔堡水文站
【收文单位】　甘肃省水利局
【档案编号】　039-001-0634-0022
【成文时间】　1947-07-16
【收藏单位】　甘肃省档案馆

【涉及地域】 武威县
【关 键 词】 工作月报
【内容提要】

共1份文件，三岔堡水文站奉水工字第107号训令内开："为令饬该站翔实记载按期呈送工作月报，该站月份报表（见附表）尚未呈核，即补送由"，兹将本站未补送各种报表（附表所饬会应补送之报表）开列于后，并说明未予补送之缘由。工作月报内容包括：一、气象月报表（1至3月），查该项表式自3月份起方始办，故自3月份起方始呈表。二、含沙量月报表（1至5月），本站自设立以来未施测含沙量，为仪器设备不完备之故。三、流量计算表（1至4月），1至4月份为河水封冻时期，照例未施测流量。四、气象月报表（1至5月），本站因无仪器（气压针），从而无该项记录。五、相对湿度表（1至5月），因无仪器，从而无该项记录。查本站前为一完全水文站，自三十五年（1946）10月份起陆续加测雨量、气温（干球）等，故所有记录仅限于此，自三十六年（1947）7月份起又加测蒸发量，仅此签请鉴核谨呈。

【叙录编号】 0018
【档案题名】

农林部祁连山国有林区管理处关于树干解析、林区调查与勘察、标本采集等问题的训令、指令、报告、呈文、代电、函

【发文单位】 农林部祁连山国有林区管理处
【收文单位】 不详
【档案编号】 001-013-2634-（0001-0013）
【成文时间】 1943-04—1945-04
【收藏单位】 张掖市档案馆
【涉及地域】 祁连山
【关 键 词】 农林部祁连山国有林区管理处
【内容提要】

此案卷主要涉及祁连山国有林区的调查情况、初步勘察报告，时间为1944年12月，其目的在于祁连山为主要的水源地及林地，为便于农林部祁连山管理处管理，进行初步勘察。主要内容包括前言、社会状况、地况、林况、利用现况等。一、前言涉及了林区的地理范围、山中木材的类型等，还交代了山中交通困难、气候寒冷、地质人稀、方言杂汇等情况。二、社会状况主要是人民种族、人数及职业、教育及宗教、物产及经济，调查有矿产银、铜、铁、硫黄、石油等，猎品有鹿茸、麝香、狐皮、狼皮、猞猁、青羊皮、熊皮等，农产以青稞为主。物产虽丰富，但多未开发利用。此外还有地方上的疾病调查。三、地况包括名称境界、山脉地形、河流湖泽、地质土壤、气候。四、林况包括重要树木生长、林区名称及位置，共分有7个林区，分别是武威林区、永昌林区、民乐林区、张掖林区、临泽林区、高台林区、酒泉林区等；森林区域计面积约有2894平方市里，其中勘测了每个林区的面积数；森林灾害有5种，分别是放牧、砍伐、樵採、开垦、风雪；还有林区的荒山荒地调查。五、利用现况包括伐木情形、木材运销情形。此卷中还含有祁连山北麓概况，包括河流、山势、气候、金矿、煤矿、钢铁矿及银矿、森林、猎品、药材、垦地、未垦地及农产等，还有民族、户口、宗教、政事、牧畜、服饰、食品、住宅、婚姻、出行、丧葬、文化程度、教育、地方志等。

二、气象类档案

【叙录编号】 0019
【档案题名】
冰雹打毁田苗的报告
【发文单位】 大靖中心校
【收文单位】 古浪县政府
【档案编号】 039-001-115-045
【成文时间】 1936-09-24—1937-06-13
【收藏单位】 武威市档案馆
【涉及地域】 古浪县
【关 键 词】 冰雹
【内容提要】
1937年6月7日，突发冰雹，田苗被毁，受灾较重，请求派员勘察。

三、地质矿产类档案

【叙录编号】 0020
【档案题名】
甘肃省矿产勘测总队关于报送第二分队返兰日期及工作月报表致甘肃省建设厅的呈文
【发文单位】 甘肃省矿产勘测总队
【收文单位】 甘肃省建设厅
【档案编号】 027-006-0497-0012
【成文时间】 1943-01-05
【收藏单位】 甘肃省档案馆
【涉及地域】 武威县；张掖县；高台县；临泽县；金塔县
【关 键 词】 矿产勘测；煤矿
【内容提要】
如题，第二分队于民国三十一年（1942）12月19日返兰，并附《甘肃省矿产勘测队第二分队工作日程表》1份，其中包括民国三十一年（1942）5至12月前往兰州、武威、张掖、高台、临泽、金塔等地的行程及到访地点。

【叙录编号】 0021
【档案题名】
甘肃省矿产勘测总队关于呈报财产情况、请发勘探证明书等各类文件
【发文单位】 甘肃省矿产测勘总队；甘肃省政府等
【收文单位】 甘肃省矿产测勘总队；甘肃省政府等

【档案编号】 027-008-0546-（0005-0014）
【成文时间】 1942
【收藏单位】 甘肃省档案馆
【涉及地域】 河西走廊
【关 键 词】 河西勘测；仪器预算书；行旅护照
【内容提要】

甘肃省矿产勘测总队呈报甘肃省政府经费购买仪器预算书及一、二、三分队财产目录请备查；总队呈缴行旅护照请甘肃省建设厅查收注销，甘肃省建设厅函转甘肃省政府秘书处；甘肃省政府就矿产勘测队出发河西勘测呈请各县保卫发证明书一事令其到达后再行勘发。

【叙录编号】 0022
【档案题名】

甘肃水利林牧公司为派段国璋专任河西地质调查工作的函

【发文单位】 甘肃水利林牧公司
【收文单位】 河西水利第三分队
【档案编号】 039-001-0584-0028
【成文时间】 1946-02-16
【收藏单位】 甘肃省档案馆
【涉及地域】 河西走廊
【关 键 词】 河西地质调查
【内容提要】

共3份文件，内容如题。

【叙录编号】 0023
【档案题名】

甘肃省矿产勘测总队关于报送各分队8—10月份工作情况致甘肃省政府的呈文

【发文单位】 甘肃省矿产勘测总队
【收文单位】 甘肃省建设厅
【档案编号】 027-006-0498-0001
【成文时间】 1942-11-30
【收藏单位】 甘肃省档案馆
【涉及地域】 玉门县；张掖县；山丹县；永昌县
【关 键 词】 矿产勘测；煤矿
【内容提要】

如题，8—10月各分队勘测了玉门、张掖、山丹、永昌等县矿产情况，附各月月报表16份请甘肃省建设厅鉴核。其中包括涉及上述地点的地质勘测表，表头中包括调查地点、地层时代、岩层、岩石、化石、构造、矿产类型、产地、成因、矿质、厚度、面积、气候、交通、水量等情况。

【叙录编号】 0024
【档案题名】

甘肃省矿产勘测总队关于报送第一分队勘察月报表及返兰日期致甘肃省建设厅的呈文

【发文单位】 甘肃省矿产勘测总队
【收文单位】 甘肃省建设厅
【档案编号】 027-006-0498-0003
【成文时间】 1942-11-30
【收藏单位】 甘肃省档案馆
【涉及地域】 永登县；武威县；山丹县；张掖县；酒泉县；敦煌县；安西县；玉门县
【关 键 词】 矿产勘测；煤矿
【内容提要】

如题，第一分队于民国三十一年（1942）10月22日返兰，并附《甘肃省矿产勘测队第一分队工作日程表》1份，其中包括民国三十一年（1942）5至10月前往兰州、永登、武威、山丹、张掖、酒泉、敦煌、安西、玉门等地的行程及到访地点。

【叙录编号】 0025
【档案题名】

实业部关于保护勘探油矿工程师请甘肃省政府令各县、驻军方协助的文件

【发文单位】 实业部；甘肃省政府

【收文单位】 实业部；甘肃省政府等
【档案编号】 027-008-0224-（0005-0006）
【成文时间】 1937-04-08—1937-04-10
【收藏单位】 甘肃省档案馆
【涉及地域】 皋兰县；古浪县；高台县；永登县；武威县；永昌县；山丹县；民乐县；张掖县；玉门县；酒泉县
【关 键 词】 勘探油矿；协助保护
【内容提要】

实业部咨文甘肃省政府请其保护勘探油矿工程师行动，甘肃省政府就此事训令皋兰、古浪、高台、永登、武威、永昌、山丹、民乐、张掖、临潭、玉门、酒泉等12县协助保护并致函陆军骑兵第五师驻军保护，回函实业部。

【叙录编号】 0026
【档案题名】

甘肃省政府关于请中国石油公司甘青分公司补测玉门等县地图的各类文件

【发文单位】 甘肃省政府；中国石油公司甘青分公司探勘处
【收文单位】 甘肃省政府；中国石油公司甘青分公司探勘处等
【档案编号】

027-008-0551-（0001-0003）；
027-008-0551-（0006-0010）

【成文时间】 1947-02-25—1948-03-26
【收藏单位】 甘肃省档案馆
【涉及地域】 玉门县；酒泉县；敦煌县；永昌县；山丹县；永登县
【关 键 词】 西北勘探；地形地质；协助保护
【内容提要】

甘肃省政府派中国石油公司甘青分公司、野外地质调查五队补测地形地质图，训令玉门、酒泉、皋兰、敦煌、泾川、崇信、华亭、化平、隆德、平凉、固原等11县政府及永昌、张掖、玉门、山丹、皋兰、永登6县政府协助保护，并代电中国石油公司甘青分公司探勘处填送护照。中国石油公司甘青分公司探勘处另就调查安西、敦煌情况代电甘肃省政府请由甘肃建设厅开具证明书。

【叙录编号】 0027
【档案题名】

民国三十四年（1945）甘肃水利林牧公司武威工作站就水工试验场及金陵大学两土壤试验室索要关于土壤试验资料一事致总管理处的函

【发文单位】 甘肃水利林牧公司武威工作站
【收文单位】 甘肃水利林牧公司总管理处
【档案编号】 039-001-0029-0039
【成文时间】 1945-03-21
【收藏单位】 甘肃省档案馆
【涉及地域】 甘肃省；武威县
【关 键 词】 土壤试验资料
【内容提要】

共1份文件，涉及武威工作站向总管理处转要水工试验场及金陵大学土壤试验资料一事。

【叙录编号】 0028
【档案题名】

民国三十六年（1946）甘肃水利林牧公司为检送调查武威黄羊河张义堡水库地质报告及附图致黄河水利委员会的函

【发文单位】 甘肃水利林牧公司
【收文单位】 黄河水利委员会
【档案编号】 039-001-0029-0040
【成文时间】 1947-04-12
【收藏单位】 甘肃省档案馆
【涉及地域】 甘肃省；武威县
【关 键 词】 水库地质报告

【内容提要】

共1份文件，内容如题。

【叙录编号】 0029

【档案题名】

甘肃省矿产测勘总队二十一年度（1932）河西测勘区域表

【发文单位】 不详

【收文单位】 不详

【档案编号】 历02-01-0252-0009

【成文时间】 1932

【收藏单位】 酒泉市档案馆

【涉及地域】 敦煌县；玉门县；酒泉县；高台县；张掖县；民乐县；永昌县；武威县；古浪县；山丹县

【关 键 词】 矿产勘测

【内容提要】

如题。

四、土地资源类档案

【叙录编号】 0030

【档案题名】

甘肃省政府委员会第914次会议记录关于提会报告国民财政厅呈请将省库11月下旬支付岁出各款分别科目编具报告表及提请审议拟订甘肃省各征收使用拍照税暂行章程等事宜的会议议事日程，附会议记录与会议材料

【发文单位】 甘肃省民政厅；甘肃省财政厅等

【收文单位】 甘肃省政府

【档案编号】 004-007-0259-（0003-0004）

【成文时间】 1941-12-26

【收藏单位】 甘肃省档案馆

【涉及地域】 张掖县；酒泉县；武威县

【关 键 词】 军粮；屯粮；改良；测量

【内容提要】

第914次会议涉及以各战区部队机关官兵给养军粮各按应掌握之数分别屯备补给一案；为协办军粮列入县长考绩一案；制定各县代购部队马干办法；张掖、酒泉二县城市土地测量业务实施计划；本省征购1941年度屯粮事宜；各省收购推广改良作物种子；农林部各省粮食增产购种周转金保管办法；武威、张掖、酒泉三重要城市土地测量。

【叙录编号】 0031

【档案题名】

甘肃省政府委员会第951次会议记录关于提会报告武威县城市土地测量业务实施计划及提请审议甘肃省各机关工作分级考核实施细则等事宜的会议议事日程，附会议记录与会议材料

【发文单位】 甘肃省建设厅；甘肃省民政厅等

【收文单位】 甘肃省政府

【档案编号】 004-007-0278-（0001-0002）

【成文时间】 1942-05-12

【收藏单位】 甘肃省档案馆

【涉及地域】 张掖县；酒泉县；武威县

【关 键 词】 土地测量；土地登记；麦粉厂；酒精厂

【内容提要】

第951次会议涉及拟订武威县城市土地测量业务实施计划及武威县城市土地登记业务实施计划；拟订张掖县城市土地登记业务实施计划；拟订兰州、西北两麦粉厂供销麦粉办法；修正天水联兴动力酒精厂章程并呈明各糟坊先后烧存原料情形及订购制造酒精机器等情；办理平凉、临夏城市土地登记业务期限事宜。

【叙录编号】 0032

【档案题名】

甘肃省政府委员会第1030次会议议事日程，附会议资料

【发文单位】 甘肃省政府委员会

【收文单位】 甘肃省政府

【档案编号】 004-007-0310-0004

【成文时间】 1943-03-16

【收藏单位】 甘肃省档案馆

【涉及地域】 武威县；永登县

【关 键 词】 划界调整

【内容提要】

主要涉及甘肃省工资督察与限价督导办法核示，派员勘划武威、永登区域插花地一案，官堡筹设新治及划界调整一案。

【叙录编号】 0033

【档案题名】

甘肃省政府委员会第1441次会议记录议事日程，附会议材料

【发文单位】 甘肃省政府委员会

【收文单位】 不详

【档案编号】 004-007-0411-0002

【成文时间】 1947-06-20

【收藏单位】 甘肃省档案馆

【涉及地域】 张掖县；永昌县；山丹县

【关 键 词】 地籍整理

【内容提要】

主要涉及主席提议地政局签呈张掖、永昌、山丹三县地籍整理完竣征收赋税。

【叙录编号】 0034

【档案题名】

甘肃省政府委员会第1167次会议记录

【发文单位】 甘肃省政府委员会

【收文单位】 甘肃省政府

【档案编号】 004-007-0515-0004

【成文时间】 1944-08-18

【收藏单位】 甘肃省档案馆

【涉及地域】 民勤县

【关 键 词】 更正地亩赋额；征借粮赋

【内容提要】

会议审议了：1.固原、庆阳、海原、庄浪、民勤、宁县呈报本年复查更正地亩赋额问题。2.于夏禾登场打碾之际征借粮赋一事。

【叙录编号】 0035

【档案题名】

甘肃省政府委员会第1168次会议记录

【发文单位】 甘肃省政府委员会

【收文单位】 甘肃省政府

【档案编号】 004-007-0515-0005

【成文时间】 1944-08-22

【收藏单位】 甘肃省档案馆

【涉及地域】 张掖县；山丹县；古浪县

【关 键 词】 最高标准地价；地亩更正

【内容提要】

会议审议了：1.张掖县评议全县最高标准地价问题。2.山丹、镇原、康乐、漳县、古浪五县复查更正结果表。

【叙录编号】 0036

【档案题名】

甘肃省政府委员会第1177次会议记录

【发文单位】　甘肃省政府委员会
【收文单位】　甘肃省政府
【档案编号】　004-007-0516-0004
【成文时间】　1944-09-22
【收藏单位】　甘肃省档案馆
【涉及地域】　武威县；永登县；金塔县
【关 键 词】　复查地亩；更正结果
【内容提要】

会议讨论了：1.田赋粮食管理处签呈武威、清水、会宁、定西、秦安、永登、正宁、金塔等八县本年复查更正结果表。2.渭源等九县遭遇雹灾，请中央拨款救济等事。

【叙录编号】　0037
【档案题名】

甘肃省政府委员会第1376次会议记录

【发文单位】　甘肃省政府委员会
【收文单位】　甘肃省政府
【档案编号】　004-007-0526-0010
【成文时间】　1946-10-18
【收藏单位】　甘肃省档案馆
【涉及地域】　山丹县；武威县；高台县；临泽县；酒泉县
【关 键 词】　地籍整理；冬令救济；善后救济
【内容提要】

会上报告了山丹县地籍整理事业完竣，开办武威、高台、临泽等地事业的完成期限等事。讨论了社会处呈将善后救济总署配发给肃丰渠工赈等赈济费用抽调用以冬令救济，审议渭源县等十一县被灾情况等事。

【叙录编号】　0038
【档案题名】

甘肃省政府委员会第1386次会议记录

【发文单位】　甘肃省政府委员会
【收文单位】　甘肃省政府
【档案编号】　004-007-0527-0008
【成文时间】　1946-11-22
【收藏单位】　甘肃省档案馆
【涉及地域】　张掖县；武威县
【关 键 词】　大满堡公地缴纳登记费；武威地籍整理业务
【内容提要】

会上报告了地政署函寄地价调查估计规则、土地建筑改良物价规则。讨论了：1.农贷工程水费保管委员会签呈张心一提议，因本省大型水利工程兴办时间不同，用款种类数目悬殊，为平均负担起见，拟对甘肃省政府贷款兴办水利工程不分时期先后按收益田亩总数同时平均征收水费。若有差等则分等级征收，按每渠贷款数额分摊为宜。请公决案。会议决议交民政厅、建设厅、地政局、财政厅审查。由财政厅召集，并请叶院长参加。2.审议本年冬令救济款项拨配办法及数目表。3.财政厅、建设厅呈张掖大满堡公地缴纳登记费等款项，请由第二预备金拨款。4.地政局签呈请追加武威地籍整理业务拨款事宜。

【叙录编号】　0039
【档案题名】

甘肃省政府委员会第1403次会议记录

【发文单位】　甘肃省政府委员会
【收文单位】　甘肃省政府
【档案编号】　004-007-0529-0008
【成文时间】　1947-02-07
【收藏单位】　甘肃省档案馆
【涉及地域】　武威县
【关 键 词】　土地测量队；经费拨发
【内容提要】

会上讨论了武威土地测量队经费拨发办法事宜。

【叙录编号】 0040
【档案题名】
甘肃省政府委员会第1419次会议记录
【发文单位】 甘肃省政府委员会
【收文单位】 甘肃省政府
【档案编号】 004-007-0531-0003
【成文时间】 1947-04-04
【收藏单位】 甘肃省档案馆
【涉及地域】 高台县；临泽县；酒泉县；古浪县
【关 键 词】 地籍整理；土地陈报；水灾；减税
【内容提要】
会上报告了高台、临泽、酒泉、古浪四县编造地籍整理业务计划及经费预算，讨论了田赋粮食管理处拟具修正本省各县办理整理土地陈报检举隐匿及复查更正暂行办法、甘谷县被水灾情况及减免赋税事宜。

【叙录编号】 0041
【档案题名】
甘肃省政府委员会第1431次会议记录
【发文单位】 甘肃省政府委员会
【收文单位】 甘肃省政府
【档案编号】 004-007-0532-0005
【成文时间】 1947-05-17
【收藏单位】 甘肃省档案馆
【涉及地域】 民乐县；永昌县；山丹县
【关 键 词】 重估地价
【内容提要】
会上报告了天水、民乐、永昌、陇西、灵台、山丹、会川等县重估地价成果。

【叙录编号】 0042
【档案题名】
甘肃省政府委员会第1434次会议记录
【发文单位】 甘肃省政府委员会
【收文单位】 甘肃省政府
【档案编号】 004-007-0532-0008
【成文时间】 1947-05-27
【收藏单位】 甘肃省档案馆
【涉及地域】 民勤县；武威县
【关 键 词】 重估地价；缓征水费
【内容提要】
会上报告了民勤、徽县、武威、庆阳等县重估地价成果及其前后比较表。讨论了登丰等渠管理处请缓征水费以抒民困，秋收后再开征一事。

【叙录编号】 0043
【档案题名】
甘肃省政府委员会第1441次会议记录
【发文单位】 甘肃省政府委员会
【收文单位】 甘肃省政府
【档案编号】 004-007-0533-0005
【成文时间】 1947-06-20
【收藏单位】 甘肃省档案馆
【涉及地域】 张掖县；永昌县；山丹县
【关 键 词】 农地地籍整理
【内容提要】
会上讨论了张掖、永昌、山丹等三县农地地籍整理事宜。

【叙录编号】 0044
【档案题名】
永昌县第二、三区区署社会状况调查表
【发文单位】 永昌县第二、三区区署
【收文单位】 甘肃省政府
【档案编号】 004-008-0563-（0006-0009）
【成文时间】 1938-08-05
【收藏单位】 甘肃省档案馆
【涉及地域】 永昌县
【关 键 词】 荒地

【内容提要】

第二区可垦殖荒地占全区15%，该区地广人稀，水流不足且与武威分灌，故有荒地。第三区不可垦殖荒地占全区20%。

【叙录编号】　0045

【档案题名】

民勤县第一、二、四区区署社会状况调查表

【发文单位】　民勤县第一、二、四区区署

【收文单位】　甘肃省政府

【档案编号】　004-008-0563-（0017-0021）

【成文时间】　1938-06—1938-07

【收藏单位】　甘肃省档案馆

【涉及地域】　民勤县

【关 键 词】　荒地

【内容提要】

第一区可垦殖荒地63658亩，不可垦殖荒地480亩。第二区可垦殖荒地840余亩（一作50余），不可垦殖荒地960余亩（一作200余）。第四区可垦殖荒地4顷余，不可垦殖荒地9顷余。

【叙录编号】　0046

【档案题名】

古浪县第一、二区区署关于报送本区社会状况调查表致甘肃省民政厅第一科的公函

【发文单位】　古浪县第一、二区区署

【收文单位】　甘肃省民政厅

【档案编号】　004-008-0563-（0024-0026）

【成文时间】　1938-07-30

【收藏单位】　甘肃省档案馆

【涉及地域】　古浪县

【关 键 词】　荒地；灌溉

【内容提要】

第一区可垦殖荒地71195亩，不可垦殖荒地28478亩，荒地多因山高坡陡、气候寒冷、水少地多而不能垦殖，仅有古浪河、西山河用以灌溉。第二区可垦殖荒地23060亩，不可垦殖荒地为东北沙漠，靠古浪峡山水灌溉。

【叙录编号】　0047

【档案题名】

环县、庆阳、正宁、庄浪、镇原、古浪、张掖、武威各县呈报荒地情形的各类文件

【发文单位】　甘肃省民政厅；古浪县政府等

【收文单位】　甘肃省民政厅；古浪县政府等

【档案编号】　015-005-0227-（0004-0026）

【成文时间】　1934-02-27—1945-02-13

【收藏单位】　甘肃省档案馆

【涉及地域】　古浪县；张掖县；武威县

【关 键 词】　荒地；土地

【内容提要】

此23份文件为环县（0004-0009）、庆阳（0010-0013）、正宁（0014-0015）、庄浪（0016-0017）、镇原（0018-0019）、古浪（0020-0022）、张掖（0023-0024）、武威（0025-0026）县政府呈报本县荒地申报书的各类文件。其中：庆阳县政府呈文表式一直未下发，请民政厅补发。民政厅念在转报在即姑准对其补发。后庆阳县呈报当地因匪患不断无人申报，呈请免报。民政厅回文待有人申报即行报送。正宁县政府呈报荒地被匪盘踞难以填造，民政厅回文待肃清土匪迅速填报。庄浪县政府呈报庄邑人民现无人申报荒地，省政府令其迅速布告民众申报，填表汇赍备查。镇原县政府呈报民众逃荒严重，详查荒地情形需要一两年，先查清户口方可呈报荒地。民政厅回复令人申报即可，无需详查户口，令其速报呈赍。古浪县政府呈报荒地申报书及登记表，民政厅回文多地地权不明晰，发还原表册待后征收。张掖县政府呈正在派员将各区荒地切实调查，设法招领，难以迅速填造。省政府回文令其发布告令人申报，尽快呈赍。武威县政府呈

报本县地震后水源干涸，荒地甚多无人申报，难以查报。民政厅回文令其边调查边申报，毋得推诿。

【叙录编号】 0048
【档案题名】
武威荒山荒地调查表
【发文单位】 武威县政府
【收文单位】 甘肃省民政厅
【档案编号】 015-005-0479-0001
【成文时间】 1935-05-18
【收藏单位】 甘肃省档案馆
【涉及地域】 武威县
【关 键 词】 荒山荒地调查表
【内容提要】
武威县政府呈文民政厅本县荒山荒地调查表，有荒地：九墩庙滩、王景塞滩、七家沙滩、西沙滩、熊爪湖滩；荒山：孩母洞山、青达坂山、白达坂山、寺儿沟顶、小井子滩等。

【叙录编号】 0049
【档案题名】
甘肃省民政厅关于确地跨武威、民勤两县三岔堡等地畛域的各类文件
【发文单位】 武威县政府；甘肃省政府等
【收文单位】 武威县政府；甘肃省政府等
【档案编号】 015-008-0145-（0019-0022）
【成文时间】 1940-07-10—1940-09-23
【收藏单位】 甘肃省档案馆
【涉及地域】 武威县；民勤县
【关 键 词】 地界调整；飞嵌地；插花地
【内容提要】
武威县民张恒泰等人呈文省政府请确地跨武威、民勤两县三岔堡等地畛域以维民生。省政府回文已派行政专员查勘交接依法办理。第六区行政督察专员公署呈文省政府会同武威、民勤两县查勘，划归武威管辖，附原地图会议记录交款结状各1份（0021）。省政府回文俟候该署将民勤县呈报转呈再行核夺。

【叙录编号】 0050
【档案题名】
甘肃省民政厅关于将古浪县属双塔乡等地划归武威管辖的各类文件
【发文单位】 古浪县政府；甘肃省政府等
【收文单位】 古浪县政府；甘肃省政府等
【档案编号】 015-008-0146-（0001-0010）
【成文时间】 1940-08-09—1944-01-03
【收藏单位】 甘肃省档案馆
【涉及地域】 古浪县；武威县
【关 键 词】 地界调整；飞嵌地；插花地
【内容提要】
古浪县政府呈文省政府将县属双塔乡等地划归武威管辖，附图（0001）。省政府训令武威县政府会同查复，再行核夺，后派第六区行政督察专员公署查勘呈复。第六区行政督察专员公署呈文双塔乡应按旧界管辖，古浪朱家庄划归武威管辖，武威孟家园划归古浪管辖，附图及会议记录1份（0005）。省政府回文准予拨划，并令两县造表具报。古浪县政府又呈文省政府将武威县黄双下地方于古浪管辖，省政府委令第六区行政督察专员公署，专员公署呈文该地并非飞地，应暂缓划拨，省政府回文准予暂缓，知照两县。

【叙录编号】 0051
【档案题名】
关于春耕调查表的呈文；关于环河乡春耕的训令
【发文单位】 民勤县政府
【收文单位】 民勤县
【档案编号】
040-001-168-（0069、0070）
【成文时间】 1935-12-14—1935-12-25

【收藏单位】 武威市档案馆
【涉及地域】 民勤县
【关 键 词】 春耕
【内容提要】
如题。

【叙录编号】 0052
【档案题名】
呈报民勤县粮食现况表
【发文单位】 民勤县政府
【收文单位】 民勤县政府
【档案编号】 040-001-027-001
【成文时间】 1927-11-05—1939-01-16
【收藏单位】 武威市档案馆
【涉及地域】 民勤县
【关 键 词】 粮食
【内容提要】
如题。

【叙录编号】 0053
【档案题名】
请填报粮食情况调查表的函
【发文单位】 经济部农林司
【收文单位】 民勤县政府
【档案编号】 040-001-030-005
【成文时间】 1938-06-01—1938-12-28
【收藏单位】 武威市档案馆
【涉及地域】 民勤县
【关 键 词】 粮食情况
【内容提要】
如题。

【叙录编号】 0054
【档案题名】
实施地籍测量的公函
【发文单位】 民勤土地测量队
【收文单位】 民勤县
【档案编号】 040-001-378-025
【成文时间】 1948-06-06—1949-01-23
【收藏单位】 武威市档案馆
【涉及地域】 民勤县
【关 键 词】 土地测量
【内容提要】
如题。

五、水资源类档案

【叙录编号】 0055
【档案题名】
甘肃水利林牧公司关于请甘肃、青海省政府发祁连山查勘蓄水地点证明的文件
【发文单位】 甘肃省政府；甘肃水利林牧公司等
【收文单位】 甘肃省政府；甘肃水利林牧公司等
【档案编号】
027-002-0066-（0009-0015）；
027-002-0067-（0001-0017）
【成文时间】 1944-05-21—1944-09-28
【收藏单位】 甘肃省档案馆
【涉及地域】 张掖县；酒泉县；武威县

【关 键 词】 蓄水池
【内容提要】
甘肃水利林牧公司请甘肃省政府发前往酒泉、张掖、武威三地的工作站派员前往祁连山查勘蓄水地点证明致函甘肃省建设厅，甘肃、青海均发给。青海省政府请甘肃省政府查收证明，结束后甘肃水利林牧公司缴还撤销证明致函甘肃省政府，附有酒泉、张掖证明两张。甘肃水利林牧公司请驻军切实保护林区内祁连山水文站，甘肃省政府致函青海省政府请长期驻军祁连山水文站，青海发长期执照。甘肃省政府因更换黄城滩水文执照致函青海省政府。

【叙录编号】 0056
【档案题名】
河西水利工程处派员陪同塔德视察河西水利的各项文件
【发文单位】 西北军政长官公署；河西水利工程处等
【收文单位】 甘肃省政府
【档案编号】
038-001-0002-（0012-0013）；
038-001-0002-（0016-0018）
【成文时间】 不详
【收藏单位】 甘肃省档案馆
【涉及地域】 甘肃省
【关 键 词】 视察水利
【内容提要】
1949年6月15日，西北军政长官公署令省政府协助监护经合总署中国农村复兴联合委员会水利组长陶德及兰州办事处处长萨汉民赴河西一带视察农田水利灌溉情形，并令河西水利工程处派员陪同。6月25日，河西水利工程处电知侯科长等陪同塔德前往河西视察工程。河西水利工程处送塔德《请农复会贷款工程简略说明书》（英文）以备参考，后附《皋兰北山乡及景泰永泰乡旱地铺沙计划书》。6月28日，第七区行政督察专员兼保安司令呈报陶德等陪同视察情况。7月11日，甘肃河西水利工程处呈报省政府关于派员陪同塔德视察水利工程的纪要及照片，请省政府鉴核。7月23日，甘肃省建设厅呈请省政府批复陪同塔德视察费用，附各项开支清单，甘肃河西水利工程处呈报省政府，拟在存款利息项下开支派员陪同塔德所支旅费各款。

【叙录编号】 0057
【档案题名】
关于景泰永登两县水利普遍查勘的各项文件
【发文单位】 甘肃省政府；河西水利工程处
【收文单位】 河西水利工程处等
【档案编号】 038-001-0012-（0001-0003）
【成文时间】 不详
【收藏单位】 甘肃省档案馆
【涉及地域】 甘肃省
【关 键 词】 水利工程
【内容提要】
省政府令甘肃河西水利工程处速勘修景泰永泰川、永登庄浪河水利。河西水利工程处训令雒鸣岳、彭昆鸣、武威工程队勘测两处水利。

【叙录编号】 0058
【档案题名】
《民勤县内河水利概况》
【发文单位】 不详
【收文单位】 不详
【档案编号】 038-001-0036-0003
【成文时间】 不详
【收藏单位】 甘肃省档案馆
【涉及地域】 民勤县
【关 键 词】 内河；水利

【内容提要】

《民勤县内河水利概况》分为水源和河流、河渠修理和灌溉的情形、补救缺水的办法、沿河浇灌主要地区4个部分展开介绍，最后认为民勤是缺水的地方，尤其是内河的水，浇灌的时候更小，目前应在生产自救的原则下，用挑泉水和凿井的办法解决。

【叙录编号】 0059

【档案题名】

永昌、武威、古浪、民勤四县水利查勘报告

【发文单位】 黄河水利委员会上游修防林垦工程处

【收文单位】 不详

【档案编号】 038-001-0098-0003

【成文时间】 1942-05

【收藏单位】 甘肃省档案馆

【涉及地域】 永昌县；武威县；古浪县；民勤县

【关 键 词】 水利查勘报告

【内容提要】

该部分共1份文件，内容如题。

【叙录编号】 0060

【档案题名】

请派呈勘察拨款开取泉源呈、双城乡十四保泉水略图、请派员勘察泉源给水利局局长信、据请开取泉源案正由河西工程处通盘计划的批示

【发文单位】 甘肃省政府；武威双城乡乡民

【收文单位】 甘肃省水利局；武威双城乡乡民等

【档案编号】 038-001-0121-（0007-0010）

【成文时间】 1948-03—1948-04

【收藏单位】 甘肃省档案馆

【涉及地域】 武威县

【关 键 词】 双城乡；泉源

【内容提要】

如题，附有《双城乡十四保泉水略图》。

【叙录编号】 0061

【档案题名】

关于函送永昌等四县水利查勘报告

【发文单位】 黄河水利委员会上游工程处

【收文单位】 甘肃水利林牧公司

【档案编号】 039-001-0027-（0024-0025）

【成文时间】 1942-08-29—1942-09-16

【收藏单位】 甘肃省档案馆

【涉及地域】 永昌县等

【关 键 词】 水利查勘

【内容提要】

黄河水利委员会上游工程处、甘肃水利林牧公司之间关于函送永昌等四县水利查勘报告的公文往来。

【叙录编号】 0062

【档案题名】

甘肃水利林牧公司关于补充调配河西水利工程一、二分队以顺利开展测量工作的往来公函

【发文单位】 不详

【收文单位】 甘肃水利林牧公司等

【档案编号】 039-001-0081-（0023-0025）

【成文时间】 1945-09-15—1945-09-18

【收藏单位】 甘肃省档案馆

【涉及地域】 张掖县；武威县

【关 键 词】 测量工作

【内容提要】

共3份文件，张掖河西水利工程一、二分队所属技术人员不服分配，所有亟待测量工程无法进行，甘肃水利林牧公司派王振河、姚镇林、杨天恩赴武威一、二分队协助测量工作。

【叙录编号】 0063
【档案题名】
河西水利总队为报核党河川测候站请修附近古庙增加工款的函
【发文单位】 河西水利总队
【收文单位】 甘肃水利林牧公司总管理处
【档案编号】 039-001-0393-0045
【成文时间】 1947-03-01
【收藏单位】 甘肃省档案馆
【涉及地域】 甘肃省
【关 键 词】 党河川
【内容提要】
共1份文件，内容如题。

【叙录编号】 0064
【档案题名】
甘肃水利林牧公司河西水利工程总队第一分队函送甘肃水利林牧公司民勤县香家湾泉水勘察报告
【发文单位】 甘肃水利林牧公司河西水利工程总队第一分队
【收文单位】 甘肃水利林牧公司
【档案编号】 039-001-0505-0025
【成文时间】 1946-10
【收藏单位】 甘肃省档案馆
【涉及地域】 民勤县
【关 键 词】 勘察报告
【内容提要】
共1份文件，内容如题。

【叙录编号】 0065
【档案题名】
甘肃水利林牧公司与水利委员会关于引大通河水灌溉河西的往来公文与相关文件
【发文单位】 甘肃水利林牧公司；水利委员会等
【收文单位】 水利委员会；甘肃水利林牧公司河西水利工程总队第一分队
【档案编号】 039-001-0526-（0010-0024）
【成文时间】 1945-10-29—1946-04-30
【收藏单位】 甘肃省档案馆
【涉及地域】 武威县
【关 键 词】 大通河
【内容提要】
甘肃水利林牧公司函送水利委员会引大通河水灌溉河西测量报告（0011）并附签呈（0010），水利委员会函知甘肃水利林牧公司着手研究核拟意见（0012），甘肃水利林牧公司将引大通河水的可能线路与勘测计划拟具意见（0013），甘肃水利林牧公司检发大通河灌溉路线地形图（0014），甘肃水利林牧公司补寄永安营至皇城滩纵断面图及实测可能水库修筑地点地形图等（0015），甘肃水利林牧公司函知甘肃水利林牧公司河西水利工程总队第一分队可乘便勘测引大通河水可能路线，不必由工程师领导（0016），甘肃水利林牧公司河西水利工程总队第一分队函复甘肃水利林牧公司仍拟请方工程师来队指导勘测（0017），甘肃水利林牧公司函知甘肃水利林牧公司河西水利工程总队第一分队组队测量引大通河水灌溉河西路线并编报预算（0018），甘肃水利林牧公司河西水利工程总队第一分队函询甘肃水利林牧公司方宗岱测量有问题是否重行组队测量引大通河水灌溉工程（0019），河西水利总队函知甘肃水利林牧公司先做水平测量（0020），河西水利总队函报甘肃水利林牧公司工程测量费预算及初测预算（0021）并附预算书（0022），甘肃水利林牧公司函知参加水准队员请准支日用费（0023），河西水利总队函复甘肃水利林牧公司准支日用费（0024）。

【叙录编号】 0066
【档案题名】
甘肃水利林牧公司为派员查勘武威双城水利一事致河西水利工程队的函
【发文单位】 甘肃水利林牧公司总管理处
【收文单位】 水利部河西水利工程队第一分队
【档案编号】 039-001-0510-0002
【成文时间】 1946-05-08
【收藏单位】 甘肃省档案馆
【涉及地域】 武威县
【关 键 词】 查勘水利
【内容提要】
共1份文件，内容如题。

【叙录编号】 0067
【档案题名】
甘肃水利林牧公司总管理处就转述行政院水利委员会关于水文站调整方法及注意事项致河西水利工程一、二、三、四、五分队的函
【发文单位】 甘肃水利林牧公司总管理处
【收文单位】 河西水利工程一、二、三、四、五分队
【档案编号】 039-001-0561-0016
【成文时间】 1946-03-14
【收藏单位】 甘肃省档案馆
【涉及地域】 甘肃省
【关 键 词】 行政院水利委员会；河西水利工程；水文站调整
【内容提要】
共1份文件，内容如题。

【叙录编号】 0068
【档案题名】
甘肃河西水利工程总队第五分队就送该队测候站观测员等调查表及印鉴事宜致总管理处的函
【发文单位】 甘肃河西水利工程总队第五分队
【收文单位】 甘肃水利林牧公司总管理处
【档案编号】 039-001-0561-0025
【成文时间】 1946-01-28
【收藏单位】 甘肃省档案馆
【涉及地域】 甘肃省
【关 键 词】 甘肃河西水利工程总队第五分队
【内容提要】
共1份文件，内容如题。

【叙录编号】 0069
【档案题名】
皇城滩水文站为报各月份经费数目等的呈
【发文单位】 皇城滩水文站
【收文单位】 甘肃水文总站
【档案编号】 039-001-0573-0002
【成文时间】 1948-02-03
【收藏单位】 甘肃省档案馆
【涉及地域】 永昌县
【关 键 词】 经费
【内容提要】
共1份文件，内容如题。

【叙录编号】 0070
【档案题名】
耿思温为总站汇来人民币款项等事情的函
【发文单位】 耿思温
【收文单位】 甘肃水文总站
【档案编号】 039-001-0573-0045
【成文时间】 1949-10-24
【收藏单位】 甘肃省档案馆
【涉及地域】 永昌县
【关 键 词】 汇款
【内容提要】
共1份文件，内容如题。

【叙录编号】 0071
【档案题名】
河西水利第一分队就古浪测量队往返的各类文件
【发文单位】 河西水利第一分队
【收文单位】 甘肃水利林牧公司总管理处
【档案编号】
039-001-0586-（0009-0010）；
039-001-0586-（0012-0013）
【成文时间】 1945-10-13—1945-11-08
【收藏单位】 甘肃省档案馆
【涉及地域】 古浪县
【关 键 词】 古浪测量队
【内容提要】
共4份文件，包括河西水利第一分队赴古浪测量往返日期电2份及队长张家瑶公出报告书2份。

【叙录编号】 0072
【档案题名】
河西水利第一分队队长张家瑶赴张义堡工程的报告书
【发文单位】 河西水利第一分队
【收文单位】 甘肃水利林牧公司总管理处
【档案编号】 039-001-0586-（0016-0019）
【成文时间】 1946-05-11—1946-06-20
【收藏单位】 甘肃省档案馆
【涉及地域】 武威县
【关 键 词】 张义堡工程；公出报告书；差竣报告书
【内容提要】
共3份文件，包括张家瑶赴张义堡测量的公出报告书（0016）、测量张义堡蓄水库工程的公出报告书（0018）、测量黄羊河等地蓄水库地形的差竣报告书（0019）。

【叙录编号】 0073
【档案题名】
皇城滩水文站为报本站工役更换等情形的呈
【发文单位】 皇城滩水文站
【收文单位】 甘肃水文总站
【档案编号】 039-001-0606-0020
【成文时间】 1947-05-09
【收藏单位】 甘肃省档案馆
【涉及地域】 永昌县
【关 键 词】 更换
【内容提要】
皇城滩水文站因旧员调任他处核报新员补缺等情形（0020）。

【叙录编号】 0074
【档案题名】
河西水利工程处总队就核示调整各水文站员工名册事致第五分队的指令
【发文单位】 河西水利工程处总队
【收文单位】 河西水利工程处第五分队
【档案编号】 039-001-0615-0025
【成文时间】 1947-06-04
【收藏单位】 甘肃省档案馆
【涉及地域】 甘肃省
【关 键 词】 各水文站裁撤裁并
【内容提要】
共1份文件，除调整员工外，总队还指示各水文站必须施测流量，如有其他设备，需施测含沙量或其他气象，暂定每旬一次；水位有显著变化时，需要马上施测；水文报表需按期填报，1个月3份。

【叙录编号】 0075
【档案题名】
河西水利工程第一分队就调整武威区各水文站人事致武威区各水文站的函

【发文单位】 河西水利工程第一分队
【收文单位】 武威区各水文站
【档案编号】 039-001-0616-0034
【成文时间】 1947-08-08
【收藏单位】 甘肃省档案馆
【涉及地域】 甘肃省
【关 键 词】 水文站员工调整
【内容提要】
共1份文件，内容如题。

【叙录编号】 0076
【档案题名】
皇城滩水文站就根据该年8月4日甘肃省水文总站交接训令于9月10日交接完毕事致甘肃水文总站的签呈
【发文单位】 皇城滩水文站
【收文单位】 甘肃省水文总站
【档案编号】 039-001-0617-0020
【成文时间】 1947-09-20
【收藏单位】 甘肃省档案馆
【涉及地域】 永昌县
【关 键 词】 水文站事务交接
【内容提要】
共1份文件，内容如题。

【叙录编号】 0077
【档案题名】
甘肃省水文总站水文测试办法细则；河西水文站经费事项处理办法；甘肃省水文总站水文测试工作竞赛实施办法
【发文单位】 甘肃省水文总站
【收文单位】 武威县政府
【档案编号】 041-001-032-003
【成文时间】 1947-05-11—1948-03-29
【收藏单位】 武威市档案馆
【涉及地域】 河西水文站
【关 键 词】 水文
【内容提要】
如题。

贰　自然灾害与赈济类档案

一、旱灾类档案

【叙录编号】 0078
【档案题名】
武威团管区司令部、民乐县政府等单位关于兵役问题的训令、代电、呈
【发文单位】 民乐县政府
【收文单位】 武威团管区司令部
【档案编号】 001-005-1237
【成文时间】 1941-08-04—1941-11-10
【收藏单位】 张掖市档案馆
【涉及地域】 民乐县
【关 键 词】 新兵食粮
【内容提要】
民乐县县长朱绍良因本年旱灾奇重致新兵食粮无法代购给武威团管区司令部的函与代电。

【叙录编号】 0079
【档案题名】
关于举行黄灾救济捐款的办法；关于举行黄灾救济捐款一日运动的训令
【发文单位】 民勤县教育局
【收文单位】 民勤县政府
【档案编号】 040-001-029-103
【成文时间】 1938-07-28—1938-12-07
【收藏单位】 武威市档案馆
【涉及地域】 民勤县
【关 键 词】 黄灾救济
【内容提要】
如题。

【叙录编号】 0080
【档案题名】
民勤县泉山乡各保饿死人口调查表与报告
【发文单位】 三青团民勤分团部
【收文单位】 三青团民勤第五区队
【档案编号】 040-001-085-055
【成文时间】 1942-01-06—1942-12-30
【收藏单位】 武威市档案馆
【涉及地域】 民勤县
【关 键 词】 饿死人口调查表
【内容提要】
如题。

【叙录编号】 0081
【档案题名】
呈为歉收粮地方大饥荒恳请县政府开放社仓以资救济灾民；关于请各区将粮借给饥民以资救济
【发文单位】 三青团民勤第二区队；三青团民勤分团部
【收文单位】 民勤县政府
【档案编号】
040-001-160-011；
040-001-160-016
【成文时间】 1935-08-31—1944-08-17
【收藏单位】 武威市档案馆
【涉及地域】 民勤县
【关 键 词】 饥荒；救济

【内容提要】

如题。

【叙录编号】 0082

【档案题名】

民勤县抗旱成灾恳祈设法救济以免流离；电请甘肃省政府设法救济本县灾黎；以资救灾区的代电等

【发文单位】 民勤县参议会；旅京同乡会

【收文单位】 民勤县政府

【档案编号】 040-001-197-064

【成文时间】 1944-07-20—1945-09-30

【收藏单位】 武威市档案馆

【涉及地域】 民勤县

【关 键 词】 旱灾；救济

【内容提要】

如题。

二、水灾类档案

【叙录编号】 0083

【档案题名】

甘肃省政府委员会第1496次会议关于通报县市区长兵役行政工作考核及人民对于兵役事务之奖惩规定事项及讨论拨发临潭县卫生院卫生用品供销所奖金等事宜的会议记录

【发文单位】 甘肃省政府委员会

【收文单位】 甘肃省政府

【档案编号】 004-007-0539-0004

【成文时间】 1948-01-02

【收藏单位】 甘肃省档案馆

【涉及地域】 甘肃省

【关 键 词】 灾害

【内容提要】

关于提会呈报武威上半年局部失歉，准许减免及西营、金羊等乡水灾严重，申请减免赋税等事宜。

【叙录编号】 0084

【档案题名】

民勤县关于环河乡等处被水灾请甘肃省民政厅及甘肃省政府核办的各类文件

【发文单位】 民勤县政府；甘肃省民政厅等

【收文单位】 民勤县政府；甘肃省财政厅等

【档案编号】 015-006-0337-（0001-0030）

【成文时间】 1935-05-27

【收藏单位】 甘肃省档案馆

【涉及地域】 民勤县

【关 键 词】 水灾；耕田；地亩；豁免银洋

【内容提要】

民政厅代电民勤县政府报省政府民勤县于5月23日降甘霖农产定能丰收。后民勤县呈文省政府、民政厅、财政厅环河乡三岔上驿二沟与中渠乡、东渠乡等沟被水冲永不能耕复，县长复勘属实，请委员查勘。民政厅、财政厅会委武威县县长复勘属实，会呈省政府请核办在案。省政府回文备查。民勤、武威县政府另会呈民政厅、财政厅二厅报水冲坏地亩分数乞鉴核，民政厅、财政厅二厅会令二县复查被水冲地亩有无特殊情况，究竟能否耕种，详查具复。民勤县政府回文环河乡三岔上驿二沟地亩确有特殊情况，永不能耕复。民政厅、财政厅呈文省政府请鉴核备查，省政府回文令民勤造具册结都图赍核办。民勤、武威县政府送被水各地地亩豁免银洋册结都图请民政厅、财政厅二厅查核转报，省政府回文已查核转报，分咨内政、财政部与行政院呈转国民政府备案。

【叙录编号】 0085
【档案题名】
转呈令水利工程队兴修古城乡石槽河等处被山洪冲毁水渠呈；请转呈省政府令武威水利工程队修筑古城乡石槽沟被山洪冲毁水渠提案；请修古城乡石槽沟等处冲毁水渠指令
【发文单位】 武威县政府；甘肃省政府等
【收文单位】 甘肃省政府；武威县政府
【档案编号】 038-001-0121-（0018-0020）
【成文时间】 1947-03-01—1947-03-04
【收藏单位】 甘肃省档案馆
【涉及地域】 武威县
【关 键 词】 山洪；石槽河
【内容提要】
如题。

【叙录编号】 0086
【档案题名】
环河水淹秋灾各保自助办法救济不再堪免训令
【发文单位】 民勤县田赋粮食管理处
【收文单位】 民勤县政府
【档案编号】 040-001-382-031
【成文时间】 1948-04-01—1949-08-17
【收藏单位】 武威市档案馆
【涉及地域】 民勤县
【关 键 词】 水灾；救济
【内容提要】
如题。

三、地震及地质灾害类档案

【叙录编号】 0087
【档案题名】
甘肃省政府委员会第1289、1290、1291、1293、1294次会议议事日程外附会议材料
【发文单位】 甘肃省政府
【收文单位】 不详
【档案编号】
0004-007-0067-（0001-0003）；
0004-007-0067-（0005-0006）
【成文时间】
1945-11-02；1945-11-06；1945-11-09；1945-11-20；1945-11-23
【收藏单位】 甘肃省档案馆
【涉及地域】 民勤县；安西县；玉门县
【关 键 词】 旱灾；水冲沙压；虫灾；雹灾
【内容提要】
第1289次会议涉及拟订甘肃省各县局苗圃组织规程一事。第1290次会议涉及本省

1945年度各地的旱灾状况。第1291次会议涉及省政府所订的甘肃旱灾区工赈计划大纲及急赈计划，民勤、西固、武都等县1945年水冲沙压等灾情。第1293次会议涉及安西县、民勤县、玉门县、徽县等地1945年水淹虫伤等灾情。第1294次会议涉及夏河县呈报1945年旱灾、雹灾一事。

【叙录编号】 0088
【档案题名】
关于呈报防沙委员会成立日期及简章析鉴和转报；《民勤县防沙委员会简章》
【发文单位】 民勤县防沙委员会
【收文单位】 民勤县政府
【档案编号】 040-001-087-008
【成文时间】 1941-07—1942-11
【收藏单位】 武威市档案馆
【涉及地域】 民勤县
【关 键 词】 防沙
【内容提要】
如题。

【叙录编号】 0089
【档案题名】
准祁连山国有林区管理处提议各县应禁止民众滥伐树以充作燃料并应大力育苗造林以备将来取材之需，令该县遵办具报；关于各县种树应在方法上多加注意以便成活并应严禁拔除沙漠植物充作燃料以固流沙而卫农田考由仰遵办具报
【发文单位】 第六区行政督察专员公署
【收文单位】 民勤县政府
【档案编号】
040-001-115-033；
040-001-115-034
【成文时间】 1942-08-23—1943-10-26
【收藏单位】 武威市档案馆
【涉及地域】 民勤县
【关 键 词】 种树固沙；禁止滥伐
【内容提要】
如题。

四、其他灾害与符合灾害类档案

【叙录编号】 0090
【档案题名】
甘肃省政府委员会临时谈话会议议事日程外附会议材料；甘肃省政府委员会第3次临时谈话会议议事日程外附会议材料；甘肃省政府委员会1946年度3月1日临时谈话会议议事日程外附会议材料；甘肃省政府委员会第4次临时谈话会议议事日程外附会议材料；甘肃省政府委员会第8次临时谈话会议议事日程外附会议材料；甘肃省旱灾救济委员会第10次常务委员会议议事日程外附会议材料
【发文单位】 甘肃省政府；甘肃省旱灾救济委员会
【收文单位】 不详
【档案编号】
004-007-0070-（0002-0005）；

004-007-0070-（0008-0009）
【成文时间】
1944-05-26；1944-03-05；1944-03-01；
1946-03-08；1946-03-22；1946-04-29
【收藏单位】 甘肃省档案馆
【涉及地域】 永昌县；高台县；民勤县；武威县
【关 键 词】 雹灾；水利；旱灾
【内容提要】
临时谈话会议涉及镇原、隆德、庆阳、泾川、永昌等县1943年雹灾一事。第3次临时谈话会议涉及勘报灾歉条例的使用一事。1946年度3月1日临时谈话会议涉及为张掖县兴修水利请予奖励、永昌金龙坝渠工程处处长张象瑶申请为该县兴修水利请予嘉奖一事。第4次临时谈话会议涉及靖丰渠淤区土地放领实地办法；1945年永昌、高台两县遭受旱灾。第8次临时谈话会议涉及1945年武威、民勤等地遭受灾荒一事。省旱灾救济委员会第10次常务委员会议涉及旱灾救济一事。

【叙录编号】 0091
【档案题名】
甘肃省政府委员会第1484次会议议事日程外附会议材料
【发文单位】 甘肃省政府
【收文单位】 不详
【档案编号】 004-007-0093-0007
【成文时间】 1947-11-22
【收藏单位】 甘肃省档案馆
【涉及地域】 武威县
【关 键 词】 灾歉
【内容提要】
第1484次会议涉及西吉、武威两县1947年度的灾歉情况。

【叙录编号】 0092
【档案题名】
甘肃省政府委员会第917次会议记录关于提会报告修正非常时期管理银行暂行办法及提请审议拟订甘肃省纸业股份有限公司合作办法等事宜及第919次会议的会议议事日程附会议记录外附会议材料
【发文单位】 甘肃省民政厅；甘肃省建设厅等
【收文单位】 甘肃省政府
【档案编号】 004-007-0262-（0001-0002）
【成文时间】 1942-01-09
【收藏单位】 甘肃省档案馆
【涉及地域】 民勤县
【关 键 词】 公债；征粮；灾害
【内容提要】
第917次会议涉及甘肃省水利发行的1941年建设公债及水利农矿公债应印制债票事宜；甘肃省1941年度征缴粮石事宜；平凉、华亭、隆德、庆阳、崇信、民勤等县1941年度遭受旱雹灾害情形；静宁、庄浪两县划界情形。第919次会议涉及各县军粮征收工作。

【叙录编号】 0093
【档案题名】
甘肃省政府委员会第1141次会议议事日程外附会议通报、讨论文件资料
【发文单位】 甘肃省政府委员会
【收文单位】 甘肃省政府
【档案编号】 004-007-0349-0006
【成文时间】 1944-05-09
【收藏单位】 甘肃省档案馆
【涉及地域】 甘肃省
【关 键 词】 灾害
【内容提要】
主要涉及审查讨论静宁、民勤两县各乡镇上年灾歉情况，准许免赋；因通渭、宁县等县各乡镇上年灾歉，准许免赋等事宜。

【叙录编号】 0094
【档案题名】
甘肃省政府委员会临时谈话会议议事日程外附会议通报、讨论文件资料
【发文单位】 甘肃省政府委员会
【收文单位】 甘肃省政府
【档案编号】 004-007-0350-0006
【成文时间】 1944-05-26
【收藏单位】 甘肃省档案馆
【涉及地域】 甘肃省
【关 键 词】 雹灾
【内容提要】
关于田赋粮食管理处报告镇原、隆德、庆阳、泾川、永昌、宁定、临夏、皋兰、陇西等县上年被雹水成灾，准许免赋等事宜。

【叙录编号】 0095
【档案题名】
甘肃省政府委员会第1148次会议议事日程外附会议通报、讨论文件资料
【发文单位】 甘肃省政府委员会
【收文单位】 甘肃省政府
【档案编号】 004-007-0351-0005
【成文时间】 1944-06-09
【收藏单位】 甘肃省档案馆
【涉及地域】 民勤县；玉门县；高台县
【关 键 词】 灾害；田赋
【内容提要】
关于田赋粮食管理处报告兰州市东岗河北等镇，民勤、渭源、天水、静宁、玉门、固原、甘谷、通渭、徽县等县乡上年被水冲、霜雹灾，准许免赋；审查康乐、皋兰、临洮、高台、西固、武山、灵台等县各乡镇上年水雹灾歉，准许免赋等事宜。

【叙录编号】 0096
【档案题名】
甘肃省政府委员会第1150次会议议事日程外附会议通报、讨论文件资料
【发文单位】 甘肃省政府委员会
【收文单位】 甘肃省政府
【档案编号】 004-007-0352-0004
【成文时间】 1944-06-20
【收藏单位】 甘肃省档案馆
【涉及地域】 武威县
【关 键 词】 霜虫雹
【内容提要】
主要涉及田赋粮食管理处报告秦安、武威、华亭等县各乡镇上年被霜虫雹成灾，准许减田赋等事宜。

【叙录编号】 0097
【档案题名】
甘肃省政府委员会第1214次会议议事日程外附会议通报、讨论文件资料
【发文单位】 甘肃省政府委员会
【收文单位】 甘肃省政府
【档案编号】 004-007-0364-0018
【成文时间】 1945-01-30
【收藏单位】 甘肃省档案馆
【涉及地域】 永登县；酒泉县
【关 键 词】 水旱雹风沙
【内容提要】
主要涉及田赋粮食管理处报告靖远、永登、酒泉、临潭等县三十三年（1944）田亩被水旱雹风沙各灾，申请减免田赋等事宜。

【叙录编号】 0098
【档案题名】
甘肃省政府委员会第1293次会议议事日程外附会议资料
【发文单位】 甘肃省政府委员会

【收文单位】 甘肃省政府
【档案编号】 004-007-0375-0011
【成文时间】 1945-11-20
【收藏单位】 甘肃省档案馆
【涉及地域】 安西县；民勤县；玉门县；敦煌县
【关 键 词】 沙压；水淹；虫伤
【内容提要】

主要涉及审查田赋粮食管理处报告安西、民勤、玉门、徽县、敦煌等县各乡镇受沙压、水淹、虫伤等灾，准许减免田赋，附《甘肃省安西、民勤、玉门、徽县民国三十四年份灾歉状况表》。

【叙录编号】 0099
【档案题名】

甘肃省政府委员会民国三十五年（1946）第8次临时谈话会议议事日程外附会议资料

【发文单位】 甘肃省政府委员会
【收文单位】 甘肃省政府
【档案编号】 004-007-0381-0012
【成文时间】 1946-03-22
【收藏单位】 甘肃省档案馆
【涉及地域】 武威县；民勤县；敦煌县；张掖县
【关 键 词】 水旱沙压
【内容提要】

关于审查三十四年（1945）武威、民勤、敦煌、张掖四县各乡镇被水旱沙压成灾，准许免赋，附《甘肃省武威、民勤、敦煌、张掖县民国三十四年份灾歉状况表》。

【叙录编号】 0100
【档案题名】

甘肃省政府委员会第1385次会议议事日程外附会议资料

【发文单位】 甘肃省政府委员会
【收文单位】 甘肃省政府
【档案编号】 004-007-0391-0010
【成文时间】 1946-11-19
【收藏单位】 甘肃省档案馆
【涉及地域】 武威县；民勤县
【关 键 词】 水雹旱虫沙压
【内容提要】

关于田赋粮食管理处报告武山、武威、民勤、化平、临潭、安西等县各乡镇被水雹旱虫沙压成灾，准许减免田赋，附《武山、武威、民勤、化平、安西县三十五年份灾歉状况及田赋减免表》。

【叙录编号】 0101
【档案题名】

甘肃省政府委员会第1484次会议记录议事日程外附会议资料

【发文单位】 甘肃省政府
【收文单位】 不详
【档案编号】 004-007-0421-0004
【成文时间】 1947-11-01
【收藏单位】 甘肃省档案馆
【涉及地域】 武威县
【关 键 词】 灾歉
【内容提要】

主要涉及主席提议甘肃省建设厅拟订甘肃省推行农村副业及手工业分区发展计划，田赋粮食管理处签呈西吉、武威本年灾歉。

【叙录编号】 0102
【档案题名】

甘肃省政府委员会第1560次会议记录

【发文单位】 甘肃省政府
【收文单位】 不详
【档案编号】 004-007-0450-0003
【成文时间】 1948-08-28
【收藏单位】 甘肃省档案馆

【涉及地域】 民勤县
【关 键 词】 水冲沙压
【内容提要】

主要涉及平凉、通渭、民勤等县被水冲沙压永不能垦种，附有田亩数。

【叙录编号】 0103
【档案题名】

甘肃省政府委员会第1469次会议记录关于报告甘肃省靖丰渠农场管理规则及报告财政部核定本省各县协助粮款数额等事宜

【发文单位】 甘肃省政府委员会
【收文单位】 甘肃省政府
【档案编号】 004-007-0462-0001
【成文时间】 1947-09-26
【收藏单位】 甘肃省档案馆
【涉及地域】 永登县；永昌县；高台县
【关 键 词】 灾害
【内容提要】

关于报告甘肃省靖丰渠农场管理规则，田赋粮食管理处报告审查本省1947年永登、湟惠渠、平凉、天水、两当、徽县、宁定、永昌、高台等被灾情况，准许减免田赋等事宜。

【叙录编号】 0104
【档案题名】

甘肃省政府委员会第354次会议记录关于审议豁免本省受灾各县禁烟罚款及审议维修黄河铁桥经费预算等事宜

【发文单位】 甘肃省政府委员会
【收文单位】 甘肃省政府
【档案编号】 004-007-0465-0009
【成文时间】 1935-10-29
【收藏单位】 甘肃省档案馆
【涉及地域】 永登县；金塔县；民乐县；山丹县；古浪县；武威县
【关 键 词】 冰雹洪水
【内容提要】

主要涉及省禁烟委员会呈送榆中、渭源、平凉、临洮、华亭、靖远、永登、金塔、通渭、民乐、陇西、山丹、古浪、武威、岷县、甘谷、洮沙、灵台等县被冰雹洪水成灾，申请减免罚款等事宜。

【叙录编号】 0105
【档案题名】

甘肃省政府委员会第1385次会议议事日程外附会议资料

【发文单位】 甘肃省政府委员会
【收文单位】 甘肃省政府
【档案编号】 004-007-0469-0005
【成文时间】 1946-11-19
【收藏单位】 甘肃省档案馆
【涉及地域】 武威县；民勤县
【关 键 词】 水雹旱虫沙压
【内容提要】

关于审查田赋粮食管理处报告武山、武威、民勤、化平、临潭、定西等县各乡镇被水雹旱虫沙压各灾歉，准许减免田赋，附《武山、武威、化平、定西、民勤县三十五年份灾歉状况及田赋减免表》。

【叙录编号】 0106
【档案题名】

甘肃省政府委员会第1132次会议记录

【发文单位】 甘肃省政府委员会
【收文单位】 甘肃省政府
【档案编号】 004-007-0511-0005
【成文时间】 1944-03-31
【收藏单位】 甘肃省档案馆
【涉及地域】 民勤县
【关 键 词】 查勘灾歉

【内容提要】

会议涉及：1.查勘临洮、隆德、民勤、华亭、武山等县各乡镇遭灾及处置情况。2.查勘及处理庄浪县维新等十一乡镇、清水县糜穰等十乡镇上年遭灾情况。3.报告各省市初级地政人员训练办法。

【叙录编号】 0107

【档案题名】

甘肃省政府委员会第1141次会议记录

【发文单位】 甘肃省政府委员会

【收文单位】 甘肃省政府

【档案编号】 004-007-0512-0003

【成文时间】 1944-05-09

【收藏单位】 甘肃省档案馆

【涉及地域】 民勤县

【关 键 词】 遭灾；免赋

【内容提要】

会议涉及静宁、民勤两县及通渭、宁县两县各乡镇受灾请免赋一事。

【叙录编号】 0108

【档案题名】

甘肃省政府委员会第1148次会议记录

【发文单位】 甘肃省政府委员会

【收文单位】 甘肃省政府

【档案编号】 004-007-0513-0006

【成文时间】 1944-06-09

【收藏单位】 甘肃省档案馆

【涉及地域】 民勤县；玉门县；高台县

【关 键 词】 遭灾

【内容提要】

会议包括调查兰州市东岗河北等镇，民勤、渭源、天水、静宁、玉门、固原、甘谷、通渭、徽县各乡上年（1943）遭灾情况并豁免赋税，调查康乐、皋兰、临洮、高台、西固、武山、灵台、榆中等县各乡镇上年（1943）遭灾情况并豁免赋税等事。

【叙录编号】 0109

【档案题名】

甘肃省政府委员会民国三十五年（1946）第1次临时谈话会关于通报本省田赋粮食管理处副处长潘锡元另有任用、遗缺任命张锡存继任及讨论嘉奖鼎新县县长张应麒等事宜的会议记录

【发文单位】 甘肃省政府委员会

【收文单位】 甘肃省政府

【档案编号】 004-007-0527-0012

【成文时间】 1946-12-06

【收藏单位】 甘肃省档案馆

【涉及地域】 永昌县

【关 键 词】 征收田赋实物；灾歉减税

【内容提要】

会上报告了田赋粮食管理处征田赋实物及代征公粮一事，临时动议了田赋粮食管理处等签呈复勘会宁、临潭、隆德、正宁、永昌、平凉等六县灾歉情况并减免赋税一事。

【叙录编号】 0110

【档案题名】

甘肃省政府委员会第1392次会议记录

【发文单位】 甘肃省政府委员会

【收文单位】 甘肃省政府

【档案编号】 004-007-0528-0007

【成文时间】 1946-12-31

【收藏单位】 甘肃省档案馆

【涉及地域】 永昌县

【关 键 词】 整理航道；减免赋税；虫灾

【内容提要】

会议讨论了：1.建设厅签呈整理牛鼻峡航道礁石以便筏运一事。2.田赋粮食管理处签呈永昌县云川等各乡镇因三十五年（1946）虫灾难缴赋税，减免其赋税。

【叙录编号】 0111
【档案题名】
甘肃省政府委员会第1469次会议记录
【发文单位】 甘肃省政府委员会
【收文单位】 甘肃省政府
【档案编号】 004-007-0536-0005
【成文时间】 1947-09-26
【收藏单位】 甘肃省档案馆
【涉及地域】 永登县；永昌县；高台县
【关 键 词】 靖丰渠；调整地价；积谷；灾歉；免税
【内容提要】
会上报告了靖丰渠农场管理规则修订情况，兰州市政府调新旧市区标准地价。讨论了因本年灾情不断请免办本年各县积谷事宜。田赋粮食管理处勘报本年永登、湟惠渠、平凉、天水、两当、徽县、宁定、永昌、高台等灾情及减免赋税情况。

【叙录编号】 0112
【档案题名】
甘肃省政府委员会第1560次会议记录
【发文单位】 甘肃省政府委员会
【收文单位】 甘肃省政府
【档案编号】 004-007-0544-0010
【成文时间】 1948-08-28
【收藏单位】 甘肃省档案馆
【涉及地域】 民勤县；武威县
【关 键 词】 水冲沙压
【内容提要】
关于提会报告平凉、通渭、民勤、榆中、武威、清水等六县呈报三十六年（1947）秋季水冲沙压，永不能垦复田地等事宜。

【叙录编号】 0113
【档案题名】
古浪县政府关于报送本县民国二十一年（1932）11月份地方情况及政务工作报告表致甘肃省民政厅的呈
【发文单位】 古浪县政府
【收文单位】 甘肃省民政厅
【档案编号】 004-008-0059-0013
【成文时间】 1932-11-23
【收藏单位】 甘肃省档案馆
【涉及地域】 古浪县
【关 键 词】 灾害；干旱；冰雹
【内容提要】
“内务”下记古浪县□雹旱为灾，金银奇□，有上半年借麦一斗，下半年需还四五斗，贫民受此压迫居多，已出布告禁止。

【叙录编号】 0114
【档案题名】
古浪县政府关于报送民国二十二年度（1933）6月份地方情形政务工作表致甘肃省民政厅的呈
【发文单位】 古浪县政府
【收文单位】 甘肃省民政厅
【档案编号】 004-008-0133-0009
【成文时间】 1933-07
【收藏单位】 甘肃省档案馆
【涉及地域】 古浪县
【关 键 词】 冰雹；禁种烟苗
【内容提要】
“内务”：清理各县去岁呈报旱虫及冰雹水灾旱田民户，将蠲除钱粮。县区内一、二、三、四区于6月19日天降冰雹，打伤禾稼，受雹灾影响的灾户备案呈请减免银粮。“建设”：已将建设训练人员送往省训练所，颁布采伐森林规则及开垦章程，预备督促补修南北两街中山牌楼，以免倾颓无存。“其他特别说明”：私种烟苗照章罚洋。

【叙录编号】 0115
【档案题名】
古浪县政府关于报送民国二十二年度（1933）9月份地方情形政务工作表致甘肃省民政厅的呈
【发文单位】 古浪县政府
【收文单位】 甘肃省民政厅
【档案编号】 004-008-0133-0015
【成文时间】 1933-10
【收藏单位】 甘肃省档案馆
【涉及地域】 古浪县
【关 键 词】 冰雹；螟虫；保护树木
【内容提要】
“其他特别情形”：本年古浪迭受冰雹、大风及黑霜，5月底大雪、螟虫等灾以致夏收只三成，秋收不过四成，年岁荒歉。“建设”：奉令布告保护森林树木，以维林业。县长派委员切实调查栽植成活树株，认真保护树木，如有私伐即行送县重办。

【叙录编号】 0116
【档案题名】
古浪县政府关于报送民国二十二年度（1933）10月份地方情形政务工作表致甘肃省民政厅的呈
【发文单位】 古浪县政府
【收文单位】 甘肃省民政厅
【档案编号】 004-008-0133-0017
【成文时间】 1933-11
【收藏单位】 甘肃省档案馆
【涉及地域】 古浪县
【关 键 词】 地震；虫灾
【内容提要】
“农村情形”：自民国十六年（1927）大地震以来，全县各区房屋一律摇平破产，农村中满目凄凉。“有无灾害”：是月初旬，田地间发生小虫，危害秋禾。

【叙录编号】 0117
【档案题名】
古浪县政府关于报送民国二十二年度（1933）11月份地方情形政务工作表致甘肃省民政厅的呈
【发文单位】 古浪县政府
【收文单位】 甘肃省民政厅
【档案编号】 004-008-0133-0019
【成文时间】 1933-12-07
【收藏单位】 甘肃省档案馆
【涉及地域】 古浪县
【关 键 词】 冰雹旱风雪
【内容提要】
“农村概况”：本年古浪受雹旱风雪等灾影响，虽秋祸去不久，贫民已有缺食之情形。“有无灾害”：是月内常起大风飞沙走石，三四区地近沙漠，屡受风害，幸而尚未成大灾；一二两区风势甚微，唯三区土煖乡泉已干涸十之七八，该乡不能耕种。“建设”：受月初天降厚雪影响，汽车道路多处被冲坏，并已令公安局十日内补修完善。“其他特别情形”：向浙江大学农学院选送小麦、豌豆及红白萝卜等优良籽种。古浪县气候寒冷，不能种植，故试验永登县的麻籽，成功后向人民发放分种。

【叙录编号】 0118
【档案题名】
甘肃省民政厅民国三十一年（1942）1—4月份工作报告
【发文单位】 甘肃省政府
【收文单位】 甘肃省政府
【档案编号】 004-008-0541-（0001-0003）
【成文时间】 1942
【收藏单位】 甘肃省档案馆
【涉及地域】 民勤县；古浪县；永昌县
【关 键 词】 旱雹灾；铲除烟苗

【内容提要】

平原、华亭、崇信、隆德、民勤、庆阳、会宁、古浪、西固、天水、永昌等县上年受旱雹灾。临潭三十年（1941）受雹灾。铲卓尼、岷县烟苗。

【叙录编号】 0119

【档案题名】

古浪县政府关于各乡镇灾情请鉴核的各类文件

【发文单位】 古浪县政府；甘肃省政府等

【收文单位】 古浪县政府；甘肃省政府等

【档案编号】 015-006-0340-（0001-0026）

【成文时间】 1935

【收藏单位】 甘肃省档案馆

【涉及地域】 古浪县

【关 键 词】 风旱灾；豁免粮草；逃户

【内容提要】

本卷26份文件均与古浪县呈报县属各乡镇灾情有关，其中包括振育乡人逃地荒、龙山镇黄羊二庙被风旱成灾、瑞泉乡报荒旱频仍等案。民政厅转呈省政府后，省政府分别令县长复勘，令振育乡按旱灾报逃荒地亩分数备案，对黄羊二庙被旱成灾一案准予备查，对瑞泉乡灾情令县查明不成灾，准予销案。

【叙录编号】 0120

【档案题名】

关于救济灾民的训令；以工代赈修筑民武路的训令

【发文单位】 环河乡公所

【收文单位】 民勤县政府

【档案编号】

040-001-169-029；

040-001-169-030

【成文时间】 1945-11-07—1949-06-30

【收藏单位】 武威市档案馆

【涉及地域】 民勤县

【关 键 词】 救济灾民

【内容提要】

如题。

【叙录编号】 0121

【档案题名】

关于加强对病驼喂养的指令

【发文单位】 民勤县政府

【收文单位】 民勤县政府

【档案编号】 040-001-171-017

【成文时间】 1938-01-02—1945-02-05

【收藏单位】 武威市档案馆

【涉及地域】 民勤县

【关 键 词】 喂养病驼

【内容提要】

如题。

【叙录编号】 0122

【档案题名】

关于以工代农颁发灾民工资清册及花名册

【发文单位】 民勤转河乡

【收文单位】 民勤县政府

【档案编号】 040-001-215-001

【成文时间】 1946-06-09—1946-06-29

【收藏单位】 武威市档案馆

【涉及地域】 民勤县

【关 键 词】 以工代赈

【内容提要】

如题。

【叙录编号】 0123

【档案题名】

关于每位参议员负责捐募国帑之万元的决议

【发文单位】 武威县参议会

【收文单位】 武威县

【档案编号】 040-001-218-007
【成文时间】 1946-06—1946-07
【收藏单位】 武威市档案馆
【涉及地域】 武威县
【关 键 词】 捐募
【内容提要】
　　如题。

【叙录编号】 0124
【档案题名】
　　关于造受灾户花名册的训令；关于以工代赈实施办法的报告
【发文单位】 民勤县政府
【收文单位】 民勤县
【档案编号】 040-001-222-001
【成文时间】 1945-07-20—1946-10-22
【收藏单位】 武威市档案馆
【涉及地域】 民勤县
【关 键 词】 受灾；以工代赈
【内容提要】
　　如题。

【叙录编号】 0125
【档案题名】
　　关于以工代农领发工资清册
【发文单位】 大坝乡；小坝乡等
【收文单位】 民勤县政府
【档案编号】 040-001-227-001
【成文时间】 1946-06-24—1946-06-25
【收藏单位】 武威市档案馆
【涉及地域】 民勤县
【关 键 词】 以工代赈
【内容提要】
　　如题。

【叙录编号】 0126
【档案题名】
　　关于救济灾民的训令
【发文单位】 民勤县政府
【收文单位】 民勤县
【档案编号】 040-001-235-059
【成文时间】 1946-04-05—1946-06-25
【收藏单位】 武威市档案馆
【涉及地域】 民勤县
【关 键 词】 救济灾民
【内容提要】
　　如题。

【叙录编号】 0127
【档案题名】
　　关于减免田赋并统筹救济的代电；关于减免田赋发款救济的代电
【发文单位】 甘肃省政府；甘肃省参议会
【收文单位】 民勤县政府
【档案编号】 040-001-264-002
【成文时间】 1947-10—1947-11
【收藏单位】 武威市档案馆
【涉及地域】 民勤县
【关 键 词】 减免田赋；救济
【内容提要】
　　如题。

【叙录编号】 0128
【档案题名】
　　关于办理春荒救济的训令
【发文单位】 民勤县政府
【收文单位】 民勤县
【档案编号】 040-001-323-002
【成文时间】 1948-07-06—1948-10-17
【收藏单位】 武威市档案馆
【涉及地域】 民勤县
【关 键 词】 春荒救济

【内容提要】
如题。

【叙录编号】 0129
【档案题名】
青海水灾救济捐款的训令；调查待救贫民的训令；关于冬令救济的训令
【发文单位】 民勤县政府
【收文单位】 民勤县
【档案编号】 040-001-371-078
【成文时间】 1948-10-14—1949-01-10
【收藏单位】 武威市档案馆
【涉及地域】 民勤县
【关 键 词】 水灾救济；冬令救济
【内容提要】
如题。

【叙录编号】 0130
【档案题名】
关于减免水冲地亩赋额的报告
【发文单位】 陈兴智
【收文单位】 民勤县政府
【档案编号】 040-001-375-054
【成文时间】 1947-01-08—1949-08-17
【收藏单位】 武威市档案馆
【涉及地域】 民勤县
【关 键 词】 减免赋税
【内容提要】
如题。

【叙录编号】 0131
【档案题名】
关于拨发冬令救济费的训令
【发文单位】 民勤县政府
【收文单位】 民勤县
【档案编号】 040-001-376-002
【成文时间】 1939-01-01—1949-04-09
【收藏单位】 武威市档案馆
【涉及地域】 民勤县
【关 键 词】 冬令救济
【内容提要】
如题。

五、综合赈务类档案

【叙录编号】 0132
【档案题名】
古浪县政府关于报送省政府政绩、谷物等交代表及移交清册的呈文、训令
【发文单位】 古浪县政府
【收文单位】 甘肃省政府
【档案编号】 004-001-0417-（0020-0039）
【成文时间】 1947-06-30—1948-11-26
【收藏单位】 甘肃省档案馆
【涉及地域】 古浪县
【关 键 词】 冬令救济交代清册；贷放春耕籽种
【内容提要】
古浪县政府报送政绩交代清册、冬令救济交代清册、古浪县政府积谷粮数目交代清册、《社政部门各项交代表》，贷放春耕籽种等

事宜。

【叙录编号】 0133
【档案题名】
甘肃省政府委员会第1474次会议记录关于报告行政院规定人民诉愿案件应依限办理及审议甘肃省为配合军事需要迁移收复区民众实施方案等事宜
【发文单位】 甘肃省政府委员会
【收文单位】 甘肃省政府
【档案编号】 004-007-0462-0004
【成文时间】 1947-10-17
【收藏单位】 甘肃省档案馆
【涉及地域】 民勤县
【关 键 词】 灾害；田赋
【内容提要】
主要涉及田赋粮食管理处报告审查正宁、礼县、民勤、临潭等县被灾地亩情况，准许减免田赋；审查泾川县启明等七乡镇上年秋季水冲土地情况，准许减免田赋等事宜。

【叙录编号】 0134
【档案题名】
甘肃省政府委员会第215次会议记录
【发文单位】 甘肃省政府委员会
【收文单位】 甘肃省政府
【档案编号】 004-007-0506-0005
【成文时间】 1934-06-22
【收藏单位】 甘肃省档案馆
【涉及地域】 民勤县
【关 键 词】 缓征田赋；荒地
【内容提要】
会议讨论了民勤县红沙梁各沟地亩荒芜，请暂缓征收田赋一事。会议准予缓征。

【叙录编号】 0135
【档案题名】
多县因灾情请求减免烟款或徭役以救灾黎的各类文件
【发文单位】 甘肃省民政厅；武威县政府等
【收文单位】 甘肃省民政厅；武威县政府等
【档案编号】
015-005-0114-（0001-0002）；
015-005-0114-（0013-0026）
【成文时间】 1933-06-08—1933-09-12
【收藏单位】 甘肃省档案馆
【涉及地域】 武威县
【关 键 词】 减免烟款
【内容提要】
成县（0001-0002）、武威县（0013-0016）、红水县（0017-0026）多地民众因不堪灾情请求减免烟款、亩款等款项。民政厅就其情况相继呈文省政府鉴核。

【叙录编号】 0136
【档案题名】
多县因灾困请求减免粮款税收以救灾黎的各类文件
【发文单位】 甘肃省民政厅；清水县政府等
【收文单位】 甘肃省民政厅；酒泉县各区等
【档案编号】 015-005-0116-（0007-0014）
【成文时间】 1933-03-07—1933-03-30
【收藏单位】 甘肃省档案馆
【涉及地域】 民勤县；酒泉县
【关 键 词】 灾情；减税；亩款豁免
【内容提要】
民勤县民众代表呈文甘肃省民政厅，称民国三十四年（1945）以来雨泽减少、河流微细、荒旱频仍，恳请减免粮款或改拨军费以救灾黎。民政厅回文需转呈省政府及财政厅核查待办。清水县上报因雹、水灾，民众生活困顿，请豁免尾欠亩款，附《民国三十一年分属第五区咁头等村被雹匪各灾豁免亩款花名册》1份，其中包括各村豁免亩款人员名单及数额。民政厅回文准予备查。酒泉县第六区红山村民众代表呈文因旱灾严重、地处山麓水源枯竭，更重困难，请减免赋税。民政厅回文令酒泉县县长复查上报，以凭核夺。酒泉县李正基等电报省政府及民政厅，称三十六师集中酒泉，民众负担其粮草，恳请拨军费用以灾黎救济。民政厅代电酒泉各区区长，此事待省政府及财政厅核饬。

【叙录编号】 0137
【档案题名】
康乐二十二年（1933）夏秋禾地亩成灾及民勤县第二区大滩泉水第六区红柳园东莺窗双茨科上正等沟被雹损伤夏禾请蠲缓粮石的各类文件
【发文单位】 民勤县政府等
【收文单位】 甘肃省民政厅；民勤县政府
【档案编号】 015-005-0223-（0001-0008）
【成文时间】 1934-05-21—1934-08-03
【收藏单位】 甘肃省档案馆
【涉及地域】 民勤县
【关 键 词】 夏秋禾；雹灾；蠲缓粮石
【内容提要】
本卷8份文件包括康乐设治局、临洮县政府会呈康乐二十二年（1933）夏秋禾地亩成灾情形，上报请蠲缓银粮清册。民政厅回文册结不合将粮石价格折合国币赍厅核转，两县会呈更造清册，民政厅回文准予候存汇转。其二为民勤县政府呈第二区大滩泉水第六区红柳园东莺窗双茨科上正等沟被雹损伤夏禾请蠲缓粮文，附清册1本、印结5张、简明表5份，民政厅回文更造各册折合国币数目，准予存候汇转。

【叙录编号】 0138
【档案题名】
甘肃省民政厅、财政厅会呈甘肃省政府临泽等17县被灾请蠲免银粮的各类文件
【发文单位】 甘肃省民政厅；甘肃省财政厅等
【收文单位】 甘肃省民政厅；甘肃省财政厅等
【档案编号】 015-005-0224-（0001-0011）
【成文时间】 1934-12-25—1936-02-21
【收藏单位】 甘肃省档案馆
【涉及地域】 临泽县；玉门县；武威县；高台县；古浪县；鼎新县；酒泉县；永登县
【关 键 词】 水灾；旱灾；沙尘；蠲免银粮
【内容提要】
本卷前11份文件为甘肃省民政厅、财政厅会呈省政府临泽、玉门、西固、武山、民乐、武威、高台、秦安、靖远、临夏、成县、庄浪、古浪、鼎新、庆阳、酒泉、永登17县被水旱雹沙灾情况，呈省政府蠲缓银洋清册结都图电鉴核转。省政府回文咨内政、财政部对临泽等13县与案相符者准予蠲缓，另训令永登、庄浪、临夏、武威县更造清册转饬更正分别专案办理。民政厅、财政厅会稿知照各县，令后4县补造缺失图册赍核。后再转呈省政府电鉴核转，报国府备案。

【叙录编号】 0139
【档案题名】
甘肃省民政厅、财政厅呈甘肃省政府古浪、民勤县及康乐设治局被灾蠲缓银粮的各类文件
【发文单位】 甘肃省民政厅；甘肃省财政厅等
【收文单位】 甘肃省民政厅；甘肃省财政厅等
【档案编号】 015-005-0224-（0014-0017）
【成文时间】 1935-05-27—1935-10-22
【收藏单位】 甘肃省档案馆
【涉及地域】 古浪县；民勤县
【关 键 词】 蠲缓银粮

【内容提要】

甘肃省民政厅、财政厅就古浪、民勤县及康乐设治局被灾情形及蠲缓银洋数额会同查核，结简明表呈文省政府，电鉴核转。省政府回文对古浪、民勤县及康乐设治局准予蠲缓，咨内政、财政部核转，已鉴核备案。民政厅、财政厅将转呈情况知照各县及设治局，回文古浪、民勤县及康乐设治局将被雹成灾地亩蠲缓银粮数目公示，抄赍1份以备查考。

【叙录编号】　0140

【档案题名】

永昌县因风沙压地请减免税款的各类文件

【发文单位】　甘肃省民政厅；永昌县政府等

【收文单位】　甘肃省民政厅；永昌县政府等

【档案编号】　015-005-0388-（0001-0004）

【成文时间】　1934-04-30—1934-06-22

【收藏单位】　甘肃省档案馆

【涉及地域】　永昌县

【关 键 词】　风沙旱灾；减免亩款

【内容提要】

永昌县第五区民众代表黄积宝等人呈文民政厅因风沙旱灾土地耕种困难，请求减免亩款。民政厅回文令县查复核夺，永昌县政府查明属实，呈文民政厅。民政厅回文将情形及据分呈禁烟委员会核示。

【叙录编号】　0141

【档案题名】

民勤县关于水旱各灾严重请免赋税并求救济请示甘肃省民政厅及甘肃省政府的各类文件

【发文单位】　民勤县政府；甘肃省民政厅等

【收文单位】　民勤县政府；甘肃省民政厅等

【档案编号】　015-006-0336-（0004-0013）

【成文时间】　1936—1939

【收藏单位】　甘肃省档案馆

【涉及地域】　民勤县

【关 键 词】　水灾；霜冻；水渠；蠲免田赋

【内容提要】

本案件10份文件均为民政厅就民勤县各区灾民呈文灾情严重请求救济并蠲免赋税转呈省政府请示的相关情况。分别为民勤第五区灾民张鸿智等人呈连年灾害霜冻旱生导致民生困艰，请求救济。民勤第六区谢敬芳等人呈田地被冬水淹没请免赋税，下外渠户民代表等呈失水多年户民逃亡请缓征。民勤四区金斗珠呈照沟地被水淹请委勘。省政府就金斗珠照沟一案回文已令委永昌县县长复勘，并造免赋册图具报。后因调查与呈文不实碍难准行。就第六区事宜回文已令民勤县县长复查，至日再行核示。民勤县县长复勘后呈文县属西渠上百八被水淹没一案俟收获时再查勘报核，省政府就其收获情形回文准予蠲免田赋，依例造具册结简明表赍府核办。下外渠地区无失水地亩，省政府回文准予销案。

【叙录编号】　0142

【档案题名】

古浪县关于旱灾请减粮款、借灾民春耕籽种、民逃地荒请代耕的各类文件

【发文单位】　古浪县政府；甘肃省政府等

【收文单位】　古浪县政府；甘肃省政府等

【档案编号】　015-006-0339-（0001-0009）

【成文时间】　1936-04-23—1936-10-11

【收藏单位】　甘肃省档案馆

【涉及地域】　古浪县

【关 键 词】　旱灾；籽种；春耕；代耕；逃荒

【内容提要】

本案9份文件均与古浪县灾情相关，其中包括三件事。其一为古浪四区保长赵隆甲等人呈为旱灾过重田禾枯槁请委员复勘减赋税。民政厅转呈省政府，省政府批示令县长查核呈复，县长呈文查未成灾乞鉴核，省政府回文知悉。其二为古浪县政府呈文省政府遵于主席电

办理积粮各户借给灾民籽种以顾春耕情形乞鉴核，省政府回文准予备查。其三为民乐县政府呈文省政府各村村民逃荒严重请代耕，省政府回文据省务会议决议令民财二厅命县长查明代耕土地数额呈复。

【叙录编号】 0143
【档案题名】
　　赈灾委员会捐助赈物及其章程、赈灾训令
【发文单位】 古浪县教育局
【收文单位】 古浪县政府
【档案编号】 039-001-002-019
【成文时间】 1918-10-16—1918-12-26
【收藏单位】 武威市档案馆
【涉及地域】 古浪县
【关 键 词】 赈灾捐助
【内容提要】
　　如题。

【叙录编号】 0144
【档案题名】
　　关于申请救济款的公函
【发文单位】 丁衡达
【收文单位】 古浪县
【档案编号】 039-001-060-031
【成文时间】 1947—1948
【收藏单位】 武威市档案馆
【涉及地域】 古浪县
【关 键 词】 请求赈济
【内容提要】
　　本年春夏以来旱雹诸灾迭起，灾区广大，灾情严重，丁衡达向伯敏议长汇报灾情，恳请赈济。

【叙录编号】 0145
【档案题名】
　　请派员勘察旱情减免田赋呈文
【发文单位】 龙山镇镇民
【收文单位】 古浪县
【档案编号】 039-001-062-001
【成文时间】 1947-04—1947-07
【收藏单位】 武威市档案馆
【涉及地域】 古浪县
【关 键 词】 旱灾；减免赋税
【内容提要】
　　因旱灾奇重，古浪县龙山镇镇民代表联名上表，请求政府减免田赋、设法救济。

叁　自然资源开发与生态保护类档案

一、综合开发与保护类档案

【叙录编号】 0146
【档案题名】
甘肃省各级机关概况调查表
【发文单位】 永昌垦务处；古浪县地籍整理办事处等
【收文单位】 甘肃省建设厅
【档案编号】
004-001-0104-（0001-0004、0008）；
004-001-0105-（0001-0050）；
004-001-0106-（0001-0050）
【成文时间】 1945-05—1949-01
【收藏单位】 甘肃省档案馆
【涉及地域】 永昌县；古浪县
【关 键 词】 地籍整理；苗圃
【内容提要】
卷内包含《甘肃省永昌垦务处概况调查表》（1949年5月）、《古浪县地籍整理办事处机关概况调查表》、《静宁县苗圃概况调查表》。其余为甘肃省全省三十八年度各县政府机关概况调查表100份。

【叙录编号】 0147
【档案题名】
夏河县、景泰县、隆德县、礼县、会宁县、化平县、金塔县、正宁县、海原县、古浪县关于报送本县近三年金融机关、利率，修建水利、县路，荒山造林统计表致甘肃省政府的呈
【发文单位】 古浪县政府等
【收文单位】 甘肃省政府
【档案编号】 004-002-0236-（0001-0011）
【成文时间】 1943-06-25—1943-08-06
【收藏单位】 甘肃省档案馆
【涉及地域】 金塔县；古浪县
【关 键 词】 造林；种树；水利
【内容提要】
此案卷包含11份文件，如题。

【叙录编号】 0148
【档案题名】
国民政府西北行辕有关当前河西几个问题与解决办法处理意见
【发文单位】 甘肃省政府
【收文单位】 国民政府西北行辕
【档案编号】 004-002-0456-（0001-0003）
【成文时间】 1948
【收藏单位】 甘肃省档案馆
【涉及地域】 河西走廊
【关 键 词】 农田；水利
【内容提要】
甘肃省政府第1585次委员会会议记录讨论当前河西几个问题与解决办法报告简表，表内包含：雨量缺少、水源缺乏、森林滥伐致祁连山积雪量减少、水利落后、水规未整、水量浪费、水利工程款不足、祁连山山洪泥沙冲击等方面。西北行辕所讨论的也是这几方面并说明解决办法，附有《甘肃河西农田调查表》《现正在修筑之河西水利工程》《河西各水利工

程计划摘要表》。

【叙录编号】 0149
【档案题名】
甘肃省政府委员会第1585次会议议事日程外附会议资料
【发文单位】 甘肃省政府委员会
【收文单位】 甘肃省政府
【档案编号】 004-007-0453-0003
【成文时间】 1948-11-26
【收藏单位】 甘肃省档案馆
【涉及地域】 河西走廊
【关 键 词】 水利；农业；畜牧
【内容提要】
关于提会审议本省河西地区几个问题和解决办法，附《长官公署政工处长签报当前河西几个问题与解决办法报告简表》，包括水利、农贷、土地、农业、畜牧等方面。

【叙录编号】 0150
【档案题名】
甘肃省政府委员会第331次会议记录关于审议民勤县防沙预算书及审议拟予化平县县长叶世儒记功一次等事宜
【发文单位】 甘肃省政府委员会
【收文单位】 甘肃省政府
【档案编号】 004-007-0464-0018
【成文时间】 1935-08-09
【收藏单位】 甘肃省档案馆
【涉及地域】 民勤县
【关 键 词】 防沙
【内容提要】
关于审议民勤县防沙预算书等事宜。

【叙录编号】 0151
【档案题名】
甘肃省政府委员会第1569次会议关于通报县银行负责人员是否出席县参议会报告办法及讨论拟具甘肃省各县市局人民财富调查办法等事宜的会议记录
【发文单位】 甘肃省政府委员会
【收文单位】 甘肃省政府
【档案编号】 004-007-0545-0007
【成文时间】 1948-09-28
【收藏单位】 甘肃省档案馆
【涉及地域】 甘肃省
【关 键 词】 酒泉县边湾截引地下水灌溉区；灾害；田赋
【内容提要】
关于提会报告酒泉县边湾截引地下水灌溉区荒地放领办法，审查民勤、秦安等县沙压水冲土地，申请减免赋税等事宜。

【叙录编号】 0152
【档案题名】
甘肃省政府关于发本省河西地区土地问题及解决方案给甘肃省地政局的训令
【发文单位】 甘肃省政府
【收文单位】 甘肃省地政局
【档案编号】 004-007-0599-0006
【成文时间】 1948-06-15
【收藏单位】 甘肃省档案馆
【涉及地域】 河西走廊
【关 键 词】 河西土地；水利；畜牧
【内容提要】
主要涉及甘肃省河西地区土地问题及解决方案，其中包括水利方面、河西畜牧方面、祁连山森林方面、农贷方面等事项。

【叙录编号】 0153
【档案题名】
武威县民国二十一年（1932）1至12月份地方情形及政务工作报告表
【发文单位】 武威县政府

【收文单位】 甘肃省政府
【档案编号】 004-008-0044-（0011-0029）
【成文时间】 1932-02—1933-01
【收藏单位】 甘肃省档案馆
【涉及地域】 武威县
【关 键 词】 植树；护林；水利委员会；水利案；农会
【内容提要】

本年该县共19份报告表，“实业”“建设”项下记该县本年植树活动开展情况，包括筹划植树6000株、举行植树纪念大会、各区民众每口于沟渠湖地植树3株、禁止砍伐、时加灌溉、保护灌溉南窑湾中山林、令莲花山造林专员唐发科布告严禁偷伐树株。亦记水利情况，委任赵德菴等12人为武威水利委员会委员，查验县属杂大区河口，以重水利案。“司法”项下记本年受理多水案、水利诉讼。“民众团体”项下记本年成立农会，曾参与植树工作。

【叙录编号】 0154
【档案题名】

民勤县政府关于报送本县民国二十一年（1932）3月下旬地方情况及政务工作报告表致甘肃省民政厅的呈

【发文单位】 民勤县政府
【收文单位】 甘肃省民政厅
【档案编号】 004-008-0045-0011
【成文时间】 1932-04-11
【收藏单位】 甘肃省档案馆
【涉及地域】 民勤县
【关 键 词】 植树；水利
【内容提要】

该呈附3月下旬地方情况及政务工作报告表，表中“实业”项下提及各机关按期植树，“建设”项下记士绅将黑河倒口堵筑，以全水利。

【叙录编号】 0155
【档案题名】

民勤县政府关于报送本县民国二十一年（1932）地方情况及政务工作报告表致甘肃省民政厅的呈及报告表

【发文单位】 民勤县政府
【收文单位】 甘肃省民政厅
【档案编号】

004-008-0046-（0005、0007、0009、0011、0013、0015、0017、0019、0021、0023）

【成文时间】 1932-06-06—1933-01-13
【收藏单位】 甘肃省档案馆
【涉及地域】 民勤县
【关 键 词】 植树；护林；凿井灌溉；堵筑水口
【内容提要】

诸呈皆附当月工作报告表，“实业”项下记植树工作情况，禁止游民偷挖禾苗、偷伐树木、损毁风墙，令各乡长布告民众保护新植树株。“其他特别情形”项下记县长亲自视察各地情况，记夏禾因旱而枯，故有凿井灌溉者，又记土性兼沙，水少无泉，全靠柳斗手提浇水，水旺之井可支二斗，日浇四五升，水少则不过二升。“建设”项下记呈报新编水利简章及植树成活、试验场调查表。建设局颁发奖励人民造林暂行办法。谕四坝水首照例将大坝水时匀小坝。令四坝水首堵筑倒失水口，以重水利。印发四渠坝公分冬水帖纸，俾各时浇灌。建设局选择适宜造林地，采办树苗，并劝民众栽植以御风沙。

【叙录编号】 0156
【档案题名】

古浪县政府关于报送本县民国二十一年（1932）6月中旬地方情况及政务工作报告表致甘肃省民政厅的呈

【发文单位】 古浪县政府

【收文单位】 甘肃省民政厅
【档案编号】 004-008-0058-0013
【成文时间】 1932-06-23
【收藏单位】 甘肃省档案馆
【涉及地域】 古浪县
【关 键 词】 水利；树木
【内容提要】

"内务"项下记水利虽未整顿至如地震前畅旺，然疏通各渠对于灌溉耕作之田，实有余裕，而大靖教场村泉水共三处，二泉凿开有水，其中一泉尚未干涸，因此此村的水源稍感不足，幸好降水丰富，未见旱灾。县长拟将他村的山水渠分与该村一股，以免后患。"建设"项下记官道两旁的官树，虽然两次禁止斫皮，但近日又有新剁之痕，使两旁地主负责照看，并令用泥土拥护三尺高，来禁止这种恶劣的风气。

【叙录编号】 0157
【档案题名】

古浪县政府关于报送本县民国二十一年（1932）6月中旬地方情况及政务工作表致甘肃省民政厅的呈

【发文单位】 古浪县政府
【收文单位】 甘肃省民政厅
【档案编号】 004-008-0059-0001
【成文时间】 1932-06-30
【收藏单位】 甘肃省档案馆
【涉及地域】 古浪县
【关 键 词】 荒地；苗圃；植树
【内容提要】

"内务"项下记调查荒地并招垦。"建设"项下记整理苗圃，并调查数年植活树木数量。

【叙录编号】 0158
【档案题名】

古浪县政府关于再次报送本县民国二十一年（1932）7月份政务工作报告表致甘肃省民政厅的呈

【发文单位】 古浪县政府
【收文单位】 甘肃省民政厅
【档案编号】 004-008-0059-0003
【成文时间】 1932-08-02
【收藏单位】 甘肃省档案馆
【涉及地域】 古浪县
【关 键 词】 苗圃；水利
【内容提要】

"建设"项下记收□苗圃，查点数年来植活树木，竭力保护官木及民人水渠；以县西有流沙河，流量甚大，拟设法道至县河，以利农田。

【叙录编号】 0159
【档案题名】

古浪县政府关于报送本县民国二十一年（1932）8月份地方情况及政务工作报告表致甘肃省民政厅的呈

【发文单位】 古浪县政府
【收文单位】 甘肃省民政厅
【档案编号】 004-008-0059-0007
【成文时间】 1932-09-03
【收藏单位】 甘肃省档案馆
【涉及地域】 古浪县
【关 键 词】 植树；水利
【内容提要】

"建设"项下记前以官树保护较难，故除官栽外，将树苗发各磨户，沿渠栽植，查点公私活树已约一万五千以上。"其他特别工作"项下记沿北山山根，有古渠痕迹，顺渠道下大可省工。唯沿南山的百姓不愿由北沿道下，因为他们难以获得水利，将来有法处置。大靖教场与大河两村争水多年，县长因地势人情，开会判决，尚得双方允服，其意以"地可私，水不可私"，一村之水涸，他村不能分与若干以资灌溉，盖因此县土地如不浇灌，即使下雨过多，也不会生长，若不能够分与浇水，那么一村就将陷入无法生存的境地。

【叙录编号】 0160
【档案题名】
古浪县政府关于报送本县民国二十一年（1932）9月份地方情形及政务工作报告表致甘肃省民政厅的呈
【发文单位】 古浪县政府
【收文单位】 甘肃省民政厅
【档案编号】 004-008-0059-0009
【成文时间】 1932-10-04
【收藏单位】 甘肃省档案馆
【涉及地域】 古浪县
【关 键 词】 水利；灌溉；垦荒
【内容提要】
“内政”项下记柳条河第一段工程完竣，西川数千亩旱地变为水田，根据推测浇足西川地亩后还余多少水，再做定夺下面的工程。马场的荒地已经有认垦十余户，令建设局同科员前往丈量。

【叙录编号】 0161
【档案题名】
古浪县政府民国二十一年（1932）1至3月份地方情况及政务工作表
【发文单位】 古浪县政府
【收文单位】 甘肃省政府
【档案编号】
004-008-0060-（0001、0003、0005-0008、0010-0012）
【成文时间】 1932-01-12—1932-03-31
【收藏单位】 甘肃省档案馆
【涉及地域】 古浪县
【关 键 词】 开荒；护林
【内容提要】
本年前3月该县共9份报告表，或附在呈后。表中“建设”项下记拟分区试种棉花。“说明”项下记古浪县因民国十六年（1927）地震县城及附近村毁灭，二十年（1931）秋收尚佳，但限于山间、川间无收。今年秋天山水甚大。为不失农事，拟向武威借麦种。“实业”项下记准开垦县东南马厂荒地，保护旧有松林。“其他特别情形”项下记古浪自地震后水泉干涸，但今春大半出水。“其他特别工作”项下记禁剥官树皮致树死并偷伐。

【叙录编号】 0162
【档案题名】
永昌县民国二十一年（1932）1至6月上旬地方情况及政务工作报告表
【发文单位】 永昌县政府
【收文单位】 甘肃省政府
【档案编号】 004-008-0102-（0003-0018）
【成文时间】 1932-01-15—1932-07-05
【收藏单位】 甘肃省档案馆
【涉及地域】 永昌县
【关 键 词】 植树护林；凿泉开渠；垦荒
【内容提要】
本年1至6月上旬该县共16份报告表。“实业”项下记本县矿产不多，但煤炭较丰，故有村长组织村民卖煤炭过活。3月中旬，勘矿委员李葆真来县查勘矿务，派员协同查勘煤矿。“建设”项下记2月上旬饬乡民修理沟渠；县长饬各区推荐人选，责成恢复苗圃以备造林。2月下旬计划于北海子中山林、湖滩一带大规模种树，令各区购买树秧。3月下旬令各区区长种树，有树区域速送树秧。4月上旬，采纳老农意见，清明节植树典礼仅植树百十，其余栽秧泡水，拟于夏至前后种植。奉令保护大路官树。中旬奉令实行开渠造林案，令各区区长计划开渠，具文呈请。下旬，督率警察在北海子中山林植树近三千，令各区就河渠空隙植树。5月上旬令居民保护树株，经常灌溉。中旬令建设局浇灌保护新旧树株。6月上旬县长赴下十堡勘察水分及泉源，委杜发荣等监督凿泉开渠工程。令警察及附近老人浇灌保护北海子等处树株。令各区区长遵垦荒布告办理。“内务”项下记4月中旬罚缠足女子家长王德文在北海子植树五十株。5月下旬令各区开渠凿泉。“其他特别情形”项下记，县北区五沟三案地连民勤，为沙漠旱地，近十年民众逃亡，4月下旬派员前往勘察，设法安置。5月下旬禁于水田旱地筑坟，埋葬当择荒山。“其他特别工作”项下记，4月下旬杜家寨民呈报沙砾地亩豁免粮草，奉令委民勤县县长会勘。5月上旬县长会勘武威六渠夏秋成灾一案。5月中旬县长前往宁远堡查勘灾情，并查有无白地。5月下旬呈报第五区五沟三案地方户逃地荒，请求减让。

【叙录编号】 0163

【档案题名】

永昌县政府关于报送本年（1932）7至12月份地方情况及政务工作报告表致甘肃省民政厅的呈（附前月表）、永昌县民国二十一年（1932）12月份地方情况及政务工作报告表（单表）

【发文单位】 永昌县政府

【收文单位】 甘肃省民政厅

【档案编号】 004-008-0103-（0001、0003、0005、0007、0009、0011、0013）

【成文时间】 1932-08-01—1933-01-05

【收藏单位】 甘肃省档案馆

【涉及地域】 永昌县

【关 键 词】 植树护林；开渠凿泉；农事试验场；苗圃；禁烟

【内容提要】

呈6份，除0001（7月表呈）外各附前月报告表，12月报告表为单表（0013）。“其他特别工作”项下记7月奉令研究治蝗虫计划。“建设”项下记7月县长陪同建设厅权视察员调查开渠情形，北门外凿泉开渠已挖出大泉两眼。筹备恢复农事试验场及苗圃。8月奉令禁捕田鸡、提倡造林办法等案，令各区公所及建设局遵办。省政府表彰北门外开渠凿泉工程。县长视察下十堡发现泉地甚多，泉脉甚旺，拟9月开挖。春季种树因霜害枯萎甚多。9月奉令明春每村至少栽树一千，由县长及建设局督栽。下十堡开渠挖泉工程进行，堡民请领荒地种树。10月，县第四区泉水枯竭，派员勘察硫黄山水道，以便引出灌溉。委任各处老人保护树株。11月委任新测候所雨量站主任及记录员。12月下十堡泉渠工程竣工。“财政”项下记自遭地震，油樑水磨间有震倒处，税率锐减，人民拖延税务，派员彻查。“内务”项下记8月罚缠足女子家长挑挖北门外沟渠淤积三日。10月奉令禁种烟。11、12月均有禁烟措施。

【叙录编号】 0164

【档案题名】

古浪县政府关于报送民国二十二年度（1933）3月份地方情形政务工作表致甘肃省民政厅的呈

【发文单位】 古浪县政府

【收文单位】 甘肃省民政厅

【档案编号】 004-008-0133-0003

【成文时间】 1933-04-10

【收藏单位】 甘肃省档案馆

【涉及地域】 古浪县

【关 键 词】 修路；凿井；植树

【内容提要】

“交通”项下记汽车大车各路令行，如有水冲之处，会同乡长等人补修。唯有古浪峡一节工程浩大，不易修理。“建设”项下记凿开井眼以防旱灾，令建设局调查矿苗以便开采，各乡于空地内植树，保护辖境内官林与私林。

【叙录编号】 0165
【档案题名】
古浪县政府关于报送民国二十二年度（1933）4月份地方情形政务工作表致甘肃省民政厅的呈
【发文单位】 古浪县政府
【收文单位】 甘肃省民政厅
【档案编号】 004-008-0133-0005
【成文时间】 1933-05
【收藏单位】 甘肃省档案馆
【涉及地域】 古浪县
【关 键 词】 督修桥梁；栽植树株
【内容提要】
“内务”项下记禁用海参。“交通”项下记沿路桥梁及汽车大路如有损伤随时饬令各区长及公安局、建设局查勘督修。“建设”项下记4月15日县长会同驻军营营长并建设局局长、各学校法团栽植树株于县城东南两湖滩并南河湾大道两旁，共计植各类树木万株以外，各区青苗已出土二三寸。

【叙录编号】 0166
【档案题名】
古浪县政府关于报送民国二十二年度（1933）5月份地方情形政务工作表致甘肃省民政厅的呈
【发文单位】 古浪县政府
【收文单位】 甘肃省民政厅
【档案编号】 004-008-0133-0007
【成文时间】 1933-06-05
【收藏单位】 甘肃省档案馆
【涉及地域】 古浪县
【关 键 词】 修路；植树；农事试验场
【内容提要】
“交通”项下记已对南北损坏道路桥梁完成补修，如逢天雨即泥泞有损伤之处，当即令饬公安建设两局补修。“建设”项下记奉令送建设人员训练，禁止烧林，推广植树节。上月栽树株，饬令各地居民不得灌溉，以免枯萎，将麻籽分发到农事试验场。

【叙录编号】 0167
【档案题名】
古浪县政府关于报送民国二十二年度（1933）7月份地方情形政务工作表致甘肃省民政厅的呈
【发文单位】 古浪县政府
【收文单位】 甘肃省民政厅
【档案编号】 004-008-0133-0011
【成文时间】 1933-08
【收藏单位】 甘肃省档案馆
【涉及地域】 古浪县
【关 键 词】 禁种烟苗；凿井
【内容提要】
“其他特别情形说明”项下记私种烟苗应征罚训金。“内务”项下记奉建设厅训令，清理荒地，县属三区亘古灌田以泉水灌溉，近年泉干涸，无水灌田，一般农民异常惶恐，县长亲勘后已上报。“建设”项下记本年份规定开凿井眼数目期限，勒令凿成以便转报。

【叙录编号】 0168
【档案题名】
甘肃省民政厅关于古浪县民国二十二年（1933）政府工作报告表审核意见的指令
【发文单位】 古浪县政府
【收文单位】 甘肃省民政厅
【档案编号】 004-008-0133-0012
【成文时间】 1933-08-22
【收藏单位】 甘肃省档案馆

【涉及地域】　古浪县
【关 键 词】　凿井；修桥
【内容提要】
指令1份，饬令公安局局长查有道路桥梁被损伤者，随时补修，又饬令建设局遵照凿井期限。

【叙录编号】　0169
【档案题名】
武威县政府关于报送民国二十二年度（1933）2月份地方政务工作报告表
【发文单位】　武威县政府
【收文单位】　甘肃省民政厅
【档案编号】　004-008-0136-0001
【成文时间】　1933-03-17
【收藏单位】　甘肃省档案馆
【涉及地域】　武威县
【关 键 词】　禁烟；植树
【内容提要】
“内务”项下记查禁种烟办法，“建设”项下记筹备大规模之植树运动。

【叙录编号】　0170
【档案题名】
武威县政府关于报送民国二十二年度（1933）3月份地方政务工作报告表
【发文单位】　武威县政府
【收文单位】　甘肃省民政厅
【档案编号】　004-008-0136-0003
【成文时间】　1933-03-31
【收藏单位】　甘肃省档案馆
【涉及地域】　武威县
【关 键 词】　种子缺乏；水利诉讼；植树；修渠；亢旱
【内容提要】
“其他特别情形”项下记各区农户因连年亢旱，禾稼歉收，当此春种之际，种子缺乏。“交通”项下记因春潮过甚，各道路一律水出泥泞不堪，饬令修复。“司法”项下记元丰村徐天和李发滋等因水利涉讼一案，已获两造甘结。“建设”项下记总理逝世八周年纪念日植树典礼，因地处西陲气候寒冷，改期于4月5日择广润之地栽种。责令河堤及沟岸并其他一切荒地面属于何村，责成何村头人一律栽种。“其他特别工作”项下记所属之渠其水泽之源一律导诸黑河，每年春3月各区派人修理，多不完善，以致夏间水泽不旺，县长今年严饬经理水利，详加修理。

【叙录编号】　0171
【档案题名】
武威县政府关于报送民国二十二年度（1933）7月份地方政务工作报告表
【发文单位】　武威县政府
【收文单位】　甘肃省民政厅
【档案编号】　004-008-0136-0011
【成文时间】　1933-07
【收藏单位】　甘肃省档案馆
【涉及地域】　武威县
【关 键 词】　水利纠纷；修路
【内容提要】
“其他特别情形”项下记乌牛水利争执案已悬三年不能解决，县长亲往该地劝导两方遂具结。“内务”项下记查勘烟苗。“交通”项下记东西汽车路如有被水冲坏之处，即修至交通无阻。“建设”项下记甘凉区林垦局在四山口各设林垦办事处，各委主任一人专办林务事宜，严加保护树株，随时浇灌。

【叙录编号】　0172
【档案题名】
武威县政府关于报送民国二十二年度（1933）8月份地方政务工作报告表
【发文单位】　武威县政府

【收文单位】 甘肃省民政厅
【档案编号】 004-008-0136-0013
【成文时间】 1933-08
【收藏单位】 甘肃省档案馆
【涉及地域】 武威县
【关 键 词】 修路；保护树木
【内容提要】

"交通"项下记暑天多雨之际，东西汽车道屡被水浸，已派人修复，无坏。第四区修治张英校尉烟墩三沟被水冲坏道路。"建设"项下记所植树木勤加灌溉保护。

【叙录编号】 0173
【档案题名】

武威县政府关于报送民国二十二年度（1933）9月份地方政务工作报告表

【发文单位】 武威县政府
【收文单位】 甘肃省民政厅
【档案编号】 004-008-0136-0015
【成文时间】 1933-09
【收藏单位】 甘肃省档案馆
【涉及地域】 武威县
【关 键 词】 修桥；填报调查表
【内容提要】

"建设"项下记调查农工商矿植树各种表，分别填报在案；设法修理被水冲坏的西把截山沟大桥。

【叙录编号】 0174
【档案题名】

武威县政府关于报送民国二十二年度（1933）10月份地方政务工作报告表

【发文单位】 武威县政府
【收文单位】 甘肃省民政厅
【档案编号】 004-008-0136-0017
【成文时间】 1933-10-09
【收藏单位】 甘肃省档案馆
【涉及地域】 武威县
【关 键 词】 修路；修桥；保护树木
【内容提要】

"交通"项下记立即修理被水冲坏汽车道路，修理被水冲没的城东羊家坝河桥。"建设"项下记饬令各区头人将所有树株灌溉保护。

【叙录编号】 0175
【档案题名】

武威县政府报送民国二十二年（1933）12月份自行办理政务报告及地方情形报告表致甘肃省民政厅的呈及甘肃省民政厅发武威县民国二十二年12月份政府工作报告表审核意见的指令

【发文单位】 武威县政府；甘肃省民政厅
【收文单位】 甘肃省民政厅；武威县政府
【档案编号】 004-008-0136-（0023-0024）
【成文时间】 1934-01
【收藏单位】 甘肃省档案馆
【涉及地域】 武威县
【关 键 词】 建设局
【内容提要】

指令与呈各1份，呈"建设"项下记已奉令裁撤建设局，指令饬令裁撤建设局改科称法。

【叙录编号】 0176
【档案题名】

永昌县政府关于报送民国二十二年度（1933）1至12月份地方政务工作报告表致甘肃省民政厅的呈及甘肃省民政厅关于发该县民国二十二年度1至12月份地方政务工作报告表审核意见给永昌县政府的指令

【发文单位】 永昌县政府；甘肃省民政厅
【收文单位】 甘肃省民政厅；永昌县政府
【档案编号】 004-008-0152-（0001-0024）
【成文时间】 1933-01-06—1937-02-03

【收藏单位】 甘肃省档案馆
【涉及地域】 永昌县
【关 键 词】 雨量站；水利；植树；水资源；干旱
【内容提要】

“建设”项下记1月份本县雨量站早已成立，唯记录员原由测量所记录员李迎春兼任，旋奉指令雨量站之记录员另行派委，建设股书记王安任为雨量站记录员，一面呈复建设厅查核，一面函达测候所备查。本县南中乱泉，地方一再视察，本有所开之泉，旋因天寒地冻，拟于今春乘时兴。与工业已具文呈报在案，唯县长奉令交卸此项要政，咨请新任继续进行。此外如硫黄山河一道已派测量员李希尧等实地勘察，因山高水深，工程浩大，经稍复再行设法办理。3月份奉令开渠凿井一案，当即另行各区照办以重水利。本县农事试验场苗圃皆无图记，呈请办法以资信用。本县因气候寒冷，植树拟到谷雨、立夏前后举行。4月份记本县因气候寒冷，所有植树已在谷雨、立夏期内到处栽种，并令各区村广为种植，唯是种树不难，生长之法，全在保护；县属下堡地方地气潮湿，易于植树，令行该堡绅学广为栽种。5月份记奉发本县试验场及苗圃□记，当即令发启用。奉发征工兴办水利案，查本县对于水利非常注意，应如何进行，下月能呈复；本县试验场原拟种植大豌豆、黄豆、白豆等以资试验收成数量，只缘上项籽种概况由他县征集，因种期已过，改种秋谷数种。6月份下记栽种树株，关系民生至为重要，县长有鉴于此，令行公安局派警每日轮流灌溉，以重林业。7月份记本县农事试验场种植各种秋禾，县长日前去看各谷正在结果，饬令该场按期灌溉，以免缺水。8月份记本县每年所植树株，每到秋季一般无知牧童，纵牲畜伤损，冬令更甚，县长召集北海子住户，责令按界看护并发给劳资钱文，以认真保护。本县水属乌牛坝河水，毗连武威、民勤，往年争水酿成伤害问题，本年因武威、民勤请求驻军前来以武力监视放水，县长亲往开导民众，故未滋生事端。9月下记本县党委会函称每年植树原为造成大森林之建设基础，每逢秋冬，有无赖之徒，偷拔损伤，函请保护一案，当即拟订办法布告以重林业。12月份掘井引路水，县属三案地方与民勤、朔夏沟田地毗连，在该处掘井引水当即派员咨会民勤县查勘。“农产情形”中，12月记县属北区三案地方正值浇水之期，若天气晴朗，尚能灌溉，假使遇见寒冷天气，有失水的风险，所以三案地荒旱。12月的指令指示应将查勘情形、水的数量、约灌溉田若干亩绘具图纸，呈案报备。

【叙录编号】 0177
【档案题名】

永登县县长王驭生关于报送本年（1934）1至5月份政务工作及地方情况报告表致甘肃省民政厅的呈及甘肃省民政厅关于发该县所报本年1至5月份政务工作及地方情况报告表审核意见给永登县县长王驭生的指令
【发文单位】 永登县政府；甘肃省民政厅
【收文单位】 永登县政府；甘肃省民政厅
【档案编号】 004-008-0176-（0001-0010）
【成文时间】 1934-02-08—1934-06-30
【收藏单位】 甘肃省档案馆
【涉及地域】 永登县
【关 键 词】 红古城渠；西四渠；曲善渠；苗圃
【内容提要】

“建设”项下1月份记开凿水渠，以工代赈。赎回苗圃，筹款设法赎回苗圃以便进行造林之基本工作。5月份记开凿水渠，拟开凿红古城渠，长七十里，修补西四渠，长三十余里，及曲善渠，长六七里。

【叙录编号】 0178
【档案题名】
永登县县长王驭生关于报送本年（1934）6至12月份政务工作及地方情况报告表致甘肃省民政厅的呈及甘肃省民政厅关于发该县所报本年6至12月份政务工作及地方情况报告表审核意见给永登县县长王驭生的指令
【发文单位】 永登县政府；甘肃省民政厅
【收文单位】 永登县政府；甘肃省民政厅
【档案编号】 004-008-0177-（0001-0014）
【成文时间】 1934-07-07
【收藏单位】 甘肃省档案馆
【涉及地域】 永登县
【关 键 词】 七里渠；曲善渠；雨量站；罂粟；冰雹
【内容提要】
“建设”项下6月记修理七里渠。7月记成立雨量站和修筑曲善渠。9月记伐林建学。10月记请求罚款修渠。“农产情形”项下6月记此间麦苗吐秀，罂粟开花，嗣后倘获雨旸适时，农村可望丰收也。8月记因有大雨和冰雹，收获减少。

【叙录编号】 0179
【档案题名】
民勤县政府报送民国二十二年（1933）6月份自行办理政务报告及地方情形报告表致甘肃省民政厅的呈及甘肃省民政厅关于民勤县民国二十二年6月份政府工作报告表审核意见的指令
【发文单位】 民勤县政府；甘肃省民政厅
【收文单位】 甘肃省民政厅；民勤县政府
【档案编号】 004-008-0190-（0011-0012）
【成文时间】 1933-06-18—1933-07-04
【收藏单位】 甘肃省档案馆
【涉及地域】 民勤县；永昌县；武威县
【关 键 词】 冰雹；争水诉讼；治理章程
【内容提要】
“内务”项下记会同永昌县复勘过柳林湖属之中渠，小东岔、姜桂重威、芥蔚三沟及第二区属之六坝，新西外、中渠属之建立等沟，沙尘并失水荒无地亩，册结图表。呈报本县第二区属之大滩泉水，第四区东边数道沟渠附近的夏禾被冰雹砸损。“建设”项下记电报奉凉州马师长电话嘱速速赴永昌乌牛坝地方，会同武威永昌两县县长办理三县人民争水诉讼案。此间田地被沙淤尘者甚多，若不急谋补救，恐怕百年后全境将成沙地，故组织造林委员会拟订治理章程，目前省政府已奉准备案，即为实行。

【叙录编号】 0180
【档案题名】
民勤县政府报送民国二十二年（1933）10月份自行办理政务报告及地方情形报告表致甘肃省民政厅的呈及甘肃省民政厅关于民勤县民国二十二年10月份政府工作报告表审核意见的指令
【发文单位】 民勤县政府；甘肃省民政厅
【收文单位】 甘肃省民政厅；民勤县政府
【档案编号】 004-008-0190-（0019-0020）
【成文时间】 1933-11-06—1933-11-08
【收藏单位】 甘肃省档案馆
【涉及地域】 民勤县
【关 键 词】 开辟苗圃；水车田；旱灾
【内容提要】
指令与呈各1份，呈“建设”项下记修正造林委员会简章，造林委员会开辟苗圃，造林委员会创造水车田。“农产情形”项下记本县农村近年来旱灾频仍，收成歉薄，负担既重，粮价又小，农人全年收益不敷，各款支出困苦，情形已达极点。饬令县政府在苗圃内造水车。

【叙录编号】 0181

【档案题名】

民勤县关于报送民国二十二年（1933）7—8月份地方情况及政务工作报告表致甘肃省民政厅的呈

【发文单位】 民勤县政府

【收文单位】 甘肃省民政厅

【档案编号】 004-008-0190-（0013、0015）

【成文时间】 1933-08-04—1933-09-07

【收藏单位】 甘肃省档案馆

【涉及地域】 民勤县

【关 键 词】 填表；凿井；清理荒地

【内容提要】

“建设”项下记令建设局遵照前发交通、水利、建筑等表，迅速填赍。令建设局遵照饬令，各乡农民开凿新井，以防荒旱，并提倡仿照水振子取水方法。遵照奉发清理荒地。

【叙录编号】 0182

【档案题名】

民勤县关于报送民国二十二年（1933）11月份地方情况及政务工作报告表致甘肃省民政厅的呈

【发文单位】 民勤县政府

【收文单位】 甘肃省民政厅

【档案编号】 004-008-0190-0021

【成文时间】 1933-12-14

【收藏单位】 甘肃省档案馆

【涉及地域】 民勤县

【关 键 词】 林业；修坝

【内容提要】

“建设”项下记开辟苗圃、栽植树木、修理堤坝。

【叙录编号】 0183

【档案题名】

民勤县政府报送民国二十二年（1933）12月份自行办理政务报告及地方情形报告表致甘肃省民政厅的呈及甘肃省民政厅关于民勤县民国二十二年12月份政府工作报告表审核意见的指令

【发文单位】 民勤县政府；甘肃省民政厅

【收文单位】 甘肃省民政厅；民勤县政府

【档案编号】 004-008-0190-（0023-0024）

【成文时间】 1934-01-10—1934-01-29

【收藏单位】 甘肃省档案馆

【涉及地域】 民勤县

【关 键 词】 修桥；水车；水利诉讼；风沙危害

【内容提要】

指令与呈各1份，呈“建设”项下记民勤沙漠河道每年春冬消冰结冰之时，通行渡津几至断绝，需要修建苏山大桥；制造水车十架，以资推行；由于当地水规由先有司所定，仅剩大体，而各沟岔彼此不同，因此水利诉讼案件甚多，拟就士绅任用专员调制图表，印刷成册，以整理水规；四五六区居民接连沙漠，风沙淤尘危害甚大，督促各区居民防蔽风沙。指令记整理水规详细办法如何，防蔽风沙委员如何组成。

【叙录编号】 0184

【档案题名】

敦煌县政府关于报送本年（1934）7—11月份地方情况及政务工作报告表致甘肃省民政厅的呈

【发文单位】 敦煌县政府

【收文单位】 甘肃省民政厅

【档案编号】

004-008-0286-（0001、0003、0005、0007、0009）

【成文时间】 1934-08-03—1934-12-05

【收藏单位】 甘肃省档案馆

【涉及地域】 敦煌县；秦安县；陇西县；成

县；北地县；庄浪县
【关 键 词】 南湖开垦；开新渠；金矿
【内容提要】
政务工作“建设”项下记7月处理南湖胡民呈请认荒开垦案。敦煌、秦安（新）、陇西、成县坊地亩共享伏羌新渠，因四号滩段渠岸过高，时常坍塌，废水过多，故于8月开新渠，贯秦安等三坊。又北地、庄浪渠经毛柳湾段渠道过曲，亦开新渠一道。11月派员勘察县南山金矿。

【叙录编号】 0185
【档案题名】
古浪县政府关于报送本年（1934）1—7月份地方情况及政务工作报告表致甘肃省民政厅的呈
【发文单位】 古浪县政府
【收文单位】 甘肃省民政厅
【档案编号】
004-008-0301-（0001、0003、0005、0007、0009、0011、0013、0015）
【成文时间】 1934-02—1934-09
【收藏单位】 甘肃省档案馆
【涉及地域】 古浪县
【关 键 词】 泉水干涸；风沙；植树；开垦官荒
【内容提要】
地方情形“有无灾患”项下记1月第三区土煖乡泉水忽干，开井亦数丈无水。4月西北起黑风，三四区地近沙漠，农田被沙压。“政务工作·建设”项下记3月奉令植树，每区各乡至少植树一万五千，政府、学校植树两万，因气候寒冷，于清明开植。4月于苗圃及西湖滩植树五千余，政府、学校植树一千余。县属横梁山官荒，分为农场、苗圃、民田、畜牧场。

【叙录编号】 0186
【档案题名】
古浪县政府关于报送本年（1934）8—11月份地方情况及政务工作报告表致甘肃省民政厅的呈
【发文单位】 古浪县政府
【收文单位】 甘肃省民政厅
【档案编号】
004-008-0302-（0001、0003、0005、0007、0009、0011）
【成文时间】 1934-09-05—1935-01-05
【收藏单位】 甘肃省档案馆
【涉及地域】 古浪县
【关 键 词】 修补沟渠；挖水窖；泉水干涸
【内容提要】
政务工作“建设”项下记8月因阴雨山水暴发，令修补冲损沟渠。9月布告各区保护森林。10月令各深山旱地居民多挖水窖，以便明春耕田使用。11月布告保护森林。地方情形“有无灾患”项下记第三区土煖乡泉水干涸后，至今无水灌田。

【叙录编号】 0187
【档案题名】
民勤县政府关于报送本年（1934）1—6月份地方情况及政务工作报告表致甘肃省民政厅的呈
【发文单位】 民勤县政府
【收文单位】 甘肃省民政厅
【档案编号】 004-008-0305-（0001、0003、0005、0007、0009、0011）
【成文时间】 1934-02-05
【收藏单位】 甘肃省档案馆
【涉及地域】 民勤县；永昌县
【关 键 词】 开浚泉源；植树；委任水利防沙委员；堵插风墙；均分水利；风沙

【内容提要】

政务工作“建设”项下记1月会同永昌县查勘永昌黑沙窝开浚泉源，以资灌溉；推广水车；购备树苗；饬上游各乡长督饬水首保护渠岸。2月委定水利防沙修路委员，议定每正粮一石，种树十株，为公树，每户植树五株以上，为私树。3月开植树宣传大会（未开植）；令防沙委员堵插风墙；令水利委员前往三渠坪口监督浇灌，均分水利。4月督促种树；修建苏山大桥。5月栽种树柳（上月所种在十五万左右，兹又种两万余）。6月凿井浇灌新开辟的苗圃。地方情形“有无灾患”项下记4月雨后大风扬沙。

【叙录编号】 0188

【档案题名】

民勤县政府关于报送本年（1934）7—12月份地方情况及政务工作报告表致甘肃省民政厅的呈

【发文单位】 民勤县政府

【收文单位】 甘肃省民政厅

【档案编号】

004-008-0306-（0001、0003、0005、0007、0009、0012）

【成文时间】 1934-08-03—1935-01-04

【收藏单位】 甘肃省档案馆

【涉及地域】 民勤县

【关 键 词】 苗圃；苏山大桥；修建河渠；保护森林；柴墙防沙；水灾

【内容提要】

政务工作“建设”项下记7月拨款建筑苗圃房屋及开渠，修苏山大桥。10月催修四五六区河渠；布告严禁偷伐森林，令各区乡长切实保护森林。11月苏山大桥完工，令苗圃主任保护圃内树苗及树株。县十地九沙，耕地多被沙压，故于12月围堵柴墙防御风沙。地方情形“有无灾患”项下记8月第六区西渠上百八各沟户民呈报水灾。

【叙录编号】 0189

【档案题名】

永昌县县长徐让（段永新）关于报送本年（1934）1—7月份地方情况及政务工作报告表致甘肃省民政厅的呈

【发文单位】 永昌县政府

【收文单位】 甘肃省民政厅

【档案编号】

004-008-0322-（0001、0003、0005、0007、0009、0011、0013）

【成文时间】 1934-02-05—1934-08-05

【收藏单位】 甘肃省档案馆

【涉及地域】 永昌县；民勤县

【关 键 词】 植树护林；开泉引水；沙压地亩

【内容提要】

政务工作“建设”项下记3月12日总理诞辰纪念日举行植树典礼；民勤所下沟在永昌黑沙窝开泉引水。4月清明节，预计植树三千株，并令保护浇灌旧有树株。植树二千余，往年成活者一千余，令保护。5月令住户每日浇灌树株，以期存活。“其他特别情形”项下记5月第六区各乡沙压地亩。地方情形“农村概况”项下记5月记立夏以来降水丰沛，又出山泉两处，水利之争可免。6月查本年成活树株一千余，令不时浇灌。

【叙录编号】 0190

【档案题名】

永昌县县长段永新关于报送本年（1934）1—7月份地方情况及政务工作报告表致甘肃省民政厅的呈

【发文单位】 永昌县政府

【收文单位】 甘肃省民政厅

【档案编号】

004-008-0323-（0001、0003、0005、0007、

0009）
【成文时间】 1934-09-05—1935-01-05
【收藏单位】 甘肃省档案馆
【涉及地域】 永昌县
【关 键 词】 护林；水利案；挑挖沟渠
【内容提要】
政务工作“建设”项下记9月责令绅民加意保护树木；县乌牛坝与武、民二县争水利案首犯解送凉州师部，转送第三院。10月布告挑挖沟渠以免漫溢；布告保护森林。12月令修理沟渠，保护树林。“司法”项下记10月解送因水滋事首犯至凉州第二师，转送法院。

【叙录编号】 0191
【档案题名】
武威县县长张迪光关于报送民国二十四年（1935）1月份自行办理政务报告表、地方情况报告表致甘肃省民政厅的呈
【发文单位】 武威县政府
【收文单位】 甘肃省民政厅
【档案编号】 004-008-0351-0004
【成文时间】 1935-03-05
【收藏单位】 甘肃省档案馆
【涉及地域】 武威县
【关 键 词】 植树；修理河道
【内容提要】
“建设”项下记编列大道树木号数并切实保护和修理河道以重水利。

【叙录编号】 0192
【档案题名】
武威县县长张迪光关于报送民国二十四年（1935）3月份自行办理政务报告表、地方情况报告表致甘肃省民政厅的呈
【发文单位】 武威县政府
【收文单位】 甘肃省民政厅
【档案编号】 004-008-0351-0006
【成文时间】 1935-04-20
【收藏单位】 甘肃省档案馆
【涉及地域】 武威县
【关 键 词】 苗圃；植树；水利
【内容提要】
“建设”项下记奉令省政府及建设厅饬令广为植树，奉建设厅饬令将县境水利拟具计划，扩充苗圃改良农业。

【叙录编号】 0193
【档案题名】
古浪县政府关于报送本县民国二十四年（1935）夏秋冬季政务工作表及地方情况季报表致甘肃省民政厅的呈
【发文单位】 古浪县政府
【收文单位】 甘肃省民政厅
【档案编号】
004-008-0368-（0009、0011、0013）
【成文时间】 1935-07-05—1936-01-18
【收藏单位】 甘肃省档案馆
【涉及地域】 古浪县
【关 键 词】 护林；碉堡
【内容提要】
“建设”项下记夏保护石门、头口化两山森林。秋奉令建筑碉堡。冬严禁砍伐公私树林，奉令建筑碉堡。

【叙录编号】 0194
【档案题名】
永昌县政府关于报送本县民国二十五年（1936）春季政务工作表及地方情况季报表致甘肃省政府的呈
【发文单位】 永昌县政府
【收文单位】 甘肃省政府
【档案编号】 004-008-0380-0003
【成文时间】 1936-05-31

【收藏单位】 甘肃省档案馆
【涉及地域】 永昌县
【关 键 词】 植树；招垦
【内容提要】

“建设”项下记春季在城内植树六千，北海子赵家寺植树一千五，各区各植一万三千。“其他”项下记本县土地较广，荒芜甚多，召集各区区长会同商办招垦。

【叙录编号】 0195
【档案题名】

民勤县政府关于报送本县民国二十五年（1936）春夏秋冬季政务工作表及地方情况季报表致甘肃省政府的呈

【发文单位】 民勤县政府
【收文单位】 甘肃省政府
【档案编号】

004-008-0380-（0005、0007、0009、0011）

【成文时间】 1936-04-06—1937-01-30
【收藏单位】 甘肃省档案馆
【涉及地域】 民勤县
【关 键 词】 植树护林；补助风墙；调查荒地
【内容提要】

“建设”项下记春季保护树林，分行造林运动宣传办法大纲，全县民户按去年成比例种植。夏季统计上季种树七万余，又散发各沙区建插风墙补助费。秋季保护森林。调查各区荒地及附近旧有水渠，总计全县有能耕而无水荒地二十九万余亩。

【叙录编号】 0196
【档案题名】

民勤县政府关于报送本县民国二十七年（1938）春秋冬季政务工作表及地方情况季报表致甘肃省政府的呈

【发文单位】 民勤县政府
【收文单位】 甘肃省政府
【档案编号】

004-008-0387-（0007、0009、0011）

【成文时间】 1938-04-27—1939-02-14
【收藏单位】 甘肃省档案馆
【涉及地域】 民勤县
【关 键 词】 防沙
【内容提要】

“建设”项下记春季插堵沙墙，切实防沙。

【叙录编号】 0197
【档案题名】

古浪县政府关于报送民国二十八年度（1939）3月份县长巡视报告表致甘肃省政府的呈

【发文单位】 古浪县政府
【收文单位】 甘肃省政府
【档案编号】 004-008-0390-0007
【成文时间】 1939-04-04
【收藏单位】 甘肃省档案馆
【涉及地域】 古浪县
【关 键 词】 植树；水井；三乡分水口
【内容提要】

“建设”项下3月26日记植树事宜；3月27日记开修三乡分水口；3月31日记于红土湾横梁山等处开凿水井。

【叙录编号】 0198
【档案题名】

第六区行政督察专员公署关于报送6月15日巡视古浪县情况致甘肃省政府的呈

【发文单位】 第六区行政督察专员公署
【收文单位】 甘肃省政府
【档案编号】 004-008-0390-0017
【成文时间】 1941-07-31
【收藏单位】 甘肃省档案馆
【涉及地域】 古浪县
【关 键 词】 水利；植树；采金；土地陈报

【内容提要】

记护植台地森林，该县古浪河之西，黄羊川之北，土门堡之南，有化儿岭及众多丘陵盘结其间，造成古浪中部的台地区域为大靖河、滴泉及古浪河等支流的发源地。往昔树木茂盛，水源充足，因为滥伐，牛山日濯，水源日枯，亟宜规定保护培护该地森林；除于山谷中量予种植农作物外，应视为植树及禁垦区域，以裕平衍田畴水源。记组织黄羊川畜牧及采煤公司或合作社。记恢复古浪县采金事业。记提前办理土地陈报。

【叙录编号】 0199

【档案题名】

武威县政府关于报送民国二十八年度（1939）2月份县长巡视报告表及日记致甘肃省政府的呈

【发文单位】 武威县政府

【收文单位】 甘肃省政府

【档案编号】 004-008-0391-0001

【成文时间】 1939-02-14

【收藏单位】 甘肃省档案馆

【涉及地域】 武威县

【关 键 词】 煤炭；植树

【内容提要】

“建设”项下记植树和煤炭等相关事宜。

【叙录编号】 0200

【档案题名】

武威县政府关于报送民国二十九年度（1940）1月份县长巡视报告表致甘肃省政府的呈

【发文单位】 武威县政府

【收文单位】 甘肃省政府

【档案编号】 004-008-0391-0005

【成文时间】 1942-02-02

【收藏单位】 甘肃省档案馆

【涉及地域】 武威县

【关 键 词】 公路桥梁；植树

【内容提要】

“建设”项下1月记该区对于修建甘新公路及栽植甘新公路两旁树木及修筑甘新公路桥梁等事均较他区迅速。

【叙录编号】 0201

【档案题名】

武威县县长张爱松关于报送本人下乡督征粮赋并视察行政感谢报告书致甘肃省政府的呈

【发文单位】 武威县政府

【收文单位】 甘肃省政府

【档案编号】 004-008-0391-0007

【成文时间】 1943-04-14

【收藏单位】 甘肃省档案馆

【涉及地域】 武威县

【关 键 词】 沟渠；树木；甘新公路

【内容提要】

“建设”项下记沟渠和树木相关事宜。

【叙录编号】 0202

【档案题名】

民勤县政、农村经济视察表

【发文单位】 甘肃省民政厅视察员陈玠

【收文单位】 甘肃省政府

【档案编号】 004-008-0407-0008

【成文时间】 1933-11-28

【收藏单位】 甘肃省档案馆

【涉及地域】 民勤县

【关 键 词】 水车；造林；雹灾；风沙

【内容提要】

“水利”项下记县内并无长流河水，以上游永昌、武威用余归湖之水灌溉，水利关系分川湖二部，川地灌水有四坝，湖地有三渠，按节气分配水时，川占十五，湖占九。修渠筑坝事由各沟岔人民集会商议，不劳官府。因上游水源细小，该县用水不足，故由兰州小西湖雇工匠制造水车以便运水。“造林”项下记该县组织造林委员会，开辟第一、第二两苗圃，又于9月底派人于红沙梁水渠沿岸植红柳白杨。“灾害”项下记本年风沙、雹灾。

【叙录编号】 0203
【档案题名】
民乐县政视察表（二）
【发文单位】 民乐县政府
【收文单位】 甘肃省政府
【档案编号】 004-008-0408-0003
【成文时间】 1933-10
【收藏单位】 甘肃省档案馆
【涉及地域】 民乐县
【关 键 词】 水渠；植树
【内容提要】

“水利”项下记全县所灌之水均系山水渠道各坝轮流浇灌。“造林”项下记每年清明由县政府组织于渠旁植树一次，现成活三千余。

【叙录编号】 0204
【档案题名】
武威县政视察表
【发文单位】 甘肃省民政厅视察员陈玠
【收文单位】 甘肃省政府
【档案编号】 004-008-0408-0006
【成文时间】 1933-12
【收藏单位】 甘肃省档案馆
【涉及地域】 武威县
【关 键 词】 水渠；凿井；水车；树林
【内容提要】

“水利”项下记全县水利多用山水，发源西南山，东北乡有泉水、井水灌溉，约灌地六十万亩。民国二十一年（1932）奉令凿井一百六十余，有用龙骨水车者。“造林”项下记中山林已成林者五亩，另有南山旧林场。

【叙录编号】 0205
【档案题名】
永登县政视察表（二）
【发文单位】 甘肃省民政厅视察员陈玠
【收文单位】 甘肃省政府
【档案编号】 004-008-0408-0009
【成文时间】 1933-10-10
【收藏单位】 甘肃省档案馆
【涉及地域】 永登县
【关 键 词】 水渠；凿井；森林；植树
【内容提要】

“水利”项下记有水渠三十余处，灌地五万亩，山旱之地凿井数十丈仍不可灌溉。“造林”项下记森林颇多，大部分在第六区兔儿坪、第七区藏族地界，面积数千亩。今年植树节所植树不下万株。

【叙录编号】 0206
【档案题名】
永昌县政视察表
【发文单位】 甘肃省民政厅视察员陈玠
【收文单位】 甘肃省政府
【档案编号】 004-008-0408-0014
【成文时间】 1933-11-10
【收藏单位】 甘肃省档案馆
【涉及地域】 永昌县
【关 键 词】 凿井；森林
【内容提要】

“水利”项下记县城北北海子及下十堡曾凿井引沟，共凿井二千余，灌溉数万亩。“造林”项下记植树成活甚少，南山云庄寺、撒林西大河等处为天然松林。

【叙录编号】 0207
【档案题名】
古浪县政视察表
【发文单位】 甘肃省民政厅视察员陈玠

【收文单位】 甘肃省民政厅
【档案编号】 004-008-0413-0013
【成文时间】 1933-10-19
【收藏单位】 甘肃省档案馆
【涉及地域】 古浪县
【关 键 词】 灌田；植树
【内容提要】

“水利”项下记古浪第一区大半山为旱田，利用水利灌田实难办到。第二三四区均为水田，深山所积之厚雪，每年至3、4月间融化下流至各乡，按照地方习惯依次浇灌田地。此外亦有泉水浇灌田地。仅第三区煖泉一乡今年泉水干涸至今，并未得水源，且农民习多懒而不愿意开凿新井灌田。“造林”项下记本县岂寺、香林寺、石门山、显化山四处有天然山林，近年人造山林甚少，城之东北有中山林种白杨柳树，其他各区域离河道较近，种植千余株树木。

【叙录编号】 0208
【档案题名】

古浪县农村经济视察表

【发文单位】 甘肃省民政厅视察员陈玠
【收文单位】 甘肃省民政厅
【档案编号】 004-008-0413-0014
【成文时间】 1933-10-31
【收藏单位】 甘肃省档案馆
【涉及地域】 古浪县
【关 键 词】 农作物
【内容提要】

大麦、小麦、大豆、豌豆、胡麻、秋禾、青稞、麻籽、谷子、菜籽、红白洋芋等为主要产物，燕麦、荞麦、玉麦、蒜薹等为次要产物，甘草、大黄、赤白芍、黄柏、地骨皮、天龙甲、羊皮及羊毛为副产品。

【叙录编号】 0209
【档案题名】

民勤县政府关于报送本县本年（1939）7月县长巡视报告表致甘肃省政府的呈

【发文单位】 民勤县政府
【收文单位】 甘肃省政府
【档案编号】 004-008-0470-0003
【成文时间】 1939-08-24
【收藏单位】 甘肃省档案馆
【涉及地域】 民勤县
【关 键 词】 防沙；造林；挖泉；疏通沟渠
【内容提要】

主要涉及《民勤县县长巡视报告表》，7月4日第一区一联保要政推行概况中建设事项包括查该处防沙造林挖泉情况（6页）；7月5日第一区第二联保建设事项包括查该处沙压田亩，急需造林防沙（7页）；7月6日第二区第一、二联保建设事项包括查该处沟渠道路急需修理（8页）；7月7日第二区第三联保建设事项包括查沿河造林、抵御沙患及制作水车用于救济情况（9页）；7月8日第三区第一、二联保建设事项包括外渠渠道被沙填满，无水，拟订以工代赈（10页）；7月9日第三区第三联保建设事项包括明年切实贯彻造林事业（11页）；7月10日第四区第一、二联保建设事项涉及继续造林防沙（12页）。

【叙录编号】 0210
【档案题名】

民勤县政府关于报送本县本年（1940）6月份县长巡视报告表致甘肃省政府的呈

【发文单位】 民勤县政府
【收文单位】 甘肃省政府
【档案编号】 004-008-0470-0005
【成文时间】 1940-09-09
【收藏单位】 甘肃省档案馆
【涉及地域】 民勤县

【关 键 词】 旱灾；沿河造林；疏通水渠；推广棉业

【内容提要】

主要涉及《民勤县县长巡视报告表》，6月28日第一区小坝建设事项包括该处对于造林修路等办理情况，备注中涉及该处旱灾成饥荒（11页）；6月29日第一区上大路建设事项录有查该地沿河造林情况，备注中旱灾灾情严重（12页）；6月30日第一区大坝建设事项涉及沙压水渠田亩，急需防沙造林，备注灾情严重（13页）；7月1日第二区四坝建设事项包括查该县新河毗邻沙漠，应按人口广造林，备注灾情严重（14页）；7月2日第二区东坝建设事项包括饬分段造林所有公地，备注灾情严重，人民逃荒（15页）；7月3日第二区三案乡建设事项包括县政府饬按段先堵风再造林（16页）；7月4日第三区钱粮建设事项包括饬扩大造林以保农田（17页）；7月5日第三区外渠建设事项包括该地渠道常被沙压，无法灌溉（18页）；7月6日第三区西渠建设事项涉及饬保甲长在该处北面稠密造林（19页）；7月7日第三区中渠建设事项包括饬保甲长推广林业棉业（20页）；7月8日第四区正西岔建设事项饬以工役稠密造林及插堵风墙以保农田（21页）；7月9日第四区大西岔建设事项饬按人口每户植树两株并由保甲长完全保护及分段查堵风墙（22页）；7月10日第四区中岔建设事项查勘造林地点并商议造林计划及分段查堵风墙（23页）；7月11日第四区外岔建设事项包括勘察造林地点及商量造林计划，动员种棉（24页）。所有备注都涉及旱灾严重，人民逃荒严重。

【叙录编号】 0211

【档案题名】

民勤县政府关于报送本县上年（1941）11月份县长巡视报告表致甘肃省政府的呈

【发文单位】 民勤县政府

【收文单位】 甘肃省政府

【档案编号】 004-008-0470-0007

【成文时间】 1942-03-11

【收藏单位】 甘肃省档案馆

【涉及地域】 民勤县

【关 键 词】 防沙；植树；疏通水渠；振兴水利

【内容提要】

主要涉及《民勤县县长巡视报告表》，11月20日新河乡大滩第六、七保建设事项包括该处森林较为稠密，沟渠亦齐整（2页）；11月21日泉山乡红柳园红柳岗第五、六、七等保建设事项包括根据查勘结果饬该处组织防沙、疏通渠道以利水流，修路造林（3页）；11月22日新河乡红沙梁第九、十保建设事项包括根据查勘结果饬该处加紧组织防沙及明春多植树以保农田（4页）；11月23日西外乡下外渠第三、四保建设事项包括根据查勘结果令上中外渠民共同开挖渠道并饬当地首事人组织防沙（5页）；11月24日西外乡西渠第六、七保建设事项包括该处植树稠密、沟渠齐整（6页）；11月25日中渠乡第五、六保建设事项包括根据查勘结果饬该处修理道路及造林（7页）；11月26日中渠乡第一、二保建设事项包括该处道路平坦唯森林稀少（8页）；11月27日中外乡第三、四、五等保建设事项包括饬沿河渠道路造林以防沙患及疏通渠道以利农田（9页）；11月28日中外乡第二保建设事项包括饬该处防沙疏通沟渠及培植森林（10页）；11月29日正大乡第一、二、三保建设事项包括该处植树稠密、道路平坦、沟渠齐整（11页）；11月30日中外乡第一保建设事项包括根据该处查勘结果饬动员沿河多植树以保护河岸防沙患（12页）；12月1日新河乡红柳墩第五保建设事项包括该处道路平坦、植树稠密及沟渠齐整（13页）；12月2日泉山乡双茨科第三保建设事项包括饬堵修沙墙、疏通沟渠、振兴水利（14页）；12月3日东坝乡六坝第七、八、九保建设事项包括该处道路平坦、水利稠密，疏通沟渠尚需努力（15页）；12月4日新河乡红沙堡建设事项包括饬疏通沟渠培植森林（16页）；12月12日大坝乡第六、七、八等保建设事项包括该地连年失水荒地甚多（17页）；12月13日大坝乡第三、四、五等保建设事项包括饬该处成立防沙分会堵筑沙墙以防沙患（18页）；12月14日小坝乡第三、四、五、六等保建设事项包括饬疏通沟渠种植森林等（19页）；12月15日东坝乡第一、二、三、四等保建设事项涉及该处森林较稠密、沟渠较齐整（20页）；12月16日新河乡第一、二保建设事项涉及该处沟渠齐整、森林稠密（21页）。备注中多地失水、灌溉期无水、旱灾严重。

【叙录编号】 0212
【档案题名】
永昌县县长王鼎新关于报送本年（1941）9至11月份下乡巡视报告书致甘肃省政府的呈
【发文单位】 永昌县政府
【收文单位】 甘肃省政府
【档案编号】 004-008-0500-0012
【成文时间】 1941-12-06
【收藏单位】 甘肃省档案馆
【涉及地域】 永昌县
【关 键 词】 祁连山；砍伐森林；森林保管委员会；牧地垦殖
【内容提要】
9月28日，于永宁乡宣讲淘泉灌溉。10月24日，赴鸾鸟乡，该乡接祁连山，森林茂密，春夏雪融灌田，近年山中树木为军队砍伐，民众亦假军队名义任意采取，山中林木摧毁无余，冬不能涵雪，春夏乏灌田之水，现拟组织森林保管委员会，切实保护森林。11月12日，巡视永安乡河南三坝，该地多山多林，近年民众亦假军名砍伐，损伤林区，拟由森林保管委员会将其与鸾鸟乡林区统筹保护。12月25、26日，赴皇城滩，此地居祁连山麓与青海接壤，为牧地，近年有所垦殖。

【叙录编号】 0213
【档案题名】
甘肃省政府关于发巡视本区各县一般情形报告表审核意见给第六区行政督察专员兼保安司令何昌荣的指令
【发文单位】 甘肃省政府
【收文单位】 第六区行政督察专员公署
【档案编号】 004-008-0502-0007
【成文时间】 1943-07-22
【收藏单位】 甘肃省档案馆
【涉及地域】 临泽县；民乐县；永昌县；古浪县；张掖县；民勤县
【关 键 词】 植树；水利；防沙
【内容提要】
附表《甘肃省第六区行政督察专员兼保安司令何昌荣巡视本区各县情形报告表》，“指示要点”记，提倡水利及植树（民乐）；提倡植树及修浚水道（永昌）；提倡植树（古浪）。“座谈会纪要”记提倡保林护林运动（古浪）；提倡植树（永昌）；开凿水道提倡植树（临泽）；组织水利委员会搜供水利资料（张掖）；充实水利防沙造林等机构（民勤）。

【叙录编号】 0214
【档案题名】
甘肃省第六区行政督察专员兼保安司令何昌荣关于报送考察武威各乡情况致甘肃省政府的呈
【发文单位】 第六区行政督察专员公署
【收文单位】 甘肃省政府
【档案编号】 004-008-0502-0016
【成文时间】 1943-05-21

【收藏单位】 甘肃省档案馆
【涉及地域】 武威县
【关 键 词】 垦荒；植树；研究水利可能
【内容提要】

一般优点：1.雨水充足，荒地已开垦。2.植树成绩尚好，荒滩空地多已成林。今后注意解决事项：该县水源多靠雪水，河水不稳定，已与甘肃水利林牧公司武威工作站负责者商量研究河流渠道及蓄水池可能。

【叙录编号】 0215
【档案题名】

第六区行政督察专员兼保安司令何昌荣关于报送考察永昌各乡情况致甘肃省政府的呈

【发文单位】 第六区行政督察专员公署
【收文单位】 甘肃省政府
【档案编号】 004-008-0502-0005
【成文时间】 1943-08-30
【收藏单位】 甘肃省档案馆
【涉及地域】 永昌县
【关 键 词】 植树；凿泉；畜牧
【内容提要】

“一般情形”项下记：县城北之北海子及城西乱泉一带泉水颇多，县长今春发动民工疏浚旧泉十余处，灌溉甚广。植树成绩不差，但欠普遍，令明春每人必植树五棵。该县黄城滩、大河坝等地山川之草原茂盛，森林广大，水利丰富，畜牧发达，令县长提倡畜牧事业。

【叙录编号】 0216
【档案题名】

第六区各县民国三十三年度（1944）中心工作实施情形总报告书

【发文单位】 甘肃省政府
【收文单位】 甘肃省政府
【档案编号】 004-008-0518-0001
【成文时间】 1944-09-10
【收藏单位】 甘肃省档案馆
【涉及地域】 第六区
【关 键 词】 祁连山；三清渠；新河渠；疏渠浚河；水利会议；苗圃
【内容提要】

记各地植树造林的状况，关于祁连山森林及各地原有大树以现有国有林区管理处专责管理，尚少被砍伐。“义务劳动实施情形”下记兴修水利，相关的有高台、临泽的三清渠，民勤县的新河渠，武威、张掖、永昌等县的疏渠浚河等工程。记本区各县农田全恃祁连山雪水灌溉，山内森林过去因某种势力砍伐过甚，影响水源以致常有水旱的灾害。民国二十五年（1936）时，武、古、勤、永四县水利会议曾主张办法。记应发动各县仿照兰州中正山造林办法，普遍举办并督饬乡保苗圃切实育苗以期地无旷土。

【叙录编号】 0217
【档案题名】

甘肃省政府秘书处关于请速报本省参议会第四次代表大会咨询案执行情况致甘肃省民政厅的函

【发文单位】 甘肃省政府秘书处
【收文单位】 甘肃省民政厅
【档案编号】 004-008-0629-0002
【成文时间】 1947-07-05
【收藏单位】 甘肃省档案馆
【涉及地域】 古浪县
【关 键 词】 古浪水源；子午岭以西屯垦
【内容提要】

省参议会咨询案。6月14日，巳103号，藉古浪水源案。巳196号，在子午岭以西屯垦实边案。

【叙录编号】 0218
【档案题名】
张掖、高台等十县关于夏秋田禾播种、保护官树及渠水灌溉情形报甘肃省民政厅、财政厅的各类文件
【发文单位】 张掖县政府；高台县政府等
【收文单位】 甘肃省民政厅；甘肃省财政厅
【档案编号】 015-005-0015-（0001-0036）
【成文时间】 1932-04-10—1932-09-21
【收藏单位】 甘肃省档案馆
【涉及地域】 张掖县；高台县；民勤县；永登县
【关 键 词】 亢旱；夏秋田；灌溉；修渠；官树保护
【内容提要】
这十个县分别为张掖县、高台县、泾川县、皋兰县、洮沙县、定西县、隆德县、民勤县、永登县、固原县。各县上报了自4月起县内夏秋禾及其他农作物的播种、生长情况。其中：张掖县就亢旱禾苗灌溉困难，农工组织修渠，后得大雨缓解一事多次呈文甘肃省民政厅，民政厅回文知悉，并嘉许县长在此期间对官树的保护成果。高台县政府呈报夏禾播种数量不够，正在南山赶种秋禾，已基本播种齐全，请省政府及民政厅鉴核。泾川县政府呈报4月份冬麦滋长一二寸不等，大麦豌豆间有播种，部分土地干燥不能下种。5月份冬麦大麦吐穗扬花，豌豆等也滋长迅速。皋兰县政府呈报5月各项夏禾滋长长度。洮沙县政府呈报5月天雨连绵，夏禾滋长，害虫消减。定西县政府呈报4、5月禾苗沾雨泽，滋长迅速。隆德县政府呈报6月份春麦、豌豆、莜麦、燕麦、荞麦等作物滋长情形。民勤县政府呈报7月阴雨连绵，秋禾可望。永登县政府呈报4月水旱田地种植夏禾小麦情形。固原县政府呈报4月各类作物收成份数，请省政府及民政厅鉴查。

【叙录编号】 0219
【档案题名】
民勤、永登等十二县关于夏秋田禾滋长及渠水灌溉情形、水旱田地收成份数报甘肃省民政厅的各类文件
【发文单位】 民勤县政府；永登县政府等
【收文单位】 甘肃省民政厅
【档案编号】 015-005-0016-（0001-0039）
【成文时间】 1932-04-30—1932-09-11
【收藏单位】 甘肃省档案馆
【涉及地域】 民勤县；永登县；张掖县；武威县；山丹县
【关 键 词】 夏秋田；渠水灌溉；收成份数
【内容提要】
这十二个县分别为民勤县、永登县、宁县、张掖县、皋兰县、清水县、武威县、礼县、泾川县、隆德县、武都县、山丹县。各县上报了有关夏秋禾生长及渠水灌溉的情况，山丹、隆德等县上报了夏禾收成份数。泾川、武威县呈报本年秋禾收成份数。清水县呈报本年夏秋因雨量缺乏，已经有旱灾景象。皋兰县呈报因去岁冬未落雪，春种之期多延，山泉水地因连年亢旱水源多竭未能种齐，目前尚未播种者有十分之三四，待到雨泽之后可再播种。甘肃省民政厅对民勤、永登、皋兰等县部分禾苗耕种、滋长情况及渠水情形予以备查，对山丹县收成份数汇案核办。

【叙录编号】 0220
【档案题名】
民勤县二十三年度（1934）统计报告表
【发文单位】 民勤县政府
【收文单位】 甘肃省民政厅
【档案编号】 015-005-0358-0001
【成文时间】 1934
【收藏单位】 甘肃省档案馆
【涉及地域】 民勤县

【关 键 词】 行政；土地；灾害；统计报告表
【内容提要】
本报告表包括：1.民勤县政治组织与行政表目，其中由民勤县民政、建设、财政各科执掌。2.民勤县人口及分布：男女户数、人口分布、年龄分布统计、婚姻职业、户籍识字、出生死亡率等。3.保卫：火灾情况。4.救济灾害：被灾面积、灾民户数、损失、灾害经过时期等。5.土地：土地所有及面积、地价等。

【叙录编号】 0221
【档案题名】
民勤县政府关于报送本县民国二十五年（1936）2月份建设工作报告表致甘肃省建设厅的呈文
【发文单位】 民勤县政府
【收文单位】 甘肃省建设厅
【档案编号】 027-001-0144-（0007-0008）
【成文时间】 1936-03-18
【收藏单位】 甘肃省档案馆
【涉及地域】 民勤县
【关 键 词】 水利；植树造林；苗圃
【内容提要】
农业：无特别工作；水利：渠水仍然畅流；林业：植树造林，苗圃类拨解籽种，种植苗圃。省政府回令准予备查。

【叙录编号】 0222
【档案题名】
永昌县政府关于报送本县民国二十五年（1936）2月份建设工作报告表致甘肃省建设厅的呈文
【发文单位】 永昌县政府
【收文单位】 甘肃省建设厅
【档案编号】 027-001-0146-（0009-0010）
【成文时间】 1936-04-15
【收藏单位】 甘肃省档案馆
【涉及地域】 永昌县
【关 键 词】 农林；水利章程；植树；苗圃
【内容提要】
农务方面继续运粪土，本县水利无论山泉水均按定章轮流浇灌，林业方面预计植树六千株，保育苗圃三千株，省政府回令准予备查。

【叙录编号】 0223
【档案题名】
甘肃省民政厅关于检送民勤县政府民国三十六年（1947）1至3月份、7至12月份工作报告给甘肃省建设厅的函
【发文单位】 甘肃省民政厅
【收文单位】 甘肃省建设厅
【档案编号】
027-001-0178-（0017-0018）；
027-001-0184-（0015-0016）；
027-001-0189-（0005-0006）
【成文时间】 1947-05-13—1947-05-15
【收藏单位】 甘肃省档案馆
【涉及地域】 民勤县
【关 键 词】 防治小麦黑穗病；植树；水利；苗圃
【内容提要】
建设部分包括裁并联合办公处，督导人民防治小麦黑穗病，推广行道树种植，征集树苗，督导各乡镇选种育苗并筑围墙，调查三渠及六坝水利问题并饬堵筑黑河，改进纺织事业，修筑苗圃栅栏，修筑道路，秋季造林，合作社年终预算。

【叙录编号】 0224
【档案题名】
武威县政府关于上报民国三十六年度（1947）建设工作报告致甘肃省建设厅的呈文
【发文单位】 武威县政府
【收文单位】 甘肃省建设厅

【档案编号】 027-001-0187-（0006-0007）
【成文时间】 1947-12-31—1948-01-03
【收藏单位】 甘肃省档案馆
【涉及地域】 武威县
【关 键 词】 防治黑穗病；农村副业；育苗造林；水利
【内容提要】
武威县县长袁士鑑奏报武威三十六年度（1947）工作报告，附有《甘肃省武威县政府三十六年度建设工作报告》，包含农林类［防治黑穗病、推广农村副业、育苗造林（县保苗圃、植树）］，水利（健全水利机构、整理渠道、修补堤坝），交通（县道、乡道）。

【叙录编号】 0225
【档案题名】
甘肃省民政厅关于送武威县政府民国三十七年度（1948）1至6月份工作报告给甘肃省建设厅的函
【发文单位】 甘肃省民政厅
【收文单位】 甘肃省建设厅
【档案编号】 027-001-0197-（0006-0007）
【成文时间】 1948-08-09—1948-08-17
【收藏单位】 甘肃省档案馆
【涉及地域】 武威县
【关 键 词】 整修河渠；推广甜菜
【内容提要】
"建设"项下记本年上半年最重要者为修筑县乡道路、整修河渠、推广甜菜制糖蓝靛。

【叙录编号】 0226
【档案题名】
甘肃省农会关于申请准将各县煤矿林木由各县农会领管致甘肃省政府的呈
【发文单位】 甘肃省农会
【收文单位】 甘肃省政府
【档案编号】 027-001-0209-0001
【成文时间】 1943-05-05
【收藏单位】 甘肃省档案馆
【涉及地域】 武威县
【关 键 词】 开发煤矿；保护林木
【内容提要】
甘肃省农会第一次会员代表大会武威、陇西代表提议，武威西南各山口及陇西西溪南松涛坡均有煤矿，又为祁连山国防林区，但无善法开采，故煤矿多被地痞霸占，森林亦多为土豪所砍伐，致水源大受影响，建议今后应由各县农会领官各县煤矿改善开采方法，以保护森林、涵养水源、造福群众。

【叙录编号】 0227
【档案题名】
甘肃省政府各县填报农林人员调查表一事的呈文及训令
【发文单位】 甘肃省各县局
【收文单位】 甘肃省建设厅
【档案编号】 027-001-0237-（0001-0026）
【成文时间】 1941-07-18—1941-09-10
【收藏单位】 甘肃省档案馆
【涉及地域】 河西各县
【关 键 词】 农林人员调查表
【内容提要】
敦煌、古浪、武威、酒泉、秦安、高台等河西各县报送填报农林人员调查表，并回复省政府无法填报的原因，省政府给予免填的训令。

【叙录编号】 0228
【档案题名】
民勤县政府关于报送本县农林建设工作计划书致甘肃省政府的代电及甘肃省政府回令
【发文单位】 民勤县政府
【收文单位】 甘肃省政府
【档案编号】 027-001-0291-（0010-0011）

【成文时间】 1947-11-24—1947-11-25
【收藏单位】 甘肃省档案馆
【涉及地域】 民勤县
【关 键 词】 农林建设
【内容提要】

《民勤县农林建设工作实施计划》包含加强农林建设、提倡绿肥、提倡菜蔬培植、防治麦类黑穗病、建造防沙林、保护森林散生林木、培植树木、发动农林人士分赴各乡镇。

【叙录编号】 0229
【档案题名】

民勤县关于报送民国三十六年度（1947）农林建设实施情况给甘肃省政府的呈文及甘肃省政府备查回令

【发文单位】 民勤县政府
【收文单位】 甘肃省政府
【档案编号】 027-001-0342-（0011-0012）
【成文时间】 1947-07-14—1947-07-24
【收藏单位】 甘肃省档案馆
【涉及地域】 民勤县
【关 键 词】 农林建设
【内容提要】

《民勤县三十六年度农林建设实施情况报告表》（1947年7月14日），包含育苗（县保苗圃、育苗造林面积、育苗种类株数、成活株数、保护情形、浇灌办法）、造林（植树地点、树木种类、植树株数、成活株数、保护方法、浇灌办法）、防治小麦黑穗病。

【叙录编号】 0230
【档案题名】

甘肃省政府、永昌垦务处关于迁移及提供贷款给垦荒群众一事的文件

【发文单位】 永昌垦务处
【收文单位】 甘肃省政府；甘肃省建设厅
【档案编号】 027-001-0748-（0013-0016）
【成文时间】 1947-04-08—1947-05-07
【收藏单位】 甘肃省档案馆
【涉及地域】 永昌县
【关 键 词】 开挖水渠；垦荒
【内容提要】

永昌垦务处向甘肃省政府汇报金龙坝迁徙垦荒群众，开挖水渠工程，甘肃省政府回令准予再查。永昌县因粮食收获不丰，希望准予农民外出谋生，甘肃省政府回令农闲之时无担保人的垦户不许外出。

【叙录编号】 0231
【档案题名】

甘肃省政府、农林部西北羊毛改进处关于砍伐祁连山树木修建羊舍一事的文件

【发文单位】 李兆瑞；甘肃省政府等
【收文单位】 李兆瑞；甘肃省政府等
【档案编号】

027-002-0141-（0001-0009）；
027-002-0142-（0001-0012）

【成文时间】 1945-01-18—1946-01-24
【收藏单位】 甘肃省档案馆
【涉及地域】 永昌县
【关 键 词】 牧场；林木；羊舍
【内容提要】

此案卷包含12份文件，与西北羊毛改进处等有关。农林部西北羊毛改进处呈报甘肃省政府，呈送减免河西一带绵羊春季死亡方法浅说，甘肃省政府将此文件抄发给第六区行政督察专员公署，第六区专署回令收到，遵办。永昌县政府呈报甘肃省政府，奉令划拨本县来坝滩以南山荒地为羊毛推广站牧场，甘肃省政府回令准予备查。甘肃省政府下令第六区专署，关于西北羊毛改进处河西推广站借修建房屋大量砍伐祁连山一案，要求彻查，甘肃省建设厅将此案的调查情况呈报给甘肃省政府。农林部祁连山国有林区管理处也将此案的调查结果报

送甘肃省政府，而后又补送此案的关键证据：永昌建委会隍庙修理处运木收据。西北羊毛改进处又致电甘肃省政府，认为永昌县县长电报本处河西推广站伐木一事并非事实。甘肃省建设厅呈报甘肃省政府，西北羊毛改进处属农林部辖，甘肃省政府不便管理，可否将全案抄送农林部待办，并将所扣木料存查。甘肃省政府就此事致咨农林部，已令永昌县将扣获的木料造表上报。

【叙录编号】 0232
【档案题名】
甘肃省政府会计处编制民勤县民国三十四年度（1945）地方岁入岁出总预算书
【发文单位】 民勤县政府；甘肃省政府会计处
【收文单位】 甘肃省建设厅
【档案编号】 027-002-0416-0001
【成文时间】 1945-03
【收藏单位】 甘肃省档案馆
【涉及地域】 民勤县
【关 键 词】 岁入岁出；预算
【内容提要】
《甘肃省民勤县民国三十四年度地方岁入岁出总预算书》包含主要税课收入（土地、田赋、遗产、印花税等），以及保安、林务、水利委员会等的支出。

【叙录编号】 0233
【档案题名】
甘肃省政府等关于砍伐木料、垦荒、购置柏树等事的各类文件
【发文单位】 甘肃省政府
【收文单位】 甘肃省政府；高台县政府等
【档案编号】
027-003-0136-（0003、0005-0006、0009、0018、0023、0029-0033、0037、0043）
【成文时间】 1944
【收藏单位】 甘肃省档案馆
【涉及地域】 高台县；永昌县；张掖县
【关 键 词】 砍伐木料；垦荒；林业；荒山水道；校舍；垦务
【内容提要】
甘肃省政府致电祁连山林管局，高台、临潭两县绿化工程处砍伐木料一案准予备查。甘肃省政府致电秦安县政府，准予由公教食粮节余项下开支苗圃长工食粮。甘肃省政府致电甘肃省陇南区农林督导专员办事处，准予追加秦安县苗圃长工三人的食粮。甘肃省政府就张向明阻挠垦荒一事给甘肃张文智作出批示。甘肃省政府给兰州市政府作出指示，该市购置柏树的单据准予备查。甘肃省政府给所属各县市局下发训令，废止林业公会规则，并将林业公会改为林业协会。甘肃省政府致电河西、永昌垦区管理局，永昌县政府，准予垦区免纳地税。甘肃省政府指示陇西县政府，要求上报划拨青年团荒山情况，并绘图说明，并就此事也给秦安县、静宁县作出指示。甘肃省政府通知第二区行政督察专员公署、永昌县政府，马占彪并没有截断青海省与黄城滩水道的情况。高台县政府需修建监狱木料呈请甘肃省政府砍伐树木，甘肃省政府批准，并令张掖县国有林区管理处进行查明办理。甘肃省政府通知兰州市政府，其上报的农业推广所苗圃面积及播种插条数目准予备查。甘肃省政府指令固原县政府，准予利用公树建修校舍。甘肃省政府向各专署、垦区、县市局下发协助各省垦务机关团体经费办法。

【叙录编号】 0234
【档案题名】
永登县政府关于报送地方经济建设计划书致甘肃省建设厅的呈文
【发文单位】 永登县政府
【收文单位】 甘肃省建设厅

【档案编号】 027-004-0712-（0006-0007）
【成文时间】 1948-02-25—1948-03-20
【收藏单位】 甘肃省档案馆
【涉及地域】 永登县
【关 键 词】 农林；畜牧；工矿；水利
【内容提要】

永登县呈甘肃省建设厅计划书、《甘肃省永登县拟办理有关经济建设文稿》，其中农林建设包括育苗、造林护林培植树木，畜牧建设包括防治牛瘟改良品种，工矿建设包括增加毛织产量，交通建设包括整修道路，水利建设包括修筑红古堡柳家湾水渠，甘肃省政府对农林、工矿、水利各条发表审核意见。

【叙录编号】 0235
【档案题名】

永登县农业推广所三十七年度（1948）上期春季工作报告给甘肃省政府的呈文

【发文单位】 永登县政府
【收文单位】 甘肃省建设厅
【档案编号】 027-005-0017（全案卷）
【成文时间】 1948-07-23—1948-07-29
【收藏单位】 甘肃省档案馆
【涉及地域】 永登县
【关 键 词】 植树；肥料；作物
【内容提要】

《甘肃省永登县农业推广所三十七年度上期春季工作报告》，包括举行会议等推广活动，粮食作物、肥料等推广活动，树苗等推广活动。甘肃省政府回令准予备查。

【叙录编号】 0236
【档案题名】

甘肃省农业改进所关于报送本所河西区农林实验区三十五年度（1946）经营地亩计划致甘肃省建设厅的呈文

【发文单位】 甘肃省农业改进所
【收文单位】 甘肃省建设厅
【档案编号】 027-005-0238-（0001-0003）
【成文时间】 1946-03-08
【收藏单位】 甘肃省档案馆
【涉及地域】 河西走廊
【关 键 词】 经营计划
【内容提要】

甘肃省政府训令甘肃省农业改进所按照实际需求编送大小满堡经营计划，甘肃省农业改进所报本所河西区农林实验区呈请将拨借祁连山林管理处大小满堡地亩现有房屋苗木解归，附有《甘肃省农业改进所河西区农林实验区三十五年度经营地亩计划》（包括增加甘肃省政府收益、促进人民利益、奠定永久事业基础及配合农林建设发展我国农业，还包括预期效果、建制、经费概算等内容）。甘肃省农业改进所报送河西区农林实验区三十五年度经营大满堡计划及预算书，借用空军第七十一站土地为大满堡营房。

【叙录编号】 0237
【档案题名】

甘肃省政府、甘肃省农业改进所关于大小满堡垦地利用收益、地亩清册一事的文件

【发文单位】 甘肃省农业改进所
【收文单位】 甘肃省建设厅
【档案编号】

027-005-0239-（0001-0018）；
027-005-0240-（0001-0011）

【成文时间】 1944-07-20—1945-06-29
【收藏单位】 甘肃省档案馆
【涉及地域】 河西走廊
【关 键 词】 农林实验场
【内容提要】

甘肃省政府训令甘肃省农业改进所报大小满堡垦地利用收益，重订大小满堡租粮，甘肃省农业改进所抄送《甘肃省农业改进所河西区

农林实验场三十三年度出租大小满堡地亩数目清册》，解交农场收益支票，汇报出售小麦价款，汇报大小满堡租户花名册、《小满堡租地略图》。

【叙录编号】 0238
【档案题名】
甘肃水利林牧公司与金塔县政府等单位就防止河西沙灾的往来公文与相关文件
【发文单位】 甘肃省政府；甘肃水利林牧公司等
【收文单位】 甘肃水利林牧公司酒泉工作站等
【档案编号】 039-001-0506-（0008-0020）
【成文时间】 1943-11-25—1944-07-07
【收藏单位】 甘肃省档案馆
【涉及地域】 甘肃省
【关 键 词】 河西沙灾；防沙
【内容提要】
共13份文件，内容涵盖：甘肃省政府电准甘肃省参议会决议防止河西沙灾（0008），附决议案（0009）；甘肃水利林牧公司函达甘肃省建设厅具体防沙情形（0010）；甘肃省政府电复甘肃水利林牧公司防沙情形从速办理（0011）；甘肃水利林牧公司函请各工作站为防止沙灾注意研究（0012）；甘肃省政府据民勤县政府呈报防沙办法知照甘肃水利林牧公司（0013）并附防沙办法（0014）；甘肃水利林牧公司抄发防沙办法给各工作站（0015）；甘肃省政府据鼎新县政府呈防沙计划知照甘肃水利林牧公司（0016）；甘肃水利林牧公司抄发金塔县防沙计划及图表给甘肃水利林牧公司酒泉工作站（0020）并附防沙三年计划（0017）、防沙区灾情调查表（0018）与分区防沙略图（0019）。

二、矿产资源开发类档案

【叙录编号】 0239
【档案题名】
甘肃冼子恩、金键厚、王连庆撰写永登煤矿局报告
【发文单位】 冼子恩；金键厚等
【收文单位】 不详
【档案编号】 027-002-0900-0001
【成文时间】 1944-02-24
【收藏单位】 甘肃省档案馆
【涉及地域】 永登县
【关 键 词】 煤矿
【内容提要】
甘肃省工矿理事会秘书冼子恩、甘肃矿业公司总工程师金键厚等撰写《视察永登煤矿局报告》，包含序言、三十一年度（1942）财务状况、工程现状、视察后之意见、对整理永登煤矿之建议。

【叙录编号】 0240
【档案题名】
永登煤矿局报告书
【发文单位】 永登煤矿局
【收文单位】 甘肃省建设厅

【档案编号】 027-003-0708-0001
【成文时间】 1943-07
【收藏单位】 甘肃省档案馆
【涉及地域】 永登县
【关 键 词】 煤矿
【内容提要】

文内为《永登煤矿局报告书》，包括工程方面（土木、机电），业务方面（营业、运输、会计）。附有《湟南轻便铁路选线比较地形图》《湟南轻便铁路工程进行示意图》《永登煤矿局资产负债平衡表》《永登煤矿局损益计算表》《永登煤矿局成本计算表》。

【叙录编号】 0241
【档案题名】

甘肃省煤矿扩大生产计划草案

【发文单位】 甘肃省煤矿厂
【收文单位】 甘肃省建设厅
【档案编号】 027-0004-0064-0003
【成文时间】 1940
【收藏单位】 甘肃省档案馆
【涉及地域】 永登县
【关 键 词】 窑街煤矿
【内容提要】

本厂根据甘肃省经济建设方案第四款制定甘肃省扩大煤矿开采，包括阿干镇煤矿、山寨矿厂、永登窑街煤矿。

【叙录编号】 0242
【档案题名】

甘肃省煤矿厂工程计划

【发文单位】 甘肃省煤矿厂
【收文单位】 甘肃省政府
【档案编号】 027-004-0095-0002
【成文时间】 不详
【收藏单位】 甘肃省档案馆
【涉及地域】 永登县
【关 键 词】 窑街煤矿
【内容提要】

《甘肃省煤矿厂工程计划》包括恢复永登窑街旧矿工程计划、恢复阿干镇煤矿旧矿工程计划。

【叙录编号】 0243
【档案题名】

甘肃省煤矿厂工作报告

【发文单位】 甘肃省煤矿厂
【收文单位】 甘肃省政府
【档案编号】 027-004-0095-0003
【成文时间】 不详
【收藏单位】 甘肃省档案馆
【涉及地域】 永登县
【关 键 词】 窑街煤矿
【内容提要】

主要包括窑街煤矿和阿干镇煤矿矿厂的工程进展状况、工程费开支状况、前途及展望。

【叙录编号】 0244
【档案题名】

甘肃省建设厅技正张纬猷关于报送永登虎头崖至窑街煤山路线查勘报告书致甘肃省建设厅的签呈

【发文单位】 张纬猷
【收文单位】 甘肃省建设厅
【档案编号】

027-005-0427-0003；
027-005-0428-0007

【成文时间】 1946-10-23
【收藏单位】 甘肃省档案馆
【涉及地域】 永登县
【关 键 词】 永窑公路
【内容提要】

包括《永登虎头崖至窑街煤山路线查勘报告书》，兰州附近人口激增，燃料不足，究其原因在于交通不便，虎头崖一带交通不便需要修路运煤，包括路线概况、工程概况、设计标准、施工计划。永登县政府报送《整修永窑公路计划》。

【叙录编号】 0245
【档案题名】
甘肃省政府、武威县政府关于送富源煤矿公司章程、集股、开采煤矿一事的文件
【发文单位】 富源煤矿
【收文单位】 甘肃省建设厅
【档案编号】
027-005-0509-（0001-0008）；
027-005-0510-（0001-0008）；
027-005-0511-（0001-0009）
【成文时间】 1941-08-03—1942-07-09
【收藏单位】 甘肃省档案馆
【涉及地域】 永登县
【关 键 词】 煤矿
【内容提要】
武威县商民李溪樵集股试采白黑土沟煤矿，附有《煤矿简章》20条及其相应审查意见，附有区域图，甘肃省政府要求中国国民党甘肃执行委员会送武威富源煤矿瓷器股份有限公司，附有计划1份及简章。

【叙录编号】 0246
【档案题名】
甘肃省政府关于填发永登县东乡房家岘锰矿执照、矿图及收据给兰州电池厂的训令
【发文单位】 永登县政府
【收文单位】 永登县政府；兰州电池厂
【档案编号】 027-005-0538
【成文时间】 1942-02-23—1942-03-18
【收藏单位】 甘肃省档案馆
【涉及地域】 永登县
【关 键 词】 东乡房家岘锰矿
【内容提要】
经济部致函甘肃省政府要求填发永登县东乡房家岘锰矿执照、矿图，甘肃省政府训令永登县填报，附有《开采锰矿区域图》。

【叙录编号】 0247
【档案题名】
永登县政府关于矿商冶万邦请发永登县南山圪垯湾煤矿小矿业执照给甘肃省政府的呈文
【发文单位】 永登县政府
【收文单位】 甘肃省建设厅
【档案编号】 027-005-0539-（0012-0013）
【成文时间】 不详
【收藏单位】 甘肃省档案馆
【涉及地域】 永登县
【关 键 词】 煤矿
【内容提要】
永登县政府关于矿商冶万邦请发永登县南山圪垯湾煤矿小矿业执照，附有《矿区记载表》、窑街镇南炭山圪垯湾煤炭及草泥炭地图2幅，甘肃省政府训令绘制正式地图。

【叙录编号】 0248
【档案题名】
甘肃省建设厅关于永登县西乡上窑街煤矿矿区图、矿床说明书等文件
【发文单位】 永登县政府
【收文单位】 甘肃省建设厅
【档案编号】 027-005-0540-（0001-0006）
【成文时间】 1933-10—1933-12
【收藏单位】 甘肃省档案馆
【涉及地域】 永登县
【关 键 词】 西乡上窑街煤矿
【内容提要】
永登县西乡窑街煤矿说明书，附有《开采煤矿矿区图》1份。

【叙录编号】 0249
【档案题名】
甘肃省政府、永登县政府关于永登县连城镇阿虎狼沟铁矿开采执照、矿区图、矿床说明书等的文件
【发文单位】 永登县政府
【收文单位】 甘肃省建设厅
【档案编号】 027-005-0541-（0001-0017）
【成文时间】 1945-05-22—1949-01-08
【收藏单位】 甘肃省档案馆
【涉及地域】 永登县
【关 键 词】 煤矿
【内容提要】
永登县矿商报送连城镇药水沟矿区图与矿床说明书，附有《开采铁矿矿区图》2张。甘肃省水泥厂推定张思温为法人代表，附有《甘肃省永登县阿虎狼沟赤铁矿矿床说明书》《甘肃省水泥厂化验室化验报告》《兰州市回水湾矿石试验报告及矿床说明书》。

【叙录编号】 0250
【档案题名】
经济部关于甘肃省水泥公司领采永登县格达窪、泉儿窪火黏土矿区图、呈请书、矿床说明书、矿质分析表有不合请予更正给甘肃省建设厅的指令
【发文单位】 永登县政府
【收文单位】 甘肃省建设厅
【档案编号】 027-005-0546-0007
【成文时间】 1941-12-08
【收藏单位】 甘肃省档案馆
【涉及地域】 永登县
【关 键 词】 火黏土矿
【内容提要】
如题，附有《开采火黏土矿区图》，左下角有《矿区面积计算表》2份。

【叙录编号】 0251
【档案题名】
永登煤矿矿区图及移交清册
【发文单位】 永登煤矿局
【收文单位】 不详
【档案编号】 027-006-0280-（0009-0010）
【成文时间】 1943-12-30
【收藏单位】 甘肃省档案馆
【涉及地域】 永登县
【关 键 词】 煤矿；矿区图
【内容提要】
如题，其中有《永登煤矿矿区图》《永登煤矿局固定资产（机器及设备）移交清册》各1份。

【叙录编号】 0252
【档案题名】
山丹、玉门等县政府关于报送1947年度煤矿开采情况调查表的各类文件
【发文单位】 李启贤；甘肃省政府等
【收文单位】 甘肃省政府；甘肃省建设厅等
【档案编号】 027-007-0645-（0001-0022）
【成文时间】 1947-01-28—1947-04-16
【收藏单位】 甘肃省档案馆
【涉及地域】 山丹县；玉门县；武威县；高台县；民乐县
【关 键 词】 煤矿开采；调查表
【内容提要】
甘肃省建设厅工程师李启贤签呈甘肃省建设厅，请其转令各县填报煤矿开采情形表，便于进行后续燃料使用与开采指导计划。甘肃省政府就调查煤矿开采情况一事训令华亭、崇信、静宁等26县政府，令其呈报煤矿开采调查表。天水、成县、榆中、武威、永登、民乐、岷县、玉门、静宁、高台等县政府呈报甘肃省政府1947年度煤矿开采情况调查表，并各附表1份。表头包括：公司名称及矿主姓

名、矿区所在地、矿区面积、煤层数及厚度、平均每月工作人数、每月平均产量等内容。甘肃省政府对其准予汇办。景泰县政府呈文当地煤矿已被前人挖掘殆尽，近期没有开采工作，请求免予汇报。

【叙录编号】 0253
【档案题名】
甘肃各县政府、甘肃矿业股份有限公司及公营民营各矿奉甘肃省政府令查报1941、1942年矿产数量及矿质产量总值单价表的各类文件
【发文单位】 永登煤矿局；甘肃矿业股份有限公司等
【收文单位】 永登煤矿局；甘肃矿业股份有限公司等
【档案编号】 027-008-0064-（0003-0019）
【成文时间】 1943
【收藏单位】 甘肃省档案馆
【涉及地域】 张掖县；永登县；临泽县
【关 键 词】 矿产数量；矿质
【内容提要】
永登煤矿局，甘肃矿业股份有限公司，华亭、榆中、张掖、永登、皋兰、临泽、景泰县政府呈报1941、1942年矿产数量及矿质产量总值单价表，甘肃省政府对其准予备查。

【叙录编号】 0254
【档案题名】
甘肃省建设厅奉经济部令命永登、民勤、张掖等10县呈报1941年矿产量调查表的各类文件
【发文单位】 经济部；甘肃省建设厅等
【收文单位】 甘肃省建设厅；甘肃矿业股份有限公司等
【档案编号】
027-008-0238-（0001-0017）；
027-008-0239-（0001-0011）
【成文时间】 1942
【收藏单位】 甘肃省档案馆
【涉及地域】 永登县；张掖县；民勤县；武威县
【关 键 词】 煤铁产量
【内容提要】
经济部令甘肃省建设厅尽快查报1941年甘肃各县煤铁产量，甘肃省建设厅训令永登、张掖、民勤、西固、武威、崇信、岷县、徽县、两当、成县等10县填报矿产量调查表。甘肃矿业股份有限公司呈请通知皋兰县政府令阿干镇两山民营各矿处自行填报煤炭产量表，甘肃省建设厅通知各处。各县呈文报表，甘肃省建设厅对其准予汇转。其中，皋兰县政府呈报《皋兰县阿干镇三十年度民营煤矿调查表》，武威、崇信、张掖等县政府呈报《甘肃省××县三十年度煤矿调查表》，表头包括：矿号名称、主办人姓名、雇工人数、矿产物、价额、三十年度量产数等内容。

【叙录编号】 0255
【档案题名】
甘肃省煤矿局关于接收永登县及阿干镇煤矿两厂的各类文件
【发文单位】 甘肃省煤矿局；甘肃省政府
【收文单位】 甘肃省煤矿局；甘肃省政府
【档案编号】
027-008-0357-（0008、0015-0017）
【成文时间】 1943-03-07—1943-12-31
【收藏单位】 甘肃省档案馆
【涉及地域】 永登县
【关 键 词】 永登县煤矿；阿干镇煤矿；甘肃省煤矿局
【内容提要】
此4份文件均与甘肃省煤矿局接收永登县及阿干镇煤矿两厂有关，其中包括甘肃省煤矿

局呈文甘肃省政府请派监交员办理交接，甘肃省政府派陈之易、冼子恩为永登县煤矿监交员，令原永登县煤矿局将应还炭价连同利息一并交给甘肃省煤矿局。甘肃省政府对甘肃省煤矿局接收阿干镇及永登县两矿厂财产等情况准予备查等。

【叙录编号】 0256

【档案题名】

联勤部第二十三交通燃料供应连为奉命到职视事请予协助的公函

【发文单位】 联合勤务总司令部第二十三交通燃料供应连

【收文单位】 第七区行政督察专员公署

【档案编号】 历01-01-1207-18

【成文时间】 1948-07-08

【收藏单位】 酒泉市档案馆

【涉及地域】 河西走廊

【关 键 词】 联合勤务总司令部第二十三交通燃料供应连

【内容提要】

杨道生奉令任第二十三交通燃料供应连少校连长，当于7月5日到职视事，呈报函请查照惠予协助。

【叙录编号】 0257

【档案题名】

资源委员会中石油甘青分公司为奉令兼任中石油甘青分公司经理到职视事的代电

【发文单位】 中国石油公司甘青分公司

【收文单位】 第七区行政督察专员公署

【档案编号】 历01-01-1207-27

【成文时间】 1948-10-12

【收藏单位】 酒泉市档案馆

【涉及地域】 河西走廊

【关 键 词】 中国石油公司甘青分公司

【内容提要】

邹明奉令兼任中国石油公司甘青分公司经理，于10月10日到职视事，呈报电请查照惠予协助指导。

【叙录编号】 0258

【档案题名】

甘肃省政府委员会第1083次会议议事日程，附会议通报、讨论文件资料

【发文单位】 甘肃省政府委员会

【收文单位】 甘肃省政府

【档案编号】 004-007-0332-0006

【成文时间】 1943-09-21

【收藏单位】 甘肃省档案馆

【涉及地域】 永登县

【关 键 词】 煤矿

【内容提要】

主要涉及申请永登县、阿干镇两处煤矿合并整理等事宜。

三、土地资源开发类档案

【叙录编号】 0259
【档案题名】
甘肃省政府委员会第1366次会议记录
【发文单位】 甘肃省政府委员会
【收文单位】 甘肃省政府
【档案编号】 004-007-0525-0017
【成文时间】 1946-09-13
【收藏单位】 甘肃省档案馆
【涉及地域】 武威县
【关 键 词】 标准地价表；抽送地价表
【内容提要】
会议讨论了武威县地籍整理办事处关于金羊乡复议标准地价表并抽送各地价区调查表的相关事宜。

【叙录编号】 0260
【档案题名】
甘肃省政府委员会第1366次会议记录
【发文单位】 甘肃省政府委员会
【收文单位】 甘肃省政府
【档案编号】 004-007-0525-0017
【成文时间】 1946-09-13
【收藏单位】 甘肃省档案馆
【涉及地域】 武威县
【关 键 词】 标准地价表；抽送地价表
【内容提要】
会议讨论了武威县地籍整理办事处关于金羊乡复议标准地价表并抽送各地价区调查表的相关事宜。

【叙录编号】 0261
【档案题名】
甘肃省政府委员会第1438次会议记录
【发文单位】 甘肃省政府委员会
【收文单位】 甘肃省政府
【档案编号】 004-007-0533-0002
【成文时间】 1947-06-10
【收藏单位】 甘肃省档案馆
【涉及地域】 武威县；高台县；酒泉县；临泽县；古浪县
【关 键 词】 重估地价；靖丰渠；地籍整理
【内容提要】
会上报告了甘肃省地政局拟订甘肃省荒地承垦办法。镇原等县呈报重估地价成果及比较表。甘肃省建设厅商研靖丰渠收租办法。讨论了甘肃省地政局拟订调整武威、高台、酒泉、临泽、古浪5县办理地籍、整理各县员工待遇办法三项。

【叙录编号】 0262
【档案题名】
甘肃省政府委员会第1596次会议记录，关于审议讨论甘肃省地政局拟订民国三十八年（1949）榆中、永登两县扶植自耕农经费预算及永登县县长王尚仁意图隐匿匪徒马开山给予记大过处分等

【发文单位】 甘肃省政府委员会
【收文单位】 甘肃省政府
【档案编号】 004-007-0607-0004
【成文时间】 1949-01-11
【收藏单位】 甘肃省档案馆
【涉及地域】 永登县
【关 键 词】 扶植自耕农
【内容提要】
如题。

【叙录编号】 0263
【档案题名】
甘肃省民政厅关于古浪县民国二十一年（1932）2月中、下旬地方情况及政务工作报告表准予备查及应将借小麦作为农民种子一事专案另报甘肃省政府给古浪县政府的指令
【发文单位】 甘肃省民政厅
【收文单位】 古浪县政府
【档案编号】 004-008-0060-0009
【成文时间】 1932-03-09
【收藏单位】 甘肃省档案馆
【涉及地域】 古浪县
【关 键 词】 小麦种子
【内容提要】
如题。

【叙录编号】 0264
【档案题名】
武威县政府关于报送民国二十二年度（1933）5月份地方政务工作报告表
【发文单位】 武威县政府
【收文单位】 甘肃省民政厅
【档案编号】 004-008-0136-0007
【成文时间】 1933-05
【收藏单位】 甘肃省档案馆
【涉及地域】 武威县
【关 键 词】 查禁烟苗
【内容提要】
“内务”下记奉电让各区区长查禁烟苗。

【叙录编号】 0265
【档案题名】
民勤县关于报送民国二十二年（1933）1月份地方情况及政务工作报告表致甘肃省民政厅的呈
【发文单位】 民勤县政府
【收文单位】 甘肃省民政厅
【档案编号】 004-008-0190-0001
【成文时间】 1933-02
【收藏单位】 甘肃省档案馆
【涉及地域】 民勤县
【关 键 词】 查禁烟苗
【内容提要】
“其他特别工作”下记亲赴西北乡查禁烟苗。

【叙录编号】 0266
【档案题名】
甘肃省民政厅关于民国三十三年（1944）1—9月份工作报告
【发文单位】 甘肃省政府
【收文单位】 甘肃省政府
【档案编号】 004-008-0544-（0001-0003）
【成文时间】 1944
【收藏单位】 甘肃省档案馆
【涉及地域】 甘肃省
【关 键 词】 禁烟；垦荒造林；造产计划
【内容提要】
0001为禁烟及礼俗，严查卓尼冬烟。0002为禁政，办理静宁、武威烟苗案；请川陕会铲烟苗；铲卓尼烟苗。0003为乡镇造产，本省自颁布三年造产计划，令各县实行，包括

垦荒造林、畜牧、开煤矿等。

【叙录编号】 0267
【档案题名】
甘肃灵台等9县上报夏秋禾收成分数及滋长情形的各类文件
【发文单位】 甘肃省民政厅；古浪县政府等
【收文单位】 甘肃省民政厅；各县政府
【档案编号】 015-005-0222-（0001-0050）
【成文时间】 1934-05-12—1935-03-30
【收藏单位】 甘肃省档案馆
【涉及地域】 古浪县；永登县
【关 键 词】 夏秋禾；收成分数
【内容提要】
这9个县分别为灵台县（0001-0003）、古浪县（0004-0005）、甘谷县（0006-0007）、永登县（0008-0017）、正宁县（0018-0019）、固原县（0020-0023）、秦安县（0024-0025）、隆德县（0026-0037）、泾川县（0038-0050）。各县上报了有关夏秋禾生长及渠水灌溉的情况，甘肃省民政厅回文灵台县、隆德县对县属各乡秋禾收成分数分别造清折一份具文呈赍，对余县上报情形备查。其中，灵台县政府呈文甘肃省民政厅民国二十三年（1934）县属各乡夏秋间禾、麦、豆收成分数均在四至六分，请甘肃省民政厅鉴核。甘肃省民政厅回文准予备查。甘谷县呈赍民国二十三年四乡山川秋禾收成分数无论山地还是川地，都在三分左右，甘肃省民政厅回文备查。永登县呈文4、5、6、7月各乡水旱田地夏禾出土情形，以及夏秋禾收成分数各乡平均在六分左右，请甘肃省民政厅鉴核，甘肃省民政厅回文备查。隆德县呈文报送6至8月禾苗滋长长度，并报本年秋禾收成分数各乡均在五至六分，甘肃省民政厅回文准予备查。

【叙录编号】 0268
【档案题名】
武威县政府报二十四年（1935）夏秋各禾收成分数请查考的呈文
【发文单位】 武威县政府
【收文单位】 甘肃省民政厅
【档案编号】 015-006-0338-0001
【成文时间】 1936-01-27
【收藏单位】 甘肃省档案馆
【涉及地域】 武威县
【关 键 词】 夏秋禾；收成分数
【内容提要】
武威县政府呈报二十四年夏禾收成约为七分余，包括小麦八分、大麦八分、大豆七分、青稞七分；秋禾收成约为五分余，包括糜子五分、谷子六分。呈文甘肃省民政厅请鉴核。

【叙录编号】 0269
【档案题名】
武威等县因修筑机场、公路占用地亩请免地赋的各类文件
【发文单位】 甘肃省政府；甘肃省民政厅
【收文单位】 平凉县政府；古浪县政府等
【档案编号】 015-008-0095-（0001-0015）
【成文时间】 1939
【收藏单位】 甘肃省档案馆
【涉及地域】 古浪县；张掖县等
【关 键 词】 修路；修筑机场；免赋
【内容提要】
本卷15份文件均与甘肃各县修筑机场或公路请免地赋有关。其中包括：1.甘肃省政府就古浪县政府呈复飞机场占用民地日期以及由第一科科长代行各节一事准予备查。甘肃省政府令武威县二十九年（1930）2月前呈飞机场占用民地册表，并检赍红契以凭核转。随后对

其呈赍的飞机场简明表准予汇转，发还红契。2.甘肃省政府就平凉县呈赍飞机场改筑路线征用民地简明表一案准予资转，并令其布告民众先行停征。并对核转平凉县飞机场改筑路线征用民地表，此事已经部审核准予豁免等事知照平凉县政府。3.甘肃省政府就平凉第九十七师在甘沟河滩购义地，请免此地地丁一事做出回复，令平凉县县长详勘会报，造具册结图表报府以凭核办。随后因会勘表式不合，令其更造重赍。对其呈报红契准予汇转核办。4.甘肃省政府就永昌县第一区第五保农民呈修筑公路占据民地一案予以回复，令其径呈县政府予以复勘核夺。5.甘肃省政府令各县政府及康乐设治局就开渠筑路工赈计划（筑路工赈计划包括：路线、经过地名、里数、工程概况、路基宽度、土方数量等；开渠工赈计划包括：引导水源渠道、所经地名里数、渠身宽度深度、两旁斜度、土方数量等）进行上报，并附图说预算，限文一个月内报送。随后代电全国经济委员会待各县呈报到府后再行核转，训令各县局从速呈赍。

【叙录编号】 0270

【档案题名】

永登县政府关于上报遵办取消荒地种植食粮各物情况致甘肃省政府的呈文

【发文单位】 永登县政府

【收文单位】 甘肃省政府

【档案编号】 027-001-0232-0016

【成文时间】 1941-10-13

【收藏单位】 甘肃省档案馆

【涉及地域】 永登县

【关 键 词】 荒地；粮食

【内容提要】

如题。

【叙录编号】 0271

【档案题名】

甘肃省政府关于永登县取消荒地种植食粮各物情况准予备查给永登县政府的指令

【发文单位】 甘肃省政府

【收文单位】 永登县政府

【档案编号】 027-001-0232-0017

【成文时间】 1941-10-23

【收藏单位】 甘肃省档案馆

【涉及地域】 永登县

【关 键 词】 荒地；粮食

【内容提要】

如题。

【叙录编号】 0272

【档案题名】

第二区行政督察专员公署关于河西亟待推广苜蓿播种拟向甘肃省农业改进所价领苜蓿种子可否先拨款运往甘肃给甘肃省建设厅的电报

【发文单位】 第二区行政督察专员公署

【收文单位】 甘肃省建设厅

【档案编号】 027-001-0232-0018

【成文时间】 1945-03-24

【收藏单位】 甘肃省档案馆

【涉及地域】 河西走廊

【关 键 词】 苜蓿；运费

【内容提要】

如题。

【叙录编号】 0273

【档案题名】

甘肃省政府、甘肃省农业改进所就张掖县议员请在河西设立大规模肥料厂一事的各类文件

【发文单位】 张掖县政府；甘肃省政府等

【收文单位】 甘肃省政府；甘肃省建设厅

【档案编号】 027-001-0495-（0005-0010）
【成文时间】 1946-12-19—1947-04-04
【收藏单位】 甘肃省档案馆
【涉及地域】 河西走廊
【关 键 词】 化肥厂
【内容提要】

张掖县政府向甘肃省政府转呈本县参议会孙述舜关于建议县政府呈请省政府在河西设立大规模科学肥料制造厂以供给肥料以便增加河西农产而资救济农村一案。甘肃省政府就此事训令甘肃省农业改进所详细研究河西一带农田土壤究竟以何种肥料为事宜再上报，并将此事处理结果通知张掖县政府。甘肃省农业改进所呈甘肃省政府关于河西设立肥料制造厂事宜：1.令本所属各厂举办肥料试验并调查农作物生产情形并将调查方法预算转呈甘肃省政府。2.本省靖远景泰一带多硝矿请甘肃省政府派遣专家详细调查利用。甘肃省政府回令第一项照办，第二项先行询问中央地质调查所西北分所中央工业试验所西北分所再做决断，并发函两所请其调查。中央地质调查所西北分所在调查之后将调查结果致函甘肃省政府，甘肃省政府将此调查结果转发甘肃省农业改进所。

【叙录编号】 0274
【档案题名】

甘肃省政府、永昌垦务处关于河北难民垦殖互助会一事的文件

【发文单位】 乔新阁等
【收文单位】 甘肃省政府
【档案编号】 027-001-0748-（0009-0010）
【成文时间】 1944-06-20—1944-07-19
【收藏单位】 甘肃省档案馆
【涉及地域】 永昌县
【关 键 词】 难民屯垦互助会
【内容提要】

流离甘肃的河北难民乔新阁等28人因生活困顿请甘肃省政府批准成立难民屯垦互助会，呈文简章1份，章程包含定名、宗旨、组织、任务、业别、会员、会费、会址。甘肃省政府回令别册呈报难民人数簿册做核验。

【叙录编号】 0275
【档案题名】

甘肃省政府、永昌垦务处关于永昌开垦、播种事宜的文件

【发文单位】 永昌垦务处；甘肃省政府
【收文单位】 甘肃省政府；甘肃省建设厅等
【档案编号】 027-001-0748-（0009-0011）
【成文时间】 1947-04-23—1947-05-22
【收藏单位】 甘肃省档案馆
【涉及地域】 永昌县
【关 键 词】 开垦；播种
【内容提要】

永昌垦务处汇报社会处拨付的赈灾款补充耕牛种子50万元收到25万元情况呈报甘肃省政府，甘肃省政府回令将贷款补充耕牛种子情形上报。

【叙录编号】 0276
【档案题名】

甘肃省政府、永昌垦务处关于永昌开垦、播种一事的文件

【发文单位】 永昌垦务处
【收文单位】 甘肃省政府；甘肃省建设厅
【档案编号】 027-001-0748-（0017-0020）
【成文时间】 1947-05-10
【收藏单位】 甘肃省档案馆
【涉及地域】 永昌县
【关 键 词】 春播；借款

【内容提要】

永昌垦务处报送春播情况、渠坝情况并开垦群众领种麦种，甘肃省政府回令同意以上年面积给小麦胡麻增播。永昌垦务处申请将6—8月余存赈灾款补助困难开垦户，甘肃省政府回令准其借款以备垦户不时之需。

【叙录编号】 0277

【档案题名】

甘肃省政府、永昌垦务处关于永昌开垦、耕牛、贷款事宜文件

【发文单位】 永昌垦务处；甘肃省政府等

【收文单位】 甘肃省政府；甘肃省建设厅等

【档案编号】 027-001-0751-（0017-0021）

【成文时间】 1946-11-10—1947-01-10

【收藏单位】 甘肃省档案馆

【涉及地域】 永昌县

【关 键 词】 垦荒；耕牛；贷款

【内容提要】

永昌垦务处汇报甘肃省政府1947年垦荒民众收获数目，开垦1759.10亩，收获胡麻、小麦、谷子6分、3分、8分不等，甘肃省政府回令准予备案。永昌垦务处汇报1946年度垦荒耕牛死亡数目，原有40头死亡9头，甘肃省政府回令查明死亡原因并汇报。永昌垦务处汇报购买耕牛种子及耕牛过冬办法。永昌垦务处问甘肃省政府向甘肃国际救助会申请贷款如何填写表格信息。永昌垦务处致函甘肃省政府汇报1946年度财政经费预算，另报说明预算不足。甘肃省建设厅李斌核查永昌垦务处情况并汇报甘肃省政府，李斌向甘肃省政府汇报永昌垦荒情况，附有垦民播种面积、贷款、种子收发、贷款收支等9个表格。甘肃省财政厅要求生活补助专款不能作他用致甘肃省建设厅，甘肃省建设厅李斌训令永昌垦务处以及电令国防部联合勤务总司令部归还士兵出售耕牛款。永昌垦务处报送1946年12月垦民增减报告上呈甘肃省政府，甘肃省政府准予备案。

【叙录编号】 0278

【档案题名】

甘肃省政府、永昌垦务处关于逃户遗留财产数目处置文件

【发文单位】 永昌垦务处

【收文单位】 甘肃省政府

【档案编号】

027-001-0754-（0007-0008、0013-0014）

【成文时间】 1947-05-26—1947-07-24

【收藏单位】 甘肃省档案馆

【涉及地域】 永昌县

【关 键 词】 屯垦

【内容提要】

永昌垦务处汇报甘肃省政府收回逃户遗留数目估价收抵贷款，附有逃户贷款表1份。甘肃省政府回令树木属于公有而非共有，切实保护不得砍伐。甘肃省政府要求永昌垦务处汇报逃户已砍倒树木情况。永昌垦务处汇报各垦庄现有90余株情况，甘肃省政府回令准予备查。

【叙录编号】 0279

【档案题名】

永昌垦务处、甘肃省政府关于屯垦面积人数的文件

【发文单位】 永昌垦务处

【收文单位】 甘肃省政府；甘肃省建设厅

【档案编号】

027-001-0755-（0005-0006、0011-0012）

【成文时间】 1947-06-18—1947-07-20

【收藏单位】 甘肃省档案馆

【涉及地域】 永昌县

【关 键 词】 播种面积

【内容提要】

永昌垦务处上呈甘肃省政府各村1947年播种面积、1947年上半年垦民增加，二件甘肃省政府均回令准予备查。

【叙录编号】 0280

【档案题名】

永昌垦务处借国际救助会棉花一事的文件

【发文单位】 永昌垦务处

【收文单位】 甘肃省政府

【档案编号】 027-001-0755-（0009-0010）

【成文时间】 1947-07-04—1947-07-09

【收藏单位】 甘肃省档案馆

【涉及地域】 永昌县

【关 键 词】 救济垦民；棉花

【内容提要】

永昌垦务处报国际救济会救济垦民拨给棉花上呈甘肃省政府，甘肃省政府回令准予备查。

【叙录编号】 0281

【档案题名】

甘肃省政府、永昌垦务处关于困难垦户贷款一事的文件

【发文单位】 甘肃省政府；永昌垦务处

【收文单位】 甘肃省政府；甘肃省建设厅

【档案编号】 027-001-0755-（0001-0002）

【成文时间】 1947-10-01—1947-10-02

【收藏单位】 甘肃省档案馆

【涉及地域】 永昌县

【关 键 词】 生活困难垦户；借款

【内容提要】

永昌垦务处报送生活困难垦户每户每口借款200元，借款凭证上呈甘肃省政府，甘肃省政府回令准予备查。

【叙录编号】 0282

【档案题名】

甘肃省政府、永昌垦务处关于杨廷海父子煽动人民逃垦一事的文件

【发文单位】 甘肃省政府

【收文单位】 甘肃省政府；甘肃省建设厅

【档案编号】 027-001-0755-（0003-0004）

【成文时间】 1947-10-17—1947-10-18

【收藏单位】 甘肃省档案馆

【涉及地域】 永昌县

【关 键 词】 逃垦；杨廷海

【内容提要】

永昌垦务处上报杨廷海父子行为不端煽动垦民外逃，垦务处拟令其退垦将本息贷款一并还清开除垦籍上呈甘肃省建设厅转甘肃省政府，甘肃省政府回令对其严加训导，确不悔改令其退还实物。

【叙录编号】 0283

【档案题名】

夏河、卓尼、泾川、民勤、礼县、榆中、西吉等县报送农业调查表及甘肃省政府回令

【发文单位】 民勤县政府；民乐县政府等

【收文单位】 甘肃省政府

【档案编号】

027-002-0298-（0001-0018）；

027-002-0299-（0001-0007）；

027-002-0300-（0001-0027）；

027-002-0301-（0001-0011）；

027-002-0302-（0001-0030）；

027-002-0303-（0001-0020）；

027-002-0304-（0001-0023）

【成文时间】 1944-10-12—1944-10-31

【收藏单位】 甘肃省档案馆

【涉及地域】 民勤县；民乐县；瓜州县；鼎新县；安西县；敦煌县

【关 键 词】 调查表

【内容提要】

甘肃省政府训令崇信、文县、华亭、夏河、卓尼、泾川、民勤、礼县、榆中、西吉、漳县、定西、庆阳、庄浪、通渭、民乐、清水、瓜州、西固、临洮、鼎新、皋兰、华亭、临泽、安西、洮沙、敦煌各县报送农业调查表，附有几件旅费报告书、工作日记及领款收据、会计单。

【叙录编号】 0284

【档案题名】

甘肃省政府等关于青年林场、开垦荒地等事的各类文件

【发文单位】 甘肃省政府；农林部等

【收文单位】 甘肃省建设厅等

【档案编号】

027-003-0225-（0001、0003、0007、0012、0019、0027、0029、0034、0040-0043）

【成文时间】 1944—1945

【收藏单位】 甘肃省档案馆

【涉及地域】 河西走廊

【关 键 词】 垦荒；林场

【内容提要】

甘肃省政府致电环县政府，派李林舞充任该县垦荒事务处主任。甘肃省政府致函甘肃省高等法院，将查复土地利用的情况转达。甘肃省政府令榆中县政府将前县长森林基金息款不符的情况上报。甘肃省政府令皋兰县政府拨临洮沟为青年林场。农林部令甘肃省建设厅协助视察农林业务。甘肃省政府向中国农行兰州分行函送湟惠渠自耕农贷款担保清单。甘肃省保安司令部致电甘肃水利林牧公司，通知该公司洮河林场被匪抢劫一事，再令缉办。甘肃省政府准郭振邦开垦石青洞公有荒地的请求。甘肃省政府致函农林部甘肃省河西垦区管理局、环县垦务会办事处、永昌西北垦殖励进社，将填报的垦区范围内烟毒检查结果情形造具详表填报送达。甘肃省政府致电农行兰州分行，请拨付湟惠渠扶植自耕农贷款。甘肃省政府通知甘肃省农会、各县市局《农会法施行法》着即废止。甘肃省政府就庆阳县1944年度农林督导旅费报告表等文件作出指示。河西招收垦荒民众，甘肃省政府训令粘贴告示禁止攀折果木，甘肃省政府咨文临时参议会推广水利铺沙运销合作业务，禁止砍伐莲花山树木。甘肃省政府收到定西青年林场详图，划天水吕二沟为水土保持区。甘肃省政府签订续贷湟惠渠自耕农贷款，收到民勤县大东沟开垦地图。

【叙录编号】 0285

【档案题名】

甘肃省政府等关于创办农场、修建学校、申领荒地的各类文件

【发文单位】 甘肃省政府

【收文单位】 中国生产促进会；甘肃省建设厅

【档案编号】

027-003-0227-（0017、0020、0022）

【成文时间】

1945-09-13；1945-09-17；1945-09-18

【收藏单位】 甘肃省档案馆

【涉及地域】 永昌县

【关 键 词】 农场；中心学校；荒地

【内容提要】

甘肃省政府致电中国生产促进会，准备在永昌等地拨荒地创办农场。榆中县兴隆乡郑永福拟取兴隆山枯木修建中心学校，甘肃省政府批准。甘肃省政府就郭振邦申领荒地一事给皋兰县政府下达训令。各县办理整理土地事业费用。

【叙录编号】 0286
【档案题名】
内政部、甘肃省政府关于河西关外开垦的训令、呈文
【发文单位】 内政部；甘肃省政府
【收文单位】 农林部岷县垦区管理局
【档案编号】 027-005-0088-（0006-0019）
【成文时间】 1942-09-09—1946-06-17
【收藏单位】 甘肃省档案馆
【涉及地域】 河西走廊
【关 键 词】 河西关外垦区
【内容提要】
内政部致函甘肃省政府请协助设立河西关外垦区，甘肃省政府训令敦煌县、玉门县、瓜州县协助设立，协助岷县农场迁往关外办理业务，甘肃省建设厅训令岷县、会川县接受北沟寺农垦厂。

【叙录编号】 0287
【档案题名】
甘肃省政府、各县局关于防治小麦黑穗病报告表一事的文件
【发文单位】 甘肃省政府
【收文单位】 甘肃省各县局
【档案编号】
027-005-0242-（0003-0004、0023-0026）
【成文时间】 1944-10-28—1949-03-09
【收藏单位】 甘肃省档案馆
【涉及地域】 玉门县；民勤县
【关 键 词】 黑穗病防治
【内容提要】
甘肃省政府转发《小麦黑穗病防治办法》给各县局，甘肃省农业改进所派员到各乡镇宣传防治小麦黑穗病办法。玉门县报送小麦病害观察报告书致函甘肃省建设厅，附《玉门县小麦病害观察研究报告书》观察部分、《玉门县各乡镇小麦病害情形调查表》及小麦黑穗病病害病菌问题，民勤县报送麦类防治推行委员会委员名册。

【叙录编号】 0288
【档案题名】
永昌垦务处民国三十七年（1948）现有员工数额表
【发文单位】 甘肃省建设厅
【收文单位】 甘肃省政府
【档案编号】 027-005-0849-0012
【成文时间】 1948
【收藏单位】 甘肃省档案馆
【涉及地域】 甘肃省
【关 键 词】 清册
【内容提要】
如题。

【叙录编号】 0289
【档案题名】
永昌垦务处民国三十七年（1948）职员名册
【发文单位】 甘肃省建设厅
【收文单位】 甘肃省政府
【档案编号】 027-005-0849-0013
【成文时间】 1948
【收藏单位】 甘肃省档案馆
【涉及地域】 甘肃省
【关 键 词】 清册
【内容提要】
如题。

【叙录编号】 0290
【档案题名】
河西警备司令部关于请甘肃省建设厅派人协助创办农场致甘肃省政府的往来文件

【发文单位】 河西警备司令部；甘肃省政府
【收文单位】 河西警备司令部；甘肃省政府
【档案编号】 027-008-0573-（0026-0027）
【成文时间】 1945-09-28—1945-10-06
【收藏单位】 甘肃省档案馆
【涉及地域】 河西走廊
【关 键 词】 创办农场
【内容提要】

如题，甘肃省政府批准由甘肃省建设厅派人协助创办农场。

【叙录编号】 0291
【档案题名】

关于委派任承宪接任甘肃河西屯垦实验区管理局局长的训令

【发文单位】 甘肃省政府
【收文单位】 第七区行政督察专员公署
【档案编号】 历01-01-1213-16
【成文时间】 1944-06-25
【收藏单位】 酒泉市档案馆
【涉及地域】 河西走廊
【关 键 词】 河西屯垦实验区
【内容提要】

甘肃省政府准农业部甘肃河西屯垦实验区管理局局长改派为任承宪。

【叙录编号】 0292
【档案题名】

关于土地问题的公函

【发文单位】 甘肃省商会；青海省商会等
【收文单位】 民勤县
【档案编号】 040-001-096
【成文时间】 1943-03-25—1943-12-18
【收藏单位】 武威市档案馆
【涉及地域】 民勤县
【关 键 词】 土地问题
【内容提要】

如题。

【叙录编号】 0293
【档案题名】

各乡荒地调查表训令；督垦事宜目前及须改进及切实造办训令

【发文单位】 第六区行政督察专员公署；甘肃省政府
【收文单位】 民勤县
【档案编号】 040-001-190-009
【成文时间】 1943-08—1945-06
【收藏单位】 武威市档案馆
【涉及地域】 民勤县
【关 键 词】 垦荒
【内容提要】

如题。

【叙录编号】 0294
【档案题名】

催报乡镇农地调查表代电；荒地勘察记录表；农业概况

【发文单位】 甘肃省政府
【收文单位】 民勤县政府
【档案编号】 040-001-373-001
【成文时间】 1944-02-29—1949-05-24
【收藏单位】 武威市档案馆
【涉及地域】 民勤县
【关 键 词】 农地调查
【内容提要】

如题。

四、水资源开发管理类档案

【叙录编号】 0295
【档案题名】
甘肃省政府推行第二期中心工作总检讨会第1日议事日程外附会议材料
【发文单位】 甘肃省政府
【收文单位】 不详
【档案编号】 004-007-0058-0003
【成文时间】 1945-02-19
【收藏单位】 甘肃省档案馆
【涉及地域】 河西走廊
【关 键 词】 整理河西水源水规
【内容提要】
甘肃省政府第二期中心工作总检讨会第1日议事日程中涉及河西组提议永昌垦区水利未改良前暂停移垦；整理河西水源、水规案。

【叙录编号】 0296
【档案题名】
甘肃省政府委员会第983次会议记录关于提会报告各省税务管理局组织暂行条例及报告乡镇中心学校和保国民学校隶属关系等事宜的会议议事日程、会议记录外附会议材料
【发文单位】 甘肃省民政厅；甘肃省财政厅等
【收文单位】 甘肃省政府
【档案编号】 004-007-0297-（0001-0002）
【成文时间】 1942-09-22
【收藏单位】 甘肃省档案馆
【涉及地域】 甘肃省
【关 键 词】 肃丰渠工程
【内容提要】
第983次会议涉及报告：甘肃水利林牧公司电肃丰渠工程筹备处率领员工前往酒泉工作情形；水利查勘第三分队出发分赴河西各县查勘等情。讨论：甘肃省水陆粮价标准草案；甘肃省酒精厂订购仪器相关情形；拟征收湟惠渠灌区域土地计划书图等。

【叙录编号】 0297
【档案题名】
甘肃省政府委员会第1032次会议议事日程外附会议资料
【发文单位】 甘肃省政府委员会
【收文单位】 甘肃省政府
【档案编号】 004-007-0311-0004
【成文时间】 1943-03-23
【收藏单位】 甘肃省档案馆
【涉及地域】 甘肃省
【关 键 词】 河西水利建设经费
【内容提要】
主要涉及核定河西水利建设经费，甘肃水利林牧公司因第五区专员和泾川县县长热心协助当地水利工程建设，为其请功。附《甘肃省财政厅三十二年（1943）1月份经管三十一年度（1942）各费类别总账户收支报告表》。

【叙录编号】 0298

【档案题名】

甘肃省政府委员会民国三十五年（1946）第2次临时谈话会议议事日程

【发文单位】 甘肃省政府委员会

【收文单位】 甘肃省政府

【档案编号】 004-007-0380-0009

【成文时间】 1946-03-01

【收藏单位】 甘肃省档案馆

【涉及地域】 张掖县；永昌县

【关 键 词】 记功；金龙坝渠

【内容提要】

关于提请审议张掖县县长何让兴办水利请予记功一次，因永昌县县长李兆瑞热心水利，征调民夫，加快完成金龙坝渠工程，为其请功一次等事宜。

【叙录编号】 0299

【档案题名】

甘肃省政府委员会第1362次会议议事日程外附会议资料

【发文单位】 甘肃省政府委员会

【收文单位】 甘肃省政府

【档案编号】 004-007-0386-0008

【成文时间】 1946-08-30

【收藏单位】 甘肃省档案馆

【涉及地域】 甘肃省

【关 键 词】 水利工程

【内容提要】

关于甘肃省建设厅报告分配行总第二次粮食50吨变价兴办防止旱灾水利工程意见，附《拨粮食五十吨变价内拨六亿元兴办水利计划》（包括对肃丰渠鸳鸯池蓄水库等水利工程的款项分配、河西工程及解决水利纠纷等工程实施办法）。

【叙录编号】 0300

【档案题名】

甘肃省政府委员会第1434次会议议事日程外附会议资料

【发文单位】 甘肃省政府委员会

【收文单位】 甘肃省政府

【档案编号】 004-007-0485-0006

【成文时间】 1947-05-27

【收藏单位】 甘肃省档案馆

【涉及地域】 永登县

【关 键 词】 登丰渠；征收水费

【内容提要】

关于报告水费保管委员会呈送登丰等渠管理处请求缓征水费等事宜。

【叙录编号】 0301

【档案题名】

甘肃省政府委员会第241次会议记录

【发文单位】 甘肃省政府委员会

【收文单位】 甘肃省政府

【档案编号】 004-007-0506-0031

【成文时间】 1934-09-21

【收藏单位】 甘肃省档案馆

【涉及地域】 永登县

【关 键 词】 筑桥；预算；工程图

【内容提要】

会议讨论了甘肃省建设厅据永登县县长呈建筑咸水河及徐家磨桥梁预算并详图一事，请拨发工料预算费。会议决议照发。

【叙录编号】 0302

【档案题名】

甘肃省政府委员会第250次会议记录

【发文单位】 甘肃省政府委员会

【收文单位】 甘肃省政府

【档案编号】 004-007-0507-0007

【成文时间】 1934-10-23

【收藏单位】 甘肃省档案馆
【涉及地域】 永登县
【关 键 词】 红古城渠；民生渠
【内容提要】

其中包括：甘肃省建设厅呈复遵令修永登红古城渠第一第二两段，及临洮民生渠全渠，请提前修缮。并促转催水渠测量队长等早日来甘测量，以便工作进行。会议决议如拟。

【叙录编号】 0303
【档案题名】

第六区行政督察专员兼保安司令公署关于报送武威各机关第1次首长谈话会议记录致甘肃省政府的呈

【发文单位】 第六区行政督察专员公署
【收文单位】 甘肃省政府
【档案编号】 004-007-0580-0006
【成文时间】 1947-07-28
【收藏单位】 甘肃省档案馆
【涉及地域】 大通河；民勤县；永昌县
【关 键 词】 大通河工程；兴办水利
【内容提要】

关于提会河西武威、古浪等县计划勘测开凿大通河工程筹足经费及民勤永昌各县人民因为当地水利不兴，地失灌溉，申请甘肃省政府拨款兴办水利等事项。

【叙录编号】 0304
【档案题名】

甘肃省政府委员会第1511次会议议事日程外附会议材料

【发文单位】 甘肃省政府委员会
【收文单位】 甘肃省政府
【档案编号】 004-007-0633-0009
【成文时间】 1948-03-02
【收藏单位】 甘肃省档案馆
【涉及地域】 金塔县；永登县
【关 键 词】 湟惠渠；灾歉；免赋；登丰渠；鸳鸯池水库
【内容提要】

其中涉及：1.甘肃省民政厅等签呈湟惠渠管理处奉令撤销请示七项一案，会同有关单位详加研讨，拟订办法两案，请公决案。会议决议采用方案一：逐渐求自给自足纳入皋兰县行政系统。2.田赋粮食管理处等签呈镇原、平泉等乡镇上年灾歉情节轻微，请比照邻乡被灾粮数酌情减免。会议决议通过。3.水利局呈登丰渠人员无法安插，请拨给遣散费遣散。会议通过。4.水利局呈请拨发鸳鸯池水库建设需要齿轮费用，会议决议通过。

【叙录编号】 0305
【档案题名】

古浪县政府关于报送民国二十二年度（1933）8月份地方情形政务工作表致甘肃省民政厅的呈

【发文单位】 古浪县政府
【收文单位】 甘肃省民政厅
【档案编号】 004-008-0133-0013
【成文时间】 1933-09
【收藏单位】 甘肃省档案馆
【涉及地域】 古浪县
【关 键 词】 修桥；水利纠纷；修复水利
【内容提要】

“交通”项下记奉甘肃省建设厅先后电令，修理汽车道路及桥梁，并将县内车马路补修完好，照常通行无阻。“司法”项下记奉高法院令，将李廷俊控诉张水利涉讼一案奉宗呈送第三分院核办。“建设”项下记入秋以来，属县土门大靖各处泉源多干涸，源流微细不足灌田，已令受管区区长及乡长拨派民夫挑修泉眼，以免泥阻。至山洪冲破各川山河堤亦令各区人民赶速修水利而便于灌溉，免于河水流溢他处。

【叙录编号】 0306
【档案题名】
武威县政府关于报送民国二十二年度（1933）6月份地方政务工作报告表
【发文单位】 武威县政府
【收文单位】 甘肃省民政厅
【档案编号】 004-008-0136-0009
【成文时间】 1933-06
【收藏单位】 甘肃省档案馆
【涉及地域】 武威县
【关 键 词】 挖井
【内容提要】
“建设”项下记新挖井180余眼，已正式完竣。

【叙录编号】 0307
【档案题名】
永登县政府报送民国二十二年（1933）1月份地方情况政务工作报告表致甘肃省民政厅的呈
【发文单位】 永登县政府
【收文单位】 甘肃省民政厅
【档案编号】 004-008-0212-0001
【成文时间】 1933-02
【收藏单位】 甘肃省档案馆
【涉及地域】 永登县
【关 键 词】 引水灌田；勘验渠工
【内容提要】
“内务”项下记禁种烟苗；“建设”项下记甘肃省建设厅训令委李希父勘测由黑嘴子开口引水灌田，委员赴南乡苦水堡勘验渠工以便即日与修。

【叙录编号】 0308
【档案题名】
第二次全国内政会议提案及报告书
【发文单位】 甘肃省民政厅
【收文单位】 甘肃省政府
【档案编号】 004-008-0514-0001
【成文时间】 1932
【收藏单位】 甘肃省档案馆
【涉及地域】 民勤县
【关 键 词】 水利；地政；水利简章；防旱计划
【内容提要】
记推进水利建设问题，介绍了水利问题的发生和6个水利问题要点；记促进地政问题，介绍了地政问题的发生和2个地政问题要点；记推进水利建设问题，问题涉及招工办法，甘肃水利习惯（上足下流，即先尽上游浇灌，然后依次浇灌下游的田。轮流浇灌，一渠长若干里，所有沿渠的田，规定时间大约以燃香的长度为标准……），甘肃地势，黄河、渭河、洮河水文测量等；记民勤县整理水利简章，共12条；记甘肃省民政厅防旱计划。

【叙录编号】 0309
【档案题名】
甘肃省民政厅民国三十四年（1945）11月1日至民国三十五年（1946）4月30日工作报告
【发文单位】 甘肃省民政厅
【收文单位】 不详
【档案编号】 004-008-0627-0001
【成文时间】 1946-05-07
【收藏单位】 甘肃省档案馆
【涉及地域】 张掖县；永昌县；高台县
【关 键 词】 奖励热心水利；三清渠
【内容提要】
五区专员、甘谷县县长（渭济渠）、宁定县县长、张掖县县长、永昌县县长、高台县县长（三清渠）因热心水利、修筑渠道记功一次。

【叙录编号】 0310
【档案题名】
永登红古城渠工程计划1份、皋兰达家川渠工程计划1份、临洮民生渠工程计划1份、永靖永丰渠工程计划1份、永靖县属永丰渠工略图1张、达家川渠渠泉略图1张等
【发文单位】 军事委员会军令部
【收文单位】 甘肃省民政厅
【档案编号】 015-006-0307-0025
【成文时间】 不详
【收藏单位】 甘肃省档案馆
【涉及地域】 永登县
【关 键 词】 红古城渠；水利
【内容提要】
其中，《永登红古城渠工程计划》概述了修建该工程背景、工程基本结构（包括每段具体位置、长宽、建材等）、经费估算。《皋兰达家川渠工程计划》概述了工程修建渊源，以及此段工程与红古城渠工程第四段合并的情况。《临洮民生渠工程计划》包括该工程涉及地段与河流、经费估计等内容。附图图名如题。

【叙录编号】 0311
【档案题名】
甘肃省政府等关于在山丹、武威、敦煌等地修建蓄水池等事的各类文件
【发文单位】 山丹县政府；敦煌县政府等
【收文单位】 山丹县政府；敦煌县政府等
【档案编号】
027-002-0043-（0001-0002、0007-0018）
【成文时间】 1946-06-21—1946-09-13
【收藏单位】 甘肃省档案馆
【涉及地域】 山丹县；敦煌县；武威县；永登县
【关 键 词】 水利
【内容提要】
此案卷包含18份文件，均与蓄水池的修建有关。甘肃省参议会参议员陈世光提议甘肃省政府在山丹、敦煌、武威三县修建蓄水池，甘肃省政府将此议案转给甘肃水利林牧公司。该公司向甘肃省建设厅报告修建蓄水池的情况，甘肃省政府将此份文件转给甘肃省参议会。第六区行政督察专员公署与武威县分别向甘肃省政府呈报本县蓄水池的修建情况，甘肃省政府回令准予备查。工程师郭铿若向甘肃省建设厅呈报查勘洮沙中孚乡第五保蓄水池的情况。甘肃国际救济会致函甘肃省政府，应明令禁止民众破坏以工代赈建修的水池，甘肃省政府就此事令榆中、永登、皋兰、景泰四县切实办理。甘肃省政府致电榆中县政府，关于榆中县郝家庄民龚大润破坏由甘肃国际救济会发给该县修筑水池工程一事，应立即查明，甘肃省建设厅也就此事致函榆中县政府与建设厅工程司，要求查明此事。该案卷另有《甘肃省建设厅兴办水利拆迁土地附着物办法》《甘肃省政府奖励人民自动兴办水利暂行办法》《甘肃省建设厅渠道土石方工程施工细则》《甘肃省建设厅渠道建筑物施工细则》4份文件。

【叙录编号】 0312
【档案题名】
甘肃省政府，武威、临泽、双塔、安西各县修建蓄水池、蓄水库的文件
【发文单位】 甘肃省建设厅；武威县政府等
【收文单位】 甘肃省建设厅；武威县政府等
【档案编号】
027-002-0046-（0001-0009）；
027-002-0049-（0012-0021）
【成文时间】 1946-08-20—1947-09-23
【收藏单位】 甘肃省档案馆
【涉及地域】 武威县；民勤县；临泽县；民乐县；安西县
【关 键 词】 蓄水池；蓄水库
【内容提要】
甘肃省建设厅通知郝家庄保甲长协助修建

水池占地早日赔偿，武威修建蓄水库民勤县反对，武威县就修建蓄水库地点究竟与民勤水源有无影响研究上呈甘肃省政府，武威认为无影响。甘肃省政府认为武威修建蓄水库确实有碍于民勤水源，希望河西水利工程总队切实调查，并照抄武威县参议会意见书1份，武威县政府转送参议会意见给甘肃水利林牧公司。甘肃水利林牧公司函复武威参议会提议修建蓄水库一案，其经理批示俟分队研究报道再复。临泽县请派员前往勘测修建响山河蓄水库，批示拟转河西水利工程总队。甘肃省政府指令河西水利工程总队办理。安西县电请在双塔堡修建水库致函甘肃省政府，甘肃省建设厅查本案不合适转河西水利工程总队。民乐县、海原县请派员勘探测量批准在县修建蓄水池以资灌溉，并惩罚榆中县龚大润、刘桐山等破坏工程的刁民。

【叙录编号】 0313

【档案题名】

甘肃省政府、第六区行政督察专员兼保安司令公署关于甘肃8县举办小型水利工程事宜文件

【发文单位】 第六区行政督察专员公署

【收文单位】 甘肃省政府

【档案编号】 027-002-0052-（0001-0003）

【成文时间】 1943-10-06—1944-03-08

【收藏单位】 甘肃省档案馆

【涉及地域】 第六区

【关 键 词】 小型水利；报告表

【内容提要】

第六区行政督察专员兼保安司令公署上呈甘肃省政府所属8县举办小型水利工程，甘肃省政府回令随时报查办理，附有8县举办小型水利报告表8份：1.张掖整理旧渠一览表（龙首渠、洞子渠等104处渠道）；2.古浪县三十二年度（1943）举办小型水利工程报告表（各乡镇水库、水窖、蓄水池）；3.民乐县举办小型水利工程报告表（各乡镇水库、水窖、蓄水池）；4.永昌县举办小型水利工程报告表（整理旧渠、修理堤坝、修筑河岸、凿泉）；5.山丹县举办小型水利工程报告表（修整、修理、开凿）；6.武威县各乡镇水利工程及修建进度；7.民勤县修理环惠渠、东五沟水渠；8.临泽县各乡镇水渠。甘肃省政府回令准予备查。

【叙录编号】 0314

【档案题名】

甘肃省政府等关于河西水利工程等事的各类文件

【发文单位】 甘肃省政府；甘肃省参议会等

【收文单位】 甘肃省政府；甘肃省参议会等

【档案编号】 027-002-0056-（0001-0011）

【成文时间】 1944-10-20—1946-05-08

【收藏单位】 甘肃省档案馆

【涉及地域】 河西走廊

【关 键 词】 水利工程

【内容提要】

此案卷包含11份文件，均与水利工程有关。甘肃省参议会致咨甘肃省政府，转达议员张开选等的关于河西水利工程应通盘计划、逐年完成、期收宏效的建议，甘肃省政府将此议案转给甘肃水利林牧公司，该公司致函甘肃省建设厅，已派员赴水利委员会洽办开发河西水利详细施工计划。甘肃省参议会向甘肃省政府转送参议员李世军建议甘肃省政府制定系统的河西水利工程计划的议案，甘肃省政府回令给参议会，此计划正在逐步实施，并通知甘肃水利林牧公司。甘肃省参议会致函甘肃省建设厅，询问甘肃水利林牧公司历年举办甘肃水利林牧成效的情况，又致函询问甘肃水利林牧公司五载经过及其性能六项，甘肃省政府予以回复。甘肃省建设厅致函甘肃水利林牧公司，请该公司于1946年5月2日以前将参议会开会报

告事项（河西水利工作报告）送给该厅汇编，该公司将1945年度河西水利工作报告、永丰等渠工程进度状况上报。

【叙录编号】 0315
【档案题名】
甘肃省政府等关于河西水利工程计划等事的各类文件
【发文单位】 行政院水利委员会；甘肃省建设厅等
【收文单位】 甘肃省政府；甘肃省建设厅
【档案编号】
027-002-0109-（0008-0024）；
027-002-0110-（0001-0021）；
027-002-0111-（0001-0012）
【成文时间】 1944-11-08—1945-11-27
【收藏单位】 甘肃省档案馆
【涉及地域】 河西走廊
【关 键 词】 河西水利工程
【内容提要】

行政院水利委员会致函甘肃省政府，将审核甘肃省政府1945年度工作计划一案的意见回复。甘肃省建设厅专门就意见中对河西水利专款的使用情况质疑的调查结果呈报甘肃省政府，甘肃省政府给水利委员会回函，专门就1945年度工作计划中河西水利专款情况汇报。水利委员会回电，认为甘肃省政府1945年度工作实施计划尚无不妥，但对经费的分配预算提出了建议，甘肃省政府将此文转给甘肃水利林牧公司。行政院水利委员会致电甘肃省政府，当前抗战胜利，请积极进行河西工作及查示其开支情形，如需移用专款，应以不影响原订计划全体进行为原则。甘肃省政府致电甘肃水利林牧公司，要求将河西工程进度及开支情形查复（肃丰渠、湟惠渠等渠的修建移用了河西水利专款），并致电水利委员会通知该事，又告知湟惠渠暂借款可于1945年内还清，绝不影响河西工程。甘肃水利林牧公司致函甘肃省建设厅，拟由河西水利经费下挪借靖丰渠2000万元，以便趁机赶工，甘肃省政府允准，并就此事致电行政院水利委员会。该会回令，要求甘肃水利林牧公司将河西1945年度基本工作进行情形、旧渠整理工程进行情形及工款最近支出情形逐项列表上报，以凭核办，甘肃省政府令该公司速办，行政院水利委员会后又致电甘肃省政府，准予移用河西专款。甘肃省政府致电行政院水利委员会，汇报本省各渠移用及借用河西专款情形，又致电甘肃水利林牧公司，催促其将河西基本工作及旧渠整理工程进行情形等情况一并上报。该公司复函，河西水利工程已照原订计划进行，并抄送经费收支表1份，甘肃省政府将此文转送给行政院水利委员会，水利委员会将收支表的审核意见发回，甘肃省政府致电甘肃水利林牧公司，收支对照表已转交行政院水利委员会。行政院水利委员会因各县保护中央水利处第一、第二查勘队赴西北各省勘察致函甘肃省政府，甘肃省政府训令各县局并回函行政院，卓尼、高台、隆德、永靖、皋兰县等回甘肃省政府水利处到达后进行接待，水利处因测量队前往甘肃省请予保护致函甘肃省政府，甘肃省政府对测量队队长冯龙云调查水利工程土壤训令皋兰等6县。

【叙录编号】 0316
【档案题名】
甘肃省政府、永登县政府关于永登农田水利困难一事的文件
【发文单位】 永登县政府
【收文单位】 甘肃省政府
【档案编号】 027-002-0113-（0001-0002）
【成文时间】 1942-02-22—1942-03-06
【收藏单位】 甘肃省档案馆
【涉及地域】 永登县
【关 键 词】 水利困难

【内容提要】

永登县政府报送县长梁大奇报送该县士绅言本县田地、水利困难情况，甘肃省政府回令按建三寅字第2395号办理不得渎职。

【叙录编号】 0317

【档案题名】

甘肃省政府等关于河西水利经费、肃丰渠工程等事的各类文件

【发文单位】 甘肃省政府；甘肃水利林牧公司等

【收文单位】 甘肃省政府；甘肃省建设厅等

【档案编号】 027-002-0393-（0001-0023）

【成文时间】 1944-12-13—1945-09-28

【收藏单位】 甘肃省档案馆

【涉及地域】 河西走廊

【关 键 词】 河西水利工程经费

【内容提要】

此案卷包含23份文件，均与河西水利工程经费有关。甘肃省政府致电财政部，请求拨发之前应允的河西水利经费2500万元。甘肃水利林牧公司向甘肃省建设厅上报1944年西北建设经费的余款分配情况，该厅将此文件转给甘肃省政府。甘肃水利林牧公司致函甘肃省政府，要求领取中央增拨给本省的河西水利工程经费。行政院水利委员会致电甘肃省政府，要求迅即拟编西北建设经费余款、兴办河西肃丰渠工程经费分配预算表，甘肃省政府就此事催促甘肃水利林牧公司速办，后甘肃省政府将相关情况致电水利委员会。甘肃水利林牧公司致函甘肃省政府，请将1944年西北建设费余款补助河西肃丰渠工程2500万元一次拨付，以济缓急。行政院水利委员会也就此事致电甘肃省政府，相关款项已经财政部批准拨至该府，甘肃省建设厅就此事呈报甘肃省政府，已准财政厅将款项转拨到本厅。水利委员会后通知甘肃省政府，2500万元已汇至该府。甘肃省政府向甘肃水利林牧公司询问是否收到，该公司回令收到。甘肃省政府向水利委员会报送本省河西水利工程经费的收据。甘肃水利林牧公司致函甘肃省政府，应按实际需要分配河西水利工程贷款，甘肃省政府就此事致函中国农行兰州分行。甘肃省政府致电行政院水利委员会，将肃丰渠水利工程1944年经费支出预算书送达，水利委员会回令格式不符合规定，甘肃省政府修改后再提交。水利委员会致电甘肃省政府，甘肃省政府报送的肃丰渠工程费分配预算的名称应更正，甘肃省政府就此事通知甘肃水利林牧公司。水利委员会通知甘肃省政府，肃丰渠1944年经费支出预算书已备案，甘肃省政府将此事通知甘肃水利林牧公司。

【叙录编号】 0318

【档案题名】

甘肃省政府、甘肃省建设厅关于李斌赴河西查办水利纠纷案差旅费的文件

【发文单位】 甘肃省政府

【收文单位】 甘肃省建设厅

【档案编号】

027-002-0442-（0008-0012、0016-0017）；

027-002-0443-（0003-0004、0010-0012）

【成文时间】 1946-12-29—1947-01-06

【收藏单位】 甘肃省档案馆

【涉及地域】 甘肃省

【关 键 词】 差旅费

【内容提要】

此案卷包含33份文件，均与差旅费相关，其中与水利相关4份。主要为报销高台县民垦差旅费、永丰渠管理处差旅费，靖丰渠管理处报送郝西庚专员勘察苦水河差旅费，甘肃省政府请甘肃省审计处审计。第四科科长李斌赴河西调查永昌垦务处及山丹张掖的水利纠纷，第四科会计室请报销费用，批示如签。甘肃省政府回令批示款准立发。

【叙录编号】 0319
【档案题名】
永登县红古城渠工程计划书
【发文单位】 全国经济委员会水利处
【收文单位】 甘肃省建设厅
【档案编号】 027-004-0169-0001
【成文时间】 1940-09
【收藏单位】 甘肃省档案馆
【涉及地域】 永登县
【关 键 词】 红古渠
【内容提要】
包含红古渠起止、第一段、第二段、第三段受益地亩价值与旱地比较、受益地亩收获比较、收水费章则、工作时间、征工办法、渠工委员会作用、全渠工程费。

【叙录编号】 0320
【档案题名】
甘肃水利林牧公司关于河西修筑塘坝水井技术指导办法给甘肃省建设厅的公函
【发文单位】 甘肃水利林牧公司
【收文单位】 甘肃省建设厅
【档案编号】 027-005-0084-0003
【成文时间】 1944-11-09
【收藏单位】 甘肃省档案馆
【涉及地域】 河西走廊
【关 键 词】 塘坝水井
【内容提要】
甘肃水利林牧公司转送河西塘坝水井技术指导办法，此办法全文由行政院转发甘肃省政府及地政厅，附《非常时期强制修筑塘坝水井办法》。

【叙录编号】 0321
【档案题名】
甘肃省政府关于各县报送本县小型农业水利工程成果简报表的呈文及训令
【发文单位】 河西各县政府
【收文单位】 甘肃省政府
【档案编号】
027-005-0151-（0019-0020）;
027-005-0151-（0023-0024）;
027-005-0152-（0001-0002）;
027-005-0153-（0019-0020）;
027-005-0154-（0020-0021）;
027-005-0155-（0001-0024）;
027-005-0156-（0001-0019）
【成文时间】 1946-08-07—1947-05-22
【收藏单位】 甘肃省档案馆
【涉及地域】 河西走廊
【关 键 词】 农田水利工程
【内容提要】
农林部训令甘肃省政府尽快填报小型农田水利工程，甘肃省政府训令各县局。张掖、古浪、鼎新、山丹、酒泉、安西、武威等县市报送民国三十五（1946）和三十六年度（1947）小型农田水利成果表，甘肃省政府回令备查或不符修改。

【叙录编号】 0322
【档案题名】
甘肃陈法桢、赵长寿、张延卿等10人关于请暂不划分地界保护水源地致甘肃省建设厅的呈文
【发文单位】 陈法桢等
【收文单位】 甘肃省建设厅
【档案编号】 027-005-0227-0001
【成文时间】 1948-04-01
【收藏单位】 甘肃省档案馆
【涉及地域】 武威县
【关 键 词】 水源地
【内容提要】
陈法桢等人建议甘肃省建设厅保护四乡被藏民开垦之水源地，维持四乡水利，去年

曾召集武威各地参议员商讨祁连山哈溪滩护林及黄羊河蓄水库问题，解决四乡农田灌溉水源。

【叙录编号】 0323
【档案题名】
甘肃省建设厅厅务会议记录簿
【发文单位】 甘肃省建设厅
【收文单位】 不详
【档案编号】 027-006-0379-0001
【成文时间】 1941-10-15
【收藏单位】 甘肃省档案馆
【涉及地域】 民勤县
【关 键 词】 祁连山；农田灌溉；大通河河源
【内容提要】
如题，其中包括景泰县苗圃建设；青年团甘肃支团与民勤县政府会同测量大通河河源以便打通祁连山灌溉河西农田，由甘肃水利林牧公司查办；第二科水利纠纷、水利工程处理等内容。

【叙录编号】 0324
【档案题名】
民勤县关于报送红水河桥修筑计划的各类文件
【发文单位】 民勤县政府；甘肃省政府等
【收文单位】 甘肃省建设厅；民勤县政府
【档案编号】 027-007-0203-（0001-0003）
【成文时间】 1935-04-03—1935-05-09
【收藏单位】 甘肃省档案馆
【涉及地域】 民勤县
【关 键 词】 红水河；修桥
【内容提要】
民勤县报更正红水河桥工程预算表并图说致甘肃省建设厅，其中包括桥梁造价、施工材料单价等。甘肃省建设厅同意修筑，给民勤县政府拨款并发还图说给民勤县政府。

【叙录编号】 0325
【档案题名】
甘肃省建设厅、民勤县政府关于修建红水河桥工程预算表拨款的往来文件
【发文单位】 甘肃省建设厅；民勤县政府
【收文单位】 甘肃省政府；甘肃省建设厅等
【档案编号】 027-007-0205-（0007-0009）
【成文时间】 1935-01-17—1935-01-21
【收藏单位】 甘肃省档案馆
【涉及地域】 民勤县
【关 键 词】 红水河；修桥
【内容提要】
民勤县政府呈文甘肃省建设厅报修筑红水桥预算书，以便兴修避免淹死人畜情况出现，并详报修建木桥规格、形制等。附《预定民勤县红水河桥全部侧面图》，标注了各部分尺度与形制。甘肃省建设厅报送甘肃省政府鉴核，并知照民勤县政府待回复后再行饬造。甘肃省政府批准，甘肃省建设厅令民勤县政府对桥板、栅栏等单位数目再行查明呈报，以便拨款。

【叙录编号】 0326
【档案题名】
甘肃河西水利工程总队第一分队关于西营河平交道工程的各项文件
【发文单位】 水利部河西水利工程总队第一分队；水利部河西水利工程总队
【收文单位】 甘肃水利林牧公司总管理处；水利部河西水利工程总队第一分队等
【档案编号】 038-001-0003-0001
【成文时间】 1947-04-01—1947-08-07
【收藏单位】 甘肃省档案馆
【涉及地域】 武威县
【关 键 词】 西营河平交道工程
【内容提要】
1947年4月1日，甘肃河西水利工程总队

第一分队呈报甘肃水利林牧公司总管理处关于招商呈报西营河平交道整理剩余土方工程及运送木材开标结果，附《武威西营河前三坝头沟平交道工程招商承运木料承挖土方开标单价表》《甘肃河西水利工程总队第一分队送工程表报及承揽书清单》。4月4日，河西水利工程队第一分队就武威一分队西营河平交道工程转请审计机关届时监标。4月10日，甘肃河西水利工程总队长、副总队长核查第一分队呈送的西营河平交道工程承揽书，准予备查，承揽书录有应遵守规则20条，附《承运木料估价单》《承挖土方估价单》。4月16日，第一分队呈报西营河平交道土方工程开工日期。4月24日，甘肃河西水利工程总队长、副总队长批复准予备查。5月19日，第一分队呈报西营河平交道工程因故停工。5月26日，甘肃河西水利工程总队长、副总队长批复准予备查。5月19日，第一分队呈据西营乡前三坝民众代表呈请免挖旧堤，附原呈竣工图1张随文报销。6月26日，甘肃河西水利工程总队长、副总队长代电第一分队速送西营河前三坝平交道竣工图表。8月7日，第一分队呈报西营河平交道工程冲毁情形。

【叙录编号】 0327
【档案题名】
　　西北水利应拟整个计划以凭核夺的代电
【发文单位】 水利委员会
【收文单位】 水利部河西水利工程总队
【档案编号】 038-001-0005-0001
【成文时间】 1947-03-20
【收藏单位】 甘肃省档案馆
【涉及地域】 甘肃省
【关 键 词】 西北水利
【内容提要】
　　如题，含工程总队呈复。

【叙录编号】 0328
【档案题名】
　　开发甘肃河西农田水利基本工作进行计划
【发文单位】 不详
【收文单位】 不详
【档案编号】 038-001-0005-0007
【成文时间】 不详
【收藏单位】 甘肃省档案馆
【涉及地域】 河西走廊
【关 键 词】 农田水利工程
【内容提要】
　　录有查勘原有渠道、水源、蓄水库地点、荒地，测量河流渠道、蓄水库、荒地，水文测候，水土研究等内容。

【叙录编号】 0329
【档案题名】
　　甘肃河西水利建设计划提要
【发文单位】 水利部河西水利工程总队
【收文单位】 不详
【档案编号】 038-001-0005-0009
【成文时间】 不详
【收藏单位】 甘肃省档案馆
【涉及地域】 河西走廊
【关 键 词】 河西水利建设
【内容提要】
　　录有《甘肃河西水利建设计划提要》《甘肃河西水利建设计划》《疏勒河流域水利建设计划》《黑河流域水利建设计划》《石羊河流域水利建设计划》《临水河流域水利建设计划提要》《临水河流域水利建设计划》。

【叙录编号】 0330
【档案题名】
　　抄送河西一带水准点请查照的代电
【发文单位】 国防部测量局第七测量队
【收文单位】 水利部河西水利工程总队

【档案编号】 038-001-0005-0010
【成文时间】 不详
【收藏单位】 甘肃省档案馆
【涉及地域】 甘肃省
【关 键 词】 水利工程
【内容提要】

如题，含《（水准）点之记》、工程总队函复、《甘肃河西截引地下水灌溉工程示范计划书》。

【叙录编号】 0331
【档案题名】

武威县各水利工程计划书

【发文单位】 不详
【收文单位】 不详
【档案编号】 038-001-0031-（0001-0014）
【成文时间】 不详
【收藏单位】 甘肃省档案馆
【涉及地域】 武威县
【关 键 词】 武威水利
【内容提要】

包括《武威黄羊河灌溉区旧渠整理工程计划书》《武威黑墨湖地下水灌溉工程计划书》《武威齐家沙滩地下水灌溉工程计划书》《武威卯藏滩水库工程计划书》《武威金塔河旧渠整理工程计划书》《武威西营河灌溉区旧渠整理工程计划书》《武威雑木河灌溉区旧渠整理工程计划书》等。

【叙录编号】 0332
【档案题名】

关于兴修杂木河四坝渠的各种文件

【发文单位】 甘肃水利林牧公司；甘肃省政府等
【收文单位】 甘肃水利林牧公司武威工作站；甘肃省建设厅等
【档案编号】 038-001-0032-（0001-0014）
【成文时间】 1945-04-26—1947-02-21
【收藏单位】 甘肃省档案馆
【涉及地域】 武威县
【关 键 词】 杂木河四坝渠
【内容提要】

1945年4月26日，甘肃水利林牧公司总管理处函武威站，关于杂木河四坝渠道整理工程，请由民自主。1945年6月8日，甘肃省政府电复甘肃水利林牧公司总管理处，据函送杂木河四坝渠道整理工程图表，令饬武威县由民自作。甘肃水利林牧公司总管理处函第一分队，关于利用拨款兴修武威县杂木河四坝渠一案，请照指令办理。1945年6月13日，甘肃水利林牧公司总管理处函武威站，请武威站遵照甘肃省政府令，将杂木河四坝渠道整修工程列入1946年预算或利用本年度节余款于秋季办理。1946年7月16日，甘肃水利林牧公司武威工作站函总管理处，请照甘肃省政府令，利用工赈办法兴修杂木河四坝渠工程。1946年7月27日，甘肃水利林牧公司总管理处函甘肃省建设厅关于武威杂木区工程计划审核情况。1946年8月10日，甘肃省政府电复甘肃水利林牧公司，已令武威县政府酌拨赈款办理，并转饬派员径洽指导并复。1946年10月12日，甘肃水利林牧公司总管理处函第一分队，希绘编杂木河四坝渠工程预算。1946年10月13日，甘肃省政府电甘肃水利林牧公司，同意武威县政府办理杂木河四坝渠。1946年10月19日，甘肃河西水利工程总队第一分队呈送工程表报及承揽书清单给总管理处。1946年11月18日，甘肃省政府电甘肃水利林牧公司，希转饬办理杂木河四坝渠工程工料估价表。1946年12月3日，甘肃水利林牧公司总管理处函甘肃省建设厅，关于杂木河工程款，明年河西水利经费核定后再行统筹办理。1947年2月21日，甘肃水利林牧公司总管理处函送杂木河四坝渠工程预算给水利委员会。

【叙录编号】 0333
【档案题名】
民勤县水利规则
【发文单位】 不详
【收文单位】 不详
【档案编号】 038-001-0036-0001
【成文时间】 1919
【收藏单位】 甘肃省档案馆
【涉及地域】 民勤县
【关 键 词】 水利规则；碑文；水利图
【内容提要】

1919年民勤县知事周树清主修，记载了《民勤县水利规则》，同时附录有《镇番龙王庙碑》《屯坝水利碑》《首四坝水利碑》《红沙梁水利碑》《各坝水利碑》《洮沙湾水利碑》《五凉考治六德集镇番水利图说》《镇番县志水利考》《民勤县水利图》。

【叙录编号】 0334
【档案题名】
民勤上坝渠灌溉及排水工程计划书
【发文单位】 水利部河西水利工程总队
【收文单位】 不详
【档案编号】 038-001-0037-0001
【成文时间】 不详
【收藏单位】 甘肃省档案馆
【涉及地域】 民勤县
【关 键 词】 上坝渠
【内容提要】

《民勤上坝渠灌溉及排水工程计划书》，内有《民勤上坝渠地亩分布概况表》《马营庄雨量蒸发量表》《上坝渠开水关水时间表》《民勤县工料单价调查表》《民勤上坝渠农作时期及水量分配表》《民勤上坝渠灌溉及排水工程工费预算表》《民勤上坝渠灌溉及排水工程增益表》《民勤上坝渠灌溉及排水工程地形图》。

【叙录编号】 0335
【档案题名】
民勤县黑山头地下水灌溉工程计划书
【发文单位】 水利部河西水利工程处
【收文单位】 不详
【档案编号】 038-001-0037-0002
【成文时间】 不详
【收藏单位】 甘肃省档案馆
【涉及地域】 民勤县
【关 键 词】 黑山头地下水灌溉工程
【内容提要】

《民勤县黑山头地下水灌溉工程计划书》，“形势”部分下，附图有《石羊河流域平面图》《民勤黑山头地下水灌溉工程地形图》《民勤黑山头地下水截流坝附近地形图》《民勤黑山头以下地亩统计表》。“地质”部分下，附图有《民勤黑山头截流坝坝址实测横断面图》。“水文”部分下，附图有《石羊河马营庄水文站流率曲线图》，附表有《马营庄水文站雨量及蒸发量记载表》《石羊河上游各支流出山流率表》。“工料单价”部分下，附表有《民勤县工料单价调查表》《民勤县工程□单价统计表》。“水源研究”部分下，附表有《民勤县黑山头地下流率估计表》。“灌溉地亩估算”部分下，附表有《民勤县农作时期及水量分配表》，附图有《民勤黑山头地下水灌溉工程截流坝及输水渠设计图》。“预算”部分下，附表有《民勤黑山头地下水灌溉工程工费预算表》《民勤黑山头地下水灌溉工程增益表》。

【叙录编号】 0336
【档案题名】
民勤县新河大坝口至西拐湾一段堤岸整理计划书
【发文单位】 水利部河西水利工程总队
【收文单位】 不详
【档案编号】 038-001-0037-0003

【成文时间】 不详
【收藏单位】 甘肃省档案馆
【涉及地域】 民勤县
【关 键 词】 新河大坝口至西拐湾一段堤岸整理
【内容提要】

《民勤县新河大坝口至西拐湾一段堤岸整理计划书》，介绍倒水地点及沙堤长度、倒漾原因、整理意见、施工方法、整理后之利益、工料预算等部分，另附《修复部分标准横断面图》《民勤县新河大坝口—西拐湾堤岸整理标准图》等。

【叙录编号】 0337
【档案题名】

民勤上坝渠灌溉及排水工程计划书

【发文单位】 水利部河西水利工程总队
【收文单位】 不详
【档案编号】 038-001-0038-0001
【成文时间】 不详
【收藏单位】 甘肃省档案馆
【涉及地域】 民勤县
【关 键 词】 上坝渠
【内容提要】

与038-001-0037-0001重复。

【叙录编号】 0338
【档案题名】

民勤县黑山头地下水灌溉工程计划书

【发文单位】 水利部河西水利工程总队
【收文单位】 不详
【档案编号】 038-001-0038-0002
【成文时间】 不详
【收藏单位】 甘肃省档案馆
【涉及地域】 民勤县
【关 键 词】 不详
【内容提要】

与038-001-0037-0002内容重复。

【叙录编号】 0339
【档案题名】

永昌东大河皇城滩蓄水库工程计划书

【发文单位】 水利部河西水利工程总队
【收文单位】 不详
【档案编号】 038-001-0039-0001
【成文时间】 不详
【收藏单位】 甘肃省档案馆
【涉及地域】 永昌县
【关 键 词】 祁连山；东大河；蓄水库
【内容提要】

永昌东大河发源于祁连山，汇入石羊河，长约170公里。内容为《永昌东大河皇城滩蓄水库工程计划书》，“形势”部分下，附图为《皇城滩水库区域地形图》；“水文”部分下，附表为《东大河皇城滩三十六年三十七年平均流率过程曲线》《东大河皇城滩最大洪水涨消曲线》《皇城滩年雨量及蒸发量表》；“农作概况”部分下，附表《东大河流域作物耕作时期表》；“工料单价调查”部分下，附表《永昌工料单价调查表》；“配水计划”部分下，附表《东大河旧渠整理工程灌地425000市亩需水流率过程曲线》《皇城滩水库控制流率过程曲线》《皇城滩水库灌溉计划农作时期及水量分配表》；“选定坝址”部分下附表《坝高灌溉亩数全年供电量及库量表》；“最大溢洪流率之推算”部分下附表《皇城滩水库溢洪流率过程曲线》；“水库储放过程”部分下附表《皇城滩水库储放过程曲线》；“预算”部分下附表《皇城滩水库工程费预算表》；“施工程序”部分下附表《皇城滩水库工程施工预计进度表》。

【叙录编号】 0340
【档案题名】
永昌东大河灌溉区旧渠整理工程计划书
【发文单位】 水利部河西水利工程总队
【收文单位】 不详
【档案编号】 038-001-0039-0002
【成文时间】 不详
【收藏单位】 甘肃省档案馆
【涉及地域】 永昌县
【关 键 词】 东大河灌溉区旧渠整理工程
【内容提要】
永昌东大河为石羊河最西支流，发源于祁连山。《永昌东大河灌溉区旧渠整理工程计划书》，附有图表《永昌东大河灌溉区地形图》《武威县城及永昌皇城滩气象统计表》《东大河皇城滩逐月平均流率表》《东大河旧渠调查表》《永昌二十六年及三十六年十二月工料单价调查表》《永昌二十六年工程□单价表》《永昌东大河灌溉区计划农作时间及水量分配表》《东大河□庄子逐月平均流率曲线表》《永昌东大河灌溉区旧渠整理工程渠首工程设计图》《永昌东大河灌溉区旧渠整理工作输水渠、涵洞及堵水坝设计图》《永昌东大河灌溉区旧渠整理工程费预算表》《永昌东大河灌溉区旧渠整理工程增益计算表》《永昌东大河灌溉区旧渠整理工程施工程序表》。

【叙录编号】 0341
【档案题名】
甘肃河西水利工程总规划书、德远渠电力抽水灌溉工程计划书和永昌县西大河金川峡水库堆石坝工程计划书
【发文单位】 不详
【收文单位】 不详
【档案编号】 038-001-0040-（0001-0003）
【成文时间】 不详
【收藏单位】 甘肃省档案馆
【涉及地域】 河西走廊；永昌县
【关 键 词】 计划书
【内容提要】
如题，内含图表。

【叙录编号】 0342
【档案题名】
古浪大靖峡地下水灌溉工程、古浪刘家滩地下水灌溉工程、古浪古浪河灌溉区旧渠整理工作计划书、古浪古农渠灌溉工程等工程计划书
【发文单位】 水利部河西水利工程总队
【收文单位】 不详
【档案编号】 038-001-0041-（0001-0008）
【成文时间】 不详
【收藏单位】 甘肃省档案馆
【涉及地域】 古浪县
【关 键 词】 大靖峡地下水灌溉工程；刘家滩地下水灌溉工程；古浪河灌溉区旧渠整理工作计划书；古农渠灌溉工程
【内容提要】
如题，内含图表。

【叙录编号】 0343
【档案题名】
大靖河流域灌溉工程规划书
【发文单位】 水利部河西水利工程总队
【收文单位】 不详
【档案编号】 038-001-0050-（0002、0005）
【成文时间】 不详
【收藏单位】 甘肃省档案馆
【涉及地域】 古浪县
【关 键 词】 大靖河流域灌溉工程
【内容提要】
如题，内含图表。

【叙录编号】 0344
【档案题名】
石羊河流域水利工程规划
【发文单位】 水利部河西水利工程总队
【收文单位】 不详
【档案编号】 038-001-0050-（0003、0006）
【成文时间】 不详
【收藏单位】 甘肃省档案馆
【涉及地域】 古浪县；武威县；永昌县；民勤县
【关 键 词】 石羊河流域水利工程规划
【内容提要】
如题，内含图表。

【叙录编号】 0345
【档案题名】
西大河流域灌溉工程规划书
【发文单位】 水利部河西水利工程总队
【收文单位】 不详
【档案编号】 038-001-0056-0002
【成文时间】 不详
【收藏单位】 甘肃省档案馆
【涉及地域】 永昌县
【关 键 词】 西大河流域灌溉工程
【内容提要】
如题，内含图表。

【叙录编号】 0346
【档案题名】
西大河流域灌溉工程规划书
【发文单位】 水利部河西水利工程总队
【收文单位】 不详
【档案编号】 038-001-0058-0001
【成文时间】 不详
【收藏单位】 甘肃省档案馆
【涉及地域】 永昌县
【关 键 词】 西大河流域灌溉工程规划
【内容提要】
如题，内含图表。

【叙录编号】 0347
【档案题名】
水利部分发实习生通知单
【发文单位】 水利部
【收文单位】 不详
【档案编号】 038-001-0060-0003
【成文时间】 不详
【收藏单位】 甘肃省档案馆
【涉及地域】 武威县
【关 键 词】 实习
【内容提要】
由武威调赴高台马湖尾湖水库工程处实习，工作内容为围堤填方工程，上水库给水闸、进水闸和排洪闸，下水库给水闸等石方工程及工地土石方工程规范，以及室内工作如土方计算、描图、制图表册等。

【叙录编号】 0348
【档案题名】
古丰渠工程处处长一职已奉省令由冯敬元兼任的训令
【发文单位】 甘肃省水利局
【收文单位】 古丰渠工程处
【档案编号】 038-001-0060-0006
【成文时间】 1949-03-24
【收藏单位】 甘肃省档案馆
【涉及地域】 古浪县
【关 键 词】 古丰渠；人事调动
【内容提要】
如题。

【叙录编号】 0349
【档案题名】
调技佐王永盛往古丰渠工程处工作的训令

【发文单位】 甘肃省水利局
【收文单位】 古丰渠工程处
【档案编号】 038-001-0060-0007
【成文时间】 1949-03-07
【收藏单位】 甘肃省档案馆
【涉及地域】 古浪县
【关 键 词】 古丰渠；人事调动
【内容提要】
如题。

【叙录编号】 0350
【档案题名】
嗣后如主管因事请假须经过事先呈准否则以擅离职守议处的通令
【发文单位】 甘肃省水利局
【收文单位】 古丰渠工程处
【档案编号】 038-001-0060-0008
【成文时间】 1948-07-04
【收藏单位】 甘肃省档案馆
【涉及地域】 古浪县
【关 键 词】 古丰渠
【内容提要】
如题。

【叙录编号】 0351
【档案题名】
去武威制棉衣请假条
【发文单位】 周登贵
【收文单位】 古丰渠工程处
【档案编号】 038-001-0060-0009
【成文时间】 不详
【收藏单位】 甘肃省档案馆
【涉及地域】 古浪县
【关 键 词】 请假条
【内容提要】
如题。

【叙录编号】 0352
【档案题名】
派工程员文崇荣周登贵司毓麟赵克顺等人征集大车人工的便函底稿
【发文单位】 不详
【收文单位】 不详
【档案编号】 038-001-0060-0010
【成文时间】 不详
【收藏单位】 甘肃省档案馆
【涉及地域】 古浪县
【关 键 词】 便函底稿
【内容提要】
如题。

【叙录编号】 0353
【档案题名】
为一般行政人员凡任意辞职者一般不再录用的训令、据报该处职员请假日准备查的指令、呈报职员请假日数的呈文、转发各机关任用考试及格人员调查表文到五日内填报的训令、古丰渠工程处留守返兰人员姓名表、技术人员冬季返兰的几项规定并列表报送的函、本局技士曹代藩往河西视察水文站耽误时日工作不力应予勤职的通令、水文站主任张人骧私自奖励技士曹代藩8月份额外津贴除责令赔偿该款外并记大过一次的通令、派新任古浪杨县长兼任古丰渠工程处处长专责任工的训令、派古浪县孙县长兼任古丰渠工程处副处长专负征工之责的训令、古丰渠工程处呈现有职员调查册准予备查的指令、呈赍现有职员调查册请鉴核的呈文、转发技士刘家柞免职的训令、水利局技士刘家柞另有任命应免本职的训令
【发文单位】 甘肃省政府；甘肃省水利局等
【收文单位】 不详
【档案编号】 038-001-0060-（0011-0024）
【成文时间】 不详
【收藏单位】 甘肃省档案馆

【涉及地域】 古浪县
【关 键 词】 辞职；请假；考试；免职
【内容提要】
关于古丰渠机构人事的相关文件，如题。

【叙录编号】 0354
【档案题名】
永登县庄浪河西二渠新二渠开渠修明渠整理工程
【发文单位】 甘肃水利林牧公司；甘肃水利林牧公司武威工作站等
【收文单位】 甘肃省政府；甘肃省建设厅等
【档案编号】 038-001-0078-（0001-0004）
【成文时间】 1945-04-21—1945-05-24
【收藏单位】 甘肃省档案馆
【涉及地域】 永登县
【关 键 词】 庄浪河；开渠
【内容提要】
甘肃省政府、甘肃水利林牧公司、甘肃省建设厅关于永登县庄浪河西二渠新二渠开渠修明渠整理工程的公文往来，共4条，附工程意见书。

【叙录编号】 0355
【档案题名】
关于处理登丰渠工程处吴处长毁报蒙蔽工程
【发文单位】 永登县政府；甘肃省政府等
【收文单位】 甘肃省建设厅；甘肃省政府等
【档案编号】 038-001-0078-（0005-0007）
【成文时间】
1948-03-04；1948-03-18；1948-03-31
【收藏单位】 甘肃省档案馆
【涉及地域】 永登县
【关 键 词】 登丰渠
【内容提要】
永登县政府、甘肃省政府关于处理登丰渠工程处吴处长毁报蒙蔽工程一案的公文往来，附修筑登丰渠经过情形。

【叙录编号】 0356
【档案题名】
给古浪古丰渠王处长的电报底稿
【发文单位】 甘肃省水利局
【收文单位】 古丰渠工程处
【档案编号】 038-001-0078-0013
【成文时间】 1948-10-06
【收藏单位】 甘肃省档案馆
【涉及地域】 古浪县
【关 键 词】 古丰渠
【内容提要】
如题。

【叙录编号】 0357
【档案题名】
古浪柳条河古丰渠施工计划
【发文单位】 水利部河西水利工程处
【收文单位】 不详
【档案编号】 038-001-0083-0006
【成文时间】 1948-06
【收藏单位】 甘肃省档案馆
【涉及地域】 古浪县
【关 键 词】 柳条河古丰渠
【内容提要】
如题，附表。

【叙录编号】 0358
【档案题名】
有关永登县沙梁墩防洪工程
【发文单位】 永登县政府；甘肃省政府
【收文单位】 甘肃省政府；甘肃国际救济会
【档案编号】 038-001-0084-（0035-0036）
【成文时间】 1948-01-31—1948-02-17
【收藏单位】 甘肃省档案馆
【涉及地域】 永登县

【关 键 词】 沙梁墩防洪工程
【内容提要】
永登县政府、甘肃省政府、甘肃国际救济会之间关于永登县古山乡沙梁墩防洪工程已完竣。

【叙录编号】 0359
【档案题名】
水利法对于山泉限制如何登记电；水利法对于山泉限制如何登记案代电；为呈复叙明山泉意义的呈；山水和泉水登记水利部无明文规定兹拟就后列诸点的签呈；呈复叙明山泉意义一案的指令
【发文单位】 王昭文；甘肃省政府等
【收文单位】 甘肃省建设厅；武威县政府等
【档案编号】 038-001-0121-（0002-0006）
【成文时间】 1947-07-11—1947-08-29
【收藏单位】 甘肃省档案馆
【涉及地域】 武威县
【关 键 词】 山水；泉水；水权分配
【内容提要】
1947年7月11日，武威王昭文发文询问水利法对于山泉限制如何登记。1947年7月23日，指示应详细叙明究竟何谓山泉限制。1947年8月2日，武威县政府解释泉水的详细意义，即武威县农田灌溉半系山水，半系泉水，“山水即天然积雪于山谷至夏季融消，下流引至渠灌田者谓之山水，泉水即利用人力开浚成泉渗津之水导入沟河灌田者，是谓泉水”。后侯书田回应几点意见，应以平均分配为原则，避免独占，甘肃省政府也对此作出类似的指令。

【叙录编号】 0360
【档案题名】
转请令河西水利工程队着手引大通河水的呈；转请令河西水利工程队着手引大通河至武威灌溉提案；请凿引大通河灌溉一案的指令
【发文单位】 武威县政府；甘肃省政府
【收文单位】 甘肃省政府；武威县政府
【档案编号】
038-001-0121-（0012-0013、0015）
【成文时间】 1947-05-15—1947-05-22
【收藏单位】 甘肃省档案馆
【涉及地域】 武威县
【关 键 词】 武威县；大通河；灌溉
【内容提要】
如题。

【叙录编号】 0361
【档案题名】
委托陈镗、张生元为本沟水权代理人的委托书、水权登记申请书
【发文单位】 郝绳祖等
【收文单位】 武威县政府
【档案编号】 038-001-0121-（0016、0023）
【成文时间】 1948-09—1949-03
【收藏单位】 甘肃省档案馆
【涉及地域】 不详
【关 键 词】 水权；菖蒲沟；申请书
【内容提要】
陈镗、张生元代表金羊乡菖蒲沟居民进行水权登记。

【叙录编号】 0362
【档案题名】
呈赍移交清册的呈文
【发文单位】 水利部河西水利工程处武威工程区
【收文单位】 甘肃省政府
【档案编号】 038-001-0121-0017
【成文时间】 1948
【收藏单位】 甘肃省档案馆
【涉及地域】 武威县

【关 键 词】 移交清册
【内容提要】
如题，移交各种事项清册。

【叙录编号】 0363
【档案题名】
领水权状的领据
【发文单位】 武威县政府
【收文单位】 甘肃省政府
【档案编号】 038-001-0121-0022
【成文时间】 1949-03-17
【收藏单位】 甘肃省档案馆
【涉及地域】 武威县
【关 键 词】 水权；水权状
【内容提要】
武威县领取水权状100份。

【叙录编号】 0364
【档案题名】
转呈本县金羊乡菖蒲沟水权申请书等件的呈、转呈金羊乡菖蒲沟水权申请案指令
【发文单位】 武威县政府；甘肃省政府
【收文单位】 甘肃省政府；武威县政府
【档案编号】 038-001-0121-（0024-0025）
【成文时间】 1949-03-28—1949-04-30
【收藏单位】 甘肃省档案馆
【涉及地域】 武威县
【关 键 词】 水权；菖蒲沟
【内容提要】
如题。

【叙录编号】 0365
【档案题名】
请彻底兴办民勤水利、呈请彻底兴办民勤水利案批、呈请开浚本县水源的呈、呈请拨款开取大通河、请拨款开取大通河以增水量提案、请甘肃省政府开浚本县水源提案、请开民勤水源案正由河西总队办理指令、呈请拨款开取大通河以增水量案指令、请引大通河水利工程计划俟呈部核示后办理的训令、本县参议会请转拨巨款开凿环河乡环惠渠案呈、请甘肃省政府拨款开凿环河乡环惠渠的提案、参议会请拨款开凿环河乡环惠渠一案的指令、祈讯予开取大通河以增水量呈、请开取大通河以增水量案的指令
【发文单位】 民勤县同乡会；甘肃省政府等
【收文单位】 民勤县同乡会；甘肃省政府等
【档案编号】 038-001-0121-（0035-0049）
【成文时间】 1947-11-05—1948-07-30
【收藏单位】 甘肃省档案馆
【涉及地域】 民勤县
【关 键 词】 大通河；取水；环惠渠
【内容提要】
如题。

【叙录编号】 0366
【档案题名】
山丹截引地下水工程处员工名册、甘肃省古丰渠工程处员工名册、临泽沙河堡地下水灌溉工程处员工名册、高台马尾湖水库工程处遣散员工名册、山丹截引地下水工程处公物总清册、甘肃河西水利工程处张掖工程区保管公物清册、甘肃河西工程处酒泉工程区移交清册
【发文单位】 水利部河西水利工程处；古丰渠工程处
【收文单位】 不详
【档案编号】 038-001-0138-（0001-0007）
【成文时间】 1949-09-06
【收藏单位】 甘肃省档案馆
【涉及地域】 山丹县；临泽县；高台县；酒泉县；张掖县；古浪县
【关 键 词】 员工名册；清册

【内容提要】
如题，内含图表。

【叙录编号】 0367
【档案题名】
甘肃河西水利工程处武威工程区财产公物移交清册、甘肃河西水利工程处安西工程区存放安西县政府公物移交清册
【发文单位】 水利部河西水利工程处武威工程区；水利部河西水利工程处安西工程区
【收文单位】 不详
【档案编号】 038-001-0141-（0001-0002）
【成文时间】 不详
【收藏单位】 甘肃省档案馆
【涉及地域】 武威县；安西县
【关 键 词】 财产公物；移交清册
【内容提要】
如题，内含图表。

【叙录编号】 0368
【档案题名】
现有职员调查册1份
【发文单位】 古丰渠工程处
【收文单位】 不详
【档案编号】 038-001-0148-0028
【成文时间】 1948-07
【收藏单位】 甘肃省档案馆
【涉及地域】 古浪县
【关 键 词】 人事
【内容提要】
如题。

【叙录编号】 0369
【档案题名】
为工程员龚兆昌苏祖德均经铨叙部审查合格准予登记仰知照的训令
【发文单位】 水利部河西水利工程总队
【收文单位】 水利部河西水利工程处武威工程区
【档案编号】 038-001-0150-0011
【成文时间】 1948-07-08
【收藏单位】 甘肃省档案馆
【涉及地域】 武威县
【关 键 词】 人事
【内容提要】
如题。

【叙录编号】 0370
【档案题名】
关于应送审尚未送审人员务于本年11月底送审免致迟误的相关往来文件
【发文单位】 水利部河西水利工程处
【收文单位】 水利部河西水利工程处等
【档案编号】 038-001-0150-（0037、0038）
【成文时间】 1948-10-08—1948-11-19
【收藏单位】 甘肃省档案馆
【涉及地域】 武威县；酒泉县
【关 键 词】 人事
【内容提要】
1948年10月8日，水利部准铨叙部函，为公务员新任用法经拟具草案公布在即应送审而未送审之现职人员务于本年11月底送铨叙部免致迟误，令河西水利工程处知照。11月19日，河西水利工程处令工程师陈杨坚、武威酒泉工程区遵照办理。

【叙录编号】 0371
【档案题名】
职工邓福彩赴兰学习特介绍你处的信函
【发文单位】 武威专员公署
【收文单位】 兰州水利工程处
【档案编号】 038-001-0151-0010
【成文时间】 1949-11-02
【收藏单位】 甘肃省档案馆

【涉及地域】 武威县
【关 键 词】 人事
【内容提要】
如题。

【叙录编号】 0372
【档案题名】
水利委员会委员简历表1份
【发文单位】 古浪县政府
【收文单位】 不详
【档案编号】 038-001-0152-0007
【成文时间】 不详
【收藏单位】 甘肃省档案馆
【涉及地域】 古浪县
【关 键 词】 人事
【内容提要】
如题。

【叙录编号】 0373
【档案题名】
大靖河流域灌溉工程规划书
【发文单位】 水利部河西水利工程总队
【收文单位】 不详
【档案编号】 038-001-0188-0003
【成文时间】 1947-12
【收藏单位】 甘肃省档案馆
【涉及地域】 古浪县
【关 键 词】 大靖河；灌溉
【内容提要】
该部分共1份文件，内容如题。

【叙录编号】 0374
【档案题名】
武威杂木河、西营河及黄羊河灌溉区旧渠整理工程计划书
【发文单位】 水利部河西水利工程总队
【收文单位】 不详
【档案编号】 038-001-0195-（0001-0003）
【成文时间】 1947-12
【收藏单位】 甘肃省档案馆
【涉及地域】 武威县
【关 键 词】 杂木河灌溉区；西营河灌溉区；黄羊河灌溉区
【内容提要】
该部分共3份文件，内容如题。

【叙录编号】 0375
【档案题名】
武威齐家沙滩与黑墨湖地下水灌溉工程计划书
【发文单位】 水利部河西水利工程总队
【收文单位】 不详
【档案编号】 038-001-0197-（0001-0002）
【成文时间】 1947-12
【收藏单位】 甘肃省档案馆
【涉及地域】 武威县
【关 键 词】 齐家沙滩与黑墨湖地下水灌溉工程
【内容提要】
该部分共2份文件，内容如题。

【叙录编号】 0376
【档案题名】
武威西营乡校尉营中沿沟渠整理意见书
【发文单位】 甘肃水利林牧公司武威工作站
【收文单位】 不详
【档案编号】 038-001-0199-0001
【成文时间】 不详
【收藏单位】 甘肃省档案馆
【涉及地域】 武威县
【关 键 词】 中沿沟渠
【内容提要】
该部分共1份文件，内容如题。

【叙录编号】 0377
【档案题名】
　　西大河流域灌溉工程规划书
【发文单位】 水利部河西水利工程总队
【收文单位】 不详
【档案编号】 038-001-0212-0002
【成文时间】 1948-12
【收藏单位】 甘肃省档案馆
【涉及地域】 永昌县
【关 键 词】 西大河流域灌溉工程
【内容提要】
　　该部分共1份文件，内容如题。

【叙录编号】 0378
【档案题名】
　　民勤黑山头地下水灌溉工程计划书
【发文单位】 水利部河西水利工程总队
【收文单位】 不详
【档案编号】 038-001-0213-0001
【成文时间】 1947-12
【收藏单位】 甘肃省档案馆
【涉及地域】 民勤县
【关 键 词】 黑山头地下水灌溉工程
【内容提要】
　　该部分共1份文件，内容如题。

【叙录编号】 0379
【档案题名】
　　民勤上坝渠灌溉及排水工程计划书
【发文单位】 水利部河西水利工程总队
【收文单位】 不详
【档案编号】 038-001-0213-0002
【成文时间】 1948-12
【收藏单位】 甘肃省档案馆
【涉及地域】 民勤县
【关 键 词】 民勤上坝渠灌溉及排水工程
【内容提要】
　　该部分共1份文件，内容如题。

【叙录编号】 0380
【档案题名】
　　武威金塔河旧渠整理工程计划书
【发文单位】 水利部河西水利工程总队
【收文单位】 不详
【档案编号】 038-001-0215-0001
【成文时间】 1947-12
【收藏单位】 甘肃省档案馆
【涉及地域】 武威县；金塔县
【关 键 词】 金塔河旧渠整理工程
【内容提要】
　　该部分共1份文件，内容如题。

【叙录编号】 0381
【档案题名】
　　武威卯藏滩水库工程计划书
【发文单位】 水利部河西水利工程总队
【收文单位】 不详
【档案编号】 038-001-0215-0002
【成文时间】 1947-12
【收藏单位】 甘肃省档案馆
【涉及地域】 武威县
【关 键 词】 卯藏滩水库工程
【内容提要】
　　该部分共1份文件，内容如题。

【叙录编号】 0382
【档案题名】
　　永昌东西大河上游祁连山区蓄水库址查勘报告
【发文单位】 甘肃水利林牧公司武威工作站
【收文单位】 不详
【档案编号】 038-001-0219-0001
【成文时间】 不详

【收藏单位】 甘肃省档案馆
【涉及地域】 永昌县
【关 键 词】 蓄水库址查勘
【内容提要】
该部分共1份文件，内容如题。

【叙录编号】 0383
【档案题名】
皇城滩蓄水库面积及蓄水量曲线图
【发文单位】 甘肃水利林牧公司武威工作站
【收文单位】 不详
【档案编号】 038-001-0219-0003
【成文时间】 不详
【收藏单位】 甘肃省档案馆
【涉及地域】 永昌县
【关 键 词】 皇城滩蓄水库
【内容提要】
该部分共1份文件，内容如题。

【叙录编号】 0384
【档案题名】
永昌金龙坝渠工程计划书、土石方计算表、工料估计表及设计图
【发文单位】 永昌金龙坝渠工程处
【收文单位】 不详
【档案编号】 038-001-0220-（0001-0004）
【成文时间】 1945-09
【收藏单位】 甘肃省档案馆
【涉及地域】 永昌县
【关 键 词】 金龙坝渠工程
【内容提要】
该部分共4份文件，内容如题。

【叙录编号】 0385
【档案题名】
永昌东大河皇城滩蓄水库工程计划书及灌溉区旧渠整理工程计划书
【发文单位】 水利部河西水利工程总队
【收文单位】 不详
【档案编号】 038-001-0221-（0001-0002）
【成文时间】 1947-12
【收藏单位】 甘肃省档案馆
【涉及地域】 永昌县
【关 键 词】 东大河皇城滩蓄水库工程
【内容提要】
该部分共2份文件，内容如题。

【叙录编号】 0386
【档案题名】
永昌西大河灌溉区旧渠整理工程计划书及大河坝水库工程计划书
【发文单位】 水利部河西水利工程总队
【收文单位】 不详
【档案编号】 038-001-0223-（0001-0002）
【成文时间】 1947-12—1948-12
【收藏单位】 甘肃省档案馆
【涉及地域】 永昌县
【关 键 词】 西大河灌溉区旧渠整理工程；大河坝水库
【内容提要】
该部分共2份文件，内容如题。

【叙录编号】 0387
【档案题名】
永昌宁远堡地下水灌溉工程计划书
【发文单位】 水利部河西水利工程总队
【收文单位】 不详
【档案编号】 038-001-0225-0001
【成文时间】 1947-12
【收藏单位】 甘肃省档案馆
【涉及地域】 永昌县
【关 键 词】 宁远堡地下水灌溉工程
【内容提要】
该部分共1份文件，内容如题。

【叙录编号】 0388
【档案题名】
永昌白烟墩湖地下水灌溉工程计划书
【发文单位】 水利部河西水利工程总队
【收文单位】 不详
【档案编号】 038-001-0225-0002
【成文时间】 1947-12
【收藏单位】 甘肃省档案馆
【涉及地域】 永昌县
【关 键 词】 白烟墩湖地下水灌溉工程
【内容提要】
该部分共1份文件，内容如题。

【叙录编号】 0389
【档案题名】
古浪大靖峡、刘家滩地下水灌溉工程计划书
【发文单位】 水利部河西水利工程总队
【收文单位】 不详
【档案编号】 038-001-0232-（0001-0002）
【成文时间】 1947-12
【收藏单位】 甘肃省档案馆
【涉及地域】 古浪县
【关 键 词】 大靖峡、刘家滩地下水灌溉工程
【内容提要】
该部分共2份文件，内容如题。

【叙录编号】 0390
【档案题名】
古浪古浪河灌溉区旧渠整理工程计划书
【发文单位】 水利部河西水利工程总队
【收文单位】 不详
【档案编号】 038-001-0232-0003
【成文时间】 1947-12
【收藏单位】 甘肃省档案馆
【涉及地域】 古浪县
【关 键 词】 古浪河灌溉区旧渠整理工程
【内容提要】
该部分共1份文件，内容如题。

【叙录编号】 0391
【档案题名】
古浪古丰渠灌溉工程计划书
【发文单位】 水利部河西水利工程总队
【收文单位】 不详
【档案编号】 038-001-0232-0004
【成文时间】 1948-04
【收藏单位】 甘肃省档案馆
【涉及地域】 古浪县
【关 键 词】 古丰渠灌溉工程
【内容提要】
该部分共1份文件，内容如题。

【叙录编号】 0392
【档案题名】
石羊河流域水利工程规划
【发文单位】 水利部河西水利工程总队
【收文单位】 不详
【档案编号】 038-001-0234-0002
【成文时间】 1948-12
【收藏单位】 甘肃省档案馆
【涉及地域】 古浪县；武威县；永昌县；民勤县
【关 键 词】 石羊河流域水利工程
【内容提要】
该部分共1份文件，内容如题。

【叙录编号】 0393
【档案题名】
请勿延用河西各工作站人员事电
【发文单位】 甘肃水利林牧公司
【收文单位】 甘新公路局王处长
【档案编号】 039-001-0006-0017
【成文时间】 1945-06-08

【收藏单位】 甘肃省档案馆
【涉及地域】 甘肃省
【关 键 词】 河西工作站
【内容提要】
如题。

【叙录编号】 0394
【档案题名】
甘肃水利林牧公司总管理处与武威站就测量队长工资调整事的往返函
【发文单位】 甘肃水利林牧公司总管理处；甘肃水利林牧公司武威工作站
【收文单位】 甘肃水利林牧公司武威工作站；甘肃水利林牧公司总管理处
【档案编号】 039-001-0068-（0030-0032）
【成文时间】 1944-09-05—1944-09-21
【收藏单位】 甘肃省档案馆
【涉及地域】 甘肃省
【关 键 词】 工资
【内容提要】
共2份文件。因各站主任工资变动，武威工作站欲对测量队长工资也做出调整。

【叙录编号】 0395
【档案题名】
甘肃水利林牧公司为派吴、陈二员赴武威酒泉张掖等地检查账目一事与吴、陈的往来函、电
【发文单位】 甘肃水利林牧公司
【收文单位】 吴开唐；陈征祉等
【档案编号】
039-001-0081-（0014-0015、0018-0021）
【成文时间】 1944-09-19—1945-07-19
【收藏单位】 甘肃省档案馆
【涉及地域】 武威县；酒泉县；张掖县
【关 键 词】 检查账目
【内容提要】
共6份文件，甘肃水利林牧公司派吴开唐、陈征祉二员赴武威、酒泉、张掖检查各工作站及肃丰渠工程处账目。

【叙录编号】 0396
【档案题名】
姚镇林、杨天恩为请派测工张甚才同赴古浪测量蓄水库一事呈甘肃水利林牧公司
【发文单位】 姚镇林；杨天恩
【收文单位】 甘肃水利林牧公司
【档案编号】 039-001-0081-0026
【成文时间】 1945-09-17
【收藏单位】 甘肃省档案馆
【涉及地域】 古浪县
【关 键 词】 蓄水库
【内容提要】
共1份文件，内容如题。

【叙录编号】 0397
【档案题名】
甘肃水利林牧公司武威工作站请求报销方宗岱工程师赴祁连山勘察旅费一事的函
【发文单位】 甘肃水利林牧公司武威工作站
【收文单位】 甘肃水利林牧公司总管理处
【档案编号】 039-001-0081-（0028-0030）
【成文时间】 1945-11-27—1945-12-21
【收藏单位】 甘肃省档案馆
【涉及地域】 武威县
【关 键 词】 祁连山；勘察；旅费；报销
【内容提要】
共3份文件，内容如题。

【叙录编号】 0398
【档案题名】
甘肃水利林牧公司为发电报现金存放银行结存办法等致武威、张掖、敦煌工作站

的函
【发文单位】 甘肃省政府；甘肃水利林牧公司
【收文单位】 甘肃水利林牧公司武威工作站；甘肃水利林牧公司敦煌工作站等
【档案编号】 039-001-0083-0039
【成文时间】 1943-07-08
【收藏单位】 甘肃省档案馆
【涉及地域】 武威县；张掖县；敦煌县
【关 键 词】 银行结存
【内容提要】
共1份文件，内容如题。

【叙录编号】 0399
【档案题名】
甘肃水利林牧公司、中国农民银行兰州分行为河西水利专款抵借贷户印鉴一事的往来公函
【发文单位】 甘肃省政府；甘肃水利林牧公司
【收文单位】 中国农民银行兰州分行；甘肃水利林牧公司
【档案编号】 039-001-0084-0032
【成文时间】 1944-08-10—1944-08-29
【收藏单位】 甘肃省档案馆
【涉及地域】 甘肃省
【关 键 词】 河西水利专款
【内容提要】
共2份文件，内容如题。

【叙录编号】 0400
【档案题名】
甘肃水利林牧公司就河西水利工程队公教人员薪给报酬所得税征收一事致九分队函
【发文单位】 甘肃水利林牧公司总管理处
【收文单位】 河西水利工程队九分队
【档案编号】 039-001-0090-0027
【成文时间】 1947-01-28
【收藏单位】 甘肃省档案馆
【涉及地域】 甘肃省；张掖县；武威县
【关 键 词】 薪给报酬所得税
【内容提要】
共1份文件，涉及甘肃水利林牧公司函知河西水利工程队公教人员薪给报酬所得税仍照《税原令》征收。

【叙录编号】 0401
【档案题名】
甘肃水利林牧公司、武威工作站、安西工作站、靖丰渠工程处、酒泉工作站、肃丰渠工程处、富源水力发电公司、永丰渠工程处为赠殉难员工遗孤基金一事往来公文
【发文单位】 甘肃水利林牧公司总管理处；甘肃水利林牧公司武威工作站
【收文单位】 甘肃水利林牧公司武威工作站；甘肃水利林牧公司总管理处
【档案编号】
039-001-0091-（0018-0039、0043-0044）
【成文时间】 1945-01-18—1945-09-14
【收藏单位】 甘肃省档案馆
【涉及地域】 武威县；安西县；酒泉县；金塔县；永登县
【关 键 词】 遇难员工；基金捐款
【内容提要】
共34份文件，涉及甘肃水利林牧公司、武威工作站、安西工作站、靖丰渠工程处、酒泉工作站、肃丰渠工程处、富源水力发电公司、永丰渠工程处各级水工单位筹措殉难员工遗孤基金事宜。1945年9月14日，西北公路管理局局长沈圻致函甘肃水利林牧公司总管理处，有关事宜结项。

【叙录编号】 0402
【档案题名】
河西水利12年计划规定1944年工作
【发文单位】 甘肃水利林牧公司

【收文单位】 不详
【档案编号】 039-001-0116-0022
【成文时间】 不详
【收藏单位】 甘肃省档案馆
【涉及地域】 酒泉县；张掖县；武威县；安西县
【关 键 词】 河西水利
【内容提要】
共1份文件，内容如题。

【叙录编号】 0403
【档案题名】
武威工作站1944年度工作报告
【发文单位】 甘肃水利林牧公司武威工作站
【收文单位】 不详
【档案编号】 039-001-0116-0025
【成文时间】 不详
【收藏单位】 甘肃省档案馆
【涉及地域】 武威县
【关 键 词】 武威站；工作报告
【内容提要】
共1份文件，包括整理旧渠、测量设计、查勘事项、气象水文。

【叙录编号】 0404
【档案题名】
甘肃水利林牧公司为请检发农田水利施工规范致武威站函
【发文单位】 甘肃水利林牧公司总管理处
【收文单位】 甘肃水利林牧公司武威工作站
【档案编号】 039-001-0134-0038
【成文时间】 1945-05-22
【收藏单位】 甘肃省档案馆
【涉及地域】 武威县
【关 键 词】 水利施工规范
【内容提要】
共1份文件，内容如题。

【叙录编号】 0405
【档案题名】
甘肃水利林牧公司、肃丰渠工程处水利查勘三分队、肃丰渠工程处各工作站就派往河西人员发给治装服补助费办法的往来公文及《派往河西人员发给治装服补助费支给标准》
【发文单位】 甘肃水利林牧公司；肃丰渠工程处水利查勘三分队等
【收文单位】 肃丰渠工程处水利查勘三分队；甘肃水利林牧公司等
【档案编号】
039-001-0174-（0004-0007、0018-0029）
【成文时间】 1942-08-14—1947-03-09
【收藏单位】 甘肃省档案馆
【涉及地域】 张掖县；武威县；敦煌县；酒泉县；金塔县
【关 键 词】 《派往河西人员发给治装服补助费支给标准》
【内容提要】
共16份文件，涉及甘肃水利林牧公司派往河西工作人员冬季服装补助事宜，附《派往河西人员发给治装服补助费支给标准》1份。

【叙录编号】 0406
【档案题名】
民国三十一年（1942）甘肃水利林牧公司就移拨水利农田贷款余额一事致中农行兰分行的公函
【发文单位】 甘肃水利林牧公司
【收文单位】 中国农民银行兰州分行
【档案编号】 039-001-0182-0048
【成文时间】 1942-06-24
【收藏单位】 甘肃省档案馆
【涉及地域】 永登县
【关 键 词】 水利工程；拨款
【内容提要】
共1份文件，涉及甘肃水利林牧公司向中

农行兰分行申请移拨登丰渠工程款项所剩20美元一事。

【叙录编号】 0407
【档案题名】
行政院水利委员会就抄发审计会议工作检讨会议关于公营事业机关厉行继续经费预标及制定业务费科目范围决议案相关事宜给河西水利工程总队的代电
【发文单位】 行政院水利委员会
【收文单位】 水利部河西水利工程总队
【档案编号】 039-001-0255-0013
【成文时间】 1946-09-14
【收藏单位】 甘肃省档案馆
【涉及地域】 甘肃省；武威县；张掖县；酒泉县；敦煌县
【关 键 词】 河西水利工程总队；公营事业机关；业务费科目
【内容提要】
共1份文件，内容如题，附《审计会议工作检讨会会议记录》《公营事业机关厉行继续经费预标及制定业务费科目范围决议案》。

【叙录编号】 0408
【档案题名】
行政院水利委员会主任薛笃弼就河西水利工程相关事宜给甘肃水利林牧公司总经理沈怡的电
【发文单位】 行政院水利委员会
【收文单位】 甘肃水利林牧公司
【档案编号】 039-001-0258-0015
【成文时间】 1942-08-09
【收藏单位】 甘肃省档案馆
【涉及地域】 甘肃省；武威县；张掖县；酒泉县；敦煌县
【关 键 词】 河西水利工程
【内容提要】
共1份文件，涉及河西水利工程每年补助事宜。

【叙录编号】 0409
【档案题名】
甘肃水利林牧公司为委托西北盐务局将水泥从永登县运至酒泉县一事颁发给西北盐务局的执照证明
【发文单位】 甘肃水利林牧公司
【收文单位】 西北盐务局运输处
【档案编号】 039-001-0263-0021
【成文时间】 1944-11-18
【收藏单位】 甘肃省档案馆
【涉及地域】 酒泉县；永登县
【关 键 词】 水泥
【内容提要】
共1份文件，内容如题。

【叙录编号】 0410
【档案题名】
甘肃水利林牧公司、甘肃水泥公司、西北运输处就将水泥从永登县运往酒泉县肃丰渠工程处一事的往来文书
【发文单位】 甘肃水利林牧公司；中国银行西北运输处兰州办事处
【收文单位】 甘肃水利林牧公司；西北公路局等
【档案编号】 039-001-0298-（0003-0009）
【成文时间】 1943-02-25—1943-03-23
【收藏单位】 甘肃省档案馆
【涉及地域】 酒泉县；永登县
【关 键 词】 水泥；肃丰渠工程处
【内容提要】
共7份文件。肃丰渠所需水泥运输一事由甘肃水泥公司和西北运输处承办。甘肃水泥公司利用甘肃油矿局运输汽油便车承运水泥。

【叙录编号】 0411
【档案题名】
民国三十四年（1945）行政院水利委员会、民勤县就送水利法规汇编、民勤县水利规则一事致甘肃水利林牧公司的函及甘肃水利林牧公司为答谢行政院水利委员会、民勤县的函
【发文单位】 行政院水利委员会；民勤县政府等
【收文单位】 甘肃水利林牧公司；行政院水利委员会等
【档案编号】 039-001-0372-（0001-0004）
【成文时间】 1945-04-26—1945-06-08
【收藏单位】 甘肃省档案馆
【涉及地域】 民勤县
【关 键 词】 水利法规；水利规则
【内容提要】
共4份文件，涉及行政院水利委员会、民勤县政府分别向甘肃水利林牧公司递送《水利法规汇编（第一集）》《民勤县水利规则》。

【叙录编号】 0412
【档案题名】
甘肃水利林牧公司总管理处、甘肃省建设厅、甘肃省审计处就永昌县金龙坝工程建设及验收一事的往来公文
【发文单位】 甘肃水利林牧公司；审计部甘肃省审计处等
【收文单位】 甘肃省建设厅；甘肃省政府等
【档案编号】
039-001-0387-（0001-0013）；
039-001-0388-（0001-0008）
【成文时间】 1945-12-01—1946-09-25
【收藏单位】 甘肃省档案馆
【涉及地域】 永昌县
【关 键 词】 金龙坝渠
【内容提要】
3月6日，甘肃水利林牧公司向甘肃省建设厅检送永昌县金龙坝渠工程竣工报告书，包括《永昌金龙坝竣工图表》《土石方总表》《土石方计示表》《工程工料决算表》《自备材料支配表》。7月26日，水利专员王自治向谷主席上呈《永昌金龙坝渠视察报告》，内容大致为：永昌县东大河自祁连山中皇城滩流出，筑有十坝灌田，头坝为金龙坝，水流迅猛，昔日造成半岩渠。后因断流，改石洞及石槽，上游建浅水闸，下游建溢洪道，以便蓄水泄洪。为促进永昌县农业发展，计划实行移民实边。武威工作站率队勘察大通河引灌情况，计划在永昌县金川峡建设储水库，以满足灌溉之需。8月3日，建设厅厅长张心一将金龙坝渠工程的验收结果、灌区耕种以及移民垦种计划向谷主席汇报。《永昌金龙坝渠工程报告书》，涉及金龙坝自然地理环境、渠道旧状、施工过程，后附《永昌金龙坝灌区农作物成长及需水情形表》《永昌金龙坝渠比降断面变化关系表》《永昌金龙坝过程处土石方及建筑物工程运支表》《永昌金龙坝渠工程一览表》《永昌金龙坝渠重要材料数量一览表》《永昌金龙坝渠全部工程费用计算表》《永昌金龙坝渠各项工程单价分析表》。甘肃永昌金龙坝渠工程处制《工程竣工图》，涉及渠道断面竣工图、浅水闸节制闸开工程竣工图、溢水道过程竣工图、人行桥过程竣工图、车桥工程竣工图、斗门工程竣工图、渠道纵断面竣工图与地形图。

【叙录编号】 0413
【档案题名】
甘肃水利林牧公司代河西水利工程总队办水利工程卷宗清册
【发文单位】 不详
【收文单位】 不详
【档案编号】 039-001-0396-0006

【成文时间】 不详
【收藏单位】 甘肃省档案馆
【涉及地域】 武威县；山丹县；永登县；酒泉县
【关 键 词】 河西水利工程
【内容提要】

共1份文件，涉及河西水利工程年度计划及预算、水文站事项、河渠设计等河西水利工程方面的卷宗清单。

【叙录编号】 0414
【档案题名】

甘肃水利林牧公司与甘肃省建设厅关于整修金塔渠道问题的往来公文

【发文单位】 甘肃省建设厅；甘肃水利林牧公司
【收文单位】 甘肃水利林牧公司；甘肃省建设厅
【档案编号】 039-001-0483-（0008-0009）
【成文时间】 1943-02-23—1943-03-01
【收藏单位】 甘肃省档案馆
【涉及地域】 武威县
【关 键 词】 金塔渠道
【内容提要】

甘肃省建设厅为请转饬整理金塔渠道的公函（0008）；甘肃水利林牧公司为复整理金塔渠道拟送意见经准照办给甘肃省建设厅的公函。

【叙录编号】 0415
【档案题名】

甘肃水利林牧公司与甘肃水利林牧公司武威工作站关于整修红水河十二墩坝问题的各类文件

【发文单位】 甘肃水利林牧公司；甘肃水利林牧公司武威工作站
【收文单位】 甘肃水利林牧公司武威工作站；甘肃水利林牧公司
【档案编号】 039-001-0484-（0001-0008）
【成文时间】 1944-01-17—1944-06-14
【收藏单位】 甘肃省档案馆
【涉及地域】 武威县
【关 键 词】 红水河十二墩坝
【内容提要】

甘肃水利林牧公司整修红水河十二墩坝问题的工程表报及函揽书清单（0001）；甘肃水利林牧公司武威工作站红水河头二、三、四坝整理意见书（0002）；甘肃水利林牧公司武威工作站报送的工程表报及函揽书清单（0003）；甘肃水利林牧公司武威工作站报送的红水河十二墩坝整理意见书（0004）；甘肃水利林牧公司为复红水河十二墩坝整理工程费用准予补助给甘肃水利林牧公司武威工作站的函（0005）；甘肃水利林牧公司武威工作站为陈复红水河十二墩坝四点的函（0006）；甘肃水利林牧公司报送的工程表报及函揽书清单（0007）；甘肃水利林牧公司武威工作站报送的红水河五坝整理意见书（0008）。

【叙录编号】 0416
【档案题名】

甘肃水利林牧公司武威工作站

【发文单位】 甘肃水利林牧公司武威工作站
【收文单位】 甘肃水利林牧公司
【档案编号】 039-001-0494-（0001-0003）
【成文时间】 不详
【收藏单位】 甘肃省档案馆
【涉及地域】 古浪县
【关 键 词】 柳条河灌区
【内容提要】

共3份文件，内容涵盖甘肃水利林牧公司武威工作站报送甘肃水利林牧公司古浪县柳条河灌区土石方计算表（0001）、施工说明书（0002）及工程计划书。

【叙录编号】 0417
【档案题名】
甘肃水利林牧公司武威工作站与甘肃水利林牧公司等就整修古浪县灌溉区的往来公文及相关文件
【发文单位】 甘肃水利林牧公司武威工作站；甘肃水利林牧公司
【收文单位】 甘肃水利林牧公司；甘肃水利林牧公司武威工作站
【档案编号】 039-001-0495-（0001-0008）
【成文时间】 1945-05-24—1945-09-15
【收藏单位】 甘肃省档案馆
【涉及地域】 古浪县
【关 键 词】 柳条河灌溉区工程
【内容提要】
甘肃水利林牧公司武威工作站报送古浪县柳条河灌溉区工程表报及函揽书清单（0001）、产勘报告（0002），由甘肃水利林牧公司记录送件清单（0003）；甘肃水利林牧公司武威工作站发函甘肃水利林牧公司古浪县柳条河灌区工程设计图应更正各点（0004-0005）；甘肃水利林牧公司发函水利委员会续送图表（0006）并附上工程表报及函揽书清单（0007）及工料估价表（0008）。

【叙录编号】 0418
【档案题名】
甘肃省政府与甘肃水利林牧公司就武威县修筑河堤的往来公文
【发文单位】 甘肃省政府；武威县政府等
【收文单位】 甘肃省政府；甘肃水利林牧公司河西水利工程总队第二分队
【档案编号】 039-001-0508-（0001-0003）
【成文时间】 1945-09-01—1945-09-04
【收藏单位】 甘肃省档案馆
【涉及地域】 武威县
【关 键 词】 修筑河堤
【内容提要】
甘肃省政府据武威县大白塔乡公所呈请防止旱灾、修筑河道等情电转甘肃水利林牧公司武威工作站办理（0001）并附原呈（0002），甘肃水利林牧公司饬令甘肃水利林牧公司河西水利工程总队第二分队勘察具拟相关情形（0003）。

【叙录编号】 0419
【档案题名】
甘肃省档案馆与甘肃水利林牧公司武威工作站就整修杂木河四坝渠等处的相关文件
【发文单位】 甘肃省档案馆；甘肃水利林牧公司武威工作站
【收文单位】 甘肃省档案馆；甘肃水利林牧公司
【档案编号】
039-001-0508-（0010-0011、0021-0022）
【成文时间】 1945-01-15—1945-02-26
【收藏单位】 甘肃省档案馆
【涉及地域】 武威县
【关 键 词】 杂木河四坝
【内容提要】
甘肃省档案馆与甘肃水利林牧公司武威工作站报送的第43、50号工程表报及函揽书（0010-0011）以及杂木河四坝渠的土石方计算表及工料估价表（0021-0022）。

【叙录编号】 0420
【档案题名】
甘肃省档案馆与甘肃水利林牧公司报送的武威、高台、永昌等处灌区工程估价表
【发文单位】 甘肃省档案馆；甘肃水利林牧公司
【收文单位】 不详
【档案编号】 039-001-0508-0020
【成文时间】 不详

【收藏单位】 甘肃省档案馆
【涉及地域】 武威县；高台县；永昌县；古浪县
【关 键 词】 灌区工程估价表
【内容提要】
共1份文件，内容如题。

【叙录编号】 0421
【档案题名】
甘肃水利林牧公司与甘肃省政府等单位关于古浪县柳条河等处灌溉工程的往来公文与相关文件
【发文单位】 甘肃省政府；甘肃水利林牧公司等
【收文单位】 甘肃水利林牧公司河西水利工程总队第一、二分队；水利委员会等
【档案编号】 039-001-0508-（0023-0031）
【成文时间】 1945-10-31—1947-01-31
【收藏单位】 甘肃省档案馆
【涉及地域】 古浪县
【关 键 词】 柳条河；灌溉工程
【内容提要】
行政院水利委员会收到柳条河灌溉工程设计图并电询甘肃水利林牧公司滚水坝等处设计情况（0023），甘肃水利林牧公司函复行政院水利委员会古浪县柳条河灌溉工程设计各点（0024），行政院水利委员会函复请求除滚水堰外其他设计（0025），甘肃水利林牧公司武威工作站函请明年春暖后再对古浪县进行勘测（0026），甘肃水利林牧公司函请甘肃水利林牧公司河西水利工程总队第一、二分队查核古浪县开鉴河水以利水源（0027），甘肃省政府电请甘肃水利林牧公司转令甘肃水利林牧公司河西水利工程总队就近勘测报告（0028），甘肃水利林牧公司电请甘肃水利林牧公司河西水利工程总队第一分队速送柳条河灌溉工程计划图表（0029），甘肃水利林牧公司河西水利工程总队报送柳条河工程图表（0030），甘肃水利林牧公司总管理处存档第3号工程表报及承揽书清单（0031）。

【叙录编号】 0422
【档案题名】
白烟墩湖开泉工程查勘报告
【发文单位】 甘肃水利林牧公司武威工作站
【收文单位】 甘肃水利林牧公司
【档案编号】 039-001-0509-0001
【成文时间】 1949-10
【收藏单位】 甘肃省档案馆
【涉及地域】 永昌县
【关 键 词】 白烟墩湖开泉工程
【内容提要】
共1份文件，内容如题。

【叙录编号】 0423
【档案题名】
甘肃水利林牧公司武威工作站与甘肃水利林牧公司关于长山沿沟渠的往来公文与相关文件
【发文单位】 甘肃水利林牧公司武威工作站；甘肃水利林牧公司河西水利工程总队第二分队等
【收文单位】 甘肃水利林牧公司；甘肃水利林牧公司河西水利工程总队第一分队等
【档案编号】 039-001-0509-（0002-0015）
【成文时间】 1945-10-11—1946-07-16
【收藏单位】 甘肃省档案馆
【涉及地域】 武威县
【关 键 词】 长山沿沟渠
【内容提要】
共14份文件，内容涵盖：甘肃水利林牧公司河西水利工程总队第二分队报送的工程表报及承揽书清单（0002、0006、0010）；甘肃水利林牧公司武威工作站报送西营长山沿

沟查勘意见书（0003），甘肃水利林牧公司函复照准办理（0004），甘肃水利林牧公司河西水利工程总队第二分队函复修正意见书（0005）；甘肃水利林牧公司武威工作站函报丰乐乡长山沿沟旧渠整修工程开工日期（0007），甘肃水利林牧公司武威工作站函请甘肃水利林牧公司核示长山沿沟等处工程工款应由何处开支（0009），甘肃水利林牧公司函复甘肃水利林牧公司武威工作站整修长山沿沟工款应在河西水利余额内开支（0008）；甘肃水利林牧公司河西水利工程总队第一分队报送整修工程验收报告表（0011）与竣工报告书（0012）；甘肃水利林牧公司函复甘肃水利林牧公司河西水利工程总队第二分队将派员验收（0013）；甘肃水利林牧公司武威工作站函报竣工日期（0014）并请备核工程报表（0015）。

【叙录编号】 0424

【档案题名】

河西水利工程总队第一分队为转呈武威县民众筹措兴修渠道一事致甘肃水利林牧公司总管理处的函

【发文单位】 水利部河西水利工程总队第一分队

【收文单位】 甘肃水利林牧公司武威工作站

【档案编号】 039-001-0510-0001

【成文时间】 1946-05-03

【收藏单位】 甘肃省档案馆

【涉及地域】 武威县

【关 键 词】 兴修渠道

【内容提要】

共1份文件，内容如题。

【叙录编号】 0425

【档案题名】

甘肃省参议会、甘肃省建设厅、甘肃省政府就兴修敦煌、山丹、武威三县蓄水库一事的往来公文

【发文单位】 甘肃省参议会；甘肃水利林牧公司等

【收文单位】 甘肃省政府；甘肃省建设厅等

【档案编号】

039-001-0510-（0020-0022、0024）

【成文时间】 1947-07-12

【收藏单位】 甘肃省档案馆

【涉及地域】 敦煌县；山丹县；武威县

【关 键 词】 蓄水池

【内容提要】

共3份文件。甘肃省参议会为发展水利，增加粮食产量，请甘肃水利林牧公司在敦煌南山麓、武威黄渠水峡口等处兴修蓄水库（0020）。7月13日，甘肃水利林牧公司请河西水利工程队第一、二、五分队为山丹县兴修蓄水池（0022）。民勤水源纯靠武威祁连山雪水补给，两县水源争讼严重，国民党民勤执委建议缓筑武威蓄水池以缓解两县用水纠纷（0024）。

【叙录编号】 0426

【档案题名】

甘肃省政府为移送河西各县兴修蓄水库、开发水源一事的代电

【发文单位】 甘肃省政府

【收文单位】 甘肃水利林牧公司

【档案编号】 039-001-0510-0023

【成文时间】 1947-02-08

【收藏单位】 甘肃省档案馆

【涉及地域】 临泽县；民乐县；永昌县；武威县；民勤县；山丹县；张掖县

【关 键 词】 蓄水池；河西水利

【内容提要】

共1份文件，内容如题。

【叙录编号】 0427
【档案题名】
第六区行政督察专员公署就兴修蓄水库以发展民勤县农田生产的提案
【发文单位】 第六区行政督察专员公署
【收文单位】 不详
【档案编号】 039-001-0510-0026
【成文时间】 不详
【收藏单位】 甘肃省档案馆
【涉及地域】 民勤县
【关 键 词】 蓄水库
【内容提要】
共1份文件，内容如题。

【叙录编号】 0428
【档案题名】
武威县政府为请甘肃省政府拨款兴修黄渠蓄水库以发展武威县西南各乡灌溉农业发展一事的提案
【发文单位】 武威县政府
【收文单位】 不详
【档案编号】 039-001-0510-0033
【成文时间】 不详
【收藏单位】 甘肃省档案馆
【涉及地域】 武威县
【关 键 词】 黄渠蓄水库；农田灌溉
【内容提要】
共1份文件，内容如题。

【叙录编号】 0429
【档案题名】
民勤县政府为缓解本地水源枯竭请求武威县政府暂缓开凿蓄水池一事的提案
【发文单位】 民勤县政府
【收文单位】 不详
【档案编号】 039-001-0510-0034
【成文时间】 不详
【收藏单位】 甘肃省档案馆
【涉及地域】 民勤县
【关 键 词】 蓄水池；灌溉
【内容提要】
共1份文件，内容如题。

【叙录编号】 0430
【档案题名】
甘肃省政府与民勤县参议会就武威修建蓄水池有碍民勤水源一事的往来公文
【发文单位】 民勤县参议会；甘肃省政府等
【收文单位】 甘肃省参议会；河西水利工程队第一、二分队
【档案编号】 039-001-0510-（0035-0038）
【成文时间】 1947-02-06—1947-02-27
【收藏单位】 甘肃省档案馆
【涉及地域】 民勤县
【关 键 词】 蓄水池
【内容提要】
共4份文件，内容如题。

【叙录编号】 0431
【档案题名】
甘肃水利林牧公司为修建武威县蓄水库一事致甘肃省建设厅和河西水利工程第一分队的往来公文
【发文单位】 甘肃水利林牧公司总管理处
【收文单位】 甘肃省建设厅；河西水利工程队第一分队
【档案编号】 039-001-0510-（0039-0040）
【成文时间】 1947-03-17
【收藏单位】 甘肃省档案馆
【涉及地域】 武威县
【关 键 词】 蓄水库
【内容提要】
共2份文件。武威县政府为发展该县灌溉农业，计划修建多处蓄水库，并请中央拨款

（0040）。

【叙录编号】 0432
【档案题名】
甘肃水利林牧公司总管理处、武威工作站就民勤县开凿疏浚化音沟工程的往来公文
【发文单位】 甘肃水利林牧公司；甘肃水利林牧公司武威工作站
【收文单位】 甘肃水利林牧公司总管理处
【档案编号】 039-001-0511-（0001-0009）
【成文时间】 1944-02-16—1944-08-15
【收藏单位】 甘肃省档案馆
【涉及地域】 民勤县
【关 键 词】 化音沟工程
【内容提要】
共9份文件，包括《民勤县新河县乡化音沟沟道整理意见书》，涉及勘察化音沟过程、新开沟道工程办法，内附《化音沟新开沟道断面图》（0003）。武威工作站为请补化音沟开凿过程所需工程款致甘肃水利林牧公司总管理处的函（0005）。《民勤新河化音沟竣工报告》，涉及新开沟道施工办法、过程，并附粗略工程图（0009）。

【叙录编号】 0433
【档案题名】
甘肃水利林牧公司为报勘察马蹄河渠、泉沟渠、大草滩拦洪水库情形致甘肃水利林牧公司武威工作站的函
【发文单位】 甘肃水利林牧公司
【收文单位】 甘肃水利林牧公司武威工作站
【档案编号】 039-001-0511-（0010-0012）
【成文时间】 1944-06-16—1944-06-27
【收藏单位】 甘肃省档案馆
【涉及地域】 民乐县
【关 键 词】 水利查勘；拦洪水库
【内容提要】
共3份文件，附民勤新河化音沟整理工程竣工照片（0010）、《大草滩拦洪水库略图》（0011），涉及大草滩拦洪水库蓄水率、水库周边气候环境等（0012）。

【叙录编号】 0434
【档案题名】
甘肃水利林牧公司总管理处就民乐县马蹄河渠、泉沟渠引水、蓄水及农田灌溉情况致甘肃省建设厅的笺
【发文单位】 甘肃水利林牧公司总管理处
【收文单位】 甘肃省建设厅
【档案编号】 039-001-0511-0013
【成文时间】 1944-07-07
【收藏单位】 甘肃省档案馆
【涉及地域】 民乐县
【关 键 词】 沟渠；水库
【内容提要】
共1份文件，内容如题。

【叙录编号】 0435
【档案题名】
甘肃水利林牧公司总管理处、民乐县政府、甘肃省政府就为请修建马蹄河渠、泉沟渠工程的往来公文
【发文单位】 甘肃水利林牧公司总管理处
【收文单位】 甘肃省政府
【档案编号】 039-001-0511-（0014-0016）
【成文时间】 1944-08-02—1944-10-04
【收藏单位】 甘肃省档案馆
【涉及地域】 民乐县
【关 键 词】 沟渠工程
【内容提要】
共3份文件。马蹄河渠渠底易渗漏，灌田水量甚微，特筑蓄水池储存冬季不用之水，用

以农田灌溉（0015）。

【叙录编号】 0436
【档案题名】
甘肃省建设厅、甘肃水利林牧公司总管理处、甘肃省参议会就修建民乐县蓄水库一事的往来公文
【发文单位】 甘肃水利林牧公司总管理处；甘肃省政府
【收文单位】 甘肃省建设厅；甘肃省参议会
【档案编号】 039-001-0511-（0017-0018）
【成文时间】 1946-01-19—1946-06-27
【收藏单位】 甘肃省档案馆
【涉及地域】 民乐县
【关 键 词】 蓄水库
【内容提要】
共3份文件。因民乐县地临沙漠，降水稀少，葛荣春建议筹建民乐县蓄水库及河堤以资农田灌溉（0018）；甘肃水利林牧公司为请拨蓄水库工程款致甘肃省建设厅的函（0017）。

【叙录编号】 0437
【档案题名】
甘肃水利林牧公司武威工作站所整理的《西营河头仰沟整理意见书》
【发文单位】 甘肃水利林牧公司武威工作站
【收文单位】 不详
【档案编号】 039-001-0512-0013
【成文时间】 不详
【收藏单位】 甘肃省档案馆
【涉及地域】 武威县
【关 键 词】 西营河头仰沟
【内容提要】
共1份文件，内容如题。内附《武威西营河头仰沟及前三坝大河沙岭形势略图》《西营河头仰沟所经各山水沟横断面图》，包括《大二沟横断面图》《石母沟横断面图》《塔儿湾沟横断面图》《小二沟横断面图》《陆贾大沟横断面图》《大狼沟横断面图》《小狼沟横断面图》《刀子山沟横断面图》《庙儿沟横断面图》《谢家营沟横断面图》。

【叙录编号】 0438
【档案题名】
甘肃省政府与甘肃水利林牧公司关于修建金龙坝的往来公文与相关文件
【发文单位】 甘肃省政府；甘肃水利林牧公司等
【收文单位】 甘肃省建设厅；金龙坝工程处等
【档案编号】 039-001-0521-（0001-0012）
【成文时间】 1945-11-25—1946-02-22
【收藏单位】 甘肃省档案馆
【涉及地域】 永昌县
【关 键 词】 金龙坝
【内容提要】
甘肃水利林牧公司函送金龙坝工程施工节略（0002）并附施工节略（0003），甘肃省政府电知金龙坝工程处具报金龙坝工程进程（0004），甘肃省政府电知金龙坝工程处报送经费预算书（0004），金龙坝工程处报送费用支付预算书（0005），甘肃省政府函知甘肃水利林牧公司迅速编支预算及施工图表（0006），甘肃省政府电知甘肃水利林牧公司将竣工图表等件送会以备查考（0009），张家瑶函知总工程师如何填补财政漏洞（0010），金龙坝总工程师室函送工程表报及承揽书清单（0011）以及报告书（0012）。

【叙录编号】 0439
【档案题名】
金龙坝工程处报送的相关文件
【发文单位】 金龙坝工程处

【收文单位】 甘肃水利林牧公司
【档案编号】 039-001-0522-（0001-0005）
【成文时间】 1946-01—1946-02
【收藏单位】 甘肃省档案馆
【涉及地域】 永昌县
【关 键 词】 金龙坝
【内容提要】

金龙坝报送工料决算表（0001）、完成数计算表（0002）、土石方总表（0003）、自备材料支配表（0004）以及工程竣工图（0005）。

【叙录编号】 0440
【档案题名】

金龙坝工程处报送的相关文件

【发文单位】 甘肃水利林牧公司；甘肃水利林牧公司武威工作站等
【收文单位】 甘肃省建设厅；甘肃省会计处
【档案编号】 039-001-0523-（0001-0005）
【成文时间】 1946-03-02—1946-03-27
【收藏单位】 甘肃省档案馆
【涉及地域】 永昌县
【关 键 词】 金龙坝
【内容提要】

甘肃水利林牧公司函请甘肃省建设厅派员验收金龙坝工程（0001），甘肃水利林牧公司函请甘肃省会计处派员验收金龙坝工程（0002），甘肃水利林牧公司函请甘肃省建设厅派员验收金龙坝工程（0003），甘肃水利林牧公司送加修金龙坝挡水墙工程计划书（0004）并附计划书（0005）。

【叙录编号】 0441
【档案题名】

民勤县新河小山南及西拐湾倒水口河道整理意见书

【发文单位】 甘肃水利林牧公司武威工作站
【收文单位】 甘肃水利林牧公司
【档案编号】 039-001-0523-0006
【成文时间】 不详
【收藏单位】 甘肃省档案馆
【涉及地域】 民勤县
【关 键 词】 新河小山南；西拐湾倒水口
【内容提要】

共1份文件，内容如题。

【叙录编号】 0442
【档案题名】

玉门昌马大坝

【发文单位】 甘肃水利林牧公司
【收文单位】 河西水利工程队第二分队
【档案编号】 039-001-0585-（0039-0042）
【成文时间】 1946-11-02—1946-12-19
【收藏单位】 甘肃省档案馆
【涉及地域】 玉门县；武威县
【关 键 词】 玉门昌马大坝工程；职员调动；职员薪津
【内容提要】

共4份文件。试用工程员薛如贵在玉门昌马大坝工程时兼办事务手续欠妥记过一次，并调赴第二分队工作，并支给该员薪津及由兰去武威的调职旅费。

【叙录编号】 0443
【档案题名】

河西水利工程队第一分队队长张家瑶赴永昌金龙坝工程处视察差竣的报告书

【发文单位】 河西水利工程队第一分队
【收文单位】 甘肃水利林牧公司总管理处
【档案编号】 039-001-0586-0011
【成文时间】 1945-09-22—1945-10-04
【收藏单位】 甘肃省档案馆
【涉及地域】 永昌县

【关 键 词】 永昌金龙坝工程处；差竣报告书
【内容提要】
共1份文件，内容如题。

【叙录编号】 0444
【档案题名】
河西水利工程队第一分队队长张家瑶赴西营河筹备兴工监修前三坝的公出报告书
【发文单位】 河西水利工程队第一分队
【收文单位】 甘肃水利林牧公司总管理处
【档案编号】 039-001-0586-（0017、0020）
【成文时间】 1946-05-04—1946-07-17
【收藏单位】 甘肃省档案馆
【涉及地域】 武威县
【关 键 词】 西营河前三坝工程；公出报告书
【内容提要】
共2份文件，内容如题。

【叙录编号】 0445
【档案题名】
河西水利工程队第一分队队长张家瑶赴西营河监修平交道工程的公出报告书
【发文单位】 河西水利工程队第一分队
【收文单位】 甘肃水利林牧公司总管理处
【档案编号】
039-001-0586-（0022、0024、0026）
【成文时间】 1946-08-11—1946-10-09
【收藏单位】 甘肃省档案馆
【涉及地域】 武威县
【关 键 词】 西营河；平交道工程；公出报告书
【内容提要】
共3份文件，内容如题。

【叙录编号】 0446
【档案题名】
河西水利工程队第一分队队长张家瑶赴民勤查勘环惠渠工程的公出报告书
【发文单位】 河西水利工程队第一分队
【收文单位】 甘肃水利林牧公司总管理处
【档案编号】 039-001-0586-（0027-0028）
【成文时间】 1946-10-19—1946-10-28
【收藏单位】 甘肃省档案馆
【涉及地域】 民勤县
【关 键 词】 环惠渠工程；公出报告书
【内容提要】
共2份文件，内容如题

【叙录编号】 0447
【档案题名】
甘肃水利林牧公司武威工作站就西营河前三坝开工在即请派人员来站给总管理处的各类文件
【发文单位】 甘肃水利林牧公司武威工作站
【收文单位】 甘肃水利林牧公司总管理处
【档案编号】 039-001-0586-（0028-0031）
【成文时间】 1945-04-27—1945-05-09
【收藏单位】 甘肃省档案馆
【涉及地域】 武威县
【关 键 词】 西营河前三坝头沟山水涵洞工程；人员派遣
【内容提要】
共3份文件。武威工作站人员数目不敷公配，值西营河前三坝头沟山水涵洞开工在即，工程事务愈加纷繁，请总管理处速派工程师1人、公务员1人、监工1人、事务1人、出纳1人、会计1人来站工作，以便早日筹备兴工，而免延误时期。

【叙录编号】 0448
【档案题名】
甘肃省政府据武威县民呈报甘肃水利林牧公司武威工作站包商王普贿赂行事请取缔一案的代电
【发文单位】 甘肃省政府
【收文单位】 甘肃水利林牧公司
【档案编号】 039-001-0586-0034
【成文时间】 1946-11-16
【收藏单位】 甘肃省档案馆
【涉及地域】 武威县
【关 键 词】 贿赂行事
【内容提要】
共2份文件，包括武威县民原呈1件。

【叙录编号】 0449
【档案题名】
河西水利工程队第一分队呈报金龙坝工程处结束日期及留办结束监修员工准予报支监工津贴的函
【发文单位】 河西水利工程队第一分队
【收文单位】 甘肃水利林牧公司总管理处
【档案编号】 039-001-0589-0031
【成文时间】 1945-12-26
【收藏单位】 甘肃省档案馆
【涉及地域】 永昌县
【关 键 词】 金龙坝工程
【内容提要】
共1份文件。永昌县金龙坝工程处业于11月15日结束，留在该处监修及办理结束后未了事宜之员工拟自11月16日起准予报支监工津贴。

【叙录编号】 0450
【档案题名】
甘肃水利林牧公司武威工作站函送张家瑶等新印鉴致甘肃水利林牧公司总管理处的函
【发文单位】 甘肃水利林牧公司武威工作站
【收文单位】 甘肃水利林牧公司总管理处
【档案编号】 039-001-0600-（0001-0002）
【成文时间】 1945-02-19—1945-06-26
【收藏单位】 甘肃省档案馆
【涉及地域】 武威县
【关 键 词】 新印鉴
【内容提要】
共2份文件，内容如题。

【叙录编号】 0451
【档案题名】
甘肃省政府与登丰渠管理处就裁减员工的往来公文
【发文单位】 甘肃省政府；登丰渠管理处
【收文单位】 登丰渠管理处；甘肃省政府
【档案编号】 039-001-0603-（0031-0034）
【成文时间】 1947-06-18—1947-07-02
【收藏单位】 甘肃省档案馆
【涉及地域】 登丰渠
【关 键 词】 员工名册；裁减
【内容提要】
登丰渠管理处电报甘肃省水利局裁减工役人数及日期（0031），甘肃省政府指令登丰渠管理处具报裁减工人数目（0032），登丰渠管理处电报现有员工名册（0033），甘肃省水利局指令核示现有员工名册（0034）。

【叙录编号】 0452
【档案题名】
河西水利工程队第一分队队长张家瑶差办西营河工程往返日期的各类文件
【发文单位】 河西水利工程队第一分队；甘肃水利林牧公司总管理处
【收文单位】 甘肃水利林牧公司总管理处；河

西水利工程队第一分队
【档案编号】
039-001-0633-（0012、0015-0016）
【成文时间】 1947-04-08—1947-04-24
【收藏单位】 甘肃省档案馆
【涉及地域】 武威县
【关 键 词】 西营河工程；公出报告书；差竣返队日期
【内容提要】
共3份文件，包括河西水利工程队第一分队队长张家瑶赴西营河办理建修前三坝头沟平交道剩余土方工程的公出报告书（0012）、张家瑶报4月15日差竣返队的呈、总工程处为据报差竣返队工作日期的指令。

【叙录编号】 0453
【档案题名】
甘肃省政府、甘肃省建设厅、甘肃水利林牧公司就河西农田水利工程的相关函电往来
【发文单位】 甘肃省政府；甘肃水利林牧公司
【收文单位】 甘肃省建设厅；甘肃水利林牧公司
【档案编号】 039-001-0654-（0008-0010）
【成文时间】 1944-05-17—1944-05-20
【收藏单位】 甘肃省档案馆
【涉及地域】 河西走廊
【关 键 词】 河西水利工程；贷款
【内容提要】
共2份文件，内容涵盖甘肃省政府准甘肃省参议会嘱送关于举办水利决议案希照办代电（0008第3页，0009），甘肃水利林牧公司为复农田水利贷款等事项给甘肃省建设厅的函（0010）。

【叙录编号】 0454
【档案题名】
河西水利工程处安西、张掖、酒泉、武威工程区为送公务员上半年度平时成绩考核结束汇报册请鉴核致河西水利工程处的往来呈和专电
【发文单位】 河西水利工程处安西工程区
【收文单位】 河西水利工程处
【档案编号】 039-001-0676-（0013-0018）
【成文时间】 1948-07-03
【收藏单位】 甘肃省档案馆
【涉及地域】 武威县；酒泉县
【关 键 词】 考核
【内容提要】
共6份文件，这些文件是考核表格上报情况。考核结果侧重对技术的点评，比如：获得奖励的助理工程师陈浸传（81分）职掌勘察测绘设计，工作异常努力，测绘设计谨慎敏捷；工程师张镇华（76分）职掌勘测绘图计算，绘图计算敏捷清晰；陆鸣曙（77分）绘图计算颇能努力。

【叙录编号】 0455
【档案题名】
甘肃省第七区保安司令部、甘肃水利林牧公司肃丰渠等处关于在酒泉等河西各地设立工作站、整理旧渠的各类文件
【发文单位】 甘肃水利林牧公司肃丰渠工程筹备处；第七区行政督察专员公署
【收文单位】 第七区行政督察专员公署；酒泉县政府等
【档案编号】
历01-02-0407-（0001-0005、0009）
【成文时间】 1943-02-01—1943-05-09
【收藏单位】 酒泉市档案馆
【涉及地域】 河西走廊各地

【关 键 词】 肃丰渠；水利工作站；旧渠整理
【内容提要】
甘肃水利林牧公司肃丰渠工程筹备处呈文第七区行政督察专员公署请于武威、张掖、酒泉、敦煌等地设立工作站进行整理，增益农业收入。甘肃省政府令第七区行政督察专员公署配合办理并将整理旧渠事项一并具办报查，附河西工作站明细表1份。酒泉工作站函送第一期补助酒金两县各渠坝临时整理工款表致第七区行政督察专员公署查照，附工款表1份。第七区行政督察专员公署训令酒泉县政府知照。甘肃水利林牧公司致函第七区行政督察专员公署补助春修各渠坝名称及拨付工款数额查照，并另函酒泉县政府转知县水利委员会接洽，附渠坝名称及所需数额表1份。

【叙录编号】 0456
【档案题名】
关于征集治水论说的训令
【发文单位】 甘凉道公署
【收文单位】 民勤县政府
【档案编号】 040-001-002-002
【成文时间】 1917-05-30—1928-10-31
【收藏单位】 武威市档案馆
【涉及地域】 民勤县
【关 键 词】 治水
【内容提要】
广泛征集治水论说并要求及时上报，以资采择。

【叙录编号】 0457
【档案题名】
匀挪水时卷
【发文单位】 民勤县政府；马述云等
【收文单位】 民勤县政府
【档案编号】 040-001-004-001
【成文时间】 1929-05—1930-07
【收藏单位】 武威市档案馆
【涉及地域】 民勤县
【关 键 词】 匀挪水时
【内容提要】
如题。

【叙录编号】 0458
【档案题名】
关于违规浇水、挪用水时的诉状、呈文，民勤县县长的处理意见
【发文单位】 杨全山
【收文单位】 民勤县政府
【档案编号】 040-001-008-001
【成文时间】 1931
【收藏单位】 武威市档案馆
【涉及地域】 民勤县
【关 键 词】 匀挪水时
【内容提要】
因为水势微细不敷浇灌，恳乞饬水首照章匀挪水时，以顾禾苗而免干晒。

【叙录编号】 0459
【档案题名】
关于浇灌禾苗等情况的训令
【发文单位】 民勤县政府
【收文单位】 民勤县政府
【档案编号】 040-001-003-339
【成文时间】 1929-01-08—1930-10-15
【收藏单位】 武威市档案馆
【涉及地域】 民勤县
【关 键 词】 浇灌
【内容提要】
如题。

【叙录编号】 0460
【档案题名】
民勤县各区仓储谷数一览表；兴修水利
【发文单位】 民勤县政府
【收文单位】 甘肃省政府；甘肃省民政厅等
【档案编号】 040-001-033-001
【成文时间】 1932-05-11—1937-04-17
【收藏单位】 武威市档案馆
【涉及地域】 民勤县
【关 键 词】 兴修水利
【内容提要】
西河退水闸和黑河新东夹二处决口，决定在西河上游植树，以保养水分、固定水源。

【叙录编号】 0461
【档案题名】
关于放水时间的训令；关于修外河底坝经费清册
【发文单位】 民勤县政府
【收文单位】 民勤县
【档案编号】 040-001-040-008
【成文时间】 1936-07—1945-12
【收藏单位】 武威市档案馆
【涉及地域】 民勤县
【关 键 词】 放水时间
【内容提要】
如题。

【叙录编号】 0462
【档案题名】
关于兴办水利给奖励的训令；关于增补救济水利章程的训令
【发文单位】 甘肃省建设厅；甘肃省政府
【收文单位】 民勤县政府
【档案编号】 040-001-091-（0009、0011）
【成文时间】 1922-01-16—1924-04-21
【收藏单位】 武威市档案馆
【涉及地域】 民勤县
【关 键 词】 兴办水利
【内容提要】
如题。

【叙录编号】 0463
【档案题名】
整顿水利救济失水地区的训令；民勤县水利会议记录
【发文单位】 民勤县政府
【收文单位】 民勤县
【档案编号】 040-001-097-154
【成文时间】 1943-01-24—1943-04-08
【收藏单位】 武威市档案馆
【涉及地域】 民勤县
【关 键 词】 水利
【内容提要】
如题。

【叙录编号】 0464
【档案题名】
关于修理水闸办法便函；切实保护退水闸工程训令
【发文单位】 甘肃水利林牧公司；民勤县政府
【收文单位】 民勤县政府
【档案编号】 040-001-109-（0079、0080）
【成文时间】 1943-06-21—1943-07-02
【收藏单位】 武威市档案馆
【涉及地域】 民勤县
【关 键 词】 水闸
【内容提要】
如题。

【叙录编号】 0465
【档案题名】
下发各渠水利管理暂行办法；呈报水利管理暂行条例及全县防沙规程；准予试行民勤县水渠管理暂行办法及防沙规程的指令；关于甘肃省政府准予试行水渠管理暂行办法及防沙规程的训令
【发文单位】 民勤县政府；甘肃省政府
【收文单位】 民勤县
【档案编号】
040-001-119-004；
040-001-119-005；
040-001-119-028；
040-001-119-029
【成文时间】 1944-05-01—1944-08-01
【收藏单位】 武威市档案馆
【涉及地域】 民勤县
【关 键 词】 水利管理
【内容提要】
民勤县政府颁发的水利管理办法及甘肃省政府关于此办法的批示和训令。

【叙录编号】 0466
【档案题名】
加具水利管理暂行办法及防沙规程意见的咨；同意民勤县临时参议会所提水利管理暂行办法及防沙规程意见的咨
【发文单位】 民勤县临时参议会；民勤县政府
【收文单位】 民勤县政府；民勤县临时参议会
【档案编号】
040-001-120-（0002、0003）
【成文时间】 1944-07-24—1944-10-28
【收藏单位】 武威市档案馆
【涉及地域】 民勤县
【关 键 词】 水利管理
【内容提要】
民勤县临时参议会对民勤县政府水利临时管理办法提出的意见及民勤县政府对此意见的回复。

【叙录编号】 0467
【档案题名】
呈报渠务所成立情况；仍守旧章以利灌溉的报告；关于渠务经费开办指令等
【发文单位】 大坝渠义务所；民勤县政府等
【收文单位】 民勤县政府
【档案编号】
040-001-123-001；040-001-123-006；
040-001-123-009；040-001-123-011
【成文时间】 1944-12-10—1945-01-08
【收藏单位】 武威市档案馆
【涉及地域】 民勤县
【关 键 词】 渠务
【内容提要】
如题。

【叙录编号】 0468
【档案题名】
关于修建春河费用柴草人夫车工及各项花名清册指令；关于修建堤坝已竣工报告等
【发文单位】 民勤县政府
【收文单位】 民勤县政府
【档案编号】
040-001-126-001；040-001-126-002
【成文时间】 1944-12-03—1945-07-10
【收藏单位】 武威市档案馆
【涉及地域】 民勤县
【关 键 词】 修建堤坝
【内容提要】
如题。

【叙录编号】 0469
【档案题名】
关于河水溢满无法堵筑报告；关于修筑河堤的报告等
【发文单位】 民勤东坝渠务所；郭晟等
【收文单位】 民勤县政府
【档案编号】
040-001-128-001；040-001-128-002
【成文时间】 1944-12—1945-07
【收藏单位】 武威市档案馆
【涉及地域】 民勤县
【关 键 词】 修筑河堤
【内容提要】
如题。

【叙录编号】 0470
【档案题名】
国民工役水利工程成绩报告分表
【发文单位】 不详
【收文单位】 民勤县政府
【档案编号】 040-001-130-004
【成文时间】 1944-04-01—1944-09-01
【收藏单位】 武威市档案馆
【涉及地域】 民勤县
【关 键 词】 水利工程
【内容提要】
如题。

【叙录编号】 0471
【档案题名】
关于匀挪水时的呈文
【发文单位】 李贵鹏
【收文单位】 民勤县政府
【档案编号】 040-001-132-001
【成文时间】 1943-11—1944-10
【收藏单位】 武威市档案馆
【涉及地域】 民勤县
【关 键 词】 匀挪水时
【内容提要】
如题。

【叙录编号】 0472
【档案题名】
西河工程下河维修河岸水支清册；关于西河近水闸用料由受益地分配的报告等
【发文单位】 民勤县政府
【收文单位】 民勤县政府
【档案编号】
040-001-133-001；040-001-133-005
【成文时间】 1944-08-12—1944-12-20
【收藏单位】 武威市档案馆
【涉及地域】 民勤县
【关 键 词】 维修河岸
【内容提要】
如题。

【叙录编号】 0473
【档案题名】
民勤县农会苗圃水利会防沙联合办公处印模报告；代销《河西新报》训令；聘水利，防沙委员会委员函等
【发文单位】 四会联合办
【收文单位】 民勤县政府
【档案编号】
040-001-151-001；040-001-151-008
【成文时间】 1944-01-09—1944-06-06
【收藏单位】 武威市档案馆
【涉及地域】 民勤县
【关 键 词】 水利
【内容提要】
如题。

【叙录编号】 0474
【档案题名】
申请开挖沟道以便利农灌的呈；水利防沙会开会通知等
【发文单位】 李安国等；民勤县农田水利会等
【收文单位】 民勤县政府
【档案编号】
040-001-153-002；040-001-153-008
【成文时间】 1944-01-03—1944-05-12
【收藏单位】 武威市档案馆
【涉及地域】 民勤县
【关 键 词】 水利
【内容提要】
如题。

【叙录编号】 0475
【档案题名】
农林部举办水土保持工作训令；水利委员会需为水权登记期限延长训令等
【发文单位】 甘肃省政府
【收文单位】 民勤县政府
【档案编号】
040-001-157-011；040-001-157-012
【成文时间】 1944-01-02—1944-12-30
【收藏单位】 武威市档案馆
【涉及地域】 民勤县
【关 键 词】 水土保持；水权
【内容提要】
如题。

【叙录编号】 0476
【档案题名】
水利详细图及水文尺绘编；三十四年（1945）第一次渠务会议记录等
【发文单位】 新河渠务所
【收文单位】 民勤县政府
【档案编号】
040-001-162-001；040-001-162-005
【成文时间】 1943-12-10—1944-07-28
【收藏单位】 武威市档案馆
【涉及地域】 民勤县
【关 键 词】 渠务
【内容提要】
如题。

【叙录编号】 0477
【档案题名】
西渠水利细则报告；浇灌冬水情况报告等
【发文单位】 谢陵武；东坝渠务所等
【收文单位】 民勤县政府
【档案编号】
040-001-165-003；040-001-165-006
【成文时间】 1945-07-15—1945-11-24
【收藏单位】 武威市档案馆
【涉及地域】 民勤县
【关 键 词】 水利；渠务
【内容提要】
如题。

【叙录编号】 0478
【档案题名】
关于颁发民勤县水利规则的训令；关于根据水利规则制定水利细则的训令；关于民勤新水利规则核定的指令等
【发文单位】 甘肃省政府
【收文单位】 民勤县政府
【档案编号】
040-001-172-004；040-001-172-012
【成文时间】 1945-01-27—1945-06-10
【收藏单位】 武威市档案馆
【涉及地域】 民勤县
【关 键 词】 水利规则

【内容提要】
如题。

【叙录编号】 0479
【档案题名】
要求大坝小坝东坝渠自动堵筑渠口的呈文；令大坝小坝东坝渠自动堵闭渠口的训令；浇水安排便函等
【发文单位】 民勤河工处内河组
【收文单位】 民勤县政府
【档案编号】
040-001-180-002；040-001-180-003
【成文时间】 1945-02-06—1945-12-07
【收藏单位】 武威市档案馆
【涉及地域】 民勤县
【关 键 词】 渠口；水利
【内容提要】
如题。

【叙录编号】 0480
【档案题名】
筹开渠务会议推举渠岔沟负责人及开会日期；西外乡各沟沟长姓名单等
【发文单位】 西外乡公所
【收文单位】 民勤县政府
【档案编号】 040-001-188-004
【成文时间】 1935-09-24—1945-01-27
【收藏单位】 武威市档案馆
【涉及地域】 民勤县
【关 键 词】 渠务；沟长
【内容提要】
如题。

【叙录编号】 0481
【档案题名】
呈报各沟岔水利简所图及水文尺；关于水利简所图及水文尺的指令等
【发文单位】 大坝渠务所
【收文单位】 民勤县政府
【档案编号】
040-001-200-002；040-001-200-003
【成文时间】 1944-12-31—1945-08-23
【收藏单位】 武威市档案馆
【涉及地域】 民勤县
【关 键 词】 水利简所图
【内容提要】
如题。

【叙录编号】 0482
【档案题名】
关于渠务会议报告；民勤县外渠渠务会议记录等
【发文单位】 刘惠元
【收文单位】 民勤县政府
【档案编号】 040-001-205-004
【成文时间】 1944-12-13—1945-02-04
【收藏单位】 武威市档案馆
【涉及地域】 民勤县
【关 键 词】 渠务
【内容提要】
如题。

【叙录编号】 0483
【档案题名】
填报水利事实调查表；委派各渠渠长的令等
【发文单位】 民勤县政府
【收文单位】 民勤县
【档案编号】
040-001-212-009；040-001-212-012
【成文时间】 1944-11-08—1945-10-05
【收藏单位】 武威市档案馆

【涉及地域】 民勤县
【关 键 词】 水利
【内容提要】
如题。

【叙录编号】 0484
【档案题名】
关于呈报民勤县新拟整理水利简章请鉴核备案的指令；关于为咨请事查水利法规一案；关于奉令公布修正水陆地图审查条例及修正水陆实施细则的训令等
【发文单位】 甘肃省政府；甘肃省建设厅等
【收文单位】 民勤县政府
【档案编号】
040-001-214-001；040-001-214-002；040-001-214-006
【成文时间】 1929-03-11—1946-11-21
【收藏单位】 武威市档案馆
【涉及地域】 民勤县
【关 键 词】 水利简章；水利法规
【内容提要】
如题。

【叙录编号】 0485
【档案题名】
地亩干涸要求派员的呈；浪槽湖沟坪口过低，使水乱流的呈；关于抢夺水时，妨害命脉的呈等
【发文单位】 叶玉香；李明国等
【收文单位】 民勤县政府
【档案编号】
040-001-224-001；040-001-224-002
【成文时间】 1945-05-19—1946-12-20
【收藏单位】 武威市档案馆
【涉及地域】 民勤县
【关 键 词】 水利
【内容提要】
如题。

【叙录编号】 0486
【档案题名】
永河口修理报告；永河渠水利细则报告
【发文单位】 民勤县永河渠；民勤县坝渠务所
【收文单位】 民勤县政府
【档案编号】 040-001-239-008
【成文时间】 1945-03-09—1946-01-05
【收藏单位】 武威市档案馆
【涉及地域】 民勤县
【关 键 词】 河道修理
【内容提要】
如题。

【叙录编号】 0487
【档案题名】
临时参议会咨请移建退水闸的训令
【发文单位】 民勤县政府
【收文单位】 民勤县
【档案编号】 040-001-240-008
【成文时间】 1945-03-27—1946-05-04
【收藏单位】 武威市档案馆
【涉及地域】 民勤县
【关 键 词】 水闸
【内容提要】
如题。

【叙录编号】 0488
【档案题名】
关于清理水款的批复；催收水款
【发文单位】 民勤县政府
【收文单位】 民勤县
【档案编号】 040-001-243-001
【成文时间】 1945-07-12—1946-05-31

【收藏单位】 武威市档案馆
【涉及地域】 民勤县
【关 键 词】 水款
【内容提要】
如题。

【叙录编号】 0489
【档案题名】
为私放坪口紊乱水规请求维持定章查事；呈请补赔损失水时偿还柴夫
【发文单位】 民勤县新河乡；民勤县水利委员会
【收文单位】 民勤县
【档案编号】
040-001-248-004；040-001-284-010
【成文时间】 1942-03-04—1947-08-25
【收藏单位】 武威市档案馆
【涉及地域】 民勤县
【关 键 词】 水规
【内容提要】
如题。

【叙录编号】 0490
【档案题名】
请派员赴凉调查本县水渠以取得水权函
【发文单位】 民勤县参议会
【收文单位】 民勤县政府
【档案编号】 040-001-279-010
【成文时间】 1946-09-01—1947-09-22
【收藏单位】 武威市档案馆
【涉及地域】 民勤县
【关 键 词】 水渠
【内容提要】
如题。

【叙录编号】 0491
【档案题名】
呈报中渠渠岔长蓄水入湖妨害民生祈鉴核
【发文单位】 民勤县东渠渠长
【收文单位】 民勤县政府
【档案编号】 040-001-322
【成文时间】 1946-01-28—1948-12-18
【收藏单位】 武威市档案馆
【涉及地域】 民勤县
【关 键 词】 渠务
【内容提要】
如题。

【叙录编号】 0492
【档案题名】
请饬武威县制止开凿蓄水池的指令
【发文单位】 甘肃省政府
【收文单位】 武威县
【档案编号】 040-001-339-071
【成文时间】 1946-04-06—1948-08-10
【收藏单位】 武威市档案馆
【涉及地域】 武威县
【关 键 词】 蓄水池
【内容提要】
如题。

【叙录编号】 0493
【档案题名】
三十五年（1946）挖渠凿井不修城垣工事的指令
【发文单位】 甘肃省政府
【收文单位】 民勤县政府
【档案编号】 040-001-350-007
【成文时间】 1947-03-07—1948-06-08
【收藏单位】 武威市档案馆
【涉及地域】 民勤县

【关 键 词】 挖渠凿井
【内容提要】
如题。

【叙录编号】 0494
【档案题名】
民勤县二十九年度（1940）国民工程水利工程成绩报告分表
【发文单位】 甘肃省政府
【收文单位】 民勤县政府
【档案编号】 040-001-354-022
【成文时间】 1948-01-02—1948-12-30
【收藏单位】 武威市档案馆
【涉及地域】 民勤县
【关 键 词】 水利工程；成绩表
【内容提要】
如题。

【叙录编号】 0495
【档案题名】
关于民勤县水利规划收到日期的报告公函
【发文单位】 第六区行政督察专员公署
【收文单位】 民勤县政府
【档案编号】 040-001-355-001
【成文时间】 1948-05-06—1948-12-01
【收藏单位】 武威市档案馆
【涉及地域】 民勤县
【关 键 词】 水利规划
【内容提要】
如题。

【叙录编号】 0496
【档案题名】
水利委员会处理本年水利问题不分请恩准做主保守旧案
【发文单位】 外河组
【收文单位】 民勤县政府
【档案编号】 040-001-360-007
【成文时间】 1949-02-03—1949-08-21
【收藏单位】 武威市档案馆
【涉及地域】 民勤县
【关 键 词】 水利问题
【内容提要】
如题。

【叙录编号】 0497
【档案题名】
会转共同疏浚泉源以兴水利的训令；切实催办水利会及各渠务所员工薪粮的训令
【发文单位】 民勤县政府
【收文单位】 民勤县
【档案编号】 040-001-383-008
【成文时间】 1946-05—1949-01
【收藏单位】 武威市档案馆
【涉及地域】 民勤县
【关 键 词】 水利
【内容提要】
如题。

【叙录编号】 0498
【档案题名】
饬查三渠水淹东坝渠沿情形由
【发文单位】 民勤县政府
【收文单位】 民勤县
【档案编号】 040-001-390-010
【成文时间】 1942-07-30—1949-11-19
【收藏单位】 武威市档案馆
【涉及地域】 民勤县
【关 键 词】 渠道；水灾
【内容提要】
如题。

【叙录编号】 0499
【档案题名】
水利问题的报告；水利问题的呈
【发文单位】 杨修泽；俞存璋等
【收文单位】 民勤县政府
【档案编号】 040-001-412-001
【成文时间】 1931-04-22—1950-10-28
【收藏单位】 武威市档案馆
【涉及地域】 民勤县
【关 键 词】 水利问题
【内容提要】
如题。

【叙录编号】 0500
【档案题名】
关于报送本县水利教育等情形详查列表的公函
【发文单位】 民勤县政府
【收文单位】 民勤县政府
【档案编号】 040-001-414
【成文时间】 1944-08-13—1949-06-20
【收藏单位】 武威市档案馆
【涉及地域】 民勤县
【关 键 词】 水利教育
【内容提要】
如题。

【叙录编号】 0501
【档案题名】
关于填挖河岸的报告
【发文单位】 第六区行政督察专员公署
【收文单位】 民勤县政府
【档案编号】 040-001-420-020
【成文时间】 1919-05-27—1949-06-27
【收藏单位】 武威市档案馆
【涉及地域】 民勤县
【关 键 词】 填挖河岸
【内容提要】
如题。

【叙录编号】 0502
【档案题名】
关于改修河道的命令
【发文单位】 甘肃省民政厅
【收文单位】 武威县
【档案编号】 041-001-005-004
【成文时间】 不详
【收藏单位】 武威市档案馆
【涉及地域】 武威县
【关 键 词】 改修河道
【内容提要】
如题。

【叙录编号】 0503
【档案题名】
编订水规保护水利的通知
【发文单位】 民勤县临时参议会
【收文单位】 民勤县
【档案编号】 041-001-015-036
【成文时间】 1943-05-09
【收藏单位】 武威市档案馆
【涉及地域】 武威县
【关 键 词】 编订水规；保护水利；修桥
【内容提要】
如题。

五、林草动物资源开发与保护类档案

【叙录编号】 0504
【档案题名】
联合勤务总司令部西北马政局视察山丹、永登两军牧场业务报告书
【发文单位】 麦世昌
【收文单位】 甘肃省政府
【档案编号】 004-001-0420-0007
【成文时间】 1948-07
【收藏单位】 甘肃省档案馆
【涉及地域】 山丹县；永登县
【关 键 词】 军牧场
【内容提要】
联合勤务总司令部西北马政局视察山丹、永登两军牧场业务报告书，甲为山丹军牧场，包含设场经过、设场宗旨、业务现况、场域面积［自古为屯兵牧场，因民国十七年（1928）地政水源干涸，希望能在草原中心地带掘井或引水］、农地经营。“改进意见”条下包括疏浚水源以利牧场及农事经营，增加运输力量，配发新式农具。乙为永登军牧场。局长麦世昌呈报。

【叙录编号】 0505
【档案题名】
甘肃省各县长会议第一组意见记录
【发文单位】 甘肃省政府委员会
【收文单位】 甘肃省政府
【档案编号】 004-007-0554-0001
【成文时间】 1941-10-14
【收藏单位】 甘肃省档案馆
【涉及地域】 民勤县
【关 键 词】 栽树
【内容提要】
主要涉及民勤县申请栽树以防风沙保护耕地以及临潭县插花飞地等事宜。

【叙录编号】 0506
【档案题名】
第六区行政督察专员兼保安司令公署关于报送武威各机关第2次首长谈话会议记录致甘肃省政府主席谷正伦的呈
【发文单位】 第六区行政督察专员公署
【收文单位】 甘肃省政府
【档案编号】 004-007-0580-0008
【成文时间】 1942-10-15
【收藏单位】 甘肃省档案馆
【涉及地域】 甘肃省
【关 键 词】 培护林木
【内容提要】
主要涉及培护林木案等事宜。

【叙录编号】 0507
【档案题名】
甘肃省民政厅关于武威县民国二十一年（1932）4月中旬地方情况及政务工作表准予备查及天气栏内应注明气象情况、积极保护贫民工厂栽植的树木给武威县政府的指令
【发文单位】 甘肃省民政厅

【收文单位】 武威县政府
【档案编号】 004-008-0043-0014
【成文时间】 1932-05-16
【收藏单位】 甘肃省档案馆
【涉及地域】 武威县
【关 键 词】 保护树木
【内容提要】

该指令提及已栽植的树木要勤加保护。

【叙录编号】 0508
【档案题名】

民勤县政府关于报送本县民国二十一年（1932）4月下旬地方情况及政务工作报告表致甘肃省民政厅的呈

【发文单位】 民勤县政府
【收文单位】 甘肃省民政厅
【档案编号】 004-008-0045-0020
【成文时间】 1932-05-03
【收藏单位】 甘肃省档案馆
【涉及地域】 民勤县
【关 键 词】 植树固堤
【内容提要】

该呈附4月下旬地方情况及政务工作报告表，表中“实业”项下记饬川湖绅士在西河沿岸种树以重林业、固堤防。

【叙录编号】 0509
【档案题名】

古浪县政府关于报送本县民国二十一年（1932）4月下旬地方情况及政务工作报告表致甘肃省民政厅的呈

【发文单位】 古浪县政府
【收文单位】 甘肃省民政厅
【档案编号】 004-008-0058-0001
【成文时间】 1932-04-30
【收藏单位】 甘肃省档案馆
【涉及地域】 古浪县
【关 键 词】 大雪；植树
【内容提要】

“其他特别情形”下记此旬大雪，在山中犹大，故河水大湍。“建设”下记调查有无偷伐及雇人剪砍旁枝，使得树木成为大材。

【叙录编号】 0510
【档案题名】

古浪县政府关于报送本县民国二十一年（1932）5月上旬地方情况及政务工作报告表致甘肃省民政厅的呈

【发文单位】 古浪县政府
【收文单位】 甘肃省民政厅
【档案编号】 004-008-0058-0005
【成文时间】 1932-05-10
【收藏单位】 甘肃省档案馆
【涉及地域】 古浪县
【关 键 词】 保护森林
【内容提要】

“实业”下记严令保护森林。

【叙录编号】 0511
【档案题名】

古浪县政府关于报送本县民国二十一年（1932）5月中旬地方情况及政务工作报告表致甘肃省民政厅的呈

【发文单位】 古浪县政府
【收文单位】 甘肃省民政厅
【档案编号】 004-008-0058-0007
【成文时间】 1932-05-20
【收藏单位】 甘肃省档案馆
【涉及地域】 古浪县
【关 键 词】 保护森林
【内容提要】

“实业”下记严令建设局保护森林，并派人刮剪枝条以期易于成材。

【叙录编号】 0512
【档案题名】
古浪县政府关于报送本县民国二十一年（1932）5月下旬地方情况及政务工作报告表致甘肃省民政厅的呈
【发文单位】 古浪县政府
【收文单位】 甘肃省民政厅
【档案编号】 004-008-0058-0009
【成文时间】 1932-06-01
【收藏单位】 甘肃省档案馆
【涉及地域】 古浪县
【关 键 词】 保护树木
【内容提要】
“建设”下记沿大道的树木于去年冬天多被农民剥皮致枯，现在除布告严禁外，又责成沿路两旁地主保护。

【叙录编号】 0513
【档案题名】
甘肃省民政厅关于发永昌县本年（1932）4月下旬地方情况及政务报告表审核意见给永昌县政府的指令
【发文单位】 甘肃省民政厅
【收文单位】 永昌县政府
【档案编号】 004-008-0101-0026
【成文时间】 1932-05-24
【收藏单位】 甘肃省档案馆
【涉及地域】 永昌县
【关 键 词】 植树
【内容提要】
该指令提及永昌县本旬在河渠旁边空隙多植树株事，并给予肯定。

【叙录编号】 0514
【档案题名】
甘肃省民政厅关于发永昌县本年（1932）5月上旬地方情况及政务报告表审核意见给永昌县政府的指令
【发文单位】 甘肃省民政厅
【收文单位】 永昌县政府
【档案编号】 004-008-0101-0028
【成文时间】 1932-05-15
【收藏单位】 甘肃省档案馆
【涉及地域】 永昌县
【关 键 词】 护林
【内容提要】
该指令提及永昌县本旬派警保护、灌溉成活树株，并给予肯定。

【叙录编号】 0515
【档案题名】
武威县政府关于报送民国二十二年度（1933）4月份地方政务工作报告表
【发文单位】 武威县政府
【收文单位】 甘肃省民政厅
【档案编号】 004-008-0136-0005
【成文时间】 1933-04
【收藏单位】 甘肃省档案馆
【涉及地域】 武威县
【关 键 词】 植树
【内容提要】
“建设”下记乞丐楼容所正在建筑中，举行大规模植树活动，种植2万余棵树木。

【叙录编号】 0516
【档案题名】
民勤县关于报送民国二十二年（1933）2月份地方情况及政务工作报告表致甘肃省民政厅的呈
【发文单位】 民勤县政府
【收文单位】 甘肃省民政厅
【档案编号】 004-008-0190-0003
【成文时间】 1933-03-04
【收藏单位】 甘肃省档案馆

【涉及地域】 民勤县
【关 键 词】 修路；植树
【内容提要】
“交通”下记令各区区长转令各乡镇将通渠大路被水冲坏及不平之处，按照地段修理平坦。“建设”下记令建设局按期筹备选择地点举行植树。

【叙录编号】 0517
【档案题名】
民勤县关于报送民国二十二年（1933）3—4月份地方情况及政务工作报告表致甘肃省民政厅的呈
【发文单位】 民勤县政府
【收文单位】 甘肃省民政厅
【档案编号】 004-008-0190-（0005、0007）
【成文时间】 1933-04-04—1933-05-03
【收藏单位】 甘肃省档案馆
【涉及地域】 民勤县
【关 键 词】 植树
【内容提要】
“建设”下记本区地处西北，气候寒冷，请将造林日期推迟至清明以后，以收实效。

【叙录编号】 0518
【档案题名】
永登县政府报送民国二十二年（1933）2月份地方情况政务工作报告表致甘肃省民政厅的呈
【发文单位】 永登县政府
【收文单位】 甘肃省民政厅
【档案编号】 004-008-0212-0003
【成文时间】 1933-03
【收藏单位】 甘肃省档案馆
【涉及地域】 永登县
【关 键 词】 植树大会
【内容提要】
“交通”下记人民放水浇地，往往任其流灌大路，有碍车行，一经发觉即行加意惩戒，以儆效尤。“建设”下记3月12日举行总理逝世八周年纪念活动与植树大会。

【叙录编号】 0519
【档案题名】
武威县政府关于报送本年（1934）1—5月份地方情况及政务工作报告表致甘肃省民政厅的呈
【发文单位】 武威县政府
【收文单位】 甘肃省民政厅
【档案编号】
004-008-0309-（0001、0003、0005、0007、0009）
【成文时间】 1934-02-07—1934-06-19
【收藏单位】 甘肃省档案馆
【涉及地域】 武威县
【关 键 词】 护林；苗圃；水利诉讼
【内容提要】
政务工作“建设”下记1月禁止砍伐森林，3月筹设苗圃。“司法”下记5月受理水利诉讼8起。

【叙录编号】 0520
【档案题名】
民勤县县长叶憶溉关于报送本年（1935）1—3月份地方情况及政务工作报告表致甘肃省民政厅的呈
【发文单位】 民勤县政府
【收文单位】 甘肃省民政厅
【档案编号】
004-008-0343-（0011、0013、0014）
【成文时间】 1935-02-05—1935-04-04
【收藏单位】 甘肃省档案馆
【涉及地域】 民勤县

【关 键 词】 苏山大桥；植树；防沙委员会
【内容提要】
“建设”下记1月修苏山大桥，仍需继续经营近年植树使两岸坚实。2月拟具植树办法，补种枯死者；据绅士呈请设立建筑防沙委员会。3月开植树宣传会，植树推至清明。

【叙录编号】 0521
【档案题名】
古浪县县长曾毅关于报送本年（1935）1—3月份地方情况及政务工作报告表致甘肃省民政厅的呈
【发文单位】 古浪县政府
【收文单位】 甘肃省民政厅
【档案编号】
004-008-0345-（0001、0003-0004）
【成文时间】 1935-02-05—1935-04-16
【收藏单位】 甘肃省档案馆
【涉及地域】 古浪县
【关 键 词】 护林植树
【内容提要】
“建设”下记1月布告保护森林。3月筹备植树，开办植树典礼，植树实施推至4月。“有无灾患”下记自十六年（1927）地震后，泉源闭塞。

【叙录编号】 0522
【档案题名】
永登县县长王驭生关于报送本年（1935）1月份地方情况及政务工作报告表致甘肃省民政厅的呈
【发文单位】 永登县政府
【收文单位】 甘肃省民政厅
【档案编号】 004-008-0347-0017
【成文时间】 1935-02-13
【收藏单位】 甘肃省档案馆
【涉及地域】 永登县
【关 键 词】 护林
【内容提要】
“建设”下记1月保护大道两旁树木。

【叙录编号】 0523
【档案题名】
永昌县县长段永新关于报送民国二十四年（1935）3月份自行办理政务报告表、地方情况报告表致甘肃省民政厅的呈
【发文单位】 永昌县政府
【收文单位】 甘肃省民政厅
【档案编号】 004-008-0351-0003
【成文时间】 1935-04-05
【收藏单位】 甘肃省档案馆
【涉及地域】 永昌县
【关 键 词】 植树
【内容提要】
“建设”下记植树事宜。

【叙录编号】 0524
【档案题名】
民勤县政府关于报送本县民国二十四年（1935）夏季政务工作表及地方情况季报表致甘肃省民政厅的呈
【发文单位】 民勤县政府
【收文单位】 甘肃省民政厅
【档案编号】 004-008-0364-0003
【成文时间】 1935-07-05
【收藏单位】 甘肃省档案馆
【涉及地域】 民勤县
【关 键 词】 造林；防沙委员会
【内容提要】
“建设”下记夏进行造林运动，已植树6万余；奉令设立防沙委员会，拟具防沙计划。

【叙录编号】 0525
【档案题名】
武威县政府关于报送本县民国二十四年（1935）夏季政务工作表及地方情况季报表致甘肃省民政厅的呈
【发文单位】 武威县政府
【收文单位】 甘肃省民政厅
【档案编号】 004-008-0364-0004
【成文时间】 1935-07-06
【收藏单位】 甘肃省档案馆
【涉及地域】 武威县
【关 键 词】 植树
【内容提要】
“建设”下记夏季提倡栽种树林，已栽5万余。

【叙录编号】 0526
【档案题名】
民勤县政府关于报送本县民国二十四年（1935）秋冬季政务工作表及地方情况季报表致甘肃省民政厅的呈
【发文单位】 民勤县政府
【收文单位】 甘肃省民政厅
【档案编号】 004-008-0368-（0001、0003）
【成文时间】 1935-10-07—1936-10-05
【收藏单位】 甘肃省档案馆
【涉及地域】 民勤县
【关 键 词】 风墙；护林
【内容提要】
“建设”下记秋依据防沙计划建筑风墙。冬保护各种树木，建筑风墙。

【叙录编号】 0527
【档案题名】
民勤县政府关于报送本县民国二十六年（1937）春夏秋冬季政务工作表及地方情况季报表致甘肃省民政厅的呈
【发文单位】 民勤县政府
【收文单位】 甘肃省政府
【档案编号】
004-008-0382-（0001、0003、0004）
【成文时间】 1937-07-26—1938-01-28
【收藏单位】 甘肃省档案馆
【涉及地域】 民勤县
【关 键 词】 植树护林；防沙
【内容提要】
“建设”下记春季栽植树木以兴林业，该县地连蒙界，沙患甚巨。夏季令各区区长告保甲长切实防止民人破坏防沙工程。

【叙录编号】 0528
【档案题名】
古浪县政府关于报送民国二十八年度（1939）2月份县长巡视报告表致甘肃省政府的呈
【发文单位】 古浪县政府
【收文单位】 甘肃省政府
【档案编号】 004-008-0390-0005
【成文时间】 1939-03-22
【收藏单位】 甘肃省档案馆
【涉及地域】 古浪县
【关 键 词】 植树
【内容提要】
“关于建设事项”下2月8日、2月9日、2月10日、2月14日记植树事项。

【叙录编号】 0529
【档案题名】
古浪县政府关于报送民国二十八年度（1939）9月份县长巡视报告表致甘肃省政府的呈
【发文单位】 古浪县政府
【收文单位】 甘肃省政府
【档案编号】 004-008-0390-0009

【成文时间】 1939-09-12
【收藏单位】 甘肃省档案馆
【涉及地域】 古浪县
【关 键 词】 灌溉树苗
【内容提要】
“关于建设事项”下8月23日记保护灌溉甘新公路两旁植树苗事。

【叙录编号】 0530
【档案题名】
甘肃省政府关于发该署巡视古浪县情况审核意见给第六区行政督察专员公署的指令
【发文单位】 甘肃省政府
【收文单位】 第六区行政督察专员公署
【档案编号】 004-008-0390-0018
【成文时间】 1941-09-11
【收藏单位】 甘肃省档案馆
【涉及地域】 古浪县
【关 键 词】 保护森林
【内容提要】
记护植台地森林。

【叙录编号】 0531
【档案题名】
民勤县政府关于报送本县民国二十八年度（1939）春季政务工作及地方情况季报表致甘肃省政府的呈
【发文单位】 民勤县政府
【收文单位】 甘肃省政府
【档案编号】 004-008-0392-0021
【成文时间】 1939-05-10
【收藏单位】 甘肃省档案馆
【涉及地域】 民勤县
【关 键 词】 植树；防沙
【内容提要】
“建设”下记植树和防沙等事宜。

【叙录编号】 0532
【档案题名】
民勤县政府关于报送本县民国二十八年度（1939）夏季政务工作及地方情况季报表致甘肃省政府的呈
【发文单位】 民勤县政府
【收文单位】 甘肃省政府
【档案编号】 004-008-0392-0023
【成文时间】 1939-08-18
【收藏单位】 甘肃省档案馆
【涉及地域】 民勤县
【关 键 词】 植树；防沙
【内容提要】
“建设”下记栽植树林和禁挖甘草，以御风沙。

【叙录编号】 0533
【档案题名】
民勤县政府关于报送本县民国二十九年度（1940）春季政务工作及地方情况季报表致甘肃省政府的呈
【发文单位】 民勤县政府
【收文单位】 甘肃省政府
【档案编号】 004-008-0393-0014
【成文时间】 1940-04-03
【收藏单位】 甘肃省档案馆
【涉及地域】 民勤县
【关 键 词】 林业
【内容提要】
“建设”下记提倡林业。

【叙录编号】 0534
【档案题名】
民勤县政府关于报送本县民国二十九年度（1940）夏季政务工作及地方情况季报表致甘肃省政府的呈
【发文单位】 民勤县政府

【收文单位】 甘肃省政府
【档案编号】 004-008-0393-0016
【成文时间】 1940-07-11
【收藏单位】 甘肃省档案馆
【涉及地域】 民勤县
【关 键 词】 提倡林业
【内容提要】

“建设”下记提倡林业，办理防沙。

【叙录编号】 0535
【档案题名】

甘肃省政府关于该县本年（1940）6月份县长巡视报告准予汇核给民勤县政府的指令

【发文单位】 甘肃省政府
【收文单位】 民勤县政府
【档案编号】 004-008-0470-0006
【成文时间】 1940-09-29
【收藏单位】 甘肃省档案馆
【涉及地域】 民勤县
【关 键 词】 造林
【内容提要】

主要涉及《民勤县县长巡视报告表》，7月12日由东渠回县沿途之红柳墩等地，“建设事项”包括饬沿河渠道路均行造林等事项。

【叙录编号】 0536
【档案题名】

甘肃省参议会关于送参议员崔清川建议限制砍伐永登县祁连山北麓森林树木的议案给甘肃省政府的咨

【发文单位】 永登县政府
【收文单位】 甘肃省政府
【档案编号】 027-001-0055-0001
【成文时间】 1946-01-04
【收藏单位】 甘肃省档案馆
【涉及地域】 永登县
【关 键 词】 森林保护
【内容提要】

甘肃省参议会参议员崔清川提议：古浪县农业用水全赖发源于祁连山北麓诸河，甘肃省政府应限制砍伐永登县属祁连山北麓养护水源的森林，以保古浪农田灌溉。该议案经二次会议修正通过，特此咨甘肃省政府。后附抄送议案。

【叙录编号】 0537
【档案题名】

甘肃省政府关于已令古浪、永登县政府拟订保护祁连山北麓森林树木办法给甘肃省参议会的咨

【发文单位】 甘肃省政府
【收文单位】 甘肃省临时参议会
【档案编号】 027-001-0055-0002
【成文时间】 1946-01-23
【收藏单位】 甘肃省档案馆
【涉及地域】 古浪县；永登县
【关 键 词】 护林组织；保护祁连山北麓森林办法
【内容提要】

甘肃省政府给甘肃省参议会的咨：前派员到古浪各地勘察水源、林地，报告称确实存在林政废弛、水源干涸的情况。现拟出台改进意见如下：令永登县政府迅速恢复护林组织，制止自由砍伐树木；永登县属乌鞘岭地区划归古浪县，以便就近管理；古浪县、永登县政府应共同拟订保护祁连山北麓森林办法。

【叙录编号】 0538
【档案题名】

甘肃省参议会关于参议员李秉智建议兴办陇东、河西一带大规模畜牧事业的提案给甘肃省政府的咨

【发文单位】 甘肃省临时参议会
【收文单位】 甘肃省政府

【档案编号】 027-001-0056-0009
【成文时间】 1946-06-18
【收藏单位】 甘肃省档案馆
【涉及地域】 河西走廊
【关 键 词】 河西畜牧
【内容提要】

甘肃省参议会参议员李秉智提案，甘肃省荒山草地多，多未开辟，河西、祁连、陇东海固一带尤多，建议甘肃省政府筹办大规模畜牧事业，以改善民生，开发西北富源。议案经13次会议表决通过，特咨甘肃省政府。后附原议案1份。

【叙录编号】 0539
【档案题名】

甘肃省政府关于送陇东、河西一带畜牧事业筹办情况给甘肃省参议会的咨
【发文单位】 甘肃省政府
【收文单位】 甘肃省临时参议会
【档案编号】 027-001-0056-0009
【成文时间】 1946-07-11
【收藏单位】 甘肃省档案馆
【涉及地域】 甘肃省
【关 键 词】 河西畜牧
【内容提要】

如题。甘肃省政府回复甘肃省参议会，准咨。

【叙录编号】 0540
【档案题名】

甘肃省民政厅关于送民勤县政府民国三十七年度（1948）4至9月份工作报告给甘肃省建设厅的函
【发文单位】 民勤县政府
【收文单位】 甘肃省建设厅
【档案编号】

027-001-0197-（0002-0003）；027-001-0201-0007
【成文时间】 1948-08-16
【收藏单位】 甘肃省档案馆
【涉及地域】 民勤县
【关 键 词】 植树育苗
【内容提要】

“建设”下记实施春季植树造林、办理县保苗圃、利用义务劳动挖移城北沙漠。

【叙录编号】 0541
【档案题名】

山丹培黎工艺学校校长艾黎关于中国工业合作协会山丹培黎工艺学校采购木料请求永昌县协助致甘肃省政府的代电
【发文单位】 山丹培黎工艺学校
【收文单位】 甘肃省政府
【档案编号】 027-001-0289-0006
【成文时间】 1947-03-04
【收藏单位】 甘肃省档案馆
【涉及地域】 永昌县
【关 键 词】 山丹培黎工艺学校；木材采购
【内容提要】

山丹培黎工艺学校校长艾黎致电甘肃省政府，该校需在永昌县采购木材，地点在大河坝，请予批准。

【叙录编号】 0542
【档案题名】

甘肃省政府关于准予永昌县政府协助中国工业合作协会山丹培黎工艺学校采购木料致永昌县政府、中国工业合作协会山丹培黎工艺学校的训令
【发文单位】 甘肃省政府
【收文单位】 永昌县政府；山丹培黎工艺学校
【档案编号】 027-001-0289-0008
【成文时间】 1947-03-07
【收藏单位】 甘肃省档案馆

【涉及地域】 永昌县
【关 键 词】 山丹培黎工艺学校；木材采购
【内容提要】

山丹培黎工艺学校为研究改良西北纺织用羊毛，拟在山丹建设毛厂，需大量木材，甘肃省政府特许其在祁连山区采购木材，并令永昌县协助。

【叙录编号】 0543
【档案题名】

永昌县政府关于转报王仲儒请保护五龙乡水源致甘肃省政府的代电

【发文单位】 永昌县政府
【收文单位】 甘肃省政府
【档案编号】 027-001-0289-0015
【成文时间】 1947-05-16
【收藏单位】 甘肃省档案馆
【涉及地域】 永昌县
【关 键 词】 山丹培黎工艺学校；木材采购
【内容提要】

永昌县农会理事长王仲儒，五龙乡民众代表陈揖唐、马上善、秦琦等人致永昌县县长李兆瑞，山丹培黎工艺学校计划砍伐祁连山区大河坝等地林木2400余根，该林实系五龙乡水源所在，全乡耕地均依赖此林储雪蓄水，呈请政府改换其他无关水利的林区作为木材取用地。

【叙录编号】 0544
【档案题名】

甘肃李兆瑞关于五龙乡乡民妨碍砍伐木料致甘肃省政府的代电

【发文单位】 李兆瑞
【收文单位】 甘肃省政府
【档案编号】 027-001-0289-0016
【成文时间】 1947-05-17
【收藏单位】 甘肃省档案馆
【涉及地域】 永昌县
【关 键 词】 李兆瑞；砍伐树木
【内容提要】

如题。

【叙录编号】 0545
【档案题名】

甘肃省政府关于不得再砍伐木料致永昌县政府的代电

【发文单位】 甘肃省政府
【收文单位】 永昌县政府
【档案编号】 027-001-0289-0017
【成文时间】 1947-05-21
【收藏单位】 甘肃省档案馆
【涉及地域】 永昌县
【关 键 词】 李兆瑞；砍伐树木
【内容提要】

甘肃省政府同意永昌县县长李兆瑞意见，认为该县森林因架设电线、国防工程建设等事砍伐过多，已残破不堪，不得再砍伐木料。后附山丹培黎工艺学校致甘肃省建设厅笺，声明责任在学校而非个人。

【叙录编号】 0546
【档案题名】

农林部西北羊毛改进处关于送河西草原改良实验区1月份工作简报致甘肃省建设厅的公函

【发文单位】 农林部西北羊毛改进处
【收文单位】 甘肃省建设厅
【档案编号】 027-001-0292-0001
【成文时间】 1946-02-19
【收藏单位】 甘肃省档案馆
【涉及地域】 永昌县
【关 键 词】 河西草原改良实验区；牧草；牧场
【内容提要】

分两部分，前两页为公函，后四页为所附

工作简报。简报分三栏，从上至下分列工作项目、原定进度、工作实施及效果。主要工作内容体现在“工作实施及效果”一栏，包括：（一）编制优良牧草栽培实验报告书；（二）粘制野生牧草及毒草标本；（三）宣传推广播种苜蓿；（四）牧场气候之记载；（五）调查永昌县宁远乡牧场情形，附表一份，包含大小青阳口、石粪山等十个牧场的面积、距城里数、牧草种类等信息。最后署名“兼主任李兆瑞、副主任刘兆昇”。

【叙录编号】 0547
【档案题名】
农林部西北羊毛改进处关于送河西草原改良实验区2月份工作简报致甘肃省建设厅的公函
【发文单位】 农林部西北羊毛改进处
【收文单位】 甘肃省建设厅
【档案编号】 027-001-0292-0003
【成文时间】 1946-03-14
【收藏单位】 甘肃省档案馆
【涉及地域】 永昌县
【关 键 词】 河西草原改良实验区
【内容提要】
形制同1月份工作简报。“工作实施及效果”一栏有所变动：（一）编制三十四年度（1945）永昌野生牧草调查说明书；（二）宣传推广播种苜蓿；（三）牧场气候之记载；（四）调查永昌县宁远乡天然牧场情形，附表一份，包含瓶口滩等十个牧场的信息。

【叙录编号】 0548
【档案题名】
农林部西北羊毛改进处关于送河西草原改良实验区3月份工作简报致甘肃省建设厅的公函
【发文单位】 农林部西北羊毛改进处
【收文单位】 甘肃省建设厅
【档案编号】 027-001-0292-0007
【成文时间】 1946-04-13
【收藏单位】 甘肃省档案馆
【涉及地域】 永昌县
【关 键 词】 河西草原改良实验区
【内容提要】
为《河西草原改良实验区三十五年度（1946）3月份工作简报》表格。

【叙录编号】 0549
【档案题名】
农林部西北羊毛改进处关于报送河西草原改良实验区5月份工作简报致甘肃省建设厅的公函
【发文单位】 农林部西北羊毛改进处
【收文单位】 甘肃省建设厅
【档案编号】 027-001-0292-0011
【成文时间】 1946-07-11
【收藏单位】 甘肃省档案馆
【涉及地域】 永昌县
【关 键 词】 河西草原改良实验区
【内容提要】
为《河西草原改良实验区三十五年度（1946）5月份工作简报》表格。

【叙录编号】 0550
【档案题名】
农林部西北羊毛改进处关于报送河西草原改良实验区4月份工作简报致甘肃省建设厅的公函
【发文单位】 农林部西北羊毛改进处
【收文单位】 甘肃省建设厅
【档案编号】 027-001-0293-0001
【成文时间】 1946-05-09
【收藏单位】 甘肃省档案馆
【涉及地域】 永昌县

【关 键 词】 河西草原改良实验区；牧草
【内容提要】
包括工作项目、原定工作进度、工作实施及效果、野生牧草调查、牧场气候观测、栽树、引种优良牧草、播种苜蓿、草根栽培试验萌芽调查表、气候观测表、优良牧草调查表，甘肃省政府回令准予备查。

【叙录编号】 0551
【档案题名】
农林部西北羊毛改进处关于报送河西草原改良实验区6月份工作简报致甘肃省建设厅的代电
【发文单位】 农林部西北羊毛改进处
【收文单位】 甘肃省建设厅
【档案编号】 027-001-0293-0003
【成文时间】 1946-07-30
【收藏单位】 甘肃省档案馆
【涉及地域】 永昌县
【关 键 词】 河西草原改良实验区
【内容提要】
如题。

【叙录编号】 0552
【档案题名】
农林部西北羊毛改进处关于转送河西草原改良实验区7—8月份工作简报致甘肃省建设厅的代电
【发文单位】 农林部西北羊毛改进处
【收文单位】 甘肃省建设厅
【档案编号】 027-001-0294-（0001-0003）
【成文时间】 1946-08-19—1946-09-18
【收藏单位】 甘肃省档案馆
【涉及地域】 永昌县
【关 键 词】 河西草原改良实验区
【内容提要】
如题，回令准予备查。

【叙录编号】 0553
【档案题名】
农林部西北羊毛改进处关于转送河西草原改良实验区8月份工作简报致甘肃省建设厅的代电
【发文单位】 农林部西北羊毛改进处
【收文单位】 甘肃省建设厅
【档案编号】 027-001-0295-0001
【成文时间】 1946-09-24
【收藏单位】 甘肃省档案馆
【涉及地域】 永昌县
【关 键 词】 河西草原改良实验区
【内容提要】
如题。

【叙录编号】 0554
【档案题名】
农林部西北羊毛改进处关于转送河西草原改良实验区9月份工作简报致甘肃省建设厅的代电
【发文单位】 农林部西北羊毛改进处
【收文单位】 甘肃省建设厅
【档案编号】 027-001-0295-0002
【成文时间】 1946-11-01
【收藏单位】 甘肃省档案馆
【涉及地域】 永昌县
【关 键 词】 河西草原改良实验区
【内容提要】
如题。

【叙录编号】 0555
【档案题名】
农林部西北羊毛改进处关于报送河西草原改良实验区10月份工作简报致甘肃省建设厅的代电
【发文单位】 农林部西北羊毛改进处
【收文单位】 甘肃省建设厅

【档案编号】 027-001-0295-0004
【成文时间】 1946-11-28
【收藏单位】 甘肃省档案馆
【涉及地域】 永昌县
【关 键 词】 河西草原改良实验区
【内容提要】

包括工作项目、原定工作进度、工作实施及效果、野生牧草调查、牧场气候观测、栽树、引种优良牧草、播种苜蓿、草根栽培试验萌芽调查表、气候观测表、优良牧草调查表，详细记录各种牧草的名称、生长位置以及生长期，甘肃省政府回令准予备查。

【叙录编号】 0556
【档案题名】

农林部西北羊毛改进处关于报送河西草原改良实验区民国三十五年（1946）工作总报告致甘肃省政府的代电

【发文单位】 农林部西北羊毛改进处
【收文单位】 甘肃省建设厅
【档案编号】 027-001-0296-（0001-0002）
【成文时间】 1947-01-31
【收藏单位】 甘肃省档案馆
【涉及地域】 永昌县
【关 键 词】 河西草原改良实验区
【内容提要】

如题。

【叙录编号】 0557
【档案题名】

民勤县政府关于报送本县民国三十八年度（1949）育苗造林实施办法致甘肃省政府的呈文

【发文单位】 民勤县政府
【收文单位】 甘肃省政府
【档案编号】 027-001-0299-0010
【成文时间】 1949-04-08
【收藏单位】 甘肃省档案馆
【涉及地域】 民勤县
【关 键 词】 育苗造林
【内容提要】

包含民勤县三十八年度育苗造林实施办法1份，饬各乡镇公所内外河组先行遵办，栽种类型为红柳、杨柳、榆钱、洋槐，县城附近集体造林5000株，每户平均150株，利用黑水槽渠道灌溉树苗。

【叙录编号】 0558
【档案题名】

武威县政府关于报送本县本年（1949）春季育苗造林植树办法致甘肃省政府的呈文

【发文单位】 武威县政府
【收文单位】 甘肃省政府
【档案编号】 027-001-0299-0012
【成文时间】 1949-04-09
【收藏单位】 甘肃省档案馆
【涉及地域】 武威县
【关 键 词】 育苗造林；苗圃
【内容提要】

地点公共集中在雷台湖东岳台附近胜利街马路及所属空地，每户植树150株，并派警察督导；植树公共所需由苗圃供给，两镇镇长会同洽商东关花园负责人采伐树苗1万株。

【叙录编号】 0559
【档案题名】

永昌、会川、固原、平凉、宁县、泾川县政府关于报送本县植树及挖掘水沟事宜文件

【发文单位】 永昌县政府等
【收文单位】 甘肃省政府
【档案编号】 027-001-0301-（0011-0012）
【成文时间】 1949-07-02—1949-07-13
【收藏单位】 甘肃省档案馆

【涉及地域】 永昌县
【关 键 词】 植树
【内容提要】

永昌、会川、固原、平凉、宁县、泾川县政府关于报送本县植树及挖掘水沟事宜文件，甘肃省政府回令准予备查。会宁县汇报三十八年度（1949）各乡镇植树户口、种类、株数、播种榆钱穴数，合记14785户，每户80株，每户200穴榆钱。

【叙录编号】 0560
【档案题名】

敦煌、民勤、高台、永昌县政府关于报送本县植树及挖掘水沟事宜文件

【发文单位】 永昌县政府；高台县政府等
【收文单位】 甘肃省政府
【档案编号】 027-001-0301-（0005-0018）
【成文时间】 1946-06-04—1946-06-15
【收藏单位】 甘肃省档案馆
【涉及地域】 永昌县；高台县；民勤县；敦煌县
【关 键 词】 植树
【内容提要】

永昌、高台、民勤、敦煌县政府报送植树情况，因植树情况不到位，甘肃省政府要求其补种树木。

【叙录编号】 0561
【档案题名】

甘肃省政府关于按规定交苗圃田赋给甘肃省农业改进所的指令

【发文单位】 甘肃省政府
【收文单位】 甘肃省农业改进所
【档案编号】 027-001-0320-0014
【成文时间】 1945-08-28
【收藏单位】 甘肃省档案馆
【涉及地域】 永登县
【关 键 词】 苗圃
【内容提要】

永登县苗圃使用土地种植苗木，应依据土地赋税减免，会同田赋粮食管理处造具，永登县政府请予免征。

【叙录编号】 0562
【档案题名】

甘肃省农业改进所关于申请将武威临洮新设苗圃开办费全额拨归本所以便经营武威苗圃致甘肃省建设厅的呈文

【发文单位】 甘肃省农业改进所
【收文单位】 甘肃省建设厅
【档案编号】 027-001-0365-0015
【成文时间】 1941-06-28
【收藏单位】 甘肃省档案馆
【涉及地域】 武威县
【关 键 词】 苗圃经费；甘肃省农业改进所
【内容提要】

如题。

【叙录编号】 0563
【档案题名】

甘肃省建设厅关于将武威临洮新设苗圃开办费全额拨归该所一事应同当事两县政府协商办理给甘肃省农业改进所的指令

【发文单位】 甘肃省建设厅
【收文单位】 甘肃省农业改进所
【档案编号】 027-001-0356-0016
【成文时间】 1941-06-28
【收藏单位】 甘肃省档案馆
【涉及地域】 武威县
【关 键 词】 苗圃经费；甘肃省农业改进所
【内容提要】

如题。

【叙录编号】 0564
【档案题名】
甘肃省政府、甘肃省建设厅、甘肃省农业改进所关于武威县苗圃与省苗圃归并一事的指示及该县政府、县苗圃、武威中心苗圃的呈文
【发文单位】 武威县政府等
【收文单位】 甘肃省政府；甘肃省建设厅等
【档案编号】
027-001-0374-（0003-0009）；
027-001-0376-（0001-0012）
【成文时间】 1941-07-22—1942-02-20
【收藏单位】 甘肃省档案馆
【涉及地域】 武威县
【关 键 词】 甘肃省农业改进所武威中心苗圃；武威县苗圃
【内容提要】
武威县原有县苗圃与甘肃省农业改进所武威中心苗圃（简称省苗圃），互相独立，经费消耗巨大。武威中心苗圃主任权超民向甘肃省建设厅提议将二苗圃合并，建设厅予以批准。围绕二苗圃合并过程（及合并之前的经费问题）产生了一系列公文档案。附有0374-0006《甘肃省武威县五年造林计划》《武威县保护树株办法》2份。

【叙录编号】 0565
【档案题名】
甘肃省政府、甘肃省建设厅关于永登县苗圃建设与造林护林事宜的指示及该县政府、苗圃的呈文
【发文单位】 永登县政府
【收文单位】 甘肃省政府；甘肃省建设厅
【档案编号】
027-001-0389-（0001-0019）；
027-001-0391-（0009-0011）
【成文时间】 1942-04-12—1945-05-18
【收藏单位】 甘肃省档案馆
【涉及地域】 永登县
【关 键 词】 苗圃；植树造林；古木清册
【内容提要】
包括永登县苗圃创设兴建、经费开支、造林护林规划、古木登记调查、行道树栽植情况等。永登县政府报送该县苗圃办理情况，0389-0008为《永登县育苗植树护林五年计划》，永登县报送古木清册，永登县呈文甘肃省政府请求增加苗圃经费，甘肃省政府回令由事业费项下支取。0391-0010为《永登县政府三十五年度（1946）育苗造林报告书》《永登县政府三十五年度（1946）育苗造林报告表》。

【叙录编号】 0566
【档案题名】
甘肃省政府、甘肃省建设厅关于永昌县苗圃建设与造林护林事宜的指示及该县政府的呈文
【发文单位】 永昌县政府
【收文单位】 甘肃省政府；甘肃省建设厅
【档案编号】
027-001-0399-（0001-0018）；
027-001-0409-（0011-0018）
【成文时间】
1942-05-08—1943-02-27；
1945-06-13—1947-10-31
【收藏单位】 甘肃省档案馆
【涉及地域】 永昌县
【关 键 词】 苗圃；经费；植树造林
【内容提要】
包括永昌县苗圃创设筹办、经费预算、育苗造林、工作计划、古木登记、树籽拨发。0399-0003为《永昌县三十一年度（1942）苗圃事业计划书》《永昌县苗圃开办费分配预算书》《县苗圃三十一年度各月经费分配预算表》，0399-0009为《永昌县育苗造林护林五年计划纲要》，甘肃省政府回令注意事项，统

计永昌县内怀抱古木。

【叙录编号】 0567
【档案题名】
古浪县政府关于报送本县成立苗圃数目表致甘肃省政府的呈文
【发文单位】 古浪县政府
【收文单位】 甘肃省政府；甘肃省建设厅
【档案编号】 027-001-0433-（0003-0004）
【成文时间】 1943-08-31—1943-09-08
【收藏单位】 甘肃省档案馆
【涉及地域】 古浪县
【关 键 词】 苗圃
【内容提要】
古浪县遵照甘肃省政府令报送本县保苗圃地址情形，附有《甘肃省古浪县已成立各保苗圃数目一览表》，甘肃省政府回令古浪县认真培育。

【叙录编号】 0568
【档案题名】
永昌县报送本县苗圃工作报告表给甘肃省政府的代电及甘肃省政府回令
【发文单位】 永昌县政府
【收文单位】 甘肃省政府；甘肃省建设厅
【档案编号】 027-001-0434-（0013-0014）
【成文时间】 1943-09-21—1943-10-02
【收藏单位】 甘肃省档案馆
【涉及地域】 永昌县
【关 键 词】 苗圃
【内容提要】
主要为《甘肃省永昌县各保苗圃工作报告表》，甘肃省政府回令准予备查。

【叙录编号】 0569
【档案题名】
武威县关于报送县保苗圃图表给甘肃省政府的呈文
【发文单位】 武威县政府
【收文单位】 甘肃省政府；甘肃省建设厅
【档案编号】 027-001-0442-（0009-0010）
【成文时间】 1945-02-21—1945-03-12
【收藏单位】 甘肃省档案馆
【涉及地域】 武威县
【关 键 词】 苗圃
【内容提要】
如题，附有《武威县苗圃分布区域图》《武威县苗圃概况表》《武威县保苗圃概况表》，甘肃省政府训令觅足苗圃面积。

【叙录编号】 0570
【档案题名】
河西各县局关于报送各县苗圃情况、植树成活及育苗株数、亩数表一事的呈文及甘肃省政府回令
【发文单位】 古浪县政府；民勤县政府
【收文单位】 甘肃省政府；甘肃省建设厅
【档案编号】
027-001-0446-（0003-0004）；
027-001-0446-（0007-0008）；
027-001-0447-（0016-0017）；
027-001-0451-（0003-0004）
【成文时间】 1945-11
【收藏单位】 甘肃省档案馆
【涉及地域】 古浪县；民勤县
【关 键 词】 苗圃
【内容提要】
甘肃省政府训令各县局补报县苗圃株数，尽快列报各乡保苗圃株数、育苗造林株数种类。古浪县、民勤县报送《甘肃省三十四年（1945）县保各苗圃春季育苗种类株数调查表》。0446-0004为《临洮县设置乡镇苗圃办法》。0447-0016为《张掖县三十四年度造林株数报告表》。0451为安西县报送该县民国三

十四年度县保苗圃调查表。

【叙录编号】 0571
【档案题名】
各县局关于报送各保苗圃、乡镇苗圃报告表给甘肃省政府的呈文及甘肃省政府回令
【发文单位】 永登县政府；酒泉县政府等
【收文单位】 甘肃省政府
【档案编号】 027-001-0456-（0003-0021）
【成文时间】 1944-11-16—1944-12-01
【收藏单位】 甘肃省档案馆
【涉及地域】 永登县；酒泉县；临泽县
【关 键 词】 苗圃
【内容提要】
各县局报送乡镇保苗圃地点、面积及育苗情况、苗圃工作推进情况。民乐县报送《民乐县各乡镇保苗圃成立报告表》，甘肃省政府训令苗圃尽快筹设，不能筹设苗圃从乡镇借给。0005-0006为酒泉县报送《酒泉县乡保苗圃面积育苗数目统计册》。0007-0008为临泽县报送督导完成苗圃情况。景泰县、海原县、永靖县报送苗圃办理情况与各保苗圃工作进展，甘肃省政府回令准予备查。

【叙录编号】 0572
【档案题名】
各县局关于报送各保苗圃、乡镇苗圃报告表给甘肃省政府的呈文及甘肃省政府回令
【发文单位】 永登县政府；山丹县政府等
【收文单位】 甘肃省政府
【档案编号】 027-001-0457-（0001-0016）
【成文时间】 1944-10-27—1944-11-30
【收藏单位】 甘肃省档案馆
【涉及地域】 永登县；山丹县；民勤县
【关 键 词】 苗圃
【内容提要】
0008为甘肃省政府训令榆中等27县报送保苗圃办理情况，0001-0002为平凉县告知保苗圃采集种子一事，0003-0004为临洮县报送甘肃省政府苗圃按规定设立完毕，永靖县、陇西县、山丹县、民勤县报送县保苗圃、育苗造林督办苗圃事宜。0015为《民勤县大坝、正大、中渠、西外、新河、中外、环河、泉山、东坝保苗圃数及负责人员姓名报告表》。

【叙录编号】 0573
【档案题名】
甘肃吕福和关于报送苗圃造林注意事项致甘肃省建设厅的签呈
【发文单位】 吕福和
【收文单位】 甘肃省政府；甘肃省建设厅
【档案编号】 027-001-0459-0011
【成文时间】 1945-12-11
【收藏单位】 甘肃省档案馆
【涉及地域】 河西走廊
【关 键 词】 县苗圃；注意事项
【内容提要】
日前雁滩农林总场吕福和随同甘肃省建设厅厅长张心一考察河西永登、山丹等8县苗圃，根据各县具体情况呈列苗圃各注意事项。全部注意事项包括两大方面17条：苗圃方面11条，植树方面6条。根据各县情况制成应注意事项表，第一行分列8县名称，将涉及的注意事项编号附于对应的县之下，便于查看。特此签呈。

【叙录编号】 0574
【档案题名】
康县、永登县、泾川县、清水县、临夏县关于成立各保苗圃、春季造林一事的呈文、代电、训令
【发文单位】 永登县政府等
【收文单位】 甘肃省政府；甘肃省建设厅
【档案编号】 027-001-0467-（0001-0007）

【成文时间】 1946-02-21—1946-03-22
【收藏单位】 甘肃省档案馆
【涉及地域】 永登县
【关 键 词】 育苗造林；月度工作报表
【内容提要】

0001-0002为康县政府报送《康县各乡镇育苗造林实施实况报告书》，甘肃省政府回文准予备查；0003-0004为永登县报送办理各保苗圃情形；0005为泾川县报送实有苗圃数；0006-0007为清水县报送本县成立各保苗圃情形。

【叙录编号】 0575
【档案题名】

第六区行政督察专员兼保安司令公署关于拟设立甘肃省第六区武威林场以便培育森林及报送经常费支付预算书、地图致甘肃省政府的呈文

【发文单位】 第六区行政督察专员公署
【收文单位】 甘肃省政府；甘肃省建设厅
【档案编号】 027-001-0478-0015
【成文时间】 1939-03-24
【收藏单位】 甘肃省档案馆
【涉及地域】 武威县
【关 键 词】 武威林场
【内容提要】

如题。内有《甘肃省第六区立武威林场造赍经常费付给预算书》《武威县磨嘴堡一带森林略图》。

【叙录编号】 0576
【档案题名】

甘肃省政府关于设立甘肃省第六区武威林场，林场经常费已列入该县民国二十八年度（1939）地方财政给第六区行政督察专员兼保安司令公署的指令

【发文单位】 甘肃省政府
【收文单位】 第六区行政督察专员公署
【档案编号】 027-001-0478-0016
【成文时间】 1939-04-21
【收藏单位】 甘肃省档案馆
【涉及地域】 武威县
【关 键 词】 武威林场
【内容提要】

如题。

【叙录编号】 0577
【档案题名】

甘肃省政府关于武威私立第七青云小学校请求在荒山实验造林应依照农垦章程依法办理给甘肃私立青云中学的指令及关于此事给武威县政府的训令

【发文单位】 甘肃省政府
【收文单位】 武威县政府
【档案编号】 027-001-0480-0015
【成文时间】 1939-08-23
【收藏单位】 甘肃省档案馆
【涉及地域】 武威县
【关 键 词】 青云中学；荒山造林
【内容提要】

如题。

【叙录编号】 0578
【档案题名】

甘肃省建设厅关于会同调查永登河两岸空地是否适宜造林给甘肃省农业改进所、永登县政府的训令

【发文单位】 甘肃省政府
【收文单位】 甘肃省政府；甘肃省建设厅
【档案编号】 027-001-0480-0018
【成文时间】 1940-01-26
【收藏单位】 甘肃省档案馆
【涉及地域】 永登县
【关 键 词】 永登河；植树造林

【内容提要】

如题。

【叙录编号】 0579

【档案题名】

甘肃省建设厅、永登县关于永登连城一带森林被驻军砍伐搬运一事的呈文、训令

【发文单位】 甘肃省政府

【收文单位】 甘肃省政府；甘肃省建设厅

【档案编号】 027-001-0482-（0003-0006）

【成文时间】 1941-05-26—1941-06-07

【收藏单位】 甘肃省档案馆

【涉及地域】 永登县

【关 键 词】 砍伐林木

【内容提要】

甘肃省建设厅致函甘肃省政府永登连城一带森林被驻军砍伐搬运，永登连城窑街镇呈文甘肃省政府公差摊派过重，附有原呈5份。

【叙录编号】 0580

【档案题名】

甘肃省政府、甘肃省建设厅关于保护左公柳、严禁军民砍伐事宜的指示及相关各县政府、民众的呈文

【发文单位】 甘肃省政府

【收文单位】 甘肃省政府；甘肃省建设厅

【档案编号】 027-001-0485-（0001-0017）

【成文时间】 1940-10—1942-04

【收藏单位】 甘肃省档案馆

【涉及地域】 永登县；古浪县；武威县；张掖县；安西县

【关 键 词】 林木保护；左公柳；第八战区

【内容提要】

为保护左公柳，甘肃省政府通知永登、古浪、武威、张掖、安西等相关县政府予以切实保护，并呈文第八战区司令部严禁驻军砍伐。

【叙录编号】 0581

【档案题名】

正宁、古浪、天水等县政府关于报送育苗造林成绩调查表的呈文及甘肃省政府指令

【发文单位】 永昌县政府；金塔县政府等

【收文单位】 甘肃省政府

【档案编号】 027-001-0523-（0001-0019）

【成文时间】 1944-12-29—1945-02-10

【收藏单位】 甘肃省档案馆

【涉及地域】 古浪县；永昌县；金塔县；高台县；古浪县

【关 键 词】 育苗成绩；调查表

【内容提要】

正宁、古浪、天水、泾川、康县、永昌、金塔、化平、高台、隆德、古浪、崇信县报送《历年育苗成绩表》，甘肃省政府回令准予备查。

【叙录编号】 0582

【档案题名】

农林部、甘肃省政府、第八战区司令部关于保护森林、禁止乱砍树木、增加木炭产量、整修水淹树木、筹设县苗圃的训令、代电及呈文

【发文单位】 甘肃省政府；永登县政府等

【收文单位】 甘肃省政府；甘肃省建设厅

【档案编号】 027-001-0525-（0001-0022）

【成文时间】 1943-03-16—1945-12-23

【收藏单位】 甘肃省档案馆

【涉及地域】 武威县

【关 键 词】 禁止砍伐树木；造林人工费；护林

【内容提要】

第八战区司令部严禁所部砍伐树木，甘肃省政府训令各地驻军及保安团。农林部抄发甘肃省政府第二次全国生产会议决议普遍推行薪炭增产，甘肃省政府训令甘肃省农业改进所及造林委员会。永登县呈文甘肃省政府造林人工

费由育苗造林费下开支，甘肃省政府不同意。甘肃省政府秘书处以武威县县长吴毓灵懈怠政令，令第六区行政督察专员公署彻查报送吴毓灵种植树苗实际情况，附有《武威县三十三年度（1944）收发树苗月日数目表》。会宁县呈文甘肃省政府汇报划拨牧区林区面积表，附有《会宁县划拨各乡保林牧区面积报告表》。崇信县报告被水冲毁林场，甘肃省农会请甘肃省政府发布告保护水磨乡天都山林木，甘肃省政府要求彻查通渭县县长未保护林木一事。

【叙录编号】 0583
【档案题名】
通渭县、夏河县、古浪县关于报送造林计划、植树统计表、成活株数表、苗圃种类数量表的呈文及甘肃省政府指令
【发文单位】 古浪县政府等
【收文单位】 甘肃省政府；甘肃省建设厅
【档案编号】 027-001-0544-（0001-0016）
【成文时间】 1945-05-17—1945-06-26
【收藏单位】 甘肃省档案馆
【涉及地域】 古浪县
【关 键 词】 植树；苗圃；报表
【内容提要】
通渭县、夏河县、古浪县、海原县、两当县、定西县报送春季植树造林情况。甘肃省政府回令报送植树地点、株数、种类、灌溉及管理人员姓名情况。0001为《甘肃省通渭县三十四年度（1945）造林计划》，0003为《夏河县三十三年度（1944）实施国民义务劳动植树造林一览表》，0006为古浪县报送《古浪县本年植树造林一览表》，0008为《海原县三十四年度春季植树造林调查表》，0014为《古浪县本年度植树数字及成活数字数目一览表》，0015为洮沙县报送《洮沙县三十四年度县苗圃出圃苗木报告表》《洮沙县三十四年度春季植树报告表》。

【叙录编号】 0584
【档案题名】
玉门县、徽县、镇原县、永昌县、会宁县、平凉县政府等关于报送1945年度春季植树调查表册一事的各类文件
【发文单位】 玉门县政府；永昌县政府等
【收文单位】 甘肃省政府；甘肃省建设厅
【档案编号】 027-001-0547-（0001-0014）
【成文时间】 1945-06-27—1945-07-25
【收藏单位】 甘肃省档案馆
【涉及地域】 玉门县；永昌县
【关 键 词】 春季植树造林
【内容提要】
此案卷包含14份文件，均与植树造林有关。玉门县、徽县、镇原县、永昌县、兰州市、会宁县、平凉县分别向甘肃省政府汇报1945年春季植树造林的情况。其中，会宁县、永昌县准予备查，甘肃省政府另要求其他县、市补充相关的信息后再上报（玉门县、平凉县补充模范林区；徽县补充植树株数、种类、灌溉情况，镇原县、兰州市同）。

【叙录编号】 0585
【档案题名】
永登县、西固县、正宁县、西和县政府等关于报送1945年度植树调查表册一事的各类文件
【发文单位】 永登县政府等
【收文单位】 甘肃省政府；甘肃省建设厅
【档案编号】 027-001-0551-（0001-0019）
【成文时间】 1945-10-23—1945-11-06
【收藏单位】 甘肃省档案馆
【涉及地域】 永登县；肃北设治局
【关 键 词】 造林
【内容提要】
此案卷包含19份文件，均与植树造林有关。永登县向甘肃省政府呈报1935年春季育

苗株数、种类表，甘肃省政府回令准予备查，并需补报育苗成活株数。化平县向甘肃省政府报送办理秋季模范造林的情况，甘肃省政府回令准予备查。正宁县政府致电甘肃省政府，请求免办1945年秋季造林工程，甘肃省政府回令准予缓办。西固县（今宕昌县）向甘肃省政府呈报1945年度育苗造林的报告表，甘肃省政府回令准予备查。秦安县政府向甘肃省政府呈报1945年植树成活情况及苗圃树苗出圃的数目表，甘肃省政府令该县补报模范造林情况及各苗圃育苗株数、种类、浇灌及培护情况。肃北设治局致电甘肃省政府，本局因鼠患，无法填报植树报告表。西和县向甘肃省政府报送，甘肃省政府回令准予备查。甘肃省造林委员会上呈甘肃省政府，拟具本年（1945）秋季植树办法，甘肃省政府回令，已令各机关遵照此办法执行植树任务。甘肃省造林委员会又向甘肃省政府报送兰州市南北两山1944年秋、1945年春季造林成绩统计表，甘肃省政府回令准予备查。甘肃省造林委员会上呈甘肃省政府，本会之前存在商业银行的30万元经费已自1945年7月25日起转存魁泰兴钱庄，甘肃省政府回令此项存款应于本年8月25日期满后提购粮食、保存价值、备付工资。

【叙录编号】 0586

【档案题名】

甘肃省政府、甘肃省建设厅、甘肃省造林委员会关于推广苗木数量统计表，售树苗款挖掘水平沟，发树种、布袋的训令、呈文

【发文单位】 甘肃省造林委员会；张掖县政府等

【收文单位】 甘肃省政府；甘肃省建设厅

【档案编号】 027-001-0556-（0001-0026）

【成文时间】 1945-05-29—1947-07-01

【收藏单位】 甘肃省档案馆

【涉及地域】 张掖县；民勤县

【关 键 词】 春季造林；种子

【内容提要】

甘肃省造林委员会报送《甘肃省造林委员会三十六年度（1947）春季推广苗木数量统计表》，甘肃省政府回令准予备查。皋兰县政府申请所购树苗费从造林费下拨付，0005为《甘肃省造林委员会三十六年度春季价让苗木数量及价款统计表》，造林委员会申请利用监狱囚犯开挖水平沟，甘肃省政府同意。张掖、民勤县政府报送拨发榆树种子情况，清水县报送各保苗圃榆籽发芽率及生长情况。

【叙录编号】 0587

【档案题名】

山丹县、漳县、徽县等县政府关于报送育苗造林成绩表的呈文及甘肃省政府的指令

【发文单位】 山丹县政府；武威县政府等

【收文单位】 甘肃省政府

【档案编号】 027-001-0559-（0001-0017）

【成文时间】 1945-04-07—1945-05-30

【收藏单位】 甘肃省档案馆

【涉及地域】 山丹县；武威县

【关 键 词】 榆树种子；报表

【内容提要】

0002为甘肃省政府训令各县局报送历年育苗造林成绩表；0005为山丹县政府报送《山丹县历年育苗造林成绩调查表》，甘肃省政府回令按原表样式填报；漳县政府呈文造林成绩上年已经填报，甘肃省政府回令仍需填报；0010为《临洮县历年育苗造林成绩调查表》；0012为《兰州市政府历年育苗造林成绩调查表》；0014为《甘肃省武威县林业机关历年育苗造林成绩调查表》；0016为《甘肃省固原县林业机关历年育苗造林成绩调查表》。

【叙录编号】 0588
【档案题名】
甘肃省政府等关于《民众种树浅说》等事的各类文件
【发文单位】 甘肃省政府；山丹县政府等
【收文单位】 甘肃省政府；甘肃省建设厅
【档案编号】 027-001-0562-（0006-0017）
【成文时间】 1945-03-24—1945-07-31
【收藏单位】 甘肃省档案馆
【涉及地域】 甘肃省
【关 键 词】 《民众种树浅说》；种树
【内容提要】
甘肃省政府致电各县、市、局，将《民众种树浅说》发给各地，另通知各地，本年（1945）各苗圃务须播种树籽，若无其他树籽，还请收集榆钱播种，山丹、和政、玉门各县向甘肃省政府呈报已收到《民众种树浅说》。甘肃省政府指令玉门县，令该县督促各乡、镇、保切实依照《民众种树浅说》认真种树。鼎新、永登、靖远与固原县分别向甘肃省政府报送补填、更正育苗造林成绩表。

【叙录编号】 0589
【档案题名】
古浪县政府关于报送拟订民国三十六年度（1947）春季植树育苗实施办法致甘肃省政府的呈文及甘肃省政府回令
【发文单位】 古浪县政府
【收文单位】 甘肃省政府；甘肃省建设厅
【档案编号】 027-001-0566-（0005-0006）
【成文时间】 1947-03-10—1947-03-13
【收藏单位】 甘肃省档案馆
【涉及地域】 古浪县
【关 键 词】 植树育苗
【内容提要】
《古浪县三十六年度（1947）春季植树育苗实施办法》，包含植树造林15条、荒山造林2条、苗圃工作6条及奖惩5条。

【叙录编号】 0590
【档案题名】
武都、民勤、两当等县政府关于春季植树造林办法的呈文及甘肃省政府指令
【发文单位】 民勤县政府等
【收文单位】 甘肃省政府；甘肃省建设厅
【档案编号】 027-001-0568-（0001-0023）
【成文时间】 1947-03-18—1947-04-21
【收藏单位】 甘肃省档案馆
【涉及地域】 民勤县
【关 键 词】 植树育苗；报表
【内容提要】
农林部致电甘肃省政府检发10册林业法规，甘肃省政府检发林业法规1册训令各县局。武都县、民勤县报送植树造林情况，两当县、西固县、甘谷县、康县、灵台县、第二区行政督察专员公署报送植树节情况及所植数目。

【叙录编号】 0591
【档案题名】
临夏、武威、安西等县政府关于召开植树节、植树情况的呈文及甘肃省政府指令
【发文单位】 武威县政府；安西县政府
【收文单位】 甘肃省政府；甘肃省建设厅
【档案编号】 027-001-0569（全案卷）
【成文时间】 1947-04-07—1949-05-19
【收藏单位】 甘肃省档案馆
【涉及地域】 武威县；安西县；山丹县；永昌县
【关 键 词】 植树育苗；报表
【内容提要】
0001-0002为临夏县报送《临夏县三十六年度（1947）植树节大会》情况表，0003-0004为武威县政府报送植树节及造林运动详

情，0005为湟惠渠特种乡报送植树节典礼及春季植树情形，0007为安西县报送《城区植树造林分区办法》，0009为兰州市政府报送《兰州市政府三十六年度春季植树地点种类数目表》。其余为甘肃省建设厅职员梁承灏、邢国治等人抵达山丹、永昌等地督导农林工作的电报。

【叙录编号】 0592
【档案题名】
固原、民勤、武都等县政府关于召开植树节、植树情况的呈文及甘肃省政府指令
【发文单位】 民勤县政府等
【收文单位】 甘肃省政府；甘肃省建设厅
【档案编号】 027-001-0570（全案卷）
【成文时间】 1947-04-19—1947-05-15
【收藏单位】 甘肃省档案馆
【涉及地域】 民勤县
【关 键 词】 植树育苗；报表
【内容提要】
0001-0002为民勤县报送《督促各乡镇育苗造林护林及护林办法》，甘肃省政府回令修正第六条，其余条准予备查。0003-0004为固原县报送《甘肃省固原县三十五年度各乡镇保苗圃春季育苗报告表》，甘肃省政府训令将育苗情况列专表报告。0005为武都县报送《武都县造赍三十六年度各机关学校植树调查表》，甘肃省政府回令植树株数与原表不合。0007为西吉县报送植树造林情况。0009为《甘肃省成县三十六年度植树调查表》《成县保苗圃面积及栽育苗木数目调查表》。

【叙录编号】 0593
【档案题名】
山丹、永登、高台等县政府关于召开植树节、植树情况的呈文及甘肃省政府指令
【发文单位】 山丹县政府；高台县政府等
【收文单位】 甘肃省政府
【档案编号】 027-001-0574-（0001-0012）
【成文时间】 1947-06-30—1947-07-18
【收藏单位】 甘肃省档案馆
【涉及地域】 民乐县；高台县；山丹县；永登县
【关 键 词】 造林；苗圃
【内容提要】
民乐县报送该县受灾情形，山丹县政府报送举办植树节情形、造林情形、育苗详情、《甘肃省山丹县三十六年度（1947）植树育苗工作报告表》，甘肃省政府回文准予备查。0005为《高台县三十六年度春季植树报告表》。0007为《永登县各乡镇三十六年度春季公私植树数量报告表》《永登县各级苗圃育苗插秧数量报告表》。0009为《定西县政府报送民国三十六年度植树造林报告表》。0011为《临夏县各乡镇三十六年度春季公私植树数量报告表》。

【叙录编号】 0594
【档案题名】
崇信、泾川、清水、两当、会川、玉门、临潭、徽县、武威等县政府关于召开植树节、植树情况的呈文及甘肃省政府指令
【发文单位】 玉门县政府；武威县政府等
【收文单位】 甘肃省政府；甘肃省建设厅
【档案编号】 027-001-0575-0023
【成文时间】 1947-07-12—1947-09-27
【收藏单位】 甘肃省档案馆
【涉及地域】 玉门县；武威县
【关 键 词】 植树造林
【内容提要】
此案卷包含22份文件，均与植树造林有关。崇信县、泾川县、清水县、两当县、会川县、玉门县、临潭县、徽县、武威县、第七区行政督察专员公署、礼县分别向甘肃省政府报

送1947年度（或本年春季）植树报告表。甘肃省政府认为泾川县、两当县植树数目与所住人口规定相差太多，请于秋季大量补种；又令会川县严催各乡镇保限期完成保苗圃播种育苗活动；认为玉门县植树数目与规定相差太多，要求明春补种；认为徽县、武威县所植树苗数目与规定相差较大，应在秋季大量补种；认为第七区专署辖境各县造林数字经核查不符，应迅速查明。其余各县均准予备查。

【叙录编号】　0595
【档案题名】
永昌、会川、酒泉等县政府关于召开植树节、植树情况的呈文及甘肃省政府指令
【发文单位】　永昌县政府；酒泉县政府等
【收文单位】　甘肃省政府；甘肃省建设厅
【档案编号】　027-001-0576-（0001-0018）
【成文时间】　1947-07-17—1947-08-22
【收藏单位】　甘肃省档案馆
【涉及地域】　永昌县；酒泉县
【关 键 词】　春季造林；报表
【内容提要】
0003为《会川县三十六年度（1947）春季植树报告表》，0005为《酒泉县政府三十六年度春季集体造林统计表》，0007为《西吉县三十六年度春季造林报告表》，0009为《灵台县三十六年度春季植树造林统计报告表》，甘肃省政府回令数目相差过半勒令补种。0013为《临洮县三十六年度春季植树造林报告表》，0015为《甘肃省第九区榆中三十六年度春季植树造林报告表》。

【叙录编号】　0596
【档案题名】
民勤县政府等关于洋槐种子一事的各类文件
【发文单位】　民勤县政府；鼎新县政府等
【收文单位】　甘肃省政府；甘肃省建设厅
【档案编号】　027-001-0578-（0001-0006）
【成文时间】　1946-06-20—1946-07-25
【收藏单位】　甘肃省档案馆
【涉及地域】　民勤县；鼎新县
【关 键 词】　洋槐种子
【内容提要】
民勤县、化平县、鼎新县分别向甘肃省政府呈报洋槐种子一事，民勤县向甘肃省政府呈报汇解洋槐种子采集工资及洋槐，甘肃省政府发还洋槐种子邮寄费。化平县向甘肃省政府呈报本县苗圃播种洋槐种子的情况，甘肃省政府回令准予备查。鼎新县向甘肃省政府呈报汇解洋槐种子采集工资一事，甘肃省政府回令洋槐种子采集工资已照收，并要求将发育成长情况上报。

【叙录编号】　0597
【档案题名】
正宁、康县、徽县等县政府关于汇交树种款、采集费的呈文及甘肃省政府指令
【发文单位】　永登县政府等
【收文单位】　甘肃省政府；甘肃省建设厅
【档案编号】　027-001-0585-（0001-0025）
【成文时间】　1946-07-06—1946-08-23
【收藏单位】　甘肃省档案馆
【涉及地域】　永登县
【关 键 词】　洋槐；工资
【内容提要】
此卷主要为正宁县、康县、徽县、宁县、隆德县、武山县、康乐县、永登县、庄浪县、礼县、泾川县报送汇交槐籽种、洋槐生长发育情况、汇交洋槐邮费的文件，以及采集洋槐槐树种子的工资、单据。

【叙录编号】 0598
【档案题名】
高台、肃北、民勤等县政府关于报送植树造林计划书、植树造林实施办法、森林登记表、租用林区划界书、平面图、林区登记手续的呈文及甘肃省政府指令
【发文单位】 高台县政府；肃北设治局等
【收文单位】 甘肃省政府；甘肃省建设厅
【档案编号】 027-001-0593-（0001-0022）
【成文时间】 1945-06-11—1946-04-20
【收藏单位】 甘肃省档案馆
【涉及地域】 高台县；民勤县；肃北县；金塔县
【关 键 词】 植树造林；莲花山；林场
【内容提要】
0001为高台县报送《高台县三十五年植树造林实施计划》，甘肃省政府回令新植树木损毁责令赔偿。0003为肃北设治局拟请暂缓春季植树事宜，甘肃省政府准予。0005为第三区行政督察专员公署报送春季植树情况，甘肃省政府回令详细填报。0007为民勤县报送《民勤县三十五年度植树实施计划》，甘肃省政府回文准予备查。0009为金塔县报送植树造林办法，甘肃省政府回文未曾收到。0011为农林部洮河流域国有林区管理处训令甘肃省政府报送莲花山森林产权登记，附有《农林部洮河流域国有林区管理处公私有森林登记表》样表1份，甘肃省政府训令甘肃水利林牧公司填报。0013为甘肃水利林牧公司承租莲花山及冶力关林区划界及平面图。0015后为甘肃水利林牧公司请第九区行政督察专员公署禁止砍伐树木，西固县报送高连三补办私有林登记，甘肃省政府训令西固将处罚数目详细填报。

【叙录编号】 0599
【档案题名】
鼎新、化平、古浪等县政府关于报送植树造林情况、植树调查表的呈文及甘肃省政府的指令
【发文单位】 鼎新县政府；古浪县政府等
【收文单位】 甘肃省政府；甘肃省建设厅
【档案编号】 027-001-0601-（0001-0019）
【成文时间】 1946-06-04—1946-09-02
【收藏单位】 甘肃省档案馆
【涉及地域】 鼎新县；古浪县；张掖县
【关 键 词】 植树造林
【内容提要】
此案卷包含19份文件，均与植树造林有关。第一区行政督察专员公署，卓尼设治局，鼎新县、化平县、古浪县、礼县、康乐县、西吉县、张掖县、临夏县政府分别向甘肃省政府呈报1946年度（或春季）植树造林的情况。其中，甘肃省政府认为卓尼设治局植树株数经核查不符，今后要注意，其余均准予备查。

【叙录编号】 0600
【档案题名】
第七区行政督察专员公署，安西、榆中、正宁、永靖、徽县、敦煌等县政府关于报送植树造林情况、植树调查表的呈文及甘肃省政府的指令
【发文单位】 安西县政府；玉门县政府等
【收文单位】 甘肃省政府；甘肃省建设厅
【档案编号】 027-001-0602
【成文时间】 1945-09-03—1946-07-16
【收藏单位】 甘肃省档案馆
【涉及地域】 安西县；敦煌县；永昌县
【关 键 词】 植树造林
【内容提要】
此案卷包含19份文件，均与植树造林有关。第七区行政督察专员公署，安西县、榆中县、正宁县、永靖县、徽县、敦煌县政府分别向甘肃省政府报送1946年春季（或秋季，或全年）的植树造林及育苗情况，甘肃省政府均回令准予备查。永昌县、安西县与兰州市分别

向甘肃省政府报送历年育苗造林成绩调查表，甘肃省政府给安西县回令准予备查。甘肃省政府向农林部报送本省历年育苗造林成绩调查表。

【叙录编号】 0601
【档案题名】
湟惠渠特种乡，第二区行政督察专员公署，高台、漳县、礼县、皋兰、武威等县政府关于报送植树造林情况、植树调查表的呈文及甘肃省政府的指令
【发文单位】 高台县政府；武威县政府等
【收文单位】 甘肃省政府
【档案编号】 027-001-0603-（0001-0015）
【成文时间】 1946-12-26—1947-01-24
【收藏单位】 甘肃省档案馆
【涉及地域】 高台县；武威县
【关 键 词】 造林
【内容提要】
此案卷包含15份文件，均与植树造林有关。甘肃省政府令各县、市、局、政府速报本年（1946）育苗造林的详情，湟惠渠特种乡、高台县、漳县、第二区行政督察专员公署、礼县、皋兰县、武威县分别向甘肃省政府报送1946年全年（或春季）植树的情况。武威县还报送了本县历年植树造林统计表。甘肃省政府均回令，准予备查。

【叙录编号】 0602
【档案题名】
甘肃省政府、西吉县、永昌县、礼县关于滩地划为林区、发动奇迹造林、在淤滩植树、加强树苗越冬管理的训令
【发文单位】 安西县政府；高台县政府等
【收文单位】 甘肃省政府；甘肃省建设厅
【档案编号】 027-001-0611-（0015-0022）
【成文时间】 1947-09-08—1947-10-05
【收藏单位】 甘肃省档案馆
【涉及地域】 安西县；高台县
【关 键 词】 造林植树；办法
【内容提要】
0015为安西县电文报送秋季造林情况，甘肃省政府回令认真督促办理尤其注意越冬培护办法。正宁县请暂缓本县植树事宜，甘肃省政府回令同意。高台县报送《高台县三十六年度秋季植树造林推行办法》，安西县报送《安西县各乡镇各学校三十六年度秋季植树造林办法》，甘肃省政府回令准予备案。

【叙录编号】 0603
【档案题名】
甘肃省政府，两当、岷县、庄浪等县政府关于调查新河淤滩、加强树木越冬管理工作、报送秋季植树造林情况的训令、呈文
【发文单位】 甘肃省政府；永昌县政府等
【收文单位】 甘肃省政府；甘肃省建设厅
【档案编号】 027-001-0612-（0001-0032）
【成文时间】 1947-09-17—1947-10-27
【收藏单位】 甘肃省档案馆
【涉及地域】 永昌县；玉门县
【关 键 词】 林区；秋季植树
【内容提要】
甘肃省政府训令各县局新淤滩地一律编为林区并发给土地所有权；第二区行政督察专员公署、西吉县报送秋季造林运动情况；礼县呈文甘肃省政府询问秋季植树是否在落叶时举行；西吉县政府拟请春季扩大植树；永昌县、隆德县、洮沙县、临夏县、玉门县因秋季寒冷不宜植树致函甘肃省政府，甘肃省政府训令连同该地海拔高度冬季最低气温奏报；镇原县报送秋季造林运动情况；临潭县报送该县秋季造林困难。

【叙录编号】 0604
【档案题名】
兰州市政府，民勤、渭源等县政府关于报送植树造林情况、造林成绩调查表的呈文及甘肃省政府指令
【发文单位】 民勤县政府；武威县政府等
【收文单位】 甘肃省政府；甘肃水利林牧公司
【档案编号】 027-001-0618-（0001-0026）
【成文时间】 1947-11-18—1948-02-25
【收藏单位】 甘肃省档案馆
【涉及地域】 民勤县；武威县
【关 键 词】 秋季造林；报告表
【内容提要】
宁定县报送本县乐善乡乾庵林负责人姓名，甘肃省政府回文准予备查；第一区行政督察专员公署转卓尼设治局秋季植树情况；民勤县报送三十六年度（1947）秋季植树造林报告表；兰州市政府呈文甘肃省政府报送《兰州市政府三十六年度秋季造林报告表》；渭源县政府报送本县秋季试验植树报告表；武威县报送《武威县三十六年度秋季植树数目统计报告表》；会川县致函甘肃省政府请将洮南林场划归本县管理；甘肃水利林牧公司请第八区与本公司价购木料；甘肃省建设厅报送莲花山承租林区及砍伐办法，甘肃省汪入泮、赵国栋等人请甘肃省政府派人保护莲花山树木。

【叙录编号】 0605
【档案题名】
永昌、永登、民勤等县政府关于报送植树、育苗株数、育苗数额、挖掘水平沟调查表的呈文及甘肃省政府的指令
【发文单位】 永昌县政府；永登县政府等
【收文单位】 甘肃省政府；甘肃省建设厅
【档案编号】 027-001-0622-（0001-0024）
【成文时间】 1947-12-11—1947-12-29
【收藏单位】 甘肃省档案馆
【涉及地域】 永昌县；永登县；民勤县
【关 键 词】 春季植树；水平沟；调查表
【内容提要】
甘肃省政府训令各县局报送春季育苗株数及挖掘水平沟详情，永昌、西吉、永登、民勤、康乐、定西、临潭、化平、会川、定西、清水报送育苗株数及挖掘水平沟情形、春秋两季植树报告表。0002为《西吉县三十六年度（1947）荒山挖掘水平沟调查表》，0007为《民勤县三十六年度春季植树成绩报告表》《民勤县三十六年度秋季植树成绩报告表》。其余表格大同小异，甘肃省政府回令植树数目与规定不符，明年补种等。

【叙录编号】 0606
【档案题名】
康乐、会宁、隆德等县政府关于报送植树、育苗株数、育苗数额、挖掘水平沟调查表的呈文及甘肃省政府的指令
【发文单位】 永登县政府等
【收文单位】 甘肃省政府；甘肃省建设厅
【档案编号】 027-001-0624-（0001-0014）
【成文时间】 1947-12-15—1949-01-03
【收藏单位】 甘肃省档案馆
【涉及地域】 永登县
【关 键 词】 春季植树；水平沟；调查表
【内容提要】
甘肃省政府训令各县局报送春季育苗株数及挖掘水平沟详情、春秋两季植树育苗情形，康乐、会宁、隆德、渭源、西固、永登、秦安等县报送育苗株数及挖掘水平沟情形。0003为《甘肃省会宁县三十六年度（1947）秋季植树造林报告表》《甘肃省会宁县三十六年度挖掘水平沟数量报告表》《甘肃省会宁县三十六年度县保苗圃育苗情形报告表》，其余类似。

【叙录编号】 0607
【档案题名】
卓尼设治局、肃北设治局，漳县、徽县、和政、古浪、宁定、西吉、靖远、平凉、静宁、民乐等县政府关于报送植树、育苗株数、育苗数额、挖掘水平沟调查表的呈文及甘肃省政府的指令
【发文单位】 古浪县政府；肃北设治局等
【收文单位】 甘肃省政府；甘肃省建设厅
【档案编号】 027-001-0626-（0001-0024）
【成文时间】 1947-12-25—1948-01-20
【收藏单位】 甘肃省档案馆
【涉及地域】 古浪县；肃北设治局；民乐县
【关 键 词】 育苗；造林
【内容提要】
卓尼设治局、肃北设治局，漳县、徽县、和政县、古浪县、宁定县、西吉县、靖远县、平凉县、静宁县、民乐县政府分别向甘肃省政府报送1947年春、秋季植树、育苗的情况。甘肃省政府认为卓尼挖掘水平沟数目与规定相差甚远，应继续挖掘；漳县的秋季植树数目与规定不符；古浪县应重新补办春、秋季植树及县保苗圃育苗的成绩表；宁定县的挖掘水平沟数目与规定相差甚远，应在农闲时补足；靖远县挖掘水平沟的情况应列表详报；静宁县与平凉县的秋季植树株数与规定不符，应于春季补植，并将挖掘水平沟情况详报；民乐县因旱灾未能挖掘水平沟一事已知悉。其余均回复准予备查。

【叙录编号】 0608
【档案题名】
民勤、酒泉、高台等县政府关于报送植树、育苗株数、育苗数额、挖掘水平沟调查表的呈文及甘肃省政府的指令
【发文单位】 酒泉县政府；高台县政府等
【收文单位】 甘肃省政府
【档案编号】 027-001-0628-（0001-0016）
【成文时间】 1948-01-29—1948-03-13
【收藏单位】 甘肃省档案馆
【涉及地域】 酒泉县；高台县；民勤县
【关 键 词】 春秋造林；水平沟；报表
【内容提要】
民勤县报送本县不宜挖掘水平沟情况。酒泉县报送《酒泉县三十六年度（1947）春季集体造林统计表》《酒泉县三十六年度春季个人造林统计表》《酒泉县三十六年度试办秋季造林报告表》《酒泉县三十六年度保苗圃情形报告表》，高台县类似。靖远县、西和县报送该县挖掘水平沟与春季植树情形。0011为甘肃省小陇山林区管理处报送《甘肃省政府小陇山林区管理处为提倡春季造林印送》，内有植树造林法、插干造林法，一式2份。第八区行政督察专员公署请补发《农业推广浅说》。0015为静宁县政府报送《静宁县农林建设计划》，主要包括小麦混合选种、推广优良麦种、改良马铃薯栽培、防治小麦黑穗病、沿河堤湿地造林、培育树苗、保护林木。

【叙录编号】 0609
【档案题名】
庄浪、隆德、民勤等县政府关于报送保护林木实施办法的呈文及甘肃省政府的训令
【发文单位】 民勤县政府；民乐县政府等
【收文单位】 甘肃省政府
【档案编号】 027-001-0637-（0001-0012）
【成文时间】 1947-03-12—1947-06-26
【收藏单位】 甘肃省档案馆
【涉及地域】 民勤县；民乐县
【关 键 词】 护林管制有效办法
【内容提要】
0001为庄浪县报送《庄浪县护林管制有效办法》，甘肃省政府回令抄发修正有效办法。0003为隆德县报送修正《隆德县三十六年度

(1947）公私有林木管制保护有效办法》。0005为民勤县报送《民勤县林木管制保护有效办法》，甘肃省政府回文准予备查。0007为夏河县报送《甘肃省夏河县林木保护办法》。0009为《泾川县保护林木暂行办法》。0011为民乐县派4名林警保护林木，甘肃省政府训令民乐县制定有效保护办法。

【叙录编号】 0610
【档案题名】
宁定、金塔、华亭等县政府关于报送苗圃育苗数字、情况报表的呈文及甘肃省政府的训令
【发文单位】 金塔县政府；永昌县政府等
【收文单位】 甘肃省政府
【档案编号】 027-001-0639-（0001-0018）
【成文时间】 1947-01-31—1947-04-12
【收藏单位】 甘肃省档案馆
【涉及地域】 金塔县；永昌县；玉门县；古浪县
【关 键 词】 育苗造林
【内容提要】
宁定县、金塔县、华亭县、靖远县、临潭县、永昌县、玉门县报送三十五年度（1946）育苗造林情况报告表。0007为《靖远县三十五年度育苗造林情形报告表》，0015为《甘谷县森林保管委员会简章》《甘谷县森林保管委员会保护林木办法》，0017为古浪县报送《古浪县保护林木办法》。

【叙录编号】 0611
【档案题名】
永昌、武山、高台等县政府关于报送保护林木实施办法的呈文及甘肃省政府的训令
【发文单位】 肃北设治局；永昌县政府等
【收文单位】 甘肃省政府
【档案编号】 027-001-0643-（0001-0020）
【成文时间】 1947-07-15—1948-07-04
【收藏单位】 甘肃省档案馆
【涉及地域】 肃北设治局；高台县；山丹县
【关 键 词】 苗圃；植树造林
【内容提要】
肃北设治局无法办理育苗事宜呈文甘肃省政府，甘肃省政府准予备查。康县呈文甘肃省政府各保苗圃除少数乡镇因环境限制外其余均已不足。0004为永昌县政府报送《永昌县三十六年（1947）植树造林及成活数字统计表》，甘肃省政府回文准予备查。武山县政府报送《武山县各乡镇保苗圃育苗情形调查报告表》，高台县政府报送《高台县三十六年度苗圃报告表》。0010为化平县政府报送《化平县保护林木实施办法》，甘肃省政府训令修改第10条。0013为山丹县政府报送《甘肃省山丹县推行农林建设工作计划要目》。0015为康县政府抄印《推广农业浅说》，包含小麦混合选种、马铃薯栽培、防治小麦黑穗病、防治麦蛾、柳篱挂淤、育苗与造林6条，甘肃省政府回令准予备查。0017为礼县政府报送《礼县政府三十七年度（1948）春季实施农林工作报告表》。

【叙录编号】 0612
【档案题名】
甘肃省政府、甘肃省农业改进所、夏河县政府、武山县政府关于采集榆树种子、拨发适宜栽种种子的训令、呈文
【发文单位】 高台县政府；民勤县政府等
【收文单位】 甘肃省政府；甘肃省建设厅
【档案编号】 027-001-0647-（0001-0035）
【成文时间】 1947-04-20—1948-11-13
【收藏单位】 甘肃省档案馆
【涉及地域】 高台县；民勤县
【关 键 词】 育苗；榆树；种子
【内容提要】
临潭县请甘肃省政府准发榆树种子，甘肃省政府训令有限分给。夏河县报送请发适宜本

县种子，甘肃省政府训令甘肃省农业改进所大量采集榆树种子。甘肃省农业改进所呈文甘肃省政府收集榆树种子435市斤。甘肃省政府训令各县局报送采集播种榆树种子及春季植树树株列表，高台县报送榆树种子未熟被冻坏，民勤县报送采集榆树种子和春季植树数量，广河县、宁定县、青年基督会报送请拨发榆树种子、捐赠榆树树苗等事宜。

【叙录编号】 0613
【档案题名】
甘肃省政府等关于1948年春季植树等事的各类文件
【发文单位】 玉门县政府；武威县政府等
【收文单位】 甘肃省政府；甘肃省建设厅
【档案编号】 027-001-0648-（0001-0025）
【成文时间】 1948-11-06—1949-03-08
【收藏单位】 甘肃省档案馆
【涉及地域】 武威县；安西县；民乐县；玉门县；酒泉县
【关 键 词】 植树
【内容提要】
此案卷包含25份文件，均与植树一事相关。空军高射炮兵第五团第一营致函甘肃省建设厅，请拨赠树苗500棵，甘肃省政府令甘肃省农业改进所负责此事。武威县、靖远县、安西县、民乐县、泾川县、玉门县、固原县、西和县、酒泉县、通渭县政府纷纷向甘肃省政府报告1948年春季植树情况。甘肃省政府回复武威县，该县春季植树总株数与规定相差太多，应于秋季补种；令固原县政府查明实植树少于成活树的原因；西和县、固原县、酒泉县的植树株数与规定相差太多，应于秋季补种。其余均回复准予备查。另外，通渭县的报告，甘肃省政府回令，需要更改的内容为：每户每年种植150株树木；榆钱需晒干后种植在水平沟或马蹄穴的底部或边缘部。具体办法参见《民众种树浅选》。

【叙录编号】 0614
【档案题名】
漳县、永昌、临潭等县政府关于报送植树造林待查表、免除秋季植树的呈文及甘肃省政府的指令
【发文单位】 永昌县政府；民乐县政府等
【收文单位】 甘肃省政府；甘肃省建设厅
【档案编号】 027-001-0664-（0001-0029）
【成文时间】 1948-09-29—1948-11-17
【收藏单位】 甘肃省档案馆
【涉及地域】 永昌县；民乐县
【关 键 词】 秋季植树；报表
【内容提要】
漳县报送本县秋季植树及补植树株插种榆钱树株、插种榆钱穴数调查表，甘肃省政府回文准予备查。甘肃省政府电令各县局秋季将春季未完成株数补足。甘肃省造林委员会总干事张桂海报送民国三十七年度（1948）各县局秋季植树造林办法及预算，甘肃省政府训令重新编造预算，张桂海报送《三十七年拟订于秋季公务人员植树株数分配表》。正宁县缺乏树苗暂缓植树，永昌、临潭、夏河、卓尼、和政、民乐县因天气寒冷请免于秋季植树，甘肃省政府同意。

【叙录编号】 0615
【档案题名】
兰州市政府，皋兰、临夏等县政府关于挖水平沟情况的呈文及甘肃省政府的指令
【发文单位】 永昌县政府；高台县政府等
【收文单位】 甘肃省政府；甘肃省建设厅
【档案编号】 027-001-0682-（0001-0036）
【成文时间】 1948-08-18—1948-09-24
【收藏单位】 甘肃省档案馆
【涉及地域】 永昌县；高台县；金塔县；酒泉

县；安西县
【关 键 词】 秋季植树；水平沟；报表
【内容提要】

兰州市、皋兰县、临夏县报送秋季植树与挖掘水平沟情况。永昌县、夏河县、合水县、环县、高台县、临潭县、和政县、镇原县、金塔县、酒泉县、安西县请求甘肃省政府免于开挖水平沟，地势平坦不需开挖，甘肃省政府同意或督导尽快开挖。农林部致电甘肃省政府检送《编定林地与推广造林》10册，甘肃省政府回令再寄送20册。

【叙录编号】 0616
【档案题名】

成县、古浪、皋兰等县政府关于挖水平沟情况配发树苗的呈文及甘肃省政府回令
【发文单位】 古浪县政府等
【收文单位】 甘肃省政府；甘肃省建设厅
【档案编号】 027-001-0683-（0001-0029）
【成文时间】 1948-12-18—1949-04-15
【收藏单位】 甘肃省档案馆
【涉及地域】 古浪县
【关 键 词】 水平沟；植树
【内容提要】

成县、皋兰县报送三十七年度（1948）开挖水平沟事宜，附有0001《甘肃省成县三十七年度挖掘水平沟数目表》，0003《古浪县三十七年度挖掘水平沟工作报告表》。甘肃省农业改进所呈文甘肃省政府要求禁止乡民在中正山掘取沙土。0007为甘肃省农业改进所报送《甘肃省农业改进所苗木价格表》《甘肃省农业改进所三十八年（1949）森林苗木年龄表》。空军第二四五供应中队、中央警官学校第一分校请免费拨发树苗。中国工程师学会兰州分会函捐赠树苗，甘肃省政府同意捐赠。联合勤务总司令部第四〇二汽车厂请甘肃省农业改进所拨发树木500株。

【叙录编号】 0617
【档案题名】

缺题
【发文单位】 第七区行政督察专员公署；农林部祁连山国有林区管理处等
【收文单位】 甘肃省政府
【档案编号】 027-001-0691-（0001-0020）
【成文时间】 1944-08—1944-11
【收藏单位】 甘肃省档案馆
【涉及地域】 第七区
【关 键 词】 祁连山；伐木
【内容提要】

此案卷包含20份文件，均与祁连山林木有关。第七区行政督察专员公署致电甘肃省政府，将酒泉直属保藏民人数及拟建房屋情形上报，附《祁连山北麓藏民呈请砍伐木料建筑房屋一览表》（1944）。甘肃省政府将此表抄送给农林部祁连山国有林区管理处，又致电第七区行政督察专员公署，令其与该处共同办理此事。酒泉县政府向甘肃省政府呈报本县直属祁连山第一保民众马罗汉等呈请准予砍伐树木、修建藏民房屋一事，甘肃省政府回令同意，但明令禁止将木材转售。农林部祁连山国有林区管理处呈报甘肃省政府，本处将会派员前往监督藏民伐木，甘肃省政府回令准予备查。农林部祁连山国有林区管理处向甘肃省政府呈报在民乐县查获民人私自砍伐木料一事及处理情况，甘肃省政府回令，同意将该县查获的木料拍卖价款补助该县造林费用。农林部祁连山国有林区管理处向甘肃省政府呈报甘肃油矿局并未在丰乐川采伐木料。甘肃省建设厅向甘肃省政府呈报，河西关外垦局拟在玉门建修办公室等，请准在祁连山附近林区采伐，因在祁连山采伐树木的量有限制，故如若今年的采伐量已告罄，应明年再采伐，农林部也就此事致电甘肃省政府。甘肃省政府密电农林部祁连山国有林区管理处，要求核报各单位本年至现在

(1944年9月1日) 在祁连山林区采伐木料的实际数字。关于第七区南山藏民联名呈请伐木修建房屋一事，甘肃省政府致电第七区行政督察专员公署，要求将详情来报，甘肃省建设厅就此事呈报甘肃省政府，应调查清楚藏民是否能够永久居住、到底需要多少房屋、藏民的职业、所需木料的大小尺寸情况等。第七区遵令将应需木料预算表制好上报。甘肃省政府后又下令第七区查报南山藏民建修房屋的情形。第七区向甘肃省政府呈报组织祁连山勘察队调查祁连山蓄水库地址一事，然祁连山国有林区管理处并未派人参加，查勘费用如何开支，甘肃省建设厅就两事呈报甘肃省政府定夺，甘肃省政府令第七区行政督察专员公署查明祁连山国有林区管理处未派人参加的原因。

【叙录编号】 0618

【档案题名】

农林部祁连山国有林区管理处关于报送民国三十五年度（1946）工作计划及分月进度概算书致甘肃省政府的呈文

【发文单位】 农林部祁连山国有林区管理处

【收文单位】 甘肃省政府；甘肃省建设厅

【档案编号】 027-001-0692-（0001-0009）

【成文时间】 1945-08-10—1945-10-05

【收藏单位】 甘肃省档案馆

【涉及地域】 祁连山

【关 键 词】 祁连山；伐木

【内容提要】

农林部祁连山国有林区管理处向甘肃省政府报送1946年的工作计划及分月进度表与概算书，甘肃省政府认为除一些小问题外，其余均无大碍，准予备查。农林部祁连山国有林区管理处向甘肃省政府呈报处理张建智私运木料一案，甘肃省建设厅就此事向甘肃省政府上报处理意见：应对新旧木料辨别清楚后再行移送法办，并将民间旧存木材限期登记。农林部祁连山国有林区管理处向甘肃省政府呈报1944年截至本月（9月）各方在祁连山伐木的确数，甘肃省政府回令准予备查。农林部祁连山国有林区管理处呈报甘肃省政府，报送查获祁连山康隆寺居留哈萨克族人盗伐林木情况，甘肃省政府回令准予备查。甘肃省建设厅、民政厅向甘肃省政府呈报，同意祁连山北麓藏民砍伐树木、修建房屋。

【叙录编号】 0619

【档案题名】

甘肃省政府等关于祁连山伐木、徐国杰假公济私一案等事的各类文件

【发文单位】 农林部祁连山国有林区管理处；甘肃省建设厅等

【收文单位】 甘肃省政府；甘肃省建设厅

【档案编号】 027-001-0693-（0001-0019）

【成文时间】 1944-12-26—1945-07-05

【收藏单位】 甘肃省档案馆

【涉及地域】 祁连山

【关 键 词】 祁连山林区；砍伐林木

【内容提要】

此案卷包含19份文件，均与祁连山伐木等事有关。农林部祁连山国有林区管理处向甘肃省政府报送祁连山国有林区的初查报告(1944)。甘肃省建设厅第四科向甘肃省建设厅呈报，祁连山林区图已由技术室绘制完成，甘肃省政府就此事致电祁连山国有林区管理处，询问国有林区图是否系属一处、可否相互连接，附林区图5张。民乐县政府向甘肃省政府报送拍卖木料价款的数目，甘肃省政府回令准予备查。农林部致咨甘肃省政府，将派人会同调查祁连山国有林区管理处徐国杰假公济私、砍伐林木一事，甘肃省建设厅也呈报甘肃省政府，将拟派第六区专员会同调查此事，甘肃省政府密令第六区行政督察专员公署会同调查此事。甘肃省政府指令甘肃省建设厅，已收到农

林部任命李树滋为祁连山国有林区管理处处长的命令。农林部祁连山国有林区管理处致电甘肃省政府，之前甘肃省政府送达的绘制祁连山林区略图可以连接，李树滋又致电甘肃省建设厅，询问何时出发办理查案，建设厅回复将于夘月出发（1945）。永昌县金龙坝水利工程处处长与副处长致电甘肃省政府，因修建水利工程，所需木料拟请在祁连山内砍伐，甘肃省政府就此事致电永昌县政府、农林部祁连山国有林区管理处，同意所请。就徐国杰假公济私一案，第六区行政督察专员公署致电甘肃省政府，请改派第七区行政督察专员公署办理，甘肃省政府回令将派杨振滨会同第六区专员王维藩、李树滋共同调查此事。甘肃省建设厅呈报甘肃省政府，祁连山国有林区管理处拟请将代砍伐林木的所有运费工资由所需木料机关负担，李树滋也认为代伐林木应收费，并就此事致函甘肃省政府主席谷正伦，甘肃省政府回电此事应拟具详细办法。

【叙录编号】 0620

【档案题名】

甘肃省政府等关于祁连山伐木、移交汽车等事的各类文件

【发文单位】 农林部祁连山国有林区管理处；民乐县政府等

【收文单位】 甘肃省政府；甘肃省建设厅

【档案编号】 027-001-0694-（0001-0018）

【成文时间】 1945-08-14—1945-12-12

【收藏单位】 甘肃省档案馆

【涉及地域】 祁连山

【关 键 词】 祁连山国有林区管理处伐木限制办法；经费；木料

【内容提要】

农林部祁连山国有林区管理处向甘肃省政府呈报改订后的祁连山国有林区管理处伐木限制办法。农林部致电甘肃省政府，认为拨发给祁连山国有林区管理处的遣散费如有剩余，应上缴国库，不应移交甘肃省政府，行政院也指令甘肃省政府，不得侵吞祁连山国有林区管理处的经费。农林部祁连山国有林区管理处致电甘肃省政府，询问是否将汽车就地出售，并将价款上缴农林部，甘肃省政府回令应将汽车移交第六区行政督察专员公署。山丹县政府致电甘肃省政府，本县祁连山一带因与青海省界址毗连，山口分歧，路址不清，以至于山口情形无法调查管理，甘肃省政府回令令该县认真保护县辖境内的森林。甘肃省政府指令第六区、民乐县政府，同意将没收木贩刘怀仁所砍伐的木料作为建筑材料，并要求补报甘肃油矿局私购木料的封存情况。张掖县政府将国有林区原伐木查验规则、公有林登记规则各抄送一份给甘肃省政府，甘肃省政府指令该县政府，严禁砍伐未满规定高度的树木。本案卷另有农林部祁连山国有林区管理处伐木限制办法草案一份。行政院指令甘肃省政府，祁连山国有林区管理处即将于本年底（1945）由农林部移交甘肃省政府，就今后该处的业务重点向甘肃省政府进行了指导。甘肃省政府向行政院呈报甘肃省农业概况估计册（1945）。第六区行政督察专员公署向甘肃省政府报告接收祁连山国有林区管理处汽车的情况，已不堪使用，令张掖县政府整顿保管。武威县政府向甘肃省政府呈报裁撤祁连山国有林区管理处武威分所的移交清册（1945），甘肃省政府指令该清册上有林管处处长会章、国防印章。农林部向甘肃省政府转送马鸿仪控告祁连山国有林区管理处李树滋、姚仁山克扣工饷、吃空舞弊一事的呈文，要求所在县政府派人密查此事，甘肃省政府令张掖县密查此事。

【叙录编号】 0621

【档案题名】

甘肃省政府等关于砍伐祁连山木料价款、

接收祁连山林管区移交材料等事的各类文件
【发文单位】 农林部祁连山国有林区管理处
【收文单位】 甘肃省政府；甘肃省建设厅
【档案编号】 027-001-0695-（0001-0011）
【成文时间】 1945-06-26—1945-09-12
【收藏单位】 甘肃省档案馆
【涉及地域】 祁连山
【关 键 词】 祁连山林区；木料；房屋
【内容提要】

此案卷包含11份文件，均与砍伐祁连山林木价款等事有关。农林部祁连山国有林区管理处呈报甘肃省政府，请求拨付甘肃油矿局砍伐木料价款，以便该处造林，甘肃省政府回令因油矿局经费不足，无法拨付。祁连山林管处处长李树滋致电甘肃省政府，请甘肃省政府速派人接收林管处移交的财产及案卷，甘肃省政府回令，已令张掖县政府、甘肃省农业改进所、河西农林实验场会同接收。农林部祁连山国有林区管理处致电甘肃省政府，请将永昌水利工程需用木料的数目告知该处（前份电报因电码有误，无从知晓数目）。甘肃省政府致电祁连山林管处，永昌水利工程需用木料为4立方公尺，准在祁连山内伐用。第六区行政督察专员公署向甘肃省政府报送会同武威县政府、县党部调查不法之徒砍伐祁连山林区树木的情况，甘肃省政府回令准予备查。第六区专署向甘肃省政府报送祁连山国有林区管理处前处长徐国杰砍伐林木、假公济私一案的调查材料，甘肃省政府将此材料转给农林部。此案卷最后附农林部祁连山国有林区管理处伐木建筑办公房屋纪要（1945）。

【叙录编号】 0622
【档案题名】

甘肃省政府等关于祁连山国有林区管理处处长徐国杰损公肥私一事的各类文件
【发文单位】 农林部祁连山国有林区管理处
【收文单位】 甘肃省政府；甘肃省建设厅
【档案编号】 027-001-0696-（0001-0009）
【成文时间】 1944-07-27—1945-10-29
【收藏单位】 甘肃省档案馆
【涉及地域】 祁连山
【关 键 词】 徐国杰；诈欺商民；贪污渎职
【内容提要】

甘肃省政府向第七区行政督察专员公署抄送民王镇国呈控祁连山国有林区管理处处长徐国杰诈欺商民贪污渎职的呈文，附李万福代售王镇国木料款收条合同及估价单。第七区行政督察专员公署致电甘肃省政府，向其报告商民王镇国呈控祁连山国有林区管理处处长徐国杰诈欺商民贪污渎职一案的调查情况，后又向其报送调查祁连山国有林区管理处处长徐国杰假名伐卖林木肥私的情况。甘肃省政府致电重庆国民政府军事委员会，关于查报祁连山林区管理处处长徐国杰伐木肥私一事，徐是否知晓李万福等人多伐林木牟利此事现无法证明，故徐是否有嫌疑现不确定。一年后（1945），第七区专署向甘肃省政府呈报会同各方调查徐国杰渎职一案。甘肃省政府后致电祁连山林管处、第七区专署，此案应转电军委会鉴核，为慎重起见，应抄发原呈并会同六、七两专署会办具报。农林部致咨甘肃省政府，关于祁连山国有林区管理处苗圃主任徐国杰舞弊一事，鉴于徐已经悔过，应免于依法送惩。

【叙录编号】 0623
【档案题名】

甘肃省政府等关于接收农林部祁连山国有林区管理处财产一事的各类文件
【发文单位】 农林部祁连山国有林区管理处；甘肃省政府等
【收文单位】 甘肃省政府；甘肃省建设厅等
【档案编号】 027-001-0696-（0010-0028）
【成文时间】 1945-09-23—1945-12-10

【收藏单位】 甘肃省档案馆
【涉及地域】 祁连山
【关 键 词】 祁连山国有林区管理处；林木；财产
【内容提要】

甘肃省建设厅呈报甘肃省政府，关于没收木贩刘怀仁等偷伐的祁连山木料及张掖工务段擅购的木料情况应如何处理，请指示。民乐县又致电甘肃省政府，将查封的木料拟用作补修办公室的材料。农林部先后致电、致函给甘肃省政府，抗战胜利，祁连山国有林区管理处即将裁撤，请贵府派员接收该处财产，甘肃省政府就此事令张掖县政府、甘肃省农业改进所、酒泉县政府等单位接收，并致函农林部，由甘肃省农业改进所与张掖县政府会同接收，第六区行政督察专员公署就移交一事呈报甘肃省政府，请甘肃省政府致函农林部，令该处迅速移交，不得拖延。甘肃省政府就此事分别致电农林部、第六区行政督察专员公署及祁连山国有林区管理处，请林管处速办理移交，并不得损坏财产。林管处处长李树滋就就地出售汽车、将所得款项上交国库一事呈报甘肃省政府，甘肃省政府回电，不准出售汽车，应速交第六区专署。张掖县政府致电甘肃省政府，林管处财产正在接洽，管理业务不可中断，可否依据原来的管理规程办理，甘肃省政府将原管理办法抄送给张掖县政府。重庆周诒春致电甘肃省政府，已通知祁连山林管处将汽车移交给第六区专署，甘肃省政府遂令第六区专署速接收。张掖县政府办理完接收事宜后回电给甘肃省政府。甘肃省政府又致电农林部，请将该处本年（1945）剩余经费移交本省，农林部回函，拟将祁连山国有林区管理处本年剩余的经费移交国库，甘肃省政府又为此事上呈行政院，请将该处本年剩余的经费移交本省管理。

【叙录编号】 0624
【档案题名】

甘肃省政府、祁连山国有林区管理处关于报送林区管理处工作简报的代电呈文

【发文单位】 甘肃省政府；祁连山国有林区管理处等
【收文单位】 甘肃省政府
【档案编号】 027-001-0702-（0001-0018）
【成文时间】 1945-02-10—1945-10-25
【收藏单位】 甘肃省档案馆
【涉及地域】 祁连山
【关 键 词】 农林部祁连山国有林区管理处；工作简报表
【内容提要】

0002为《农林部祁连山国有林区管理处三十四年度（1945）1月份工作简报表》，行政部分包含1月来工作之鸟瞰、法规之奉行、会议之召集、联系各方、人事变动、经费收支概况。业务部分包括清理森林业权、查验木材、推行保林政策、育苗造林。调查部分包含采集籽种、武威附近纸业概况调查。0001为甘肃省政府回文准予备查。0004为《农林部祁连山国有林区管理处三十四年度2月份工作简报表》，0006为《农林部祁连山国有林区管理处三十四年度3月份工作简报表》，0008为《农林部祁连山国有林区管理处三十四年度4月份工作简报表》，0009为《农林部祁连山国有林区管理处三十四年度5月份工作简报表》，0012为《农林部祁连山国有林区管理处三十四年度6月份工作简报表》，0014为《农林部祁连山国有林区管理处三十四年度7月份工作简报表》，0016为《农林部祁连山国有林区管理处三十四年度8月份工作简报表》，0018为《农林部祁连山国有林区管理处三十四年度9月份工作简报表》。

【叙录编号】 0625
【档案题名】
民勤、榆中、文县、夏河、通渭、武都、泾川、景泰、成县政府报送甘肃省政府本县畜牧概况表及交通略图
【发文单位】 民勤县政府；临泽县政府等
【收文单位】 甘肃省政府
【档案编号】 027-002-0128（全案卷）
【成文时间】 1940-02-17—1940-07-18
【收藏单位】 甘肃省档案馆
【涉及地域】 民勤县；临泽县
【关 键 词】 畜牧；交通
【内容提要】
民勤、榆中、镇原、文县、夏河、通渭、武都、泾川、景泰、成县、临泽县政府报送甘肃省政府本县畜牧概况表，均附有各县《畜牧概况调查表》，除此外附有0001《民勤县境交通略图》、0002《文县境交通略图》、0003《榆中县交通略图》、0005《夏河县略图》、0007《通渭县交通略图》、0009《泾川县交通略图》、0010《景泰县交通略图》、0011《成县交通略图》、0012《临泽县交通公路略图》。

【叙录编号】 0626
【档案题名】
甘肃省政府等关于西北羊毛改进所河西推广站盗伐木料、岷县民众纠纷等事的各类文件
【发文单位】 岷县政府、永昌县政府等
【收文单位】 甘肃省政府；甘肃省建设厅等
【档案编号】 027-002-0143-（0001-0014）
【成文时间】 1945-12-19—1946-11-30
【收藏单位】 甘肃省档案馆
【涉及地域】 永昌县
【关 键 词】 西北羊毛改进所河西推广站；砍伐祁连山林木
【内容提要】
此案卷包含14份文件，与西北羊毛改进所盗伐木料、岷县民众纠纷有关。第六区行政督察专员公署致电甘肃省政府，将西北羊毛改进所河西推广站修建房屋大量砍伐祁连山林木一事的调查结果上报。永昌县政府向甘肃省政府报送本县之前扣存河西推广站的大小、木料、尺寸与数目详情。甘肃省政府致电农林部，请该部迅将此案的调查意见回复。农林部致电甘肃省政府，请将永昌县政府扣存的农林部西北羊毛改进所河西推广站木料发还，以便修建羊舍，甘肃省政府同意。农林部西北羊毛改进所致电甘肃省政府，也要求发还永昌县政府扣存的木料，甘肃省建设厅也申请发还，甘肃省政府应允。岷县政府上报甘肃省政府，该县迩阳乡野人保设有西北羊毛改进所，当地民众发生纠纷，为永息纷争，特约同西北羊毛改进所陇南分处经理许竞武前往视察。甘肃省政府回令，将处理情形上报，岷县上报已与许竞武一同前往调查，详情另报，甘肃省政府回电要求速报调查结果。岷县政府将此案的调查结果上报，甘肃省政府回令准予备查。

【叙录编号】 0627
【档案题名】
甘肃省政府、农业促进委员会、建设厅关于设立改良草原实验区计划的签呈、公函与电文
【发文单位】 甘肃省政府；甘肃省建设厅等
【收文单位】 甘肃省政府；甘肃省建设厅等
【档案编号】
027-002-0180-（0001-0011）；
027-002-0182-（0001-0012）；
027-002-0183-（0001-0012）
【成文时间】 1944-11-01—1945-08-24
【收藏单位】 甘肃省档案馆
【涉及地域】 永昌县
【关 键 词】 河西草原改良实验区

【内容提要】

甘肃省建设厅致函西北羊毛改进处设立改良草原实验区计划，附有改良计划1份，另有改良办法5条。甘肃省政府将此办法训令海原、永昌县政府，农业金融促进委员会申请合办陇东、河西草原改良实验区经费由西北羊毛改进处负担，并发给陇东河西草原改良实验区印章。0182为河西草原改良实验区1945年度工作简报，甘肃省政府回令准予备查。

【叙录编号】 0628

【档案题名】

甘肃省政府等关于联合勤务总司令部永登军牧场工作进度等事的各类文件

【发文单位】 永登县政府；玉门县政府

【收文单位】 甘肃省政府；甘肃省建设厅

【档案编号】

027-002-0246-（0001-0022）；

027-002-0247-0001

【成文时间】 1948-02-24—1949-07-11

【收藏单位】 甘肃省档案馆

【涉及地域】 永登县；玉门县

【关 键 词】 军牧场；植树

【内容提要】

此案卷包含22份文件，均与军牧场工作、玉门县植树有关。联合勤务总司令部永登军牧场向甘肃省政府呈报1947年度业务检讨报告书及1948年度事业计划书，甘肃省政府回令准予备查。甘肃省政府对该牧场1948年3月至12月的中心工作进度表均回复准予备查。玉门县政府向甘肃省政府报送本县1948年秋季的植树情况，甘肃省政府回令准予备查。永登军牧场向甘肃省政府报送1949年度事业计划书，甘肃省政府回令准予备查。甘肃省政府对该牧场1949年1月至6月的中心工作进度表均回复准予备查。

【叙录编号】 0629

【档案题名】

农林部兽疫西北防疫处向甘肃省政府报送1946年工作简报的电文与回令

【发文单位】 农林部兽疫西北防疫处

【收文单位】 甘肃省政府

【档案编号】

027-002-901-（0001-0002）；

027-002-902-（0001-0004）；

027-002-903-（0001-0002）；

027-002-904-（0001-0004）；

027-002-905-（0001-0010）

【成文时间】 1946-04-17

【收藏单位】 甘肃省档案馆

【涉及地域】 祁连山东段；永登县

【关 键 词】 畜牧；防疫

【内容提要】

农林部兽疫西北防疫处向甘肃省政府报送工作简报，报告包含1946年1月、2月、3月、4月、5月、上半年农林部兽疫防疫处工作简报，报告表外，还附有许多调查报告。901-0001有《祁连山东段家畜疾病之畜牧概况》，包括自然与畜牧概况等，甘肃省政府回令准予备查。902-0004内附《镇羌滩畜牧兽医概况》。903-0003为《祁连山东段之牧场草原》。904-0002为《宁夏黄牛对印度山羊化牛瘟病毒之易感染性试验报告》《陇东（平凉）黄牛对印度山羊化牛瘟病毒之易感染性试验报告》《甘肃永登镇羌滩绵羊寄生虫调查报告》。报告均附录于工作报告之中。

【叙录编号】 0630

【档案题名】

永登县政府关于报送本县前县长徐庭芝移交各项清册文卷，附有永登县苗圃经费、造林数目、防空器材、碱水河桥移交清册

【发文单位】 永登县政府

【收文单位】 甘肃省建设厅
【档案编号】 027-004-0642-0005
【成文时间】 1948-10-08
【收藏单位】 甘肃省档案馆
【涉及地域】 永登县
【关 键 词】 苗圃
【内容提要】

包含《代理永登县县长王尚仁谨将接受前县长徐庭芝任内经手过历前任移交苗圃结存经费数目造具四柱交代清册》，结余前任苗圃经费665元，以及《代理永登县县长王尚仁谨将接受前县长徐庭芝任内经手过历度量衡检定器具数目造具四柱交代清册》《永登县县长王尚仁谨将接受前县长徐庭芝任内经手过历育苗造林数目造具四柱交代清册》《永登县县长王尚仁谨将接受前县长徐庭芝任内经手过防空器材造具四柱交代清册》。

【叙录编号】 0631
【档案题名】

永登县政府关于报送本县苗圃移交清册致甘肃省政府的呈

【发文单位】 永登县政府
【收文单位】 甘肃省建设厅
【档案编号】 027-004-0643-（0007-0008）
【成文时间】 1949-04-05—1949-04-12
【收藏单位】 甘肃省档案馆
【涉及地域】 永登县
【关 键 词】 苗圃
【内容提要】

内含《永登县政府苗圃苗本交代册》，包括榆树、杏树等树苗清册，《永登县苗圃财产目录交代表》。

【叙录编号】 0632
【档案题名】

永登县政府关于送本县民国三十七年度（1948）建设部门移交清册给甘肃省政府的代电

【发文单位】 永登县政府
【收文单位】 甘肃省建设厅
【档案编号】 027-004-0651-（0003-0004）
【成文时间】 1949-01-28—1949-02-21
【收藏单位】 甘肃省档案馆
【涉及地域】 永登县
【关 键 词】 苗圃；防治牛瘟
【内容提要】

内含《永登县县长王尚仁谨将接受前县长徐庭芝任内经手过历育苗造林数目造具四柱交代清册》《永登县政府政绩交代清册》（1948年7—12月），包括整修城防、修整永登公路、育苗造林、防治牛瘟。甘肃省政府回令准予备案。

【叙录编号】 0633
【档案题名】

甘肃省政府、各县关于报送育苗造林、开挖水平沟事宜的文件

【发文单位】 安西县政府；张掖县政府等
【收文单位】 甘肃省建设厅
【档案编号】

027-005-0099-0032；
027-005-0100-（0001-0006）；
027-005-0100-（0013-0018）；
027-005-0101-（0017-0020）；
027-005-0102-（0007-0008）；
027-005-0102-（0019-0020）

【成文时间】 1948-12-23—1949-02-22
【收藏单位】 甘肃省档案馆
【涉及地域】 安西县；张掖县；高台县；永登县；鼎新县；武威县
【关 键 词】 秋季造林
【内容提要】

农林部催报民国三十七年度（1948）育苗

造林及人员造林成绩统计表，甘肃省政府训令各县局上报。敦煌、灵台汇报该县不宜秋季造林，汇报开挖水平沟情况，武威因武威属于平原，无法挖水平沟，甘肃省政府回令免于开挖水平沟。安西、张掖、高台、永登、灵台、鼎新、武威报送各县《秋季造林成绩报表》《补植春季造林成绩报告表》，张掖县报送《张掖县三十八年度（1949）各保苗圃育苗办法》，甘肃省政府回令办法尚可规定每户平均150株为底线。

【叙录编号】 0634

【档案题名】

甘肃省政府、各县局关于报送春季造林情况的呈文、训令

【发文单位】 张掖县政府；民勤县政府等

【收文单位】 甘肃省建设厅

【档案编号】

027-005-0103-（0001-0018）；

027-005-0104-（0001-0020）

【成文时间】 1948-06-08—1948-12-10

【收藏单位】 甘肃省档案馆

【涉及地域】 张掖县；民勤县；瓜州县；山丹县；永昌县；金塔县；玉门县；高台县；古浪县

【关 键 词】 春季造林

【内容提要】

甘肃省政府训令各县局切实办理植树造林计划。张掖、民勤、瓜州、山丹、永昌、金塔、玉门、高台、古浪县报送春季植树造林情况，并报送各县三十七年度（1948）《春季育苗造林成绩表》，高台县报告补种树木情况，甘肃省政府回令准予备查。山丹县汇报该县植树节情形，包含动员群众参与植树并有模范林区、乡镇造林情况，以及《甘肃省山丹县三十七年度植树育苗工作报告表》《玉门县三十七年度春季造林报告表》《张掖县三十七年度春季造林实施办法》《鼎新县三十七年度春季植树报告表》《鼎新县三十七年度春季育苗报告表》。

【叙录编号】 0635

【档案题名】

民勤县、永登县关于报送本县本年苗圃春季育苗种类数量致甘肃省政府的代电

【发文单位】 永登县政府

【收文单位】 甘肃省建设厅

【档案编号】 027-005-0112-（0007-0010）

【成文时间】 1948-05-28

【收藏单位】 甘肃省档案馆

【涉及地域】 永登县

【关 键 词】 苗圃；植树

【内容提要】

如题。

【叙录编号】 0636

【档案题名】

武威县关于报送接收木料及使用情况致甘肃省政府的呈文

【发文单位】 小陇山林区管理处

【收文单位】 甘肃省建设厅

【档案编号】 027-005-0121-（0019-0020）

【成文时间】 1949-01-13—1949-02-28

【收藏单位】 甘肃省档案馆

【涉及地域】 武威县

【关 键 词】 接收木料

【内容提要】

武威县报送接收木料情形，甘肃省政府回令准予备查。

【叙录编号】 0637

【档案题名】

古浪县政府关于本县苗圃拟将牛驴变卖购置工具及储存小麦并义务劳动重修苗圃大门的

呈文、训令
【发文单位】 古浪县政府
【收文单位】 甘肃省建设厅
【档案编号】 027-005-0222-（0003-0004）
【成文时间】 1948-06-26—1948-07-06
【收藏单位】 甘肃省档案馆
【涉及地域】 古浪县
【关 键 词】 苗圃
【内容提要】

古浪县政府呈文本县苗圃拟将牛驴变卖购置工具及储存小麦并义务劳动重修苗圃大门，甘肃省政府回令同意。

【叙录编号】 0638
【档案题名】

甘肃省政府关于发祁连山国有林区管理规制的文件

【发文单位】 甘肃省政府
【收文单位】 第七区行政督察专员公署
【档案编号】 027-006-0058-0002
【成文时间】 1943-08-06
【收藏单位】 甘肃省档案馆
【涉及地域】 祁连山
【关 键 词】 祁连山林区；公私有林；伐木；售卖木材
【内容提要】

如题，附《农林部祁连山国有林区管理处公私有林登记规则》1份（包括公私有林禁止采伐的情形规则、林木采伐时伐木人守则、林木售卖的公益补助反馈数额等）以及《农林部祁连山国有林区管理处伐木查验规则》1份（包括伐木管理原则、选择采伐林木类型等）。

【叙录编号】 0639
【档案题名】

永登县配拨荒地、进行荒地建设

【发文单位】 甘肃省政府；甘肃省政府派驻哈溪滩护林专员办公处
【收文单位】 甘肃省政府；永登县政府等
【档案编号】 027-006-0064-（0001-0004）
【成文时间】 1949-02-06—1949-06-11
【收藏单位】 甘肃省档案馆
【涉及地域】 永登县；古浪县
【关 键 词】 垦荒造林
【内容提要】

甘肃省政府派驻哈溪滩护林专员办公处呈文甘肃省政府，请永登县政府为其配发荒地以便造林。附《哈溪滩护林专员办公处请领荒地略图》1份。甘肃省政府令永登县政府勘察办理，并知照哈溪滩办公处。甘肃省政府派驻哈溪滩护林专员办公处呈报甘肃省政府本处在哈溪滩红沟寺一带垦荒造林情况，并请甘肃省政府劝导武山、永登、古浪民众植树。甘肃省政府令永登县办理具报。

【叙录编号】 0640
【档案题名】

甘肃省建设厅、永昌县政府关于办理永昌县宁远乡柴湾防护林所有权的往来文件

【发文单位】 甘肃省政府；甘肃省建设厅等
【收文单位】 甘肃省政府；甘肃省建设厅等
【档案编号】 027-006-0066-（0007-0012）
【成文时间】 1949-07-07—1949-07-26
【收藏单位】 甘肃省档案馆
【涉及地域】 永昌县
【关 键 词】 保安林；登记林权
【内容提要】

永昌县政府呈请甘肃省建设厅本地宁远乡柴湾林地已被编为保安林，请发放森林法并重新办理申请登记林权。另就私有产权确认规范问询建设厅。建设厅回文已抄发森林法，保安林不必再申请登记林权，另必须提供有效证件才能登记。永昌县宁远乡乡民王受祉等人呈文甘肃省政府，拟订保护办法，请甘肃省政府批

示。甘肃省政府回文令其依森林法进行保护。永昌县宁远乡第九保崔家沟民众代表崔有智等人呈文甘肃省政府，请按法院判决方式进行柴湾土地分配。后者回文此地已做保安林区，正在办理中。

【叙录编号】　0641
【档案题名】
永登县政府、甘肃省政府关于没收民众私自砍伐木料的往来文件
【发文单位】　甘肃省政府；永登县政府
【收文单位】　甘肃省政府；永登县政府
【档案编号】　027-006-0067-（0013-0014）
【成文时间】　1948-04-10
【收藏单位】　甘肃省档案馆
【涉及地域】　永登县
【关 键 词】　私伐林木；没收
【内容提要】
永登县政府呈文甘肃省政府请没收民众私伐木料，作为本县工警兵合作社充实基金。甘肃省政府回文批准。

【叙录编号】　0642
【档案题名】
甘肃省建设厅、保安司令部关于进行甘肃河西防护林修建的各类文件
【发文单位】　甘肃省建设厅；甘肃省农业改进所等
【收文单位】　甘肃省建设厅；甘肃省农业改进所等
【档案编号】
027-006-0070-（0001-0002、0006-0007、0010-0013）
【成文时间】　1947-07-22—1947-11-17
【收藏单位】　甘肃省档案馆
【涉及地域】　河西走廊
【关 键 词】　河西防护林；经费
【内容提要】
甘肃省建设厅、保安司令部呈请甘肃省政府，请由建设经费拨发为本省河西防护林修建经费。甘肃省农业改进所报送本省河西防护林营造计划纲要1份，其中包括国防线之选林估计、国防要塞区造林估计、造林技术指导、造林费估计等内容。甘肃省政府抄送办法令武威、张掖、酒泉、敦煌等县政府办理，代电国民政府西北行辕查照。敦煌县政府呈文甘肃省政府，称先前本县秋季栽种树木无一株成活，请暂缓进行栽植工作。甘肃省政府最终同意暂缓。

【叙录编号】　0643
【档案题名】
永昌县政府就协助征购公路段行道树苗并令各乡镇按数运送树苗到指定地点同甘肃省政府的往来文件
【发文单位】　永昌县政府；甘肃省政府
【收文单位】　永昌县政府；甘肃省政府
【档案编号】　027-006-0384-（0003-0004）
【成文时间】　1944-04-19—1944-04-20
【收藏单位】　甘肃省档案馆
【涉及地域】　永昌县
【关 键 词】　征购树苗；运输
【内容提要】
永昌县政府呈文征购1500株树苗，由云川、永宁、定远乡镇按照指定地点运输，甘肃省政府对其准予备查。

【叙录编号】　0644
【档案题名】
古浪县政府关于报送协助供给公路行道树与甘肃省政府的往来文件
【发文单位】　甘肃省政府；古浪县政府
【收文单位】　甘肃省政府；古浪县政府
【档案编号】　027-006-0384-（0005-0006）

【成文时间】 1944-05-24—1944-05-25
【收藏单位】 甘肃省档案馆
【涉及地域】 古浪县
【关 键 词】 植树；征购树苗
【内容提要】

古浪县政府就公路植树需要征购杨柳树苗600株进行协助运输，请甘肃省政府鉴核。甘肃省政府对其准予备查。

【叙录编号】 0645
【档案题名】

永登县政府报送种植甘新公路行道树情况的各类文件

【发文单位】 永登县政府
【收文单位】 甘肃省政府
【档案编号】 027-006-0385-0009
【成文时间】 1944-04-11
【收藏单位】 甘肃省档案馆
【涉及地域】 永登县
【关 键 词】 补植；行道树
【内容提要】

如题，呈报上年栽植并未成活，今年正派员补植中。

【叙录编号】 0646
【档案题名】

古浪县政府关于已补植榆树苗300株与甘肃省政府的往来文件

【发文单位】 古浪县政府；甘肃省政府
【收文单位】 古浪县政府；甘肃省政府
【档案编号】 027-006-0387-（0001-0002）
【成文时间】 1944-10-27—1944-11-08
【收藏单位】 甘肃省档案馆
【涉及地域】 古浪县
【关 键 词】 补植林木
【内容提要】

古浪县政府呈文已在秋季造林时补植300株林木，甘肃省政府对其准予备查。

【叙录编号】 0647
【档案题名】

农林部关于派汪国與彻查林业部祁连山国有林区管理处伐卖林木情况致甘肃省政府的代电

【发文单位】 农林部
【收文单位】 甘肃省政府
【档案编号】 027-006-0387-0003
【成文时间】 1944-10-19
【收藏单位】 甘肃省档案馆
【涉及地域】 祁连山一带
【关 键 词】 伐卖林木
【内容提要】

农林部就前祁连山林管理处伐卖林木一事令甘肃省农业改进所所长汪国與前往彻查，具文呈报。

【叙录编号】 0648
【档案题名】

古浪县政府报送1944年荒山造林情况与甘肃省政府的往来文件

【发文单位】 古浪县政府；甘肃省政府
【收文单位】 古浪县政府；甘肃省政府
【档案编号】 027-006-0393-（0014-0015）
【成文时间】 1944-09-03—1944-09-16
【收藏单位】 甘肃省档案馆
【涉及地域】 古浪县
【关 键 词】 荒山造林
【内容提要】

古浪县政府报送本年荒山造林情况，其中包括造林数量及整理枯死林木情况。甘肃省政府对其准予备查。

【叙录编号】 0649
【档案题名】
古浪县政府关于发动义务劳动开挖植树储水沟同甘肃省政府的往来文件
【发文单位】 古浪县政府；甘肃省政府
【收文单位】 古浪县政府；甘肃省政府
【档案编号】 027-006-0393-（0018-0019）
【成文时间】 1944-09-28—1944-10-03
【收藏单位】 甘肃省档案馆
【涉及地域】 古浪县
【关 键 词】 植树储水沟；义务劳动
【内容提要】
古浪县政府呈报本年义务劳动在东南两山挖植树储水沟已完工，请甘肃省政府鉴核。甘肃省政府对其准予备查。

【叙录编号】 0650
【档案题名】
甘肃省政府关于制定、呈报、发行河西防沙造林办法的各类文件
【发文单位】 甘肃省政府；甘肃省建设厅等
【收文单位】 甘肃省政府；甘肃省建设厅等
【档案编号】 027-007-0131-（0001-0008）
【成文时间】 1943-10-16—1944-02-13
【收藏单位】 甘肃省档案馆
【涉及地域】 河西走廊
【关 键 词】 防治河西沙灾；防沙造林
【内容提要】
本卷10份文件为甘肃省政府、甘肃省临时参议会、甘肃省农业改进所等机构围绕防治河西沙灾问题出台的各类文件。其中包括：甘肃省临时参议会咨文甘肃省政府请提议设法防治河西沙灾，附《甘肃省临时参议会决议案》1份，论及河西耕地因流沙大风减少的问题。甘肃省政府就此事咨文甘肃水利林牧公司、甘肃省农业改进所令其拟订防沙计划。甘肃省农业改进所呈文甘肃省政府报送《防沙造林办法》，对造林、组织管理、机构设置、工作实施进度等进行部署。甘肃省政府就办法咨文并抄送农林部、甘肃省临时参议会，农林部将《防沙造林办法》列入农林部建设计划重要项目。甘肃省政府令甘肃省农业改进所将《防沙造林办法》检送甘肃省政府，以便转部。甘肃水利林牧公司报送研究防治沙灾情况致函甘肃省建设厅，提出防治三项办法（植柳、芨芨草；插植干柴树枝；沙上滚水）。甘肃省政府抄发《防沙造林办法》给各县政府，并就此事咨甘肃省临时参议会及甘肃水利林牧公司。

【叙录编号】 0651
【档案题名】
甘肃省政府、甘肃省建设厅、甘肃省农业改进所关于筹设甘宁边区防沙造林区办法大纲及河西防沙造林办法的文件
【发文单位】 甘肃省政府；甘肃省农业改进所
【收文单位】 农林部；甘肃省建设厅等
【档案编号】 027-007-0131-（0010-0011）
【成文时间】 1944-03-31—1944-04-06
【收藏单位】 甘肃省档案馆
【涉及地域】 河西走廊
【关 键 词】 防沙造林
【内容提要】
甘肃省农业改进所报送筹设甘宁边区防沙造林区办法大纲及河西防沙造林办法，《筹设甘宁边区防沙造林区办法大纲》包括组织人员调查沙漠及农田情形、植树造林方法、工作站设置等内容。甘肃省政府检送河西防沙造林办法致函农林部，并就农林部回函令甘肃省农业改进所尽快筹设边区防水造林区管理机构。

【叙录编号】 0652
【档案题名】
民勤县政府就甘肃省政府抄发河西防沙造林办法的文件

【发文单位】 民勤县政府；甘肃省政府等
【收文单位】 甘肃省政府；甘肃水利林牧公司等
【档案编号】
027-007-0132-（0001-0002、0008）
【成文时间】 1944-04-22—1944-07-01
【收藏单位】 甘肃省档案馆
【涉及地域】 民勤县
【关 键 词】 防沙造林
【内容提要】
民勤县政府报送县防沙方法呈文甘肃省政府，请甘肃省政府就其实情进行防沙实验，附《民勤县防沙办法》1份，其中包括防沙植株的栽种、防沙墙的修筑方式等等。甘肃省政府就其办法抄送甘肃水利林牧公司并令民勤县政府遵办。第六区行政督察专员公署转报民勤县政府防沙办法，呈文甘肃省政府。

【叙录编号】 0653
【档案题名】
农林部、甘肃省政府关于祁连山林管区试行防沙造林办法的文件
【发文单位】 农林部；甘肃省政府
【收文单位】 甘肃省政府；甘肃省农业改进所
【档案编号】 027-007-0132-（0009-0010）
【成文时间】 1944-05-27—1944-06-27
【收藏单位】 甘肃省档案馆
【涉及地域】 祁连山
【关 键 词】 祁连山；防沙造林
【内容提要】
农林部就令祁连山林管区试行防沙造林办法致函甘肃省政府，甘肃省政府训令甘肃省农业改进所按办法从酒泉开始办理。

【叙录编号】 0654
【档案题名】
永登县关于报送本县连城镇山林起火情况致甘肃省政府的代电
【发文单位】 永登县政府
【收文单位】 甘肃省政府
【档案编号】 027-007-0300-0001
【成文时间】 1947-04-30
【收藏单位】 甘肃省档案馆
【涉及地域】 永登县
【关 键 词】 烧柴；山火
【内容提要】
永登县政府呈文甘肃省政府，报连城镇因烧柴而生山火的情况，以及死伤数量。

【叙录编号】 0655
【档案题名】
甘肃省政府关于速查祁连山连城附近发生森林大火原因给永登县政府的电报
【发文单位】 甘肃省政府
【收文单位】 永登县政府
【档案编号】 027-007-0302-0016
【成文时间】 1947-04-25
【收藏单位】 甘肃省档案馆
【涉及地域】 永登县
【关 键 词】 祁连山；连城镇；起火
【内容提要】
内容包括按要求呈报起火原因、延续情形、是否扑灭等问题。

【叙录编号】 0656
【档案题名】
甘肃杨兆丰等关于补种林木与甘肃省政府的往来文件
【发文单位】 杨兆丰等；甘肃省政府
【收文单位】 甘肃省政府；武威县政府
【档案编号】 027-007-0302-（0010-0011）
【成文时间】 1947-03-10—1947-03-25
【收藏单位】 甘肃省档案馆
【涉及地域】 武威县；永昌县

【关 键 词】 补种森林
【内容提要】
武威、永昌、双城、丰乐、西营乡十条坝民众代表呈请补种森林以积雪蓄水。甘肃省政府回文批准，并令武威县政府办理。

【叙录编号】 0657
【档案题名】
甘肃省政府、甘肃省农业改进所关于督导各县林业工作的各类文件
【发文单位】 甘肃省政府；甘肃省农业改进所
【收文单位】 甘肃省政府；甘肃省农业改进所等
【档案编号】
027-007-0304-（0003-0004、0011-0015）
【成文时间】 1946-10-12—1946-12-09
【收藏单位】 甘肃省档案馆
【涉及地域】 古浪县
【关 键 词】 林业工作
【内容提要】
此7份文件包括甘肃省农业改进所就秦安县、古浪县、洮沙县、宁定县林业工作呈文甘肃省政府，提出修正意见。甘肃省政府就其改进意见令各县遵从办理。

【叙录编号】 0658
【档案题名】
甘肃省政府、各县关于报送办理育苗造林情况的文件
【发文单位】 甘肃省政府；安西县政府等
【收文单位】 甘肃省政府；民勤县政府等
【档案编号】
027-007-0304-（0001、0005、0009-0010）
【成文时间】 1946-08-28—1946-12-23
【收藏单位】 甘肃省档案馆
【涉及地域】 安西县
【关 键 词】 育苗造林；培育办法
【内容提要】
临夏县、安西县政府呈报办理育苗造林情形，其中临夏县列举3点苗圃建设及造林工作情况，安西县饬令各乡镇认真办理。甘肃省政府令各县市局、湟惠渠特种乡按育苗造林工作10点认真培育苗木。其中包括：每县调查清楚森林保护办法、对森林进行详细记载、依照本省五年造林计划纲要种树、保苗圃必须于每年秋季一律完成等内容。

【叙录编号】 0659
【档案题名】
古浪县政府关于请甘肃省建设厅发给松柏槐子的往来文件
【发文单位】 古浪县政府；甘肃省建设厅
【收文单位】 古浪县政府；甘肃省建设厅等
【档案编号】 027-007-0550-（0009-0010）
【成文时间】 1944-09-19—1944-09-29
【收藏单位】 甘肃省档案馆
【涉及地域】 古浪县
【关 键 词】 松柏；槐树；冬苗
【内容提要】
古浪县政府呈文甘肃省建设厅，请发给松柏、槐子以便育种冬苗，甘肃省建设厅令甘肃省农业改进所邮寄，并令古浪县政府知照。

【叙录编号】 0660
【档案题名】
古浪县政府关于苗圃建设、保护古树大量育苗、张贴造林布告等事的往来文件
【发文单位】 甘肃省政府；古浪县政府
【收文单位】 甘肃省政府；古浪县政府
【档案编号】
027-007-0550-（0007-0008、0011-0023）
【成文时间】 1941-12-15—1944-08-29
【收藏单位】 甘肃省档案馆
【涉及地域】 古浪县

【关 键 词】 育苗；古树；苗圃
【内容提要】

此25份文件均与古浪县政府进行林业、苗圃建设有关。其中包括：古浪县政府就遴选苗圃主任及技术人员呈文甘肃省政府，附《古浪县苗圃经常费分配预算表》《古浪县苗圃开办费预算表》《古浪县苗圃事业计划及经费分配预算书》《古浪县政府遴选苗圃职员履历表》各1份，请甘肃省政府核夺。甘肃省政府回文主任及技术人员3人资历均不符，令其暂行代理职务。随后双方就启用苗圃印章、取消苗圃技术员及练习生名额等事进行文件往来。古浪县政府呈报调整3人职务情况及启用苗圃日期，附《甘肃省古浪县苗圃员工姓名一览表》1份。呈报本县苗圃本年计划养育各类树苗10万株，请甘肃省政府备查。甘肃省政府就其事准予备查。古浪县政府呈报保护古树并大量育苗情况，甘肃省政府对其准予备查。古浪县政府呈文甘肃省政府已令各乡镇保甲妥制木牌于民国三十二年（1943）1月12日张贴，甘肃省政府对其准予备查。

【叙录编号】 0661
【档案题名】

甘肃省政府、古浪县政府关于苗圃建设的各类文件

【发文单位】 甘肃省政府；古浪县政府
【收文单位】 甘肃省政府；古浪县政府
【档案编号】 027-007-0551-（0001-0007）
【成文时间】 1944-12-14—1946-05-25
【收藏单位】 甘肃省档案馆
【涉及地域】 古浪县
【关 键 词】 育苗；古树；苗圃
【内容提要】

此7份文件均与古浪县政府进行苗圃建设有关，其中包括：古浪县政府转报苗圃用老牛老死，呈请核销。甘肃省政府回文备案。甘肃省政府令古浪县政府呈报苗圃育苗造林地亩及成活株数。后者转报1946年度育苗造林计划，附《古浪县苗圃三十五年度育苗造林计划》1份，其中包括育苗（各苗种植面积）、造林（树苗移植、培育）、造林保护（保护规范）等内容。甘肃省政府回文对其准予备案。古浪县政府转报本县苗圃移出白榆、白杨幼苗，栽植荒山。甘肃省政府令其呈报1946年植树成活情况。

【叙录编号】 0662
【档案题名】

甘肃省政府关于告知民勤县苗圃将划拨给民勤县中学运动场地亩绘图详报给民勤县政府的训令

【发文单位】 甘肃省政府
【收文单位】 民勤县政府
【档案编号】 027-008-0574-0003
【成文时间】 1934-11-27
【收藏单位】 甘肃省档案馆
【涉及地域】 民勤县
【关 键 词】 苗圃；土地划拨
【内容提要】

如题，苗圃约百亩。

【叙录编号】 0663
【档案题名】

给西湖七坝菖蒲沟张绶等七坝界限内之护泉树株不准私自砍伐的执照

【发文单位】 凉州府正堂
【收文单位】 不详
【档案编号】 038-001-0121-0021
【成文时间】 咸丰五年（1855）十一月初八日
【收藏单位】 甘肃省档案馆
【涉及地域】 武威县
【关 键 词】 菖蒲沟；树株

【内容提要】

如题。

【叙录编号】 0664

【档案题名】

民国三十五年（1946）兰州牧场就请无息拨借永登放牧牛只越冬设备费一事致甘肃水利林牧公司总管理处的函及董涵宇收到永登放牧牛只越冬设备费用的收据

【发文单位】 兰州牧场

【收文单位】 甘肃水利林牧公司

【档案编号】 039-001-0243-（0026、0029）

【成文时间】 1946-08-12—1946-08-13

【收藏单位】 甘肃省档案馆

【涉及地域】 永登县

【关 键 词】 放牧；越冬

【内容提要】

共2份文件，越冬设备费包含搭盖简单牛棚15间，100万元；饲料盆、饲槽、水桶、口袋、登牛房设备用具，30万元；放牧员工越冬设备，20万元。

【叙录编号】 0665

【档案题名】

兰州牧场就将本场牛只迁至永登放牧并成立永登分场一事致甘肃水利林牧公司总管理处的函

【发文单位】 兰州牧场

【收文单位】 甘肃水利林牧公司总管理处

【档案编号】 039-001-0351-0014

【成文时间】 1946-10-11

【收藏单位】 甘肃省档案馆

【涉及地域】 兰州市；永登县

【关 键 词】 永登分场

【内容提要】

共1份文件。兰州牧场为降低成本，提高收益，欲在永登县设置分场。

【叙录编号】 0666

【档案题名】

甘肃水利林牧公司三十七年度（1948）1、2月工作报告

【发文单位】 不详

【收文单位】 不详

【档案编号】 039-001-0352-（0017、0020）

【成文时间】 1948-03-04

【收藏单位】 甘肃省档案馆

【涉及地域】 永登县

【关 键 词】 永登分场

【内容提要】

共2份文件，涉及兰州牧场乳品产销、乳牛育种的情况，以及新建永登牧场的经营情况。

【叙录编号】 0667

【档案题名】

甘肃水利林牧公司总管理处与农林部西北羊毛改进处等就购羊一事的往来公文

【发文单位】 甘肃水利林牧公司总管理处；农林部西北羊毛改进处等

【收文单位】 农林部西北羊毛改进处；甘肃水利林牧公司总管理处等

【档案编号】

039-001-0471-（0001-0020、0022）

【成文时间】 1948-09-15—1948-09-25

【收藏单位】 甘肃省档案馆

【涉及地域】 永昌县

【关 键 词】 土种羊；寄养

【内容提要】

甘肃水利林牧公司总管理处委托农林部西北羊毛改进处代购土种羊等事项（0001）；甘肃水利林牧公司总管理处请河西推广站在永昌代设牧场购进羊群（0002）；甘肃水利林牧公司刘兆昇请项之诚设立牧场等事宜（0003）；刘兆昇托人向林祖光言明给予牧民寄养费用

（0004）；甘肃水利林牧公司总管理处与西北羊毛改进处交涉设立牧场代购土种羊等事项（0005）；甘肃水利林牧公司致永昌羊毛改进处即购土种羊（0006）；农林部西北羊毛改进处答复甘肃水利林牧公司在永昌代购土种羊等事项（0007）；刘兆昇嘱项之诚代购母绵羊等事宜（0008）；农林部西北羊毛改进处答复甘肃水利林牧公司在永昌代设牧场及购买土种羊等项的公函（0009）；甘肃水利林牧公司总管理处答谢农林部西北羊毛改进处河西推广站代定羊只等事项的公函（0010）；农林部西北羊毛改进处河西推广站已代定绵羊给甘肃水利林牧公司的公函（0011）；马上善领到甘肃水利林牧公司羊只款项的收据（0012）；刘兆昇为代购羊只事项给项之城的函（0013）；甘肃水利林牧公司总管理处为复本公司购羊余款承购小麦存站给农林部西北羊毛改进处河西羊毛推广站的公函（0014）；农林部西北羊毛改进处河西羊毛推广站为订购小麦给甘肃水利林牧公司的电（0015）；甘肃水利林牧公司为汇奉购羊垫款给农林部西北羊毛改进处河西羊毛推广站公函（0016）；农林部西北羊毛改进处河西羊毛推广站为送代办养羊开支清单给甘肃水利林牧公司的代电（0017）；农林部西北羊毛改进处河西羊毛推广站为前代定羊只已如数交来给甘肃水利林牧公司的公函（0018）；甘肃水利林牧公司总管理处为邮汇银币款项请代办牧夫开支给农林部西北羊毛改进处河西羊毛推广站的函（0019）；刘兆昇为甘肃水利林牧公司雇用牧夫费用等项给项之诚的函（0020）；农林部西北羊毛改进处河西羊毛推广站为复汇来银圆业已收到给甘肃水利林牧公司的代电（0022）。

【叙录编号】 0668
【档案题名】

甘肃省政府、第七区行政督察专员公署、河西工程处、农林部祁连山国有林区管理处、高台县政府、祁连乡公所关于林木管理的代电、训令、指令等

【发文单位】 甘肃省政府；第七区行政督察专员公署等
【收文单位】 甘肃省政府；第七区行政督察专员公署等
【档案编号】 002-001-0102-（0001-0045）
【成文时间】 1945
【收藏单位】 张掖市档案馆
【涉及地域】 祁连山
【关 键 词】 林木管理
【内容提要】

此案卷主要内容有河西工程处存储木料的情况，私自砍伐、偷运、贩卖国有林木事件。此外，还有保护祁连山森林的内容；根据甘肃水利林牧公司洮河林场经理邓叔群跟随祁连山调查队调查所得，黑河流域森林沿林区边缘各地森林破坏颇烈，尤以梨园河一带为甚，为河西未来水利经济发展考虑，应保护祁连山的森林。

【叙录编号】 0669
【档案题名】

甘肃省政府，临泽、古浪县政府，平川乡公所关于苗圃问题的训令、代电、清册

【发文单位】 甘肃省政府；临泽县政府等
【收文单位】 甘肃省政府；临泽县政府等
【档案编号】 003-002-0100（全案卷）
【成文时间】 1947
【收藏单位】 张掖市档案馆
【涉及地域】 临泽县；古浪县
【关 键 词】 苗圃；木料
【内容提要】

本档全为甘肃省政府、临泽县政府、古浪县政府、临泽县苗圃关于各保设立苗圃、催交木料、播种树苗及粉刷办公室等日常事务的往

来公文。

【叙录编号】 0670
【档案题名】
甘肃省保安司令部，河西整备总司令部，临泽、古浪、张掖县政府，康乐、昭武等乡公所关于国防木料的文书
【发文单位】 甘肃省保安司令部；河西整备总司令部等
【收文单位】 临泽县政府；古浪县政府等
【档案编号】 003-002-0118（全案卷）
【成文时间】 1948-08-16—1948-12-27
【收藏单位】 张掖市档案馆
【涉及地域】 临泽县；古浪县；张掖县
【关 键 词】 国防木料
【内容提要】
本档全为甘肃省保安司令部，河西整备总司令部，临泽、古浪、张掖县政府，康乐、昭武等乡公所关于清点、运输、上报国防木料的公文，国防木料多来自祁连山。

【叙录编号】 0671
【档案题名】
祁连山国有林区保护的情况
【发文单位】 第七区行政督察专员公署；甘肃省政府
【收文单位】 第七区行政督察专员公署；甘肃省政府
【档案编号】 历01-03-0144-（0008-0012）
【成文时间】 1944-05-01
【收藏单位】 酒泉市档案馆
【涉及地域】 祁连山
【关 键 词】 林区保护
【内容提要】
甘肃省政府据行政院命令，要求祁连山毗邻各县巡查祁连山国有林区的盗伐情况；若有发现，均依照森林法处理。

【叙录编号】 0672
【档案题名】
1947年度酒泉、武威两县祁连山林业保护的相关情况
【发文单位】 甘肃省政府；酒泉县政府等
【收文单位】 甘肃省政府；酒泉县政府等
【档案编号】 历01-05-0699-（0001-0011）
【成文时间】
1947-11-04；1947-11-01；1948-03-26
【收藏单位】 酒泉市档案馆
【涉及地域】 酒泉县；武威县
【关 键 词】 祁连山保护林
【内容提要】
甘肃省政府派遣专员考核各县祁连山林区保护情况。酒泉县呈文称正在核定林警名额，并说明了林警待遇和所需装备；应发工资（《甘肃省政府会计处拨款通知书》，包括月份、生活补助费）。甘肃省政府命武威县政府核查该地祁连山区乱砍滥伐的情况，附《武威县商讨祁连山林区保护的会议记录》。

【叙录编号】 0673
【档案题名】
请撤护林专员的提案；拨交护林办事处马干的提案
【发文单位】 侯殿杰；古浪县政府
【收文单位】 古浪县政府
【档案编号】
039-001-141-008；039-001-141-028
【成文时间】 1949-05—1949-07
【收藏单位】 武威市档案馆
【涉及地域】 古浪县
【关 键 词】 护林
【内容提要】
如题。

【叙录编号】 0674
【档案题名】
组织团员举行大规模植树的命令
【发文单位】 三民主义青年团甘肃支团直属民勤区队
【收文单位】 三民主义青年团民勤分团干事会第二十九分队等
【档案编号】 040-037-14
【成文时间】 1928-12-06—1937-07-02
【收藏单位】 武威市档案馆
【涉及地域】 民勤县
【关 键 词】 植树
【内容提要】
植树节组织团员大规模植树。

【叙录编号】 0675
【档案题名】
关于呈报二十九年（1940）旱情的训令；关于分发树苗的训令；关于每人植树一株的训令
【发文单位】 民勤县政府
【收文单位】 民勤县政府
【档案编号】
040-072-395; 040-072-401; 040-072-402
【成文时间】 1940-11-13—1941-01-05
【收藏单位】 武威市档案馆
【涉及地域】 民勤县
【关 键 词】 旱情；植树
【内容提要】
如题。

【叙录编号】 0676
【档案题名】
关于培植树木、植树造林的训令
【发文单位】 民勤县政府
【收文单位】 民勤县政府
【档案编号】 040-074-008
【成文时间】 1941-04-01—1941-10-24
【收藏单位】 武威市档案馆
【涉及地域】 民勤县
【关 键 词】 植树造林
【内容提要】
如题。

【叙录编号】 0677
【档案题名】
关于植树造林的训令
【发文单位】 民勤县政府
【收文单位】 民勤县政府
【档案编号】 040-098-024
【成文时间】 1942-01-01—1943-04-17
【收藏单位】 武威市档案馆
【涉及地域】 民勤县
【关 键 词】 植树造林
【内容提要】
民勤县政府令各乡中心学校植树造林，并附有本年度植树数目一览表。

【叙录编号】 0678
【档案题名】
受训植树的命令
【发文单位】 三民主义青年团民勤分团干事会
【收文单位】 民勤县
【档案编号】 040-001-037-027
【成文时间】 1928-12-06—1937-07-02
【收藏单位】 武威市档案馆
【涉及地域】 民勤县
【关 键 词】 植树
【内容提要】
如题。

【叙录编号】 0679
【档案题名】
关于植树育苗的办法

【发文单位】 民勤分团
【收文单位】 民勤县
【档案编号】 040-001-081
【成文时间】 1942-03-36—1942-12-09
【收藏单位】 武威市档案馆
【涉及地域】 民勤县
【关 键 词】 植树育苗
【内容提要】
如题。

【叙录编号】 0680
【档案题名】
植树造林的训令
【发文单位】 民勤县政府
【收文单位】 民勤县
【档案编号】 040-001-098-037
【成文时间】 1942-01-01—1943-04-17
【收藏单位】 武威市档案馆
【涉及地域】 民勤县
【关 键 词】 植树
【内容提要】
如题。

【叙录编号】 0681
【档案题名】
关于在城南角种树的代电
【发文单位】 民勤县党部
【收文单位】 民勤县政府
【档案编号】 040-001-189-047
【成文时间】 1944-02-25—1945-11-10
【收藏单位】 武威市档案馆
【涉及地域】 民勤县
【关 键 词】 种树
【内容提要】
如题。

【叙录编号】 0682
【档案题名】
汇报植树育苗情况的代电
【发文单位】 民勤县政府
【收文单位】 民勤县
【档案编号】 040-001-198-014
【成文时间】 1945-02-21—1948-10-21
【收藏单位】 武威市档案馆
【涉及地域】 民勤县
【关 键 词】 植树育苗
【内容提要】
如题。

【叙录编号】 0683
【档案题名】
颁发本年度乡区区队植树办法的命令；呈报本年植树实情的命令
【发文单位】 三民主义青年团民勤分团干事会
【收文单位】 民勤县政府
【档案编号】
040-001-203-098；040-001-203-099
【成文时间】 1941-09-10—1945-12-27
【收藏单位】 武威市档案馆
【涉及地域】 民勤县
【关 键 词】 植树
【内容提要】
如题。

【叙录编号】 0684
【档案题名】
三十五年度（1946）植树实施办法
【发文单位】 民勤县政府
【收文单位】 民勤县政府
【档案编号】 040-001-233-008
【成文时间】 1946-01-26—1948-02-03
【收藏单位】 武威市档案馆
【涉及地域】 民勤县

【关 键 词】 植树
【内容提要】
如题。

【叙录编号】 0685
【档案题名】
关于春季造林的通知；关于动员植树造林的意见
【发文单位】 民勤县政府；民勤县参议会
【收文单位】 民勤县政府
【档案编号】
040-001-247-014；040-001-247-019
【成文时间】 1945-10-24—1947-03-15
【收藏单位】 武威市档案馆
【涉及地域】 民勤县
【关 键 词】 植树造林
【内容提要】
如题。

【叙录编号】 0686
【档案题名】
关于设置苗圃育苗以利植树的训令
【发文单位】 民勤县政府
【收文单位】 民勤县
【档案编号】 040-001-284-001
【成文时间】 1947-01—1948-01
【收藏单位】 武威市档案馆
【涉及地域】 民勤县
【关 键 词】 植树；育苗
【内容提要】
如题。

【叙录编号】 0687
【档案题名】
种树通知
【发文单位】 国民党民勤县执行委员会一区分部
【收文单位】 民勤县
【档案编号】 040-001-287-004
【成文时间】 1945-04-11—1947-11-25
【收藏单位】 武威市档案馆
【涉及地域】 民勤县
【关 键 词】 种树
【内容提要】
如题。

【叙录编号】 0688
【档案题名】
关于植树注意的训令
【发文单位】 民勤县团部
【收文单位】 民勤县
【档案编号】 040-001-296-007
【成文时间】 1946-03-10—1947-05-13
【收藏单位】 武威市档案馆
【涉及地域】 民勤县
【关 键 词】 植树
【内容提要】
如题。

【叙录编号】 0689
【档案题名】
关于保护祁连山森林的代电
【发文单位】 第六区行政督察专员公署
【收文单位】 民勤县
【档案编号】 040-001-305-011
【成文时间】 1942-12—1947-10
【收藏单位】 武威市档案馆
【涉及地域】 祁连山
【关 键 词】 保护森林
【内容提要】
如题。

【叙录编号】 0690
【档案题名】
育苗造林护林办法训令
【发文单位】 民勤县政府
【收文单位】 民勤县
【档案编号】 040-001-316-022
【成文时间】 1948-05-05—1948-08-13
【收藏单位】 武威市档案馆
【涉及地域】 民勤县
【关 键 词】 林木
【内容提要】
如题。

【叙录编号】 0691
【档案题名】
本县全年植树计划
【发文单位】 民勤县建设科
【收文单位】 民勤县
【档案编号】 040-001-330-003
【成文时间】 1937-05-17—1948-08-31
【收藏单位】 武威市档案馆
【涉及地域】 民勤县
【关 键 词】 植树计划
【内容提要】
如题。

【叙录编号】 0692
【档案题名】
关于护林人员薪补的公函
【发文单位】 民勤县
【收文单位】 民勤县护林办
【档案编号】 040-001-416-009
【成文时间】 1943-09-22—1949-08-09
【收藏单位】 武威市档案馆
【涉及地域】 民勤县
【关 键 词】 护林人员；薪水
【内容提要】
如题。

【叙录编号】 0693
【档案题名】
附发甘肃省各县三十七年度（1948）春季造林育苗实施办法
【发文单位】 民勤县政府
【收文单位】 民勤县
【档案编号】 040-001-419-007
【成文时间】 1946-05—1949-01
【收藏单位】 武威市档案馆
【涉及地域】 民勤县
【关 键 词】 造林育苗
【内容提要】
如题。

六、生态环境相关的政区调整类档案

【叙录编号】 0694
【档案题名】
永昌县县长陈阁丞关于报送本年（1941）6月份下乡巡视报告书致甘肃省政府的呈
【发文单位】 永昌县政府
【收文单位】 甘肃省政府

【档案编号】 004-008-0500-0022
【成文时间】 1941-07-11
【收藏单位】 甘肃省档案馆
【涉及地域】 永昌县；武威县
【关 键 词】 水利案；赔水
【内容提要】

6月2日，赴武永交界之沙河会同武威县长查勘并商讨两县人民争讼水利案。3、4日往永昌三四坝监督为武威沙河坝赔水。

【叙录编号】 0695
【档案题名】

永昌县县长李兆瑞关于报送下乡巡视经过情况致甘肃省政府的呈

【发文单位】 永昌县政府
【收文单位】 甘肃省政府
【档案编号】 004-008-0500-0002
【成文时间】 1944-07-03
【收藏单位】 甘肃省档案馆
【涉及地域】 永昌县；武威县
【关 键 词】 争水
【内容提要】

巡视永安、永宁、宁远乡，“纠正或解决事项”记永安人民与武威争水，兹邀请武威绅民及本乡保甲人员将所争水利划分二渠。

【叙录编号】 0696
【档案题名】

上诉人李生元等与被诉人韩殿柱等请求确认泉源案的民事判决

【发文单位】 最高法院
【收文单位】 不详
【档案编号】 038-001-0121-0001
【成文时间】 1947-12-04
【收藏单位】 甘肃省档案馆
【涉及地域】 武威县
【关 键 词】 水利诉讼；泉源争夺
【内容提要】

1947年12月4日，武威县金羊乡七条沟李生元等人为上诉人，武威县金羊县海藏沟韩殿柱等人为被上诉人。被上诉人主张赵家庄旁的泉源为海藏沟居民所有，且有明确证据。上诉人于1946年5月两次将被上诉人所筑堤坝毁掘，因此驳回上诉人上诉，维持原有判决，泉源为被上诉人所有，上诉人不得侵害，且应赔偿被上诉人30万。本件所谓泉源根据《水利法施行细则》第二条规定，应视为地面水。

【叙录编号】 0697
【档案题名】

转呈金羊乡海藏沟农民与七条沟水利纠纷判决呈；据转呈金羊乡海藏沟民与七条沟水利纠纷判决书案指令

【发文单位】 武威县政府；甘肃省政府
【收文单位】 甘肃省政府；武威县政府
【档案编号】 038-001-0121-（0011、0014）
【成文时间】 1948-05-05—1948-05-11
【收藏单位】 甘肃省档案馆
【涉及地域】 武威县
【关 键 词】 海藏沟；七条沟
【内容提要】

武威县金羊乡海藏沟与七条沟水利纠纷的呈和指令，如题。

【叙录编号】 0698
【档案题名】

鼎新、高台两县三清渠灌溉用水纠纷及解决的相关情况

【发文单位】 第七区行政督察专员公署；鼎新县政府等
【收文单位】 第七区行政督察专员公署；高台县政府等
【档案编号】 历01-03-0670-（0001-0014）
【成文时间】

1947-05-22；1947-05-28；1947-06-02；1947-05-31；1947-06-21

【收藏单位】 酒泉市档案馆

【涉及地域】 鼎新县；酒泉县；高台县；武威县

【关 键 词】 灌溉用水纠纷

【内容提要】

第七区行政督察专员赴鼎新县督察农业灌溉情况，查高台县三清渠有偷增闸板的情况，违反用水规范，屡禁不止。鼎新县政府呈文报告纠纷的过程与原因，酒泉县呈文认为当年仍有其他要政，鼎新、高台的用水纠纷可待秋后再行解决，对于三清渠影响下游灌溉的张汉儒藐视政府权威之事，应严加查办，甘肃省政府派第七区行政督察专员汉、王二员协同解决。两地地方政府后呈文称，用水纠纷已和平解决，未生其他波折，其后将制定用水办法，另行呈报，附《鼎高均水意见二则》。

【叙录编号】 0699

【档案题名】

甘肃省政府、武威县政府、武威县古城乡乡民关于控告劣绅潘文藻砍伐森林的往来文件

【发文单位】 甘肃省政府；第六区行政督察专员公署等

【收文单位】 甘肃省政府；第六区行政督察专员公署

【档案编号】 027-007-0390-（0021-0024）

【成文时间】 1947-06-10—1947-07-02

【收藏单位】 甘肃省档案馆

【涉及地域】 武威县

【关 键 词】 砍伐树木；纠纷

【内容提要】

武威县古城乡乡长写证明书呈给甘肃省政府证明潘文藻于民国三十四（1945）、三十五年（1946）未砍伐树木。第六区行政督察专员公署呈文甘肃省政府亦查明没有此事，附抄原呈文1份。甘肃省政府回文调查期间时隔半年，令其再行详查具报。

肆　资源环境纠纷与诉讼类档案

一、矿产纠纷与诉讼类档案

【叙录编号】 0700
【档案题名】
唐国海请求返还沙金案、黄秀许妨害权利案
【发文单位】 武威地方法院
【收文单位】 武威地方法院
【档案编号】 043-003-1622-001
【成文时间】 1936-06-25—1936-09-12
【收藏单位】 武威市档案馆
【涉及地域】 临夏县
【关 键 词】 沙金
【内容提要】
如题。

【叙录编号】 0701
【档案题名】
丁福成违反矿产税案
【发文单位】 武威地方法院
【收文单位】 武威地方法院
【档案编号】 043-003-1765-002
【成文时间】 1936-09-24—1936-12-31
【收藏单位】 武威市档案馆
【涉及地域】 武威县
【关 键 词】 矿产
【内容提要】
如题。

【叙录编号】 0702
【档案题名】
郝春发矿产税罚缓执行案
【发文单位】 武威地方法院
【收文单位】 武威地方法院
【档案编号】 043-004-2129-003
【成文时间】 1936-11-06
【收藏单位】 武威市档案馆
【涉及地域】 武威县
【关 键 词】 矿产税
【内容提要】
如题。

【叙录编号】 0703
【档案题名】
苗振英违反矿产税案
【发文单位】 武威地方法院
【收文单位】 武威地方法院
【档案编号】 043-010-014-003
【成文时间】 1934-09-29—1936-11-07
【收藏单位】 武威市档案馆
【涉及地域】 武威县
【关 键 词】 矿产纠纷
【内容提要】
如题。

二、土地纠纷与诉讼类档案

【叙录编号】 0704
【档案题名】
甘肃省民政厅民国三十五年（1946）1—6月份工作报告
【发文单位】 甘肃省民政厅
【收文单位】 甘肃省民政厅
【档案编号】 004-008-0545-0001
【成文时间】 1946-07-05
【收藏单位】 甘肃省档案馆
【涉及地域】 山丹县；民勤县；张掖县
【关 键 词】 划界
【内容提要】
“界务”条下记，筹划中蒙疆界；勘划山丹、民勤、张掖等县与阿拉善旗界务；准四川省咨划陕甘川边境省县疆界。

【叙录编号】 0705
【档案题名】
刘祯、金钰典地案
【发文单位】 古浪县地方法院
【收文单位】 古浪县地方法院
【档案编号】 039-001-153-001
【成文时间】 1935-12-28—1948-05-04
【收藏单位】 古浪县地方法院
【涉及地域】 古浪县
【关 键 词】 典地
【内容提要】
如题。

【叙录编号】 0706
【档案题名】
郭永廷、杨刘氏田房事件
【发文单位】 古浪县地方法院
【收文单位】 古浪县地方法院
【档案编号】 039-001-154-001
【成文时间】 1946-07-10—1947-09-04
【收藏单位】 古浪县地方法院
【涉及地域】 古浪县
【关 键 词】 田地
【内容提要】
郭永廷为确认偷卖田地、房屋的契约无效上诉。

【叙录编号】 0707
【档案题名】
邸国柱等人请求放赎典地案
【发文单位】 古浪县地方法院
【收文单位】 古浪县地方法院
【档案编号】 039-001-155-001
【成文时间】 1947-09-23—1947-12-09
【收藏单位】 武威市档案馆
【涉及地域】 古浪县
【关 键 词】 放赎典地
【内容提要】
如题。

【叙录编号】 0708
【档案题名】
张国珍确认土地事件案
【发文单位】 古浪县地方法院
【收文单位】 古浪县地方法院
【档案编号】 039-001-158-001
【成文时间】 1947-04-13
【收藏单位】 武威市档案馆
【涉及地域】 古浪县
【关 键 词】 土地所有权
【内容提要】
张国珍为请求确认土地所有权及卖契为无效事缘状告张彦等。

【叙录编号】 0709
【档案题名】
张奋武、范成典地执行案
【发文单位】 张奋武
【收文单位】 古浪县地方法院
【档案编号】 039-001-159-002
【成文时间】 1947-06-17—1946-01-08
【收藏单位】 武威市档案馆
【涉及地域】 古浪县
【关 键 词】 典地
【内容提要】
张奋武因典地事件状告范成等。

【叙录编号】 0710
【档案题名】
郭永林请求返还田地案
【发文单位】 古浪县地方法院
【收文单位】 古浪县地方法院
【档案编号】 039-001-160-002
【成文时间】 1947-11-13—1948-07-03
【收藏单位】 武威市档案馆
【涉及地域】 古浪县
【关 键 词】 返还田地
【内容提要】
如题。

【叙录编号】 0711
【档案题名】
范成、张奋武确认田地所有权；陈丰年、任焕赎地事件；马廷秀、马龙陛返还土地案
【发文单位】 古浪县地方法院
【收文单位】 古浪县地方法院
【档案编号】
039-001-161-001；039-001-161-002；039-001-161-003
【成文时间】 1947-01-14—1947-01-25
【收藏单位】 武威市档案馆
【涉及地域】 古浪县
【关 键 词】 田地所有权；赎地；返还土地
【内容提要】
如题。

【叙录编号】 0712
【档案题名】
张彦确认土地所有权案
【发文单位】 武威地方法院
【收文单位】 武威地方法院
【档案编号】 043-001-802
【成文时间】 1936-07-30
【收藏单位】 武威市档案馆
【涉及地域】 古浪县
【关 键 词】 土地所有权
【内容提要】
如题。

【叙录编号】 0713
【档案题名】
赵子才回赎田地案
【发文单位】 武威地方法院
【收文单位】 武威地方法院

【档案编号】 043-001-821-002
【成文时间】 1936-03-19—1936-11-08
【收藏单位】 武威市档案馆
【涉及地域】 武威县
【关 键 词】 回赎田地
【内容提要】
如题。

【叙录编号】 0714
【档案题名】
马言成确认地基案
【发文单位】 武威地方法院
【收文单位】 武威地方法院
【档案编号】 043-001-822-002
【成文时间】 1936-04-22—1936-09-05
【收藏单位】 武威市档案馆
【涉及地域】 武威县
【关 键 词】 确认地基
【内容提要】
如题。

【叙录编号】 0715
【档案题名】
董顺长请求回赎典地案
【发文单位】 武威地方法院
【收文单位】 武威地方法院
【档案编号】 043-001-824-001
【成文时间】 1937-01-20—1937-09-24
【收藏单位】 武威市档案馆
【涉及地域】 武威县
【关 键 词】 回赎典地
【内容提要】
如题。

【叙录编号】 0716
【档案题名】
张国庆请求返还土地案
【发文单位】 武威地方法院
【收文单位】 武威地方法院
【档案编号】 043-001-826-002
【成文时间】 1936-05-31
【收藏单位】 武威市档案馆
【涉及地域】 大柳乡
【关 键 词】 返还土地
【内容提要】
如题。

【叙录编号】 0717
【档案题名】
朱国豪交还田地案
【发文单位】 武威地方法院
【收文单位】 武威地方法院
【档案编号】 043-001-830-002
【成文时间】 1935-04-16—1938-02-23
【收藏单位】 武威市档案馆
【涉及地域】 大河乡
【关 键 词】 交还田地
【内容提要】
如题。

【叙录编号】 0718
【档案题名】
李慎洁回赎田地案
【发文单位】 武威地方法院
【收文单位】 武威地方法院
【档案编号】 043-001-831
【成文时间】 1936-04-30
【收藏单位】 武威市档案馆
【涉及地域】 武威县
【关 键 词】 回赎田地
【内容提要】
如题。

【叙录编号】 0719
【档案题名】
许成等请求给付地价案
【发文单位】 武威地方法院
【收文单位】 武威地方法院
【档案编号】 043-001-838-001
【成文时间】 不详
【收藏单位】 武威市档案馆
【涉及地域】 武威县
【关 键 词】 给付地价
【内容提要】
如题。

【叙录编号】 0720
【档案题名】
李作福田地执行案；王思贤回赎典地案
【发文单位】 武威地方法院
【收文单位】 武威地方法院
【档案编号】
043-001-850-001；043-001-850-002
【成文时间】 1936-02-17—1937-07-31
【收藏单位】 武威市档案馆
【涉及地域】 武威县
【关 键 词】 返还土地；回赎典地
【内容提要】
关于返还土地和回赎典地的案件。

【叙录编号】 0721
【档案题名】
于宗浩请求返还田地案；史天维请求返还田地案
【发文单位】 武威地方法院
【收文单位】 武威地方法院
【档案编号】
043-001-854-001；043-001-854-002
【成文时间】 1936-04-28—1936-05-27
【收藏单位】 武威市档案馆
【涉及地域】 金羊乡；双城乡
【关 键 词】 返还田地
【内容提要】
如题。

【叙录编号】 0722
【档案题名】
石金泉地基执行案；蔡王氏请求返还田地案；鲁生成给付地价案
【发文单位】 武威地方法院
【收文单位】 武威地方法院
【档案编号】
043-001-858-001；043-001-858-002；043-001-858-003
【成文时间】 不详
【收藏单位】 武威市档案馆
【涉及地域】 大柳乡；双城乡
【关 键 词】 土地；地价
【内容提要】
关于返还地基、田地和给付地价的案件

【叙录编号】 0723
【档案题名】
孙钊田地执行案；苏长德请求返还田地案；柯成伦赎地案
【发文单位】 武威地方法院
【收文单位】 武威地方法院
【档案编号】
043-001-859-001；043-001-859-002；043-001-859-003
【成文时间】
1937-10-20；1936-06-07；1936-03-24
【收藏单位】 武威市档案馆
【涉及地域】 大渠马莲滩五里；丰河乡
【关 键 词】 返还田地
【内容提要】
如题。

【叙录编号】 0724
【档案题名】
符宗海赎地案；徐尚元等请赎地调解案
【发文单位】 武威地方法院
【收文单位】 武威地方法院
【档案编号】
043-001-860-001；043-001-860-002
【成文时间】 1936-01-18—1936-02-25
【收藏单位】 武威市档案馆
【涉及地域】 张义堡符家庄
【关 键 词】 赎地
【内容提要】
如题。

【叙录编号】 0725
【档案题名】
齐泰然回赎典地案
【发文单位】 武威地方法院
【收文单位】 武威地方法院
【档案编号】 043-001-861
【成文时间】 1936-06-09
【收藏单位】 武威市档案馆
【涉及地域】 武威县
【关 键 词】 回赎典地
【内容提要】
为请求回赎典地及确认买卖契约无效事件。

【叙录编号】 0726
【档案题名】
齐永虎回赎典地案
【发文单位】 武威地方法院
【收文单位】 武威地方法院
【档案编号】 043-001-866-002
【成文时间】 1935—1936
【收藏单位】 武威市档案馆
【涉及地域】 武威县
【关 键 词】 回赎典地
【内容提要】
如题。

【叙录编号】 0727
【档案题名】
傅章请求确认土地所有权案
【发文单位】 武威地方法院
【收文单位】 武威地方法院
【档案编号】 043-001-872-002
【成文时间】 1935-11-16—1937-05-13
【收藏单位】 武威市档案馆
【涉及地域】 武威县
【关 键 词】 确认土地所有权
【内容提要】
如题。

【叙录编号】 0728
【档案题名】
张伦赎地案
【发文单位】 武威地方法院
【收文单位】 武威地方法院
【档案编号】 043-001-878-001
【成文时间】 1936-11-07—1938-04-16
【收藏单位】 武威市档案馆
【涉及地域】 金羊乡
【关 键 词】 赎地
【内容提要】
如题。

【叙录编号】 0729
【档案题名】
张心如确认土地所有权案
【发文单位】 武威地方法院
【收文单位】 武威地方法院
【档案编号】 043-001-879-003
【成文时间】 1936-07-26—1937-11-24
【收藏单位】 武威市档案馆

【涉及地域】 古城乡
【关 键 词】 土地所有权
【内容提要】
　　如题。

【叙录编号】 0730
【档案题名】
　　王福有确认地基所有权案
【发文单位】 武威地方法院
【收文单位】 武威地方法院
【档案编号】 043-001-880
【成文时间】 1936-12-28
【收藏单位】 武威市档案馆
【涉及地域】 武威县
【关 键 词】 确认地基所有权
【内容提要】
　　如题。

【叙录编号】 0731
【档案题名】
　　张景茂赎地案
【发文单位】 武威地方法院
【收文单位】 武威地方法院
【档案编号】 043-001-891-002
【成文时间】 1936-07-10—1936-02-18
【收藏单位】 武威市档案馆
【涉及地域】 金羊乡
【关 键 词】 赎地
【内容提要】
　　如题。

【叙录编号】 0732
【档案题名】
　　曹珍回赎地案、陈殿礼土地房屋案
【发文单位】 武威地方法院
【收文单位】 武威地方法院
【档案编号】
　　043-001-898-001；043-001-898-002
【成文时间】 1935-12-09—1937-02-25
【收藏单位】 武威市档案馆
【涉及地域】 古浪县
【关 键 词】 赎地；土地
【内容提要】
　　曹珍请求放赎典地事件；陈殿礼请求返还田屋事件。

【叙录编号】 0733
【档案题名】
　　常万明田地案
【发文单位】 武威地方法院
【收文单位】 武威地方法院
【档案编号】 043-001-899
【成文时间】 1935-12-09—1938-02-15
【收藏单位】 武威市档案馆
【涉及地域】 金塔乡
【关 键 词】 地权
【内容提要】
　　关于确认地权的案件。

【叙录编号】 0734
【档案题名】
　　杜长福赎地案
【发文单位】 武威地方法院
【收文单位】 武威地方法院
【档案编号】 043-001-900-001
【成文时间】 1936-08-19—1938-02-16
【收藏单位】 武威市档案馆
【涉及地域】 青云镇
【关 键 词】 赎地
【内容提要】
　　如题。

【叙录编号】 0735
【档案题名】
　　高静山请求赎地案
【发文单位】 武威地方法院
【收文单位】 武威地方法院
【档案编号】 043-001-902-002
【成文时间】 1936-02-12—1937-04-24
【收藏单位】 武威市档案馆
【涉及地域】 武威县杂渠
【关 键 词】 赎地
【内容提要】
　　如题。

【叙录编号】 0736
【档案题名】
　　谢万福土地所有权利案
【发文单位】 武威地方法院
【收文单位】 武威地方法院
【档案编号】 043-001-906-002
【成文时间】 1936-08-21—1937-06-23
【收藏单位】 武威市档案馆
【涉及地域】 永昌乡
【关 键 词】 土地所有权
【内容提要】
　　如题。

【叙录编号】 0737
【档案题名】
　　关于董民国等请求留买典地案
【发文单位】 武威地方法院
【收文单位】 武威地方法院
【档案编号】 043-001-923-002
【成文时间】 1937-10-06—1937-10-13
【收藏单位】 武威市档案馆
【涉及地域】 白塔乡
【关 键 词】 典地
【内容提要】
　　如题。

【叙录编号】 0738
【档案题名】
　　萧国栋赎地案
【发文单位】 武威地方法院
【收文单位】 武威地方法院
【档案编号】 043-001-925-001
【成文时间】 1935-02-25—1938-09-19
【收藏单位】 武威市档案馆
【涉及地域】 武威县金左五坝
【关 键 词】 赎地
【内容提要】
　　如题。

【叙录编号】 0739
【档案题名】
　　刘子禄赎地案
【发文单位】 武威地方法院
【收文单位】 武威地方法院
【档案编号】 043-001-935-001
【成文时间】 1935-02-25—1938-09-19
【收藏单位】 武威市档案馆
【涉及地域】 马莲滩
【关 键 词】 赎地
【内容提要】
　　如题。

【叙录编号】 0740
【档案题名】
　　秦吉请求赎地案；张政田地执行案
【发文单位】 武威地方法院
【收文单位】 武威地方法院
【档案编号】
　　043-001-943-001；043-001-943-002
【成文时间】 1938-02-25—1938-04-02

【收藏单位】 武威市档案馆
【涉及地域】 永昌乡
【关 键 词】 回赎典地
【内容提要】
如题。

【叙录编号】 0741
【档案题名】
胡殿才地基所有权案
【发文单位】 武威地方法院
【收文单位】 武威地方法院
【档案编号】 043-001-955-002
【成文时间】 1937-03-26
【收藏单位】 武威市档案馆
【涉及地域】 白塔乡
【关 键 词】 地基所有权
【内容提要】
如题。

【叙录编号】 0742
【档案题名】
杨集魁赎典地案
【发文单位】 武威地方法院
【收文单位】 武威地方法院
【档案编号】 043-001-998-001
【成文时间】 不详
【收藏单位】 武威市档案馆
【涉及地域】 怀河乡
【关 键 词】 赎地
【内容提要】
如题。

【叙录编号】 0743
【档案题名】
赵子才田地案
【发文单位】 武威地方法院
【收文单位】 武威地方法院
【档案编号】 043-001-1002-001
【成文时间】 不详
【收藏单位】 武威市档案馆
【涉及地域】 武威县杂渠
【关 键 词】 赎地
【内容提要】
关于回赎典地的案件。

【叙录编号】 0744
【档案题名】
张立元请求返还田地事件案；范成土地案
【发文单位】 武威地方法院
【收文单位】 武威地方法院
【档案编号】
043-001-1006-001；043-001-1006-002
【成文时间】 不详
【收藏单位】 武威市档案馆
【涉及地域】 张义乡；大靖乡
【关 键 词】 返还田地；土地所有权
【内容提要】
关于请求返还田地和确认土地所有权的案件。

【叙录编号】 0745
【档案题名】
李玉贵赎地案
【发文单位】 武威地方法院
【收文单位】 武威地方法院
【档案编号】 043-001-1038-002
【成文时间】 1936-03-10—1937-11-15
【收藏单位】 武威市档案馆
【涉及地域】 马莲滩
【关 键 词】 赎地
【内容提要】
如题。

【叙录编号】 0746
【档案题名】
严柱林请求确认土地所有权案
【发文单位】 武威地方法院
【收文单位】 武威地方法院
【档案编号】 043-001-1057-001
【成文时间】 1936-09-30—1938-05-19
【收藏单位】 武威市档案馆
【涉及地域】 大河乡
【关 键 词】 土地所有权
【内容提要】
如题。

【叙录编号】 0747
【档案题名】
刘善元请求赎地案
【发文单位】 武威地方法院
【收文单位】 武威地方法院
【档案编号】 043-001-1064-001
【成文时间】 1937-02-17—1937-03-05
【收藏单位】 武威市档案馆
【涉及地域】 大柳乡
【关 键 词】 赎地
【内容提要】
如题。

【叙录编号】 0748
【档案题名】
于长寿交付田地案；吴泽章地价案
【发文单位】 武威地方法院
【收文单位】 武威地方法院
【档案编号】 043-001-1071-001
【成文时间】 1937-05-01—1937-05-15
【收藏单位】 武威市档案馆
【涉及地域】 金海乡；白塔乡
【关 键 词】 交付田地
【内容提要】
关于土地所有权和田地出卖价格的案件。

【叙录编号】 0749
【档案题名】
张文山等确认泉地案
【发文单位】 武威地方法院
【收文单位】 武威地方法院
【档案编号】 043-001-1073-002
【成文时间】 1935-06-28—1937-04-20
【收藏单位】 武威市档案馆
【涉及地域】 武威县
【关 键 词】 土地所有权
【内容提要】
如题。

【叙录编号】 0750
【档案题名】
张全业请求赎地案；郭文请求赎地案
【发文单位】 武威地方法院
【收文单位】 武威地方法院
【档案编号】
043-001-1094-001；043-001-1094-003
【成文时间】 1936-06-13—1938-01-20
【收藏单位】 武威市档案馆
【涉及地域】 大柳乡；张义乡
【关 键 词】 赎地；土地所有权
【内容提要】
如题。

【叙录编号】 0751
【档案题名】
赵万宝请求返还租地案件
【发文单位】 武威地方法院
【收文单位】 武威地方法院
【档案编号】 043-001-1097-001
【成文时间】 1933-11-27—1938-01-05

【收藏单位】 武威市档案馆
【涉及地域】 金羊乡左六镇
【关 键 词】 返还租地
【内容提要】
如题。

【叙录编号】 0752
【档案题名】
张振甲与张立元田地涉讼声讨推事保璜回避案
【发文单位】 武威地方法院
【收文单位】 武威地方法院
【档案编号】 043-001-1112-001
【成文时间】 1935-11-20—1935-02-23
【收藏单位】 武威市档案馆
【涉及地域】 张义乡
【关 键 词】 田地涉讼
【内容提要】
张振甲因与张立元相关的田地事件请该院推事保璜回避到院。

【叙录编号】 0753
【档案题名】
张泰元返还田产案
【发文单位】 武威地方法院
【收文单位】 武威地方法院
【档案编号】 043-001-1113-001
【成文时间】 1935-02-23—1935-11-20
【收藏单位】 武威市档案馆
【涉及地域】 靖边乡
【关 键 词】 土地所有权
【内容提要】
如题。

【叙录编号】 0754
【档案题名】
陈玉福请求赎地案
【发文单位】 武威地方法院
【收文单位】 武威地方法院
【档案编号】 043-001-1119-001
【成文时间】 1936-03-11—1937-05-10
【收藏单位】 武威市档案馆
【涉及地域】 西营乡
【关 键 词】 赎地
【内容提要】
如题。

【叙录编号】 0755
【档案题名】
陈玉福赎地上诉案
【发文单位】 武威地方法院
【收文单位】 武威地方法院
【档案编号】 043-001-1120
【成文时间】 1934-04-09
【收藏单位】 武威市档案馆
【涉及地域】 西营乡
【关 键 词】 赎地
【内容提要】
如题。

【叙录编号】 0756
【档案题名】
陈发甲请求返还田地租粮案
【发文单位】 武威地方法院
【收文单位】 武威地方法院
【档案编号】 043-001-1129-001
【成文时间】 1937-03-26—1937-09-15
【收藏单位】 武威市档案馆
【涉及地域】 武威县本城大西街
【关 键 词】 返还土地
【内容提要】
如题。

【叙录编号】 0757
【档案题名】
最高法院嘱送黄光元与黄盛年认土地裁定案
【发文单位】 武威地方法院
【收文单位】 武威地方法院
【档案编号】 043-001-1139-003
【成文时间】 1936-11-05—1938-06-21
【收藏单位】 武威市档案馆
【涉及地域】 武威县
【关 键 词】 土地所有权
【内容提要】
关于确认土地所有权的案件。

【叙录编号】 0758
【档案题名】
关于齐兆发请求确认土地所有权案
【发文单位】 武威地方法院
【收文单位】 武威地方法院
【档案编号】 043-001-1158-001
【成文时间】 1935-04-05—1937-03-26
【收藏单位】 武威市档案馆
【涉及地域】 双城乡
【关 键 词】 土地所有权
【内容提要】
如题。

【叙录编号】 0759
【档案题名】
关于董春元赎地案
【发文单位】 武威地方法院
【收文单位】 武威地方法院
【档案编号】 043-001-1165-001
【成文时间】 1930-09-23—1930-11-07
【收藏单位】 武威市档案馆
【涉及地域】 武威县怀大二坝
【关 键 词】 赎地
【内容提要】
如题。

【叙录编号】 0760
【档案题名】
张万堂确认界限案
【发文单位】 武威地方法院
【收文单位】 武威地方法院
【档案编号】 043-001-1177-001
【成文时间】 1934-06-01—1934-07-14
【收藏单位】 武威市档案馆
【涉及地域】 武威县金石一坝
【关 键 词】 地权
【内容提要】
关于确认土地所有权以防界限不明导致生事的案件。

【叙录编号】 0761
【档案题名】
张棠福赎地案
【发文单位】 武威地方法院
【收文单位】 武威地方法院
【档案编号】 043-001-1183-002
【成文时间】 1937-10-06—1937-11-15
【收藏单位】 武威市档案馆
【涉及地域】 金羊乡
【关 键 词】 赎地
【内容提要】
如题。

【叙录编号】 0762
【档案题名】
林开铨赎地案
【发文单位】 武威地方法院
【收文单位】 武威地方法院
【档案编号】 043-001-1193
【成文时间】 1935-01-31

【收藏单位】　武威市档案馆
【涉及地域】　永渠源泉沟
【关 键 词】　赎地
【内容提要】
　　如题。

【叙录编号】　0763
【档案题名】
　　王光明赎地案
【发文单位】　武威地方法院
【收文单位】　武威地方法院
【档案编号】　043-001-1195
【成文时间】　1937-10-06—1937-11-15
【收藏单位】　武威市档案馆
【涉及地域】　永渠源泉沟
【关 键 词】　赎地
【内容提要】
　　如题。

【叙录编号】　0764
【档案题名】
　　王好文赎地案；赵长庆田地案
【发文单位】　武威地方法院
【收文单位】　武威地方法院
【档案编号】
　　043-002-1206-001；043-002-1206-002
【成文时间】　1934-05-17—1934-06-19
【收藏单位】　武威市档案馆
【涉及地域】　武威县金渠左一坝
【关 键 词】　赎地；田地
【内容提要】
　　如题。

【叙录编号】　0765
【档案题名】
　　李映芝确认地权案
【发文单位】　武威地方法院
【收文单位】　武威地方法院
【档案编号】　043-002-1207-002
【成文时间】　1935-03-14—1935-03-28
【收藏单位】　武威市档案馆
【涉及地域】　武威县大渠
【关 键 词】　地权
【内容提要】
　　如题。

【叙录编号】　0766
【档案题名】
　　刘廷德田地案
【发文单位】　武威地方法院
【收文单位】　武威地方法院
【档案编号】　043-002-1232
【成文时间】　1934-12-10—1935-03-02
【收藏单位】　武威市档案馆
【涉及地域】　武威县大渠
【关 键 词】　土地所有权
【内容提要】
　　如题。

【叙录编号】　0767
【档案题名】
　　吕郭学赎地案
【发文单位】　武威地方法院
【收文单位】　武威地方法院
【档案编号】　043-002-1233-001
【成文时间】　1934-02—1935-02
【收藏单位】　武威市档案馆
【涉及地域】　武威县黄渠三坝
【关 键 词】　赎地
【内容提要】
　　如题。

【叙录编号】 0768
【档案题名】
杨田赎地案；杨世界等赎地案
【发文单位】 武威地方法院
【收文单位】 武威地方法院
【档案编号】
043-002-1235-001；043-002-1235-002
【成文时间】 1934-12-27—1934-12-31
【收藏单位】 武威市档案馆
【涉及地域】 武威县
【关 键 词】 赎地
【内容提要】
如题。

【叙录编号】 0769
【档案题名】
刘成元田地案；张宽德确认土地案
【发文单位】 武威地方法院
【收文单位】 武威地方法院
【档案编号】 043-002-1236-002
【成文时间】 1934-04-20—1934-05-04
【收藏单位】 武威市档案馆
【涉及地域】 武威县金渠；武威县永下小果园
【关 键 词】 土地所有权
【内容提要】
如题。

【叙录编号】 0770
【档案题名】
刘家房田地案
【发文单位】 武威地方法院
【收文单位】 武威地方法院
【档案编号】 043-002-1237-001
【成文时间】 1934-03-12—1934-05-04
【收藏单位】 武威市档案馆
【涉及地域】 武威县杂渠
【关 键 词】 田地
【内容提要】
如题。

【叙录编号】 0771
【档案题名】
张万泰田地案；张子善赎地案
【发文单位】 武威地方法院
【收文单位】 武威地方法院
【档案编号】
043-002-1238-001；043-002-1238-002
【成文时间】 1934-03-09—1934-03-19
【收藏单位】 武威市档案馆
【涉及地域】 白塔乡；永昌乡
【关 键 词】 赎地
【内容提要】
如题。

【叙录编号】 0772
【档案题名】
何长寿撤田案
【发文单位】 武威地方法院
【收文单位】 武威地方法院
【档案编号】 043-002-1245-002
【成文时间】 1933-10-13—1934-01-03
【收藏单位】 武威市档案馆
【涉及地域】 古城乡
【关 键 词】 撤田
【内容提要】
如题。

【叙录编号】 0773
【档案题名】
蒋中发赎地案
【发文单位】 武威地方法院
【收文单位】 武威地方法院
【档案编号】 043-002-1248
【成文时间】 1934-05-06—1934-06-11

【收藏单位】　武威市档案馆
【涉及地域】　武威县
【关 键 词】　赎地
【内容提要】
　　如题。

【叙录编号】　0774
【档案题名】
　　周文堂田地执行案
【发文单位】　武威地方法院
【收文单位】　武威地方法院
【档案编号】　043-002-1266-003
【成文时间】　1935-12-26—1937-06-02
【收藏单位】　武威市档案馆
【涉及地域】　武威县金渠
【关 键 词】　田地
【内容提要】
　　如题。

【叙录编号】　0775
【档案题名】
　　丁沛赎地案
【发文单位】　武威地方法院
【收文单位】　武威地方法院
【档案编号】　043-002-1274-002
【成文时间】　1932-12-15—1935-02-28
【收藏单位】　武威市档案馆
【涉及地域】　武威县
【关 键 词】　赎地
【内容提要】
　　如题。

【叙录编号】　0776
【档案题名】
　　吴成等回赎地案
【发文单位】　武威地方法院
【收文单位】　武威地方法院
【档案编号】　043-002-1300-002
【成文时间】　1935-06-19—1936-04-05
【收藏单位】　武威市档案馆
【涉及地域】　金羊乡
【关 键 词】　赎地
【内容提要】
　　如题。

【叙录编号】　0777
【档案题名】
　　张彪优先承买田地权案
【发文单位】　武威地方法院
【收文单位】　武威地方法院
【档案编号】　043-002-1303
【成文时间】　1935-08-08—1938-03-26
【收藏单位】　武威市档案馆
【涉及地域】　武威县
【关 键 词】　承买田地
【内容提要】
　　如题。

【叙录编号】　0778
【档案题名】
　　于万福赎地案
【发文单位】　武威地方法院
【收文单位】　武威地方法院
【档案编号】　043-002-1311
【成文时间】　1937-09-09—1937-09-27
【收藏单位】　武威市档案馆
【涉及地域】　武威县
【关 键 词】　赎地
【内容提要】
　　如题。

【叙录编号】　0779
【档案题名】
　　杨大丰赎地案

【发文单位】 武威地方法院
【收文单位】 武威地方法院
【档案编号】 043-002-1316
【成文时间】 1935-12-11—1936-03-10
【收藏单位】 武威市档案馆
【涉及地域】 武威县
【关 键 词】 赎地
【内容提要】
如题。

【叙录编号】 0780
【档案题名】
赵效租返还土地案
【发文单位】 武威地方法院
【收文单位】 武威地方法院
【档案编号】 043-002-1326-001
【成文时间】 1936-04-19—1936-08-21
【收藏单位】 武威市档案馆
【涉及地域】 桥门街
【关 键 词】 租还土地
【内容提要】
如题。

【叙录编号】 0781
【档案题名】
陈天禄土地案
【发文单位】 武威地方法院
【收文单位】 武威地方法院
【档案编号】 043-002-1345-002
【成文时间】 1933-06-09—1935-08-05
【收藏单位】 武威市档案馆
【涉及地域】 白塔乡
【关 键 词】 土地
【内容提要】
如题。

【叙录编号】 0782
【档案题名】
杨景节赎地案
【发文单位】 武威地方法院
【收文单位】 武威地方法院
【档案编号】 043-002-1351-003
【成文时间】 1934-02-26—1936-04-03
【收藏单位】 武威市档案馆
【涉及地域】 白塔乡
【关 键 词】 赎地
【内容提要】
如题。

【叙录编号】 0783
【档案题名】
张光军土地所有权案
【发文单位】 武威地方法院
【收文单位】 武威地方法院
【档案编号】 043-002-1352
【成文时间】 1936-05-01
【收藏单位】 武威市档案馆
【涉及地域】 靖边乡
【关 键 词】 土地所有权
【内容提要】
如题。

【叙录编号】 0784
【档案题名】
董好礼赎地案
【发文单位】 武威地方法院
【收文单位】 武威地方法院
【档案编号】 043-002-1364-002
【成文时间】 1931-03-10—1931-07-12
【收藏单位】 武威市档案馆
【涉及地域】 武威县大渠
【关 键 词】 赎地

【内容提要】
如题。

【叙录编号】 0785
【档案题名】
杨作楷赎地案
【发文单位】 武威地方法院
【收文单位】 武威地方法院
【档案编号】 043-002-1365-001
【成文时间】 1931-03-10—1931-07-12
【收藏单位】 武威市档案馆
【涉及地域】 武威县杂渠
【关 键 词】 赎地
【内容提要】
如题。

【叙录编号】 0786
【档案题名】
关于韩兆丰返还田地案
【发文单位】 武威地方法院
【收文单位】 武威地方法院
【档案编号】 043-002-1370
【成文时间】 1936-06-03—1936-11-25
【收藏单位】 武威市档案馆
【涉及地域】 金羊乡
【关 键 词】 返还田地
【内容提要】
如题。

【叙录编号】 0787
【档案题名】
关于侯哲民请求给付赎地案；关于张其昌土地案
【发文单位】 武威地方法院
【收文单位】 武威地方法院
【档案编号】
043-002-1377-001；043-002-1377-002
【成文时间】 1936-06-14—1936-08-11
【收藏单位】 武威市档案馆
【涉及地域】 大河乡
【关 键 词】 赎地；土地所有权
【内容提要】
如题。

【叙录编号】 0788
【档案题名】
王志亿请求交付典地案并给租粮案
【发文单位】 武威地方法院
【收文单位】 武威地方法院
【档案编号】 043-002-1381-002
【成文时间】 1936-08-04—1936-08-12
【收藏单位】 武威市档案馆
【涉及地域】 金海乡
【关 键 词】 典地；租粮
【内容提要】
如题。

【叙录编号】 0789
【档案题名】
关于徐明柱请求撤约交地案；关于马伟等请求赎地案
【发文单位】 武威地方法院
【收文单位】 武威地方法院
【档案编号】
043-002-1398-004；043-002-1398-005
【成文时间】 1933-02-04—1938-02-07
【收藏单位】 武威市档案馆
【涉及地域】 双城乡；古城乡
【关 键 词】 交地；赎地
【内容提要】
如题。

【叙录编号】 0790
【档案题名】
关于刘兴善确认土地所有权案；关于秦武德请求确认地基案
【发文单位】 武威地方法院
【收文单位】 武威地方法院
【档案编号】
043-002-1401-001；043-002-1401-002
【成文时间】 1932-02-15—1938-05-06
【收藏单位】 武威市档案馆
【涉及地域】 大河乡；大柳乡
【关 键 词】 土地所有权；地基
【内容提要】
如题。

【叙录编号】 0791
【档案题名】
焦甡和赎地案
【发文单位】 武威地方法院
【收文单位】 武威地方法院
【档案编号】 043-002-1421-002
【成文时间】 1935-04-30—1937-11-30
【收藏单位】 武威市档案馆
【涉及地域】 大河乡
【关 键 词】 赎地
【内容提要】
如题。

【叙录编号】 0792
【档案题名】
蔡兆康赎地案
【发文单位】 武威地方法院
【收文单位】 武威地方法院
【档案编号】 043-002-1422-001
【成文时间】 不详
【收藏单位】 武威市档案馆
【涉及地域】 永渠源泉沟
【关 键 词】 赎地；地价
【内容提要】
如题。

【叙录编号】 0793
【档案题名】
王三善田地案
【发文单位】 武威地方法院
【收文单位】 武威地方法院
【档案编号】 043-002-1423-002
【成文时间】 1935-05-23—1937-07-09
【收藏单位】 武威市档案馆
【涉及地域】 大渠壬城堡
【关 键 词】 田地
【内容提要】
如题。

【叙录编号】 0794
【档案题名】
张国品田地案
【发文单位】 武威地方法院
【收文单位】 武威地方法院
【档案编号】 043-002-1433-002
【成文时间】 1935-01-29—1935-08-10
【收藏单位】 武威市档案馆
【涉及地域】 永昌乡
【关 键 词】 田地
【内容提要】
如题。

【叙录编号】 0795
【档案题名】
张景元回赎典地案
【发文单位】 武威地方法院
【收文单位】 武威地方法院
【档案编号】 043-002-1436-001
【成文时间】 1936-07-20—1937-12-09

【收藏单位】 武威市档案馆
【涉及地域】 金羊乡
【关 键 词】 回赎典地
【内容提要】
如题。

【叙录编号】 0796
【档案题名】
韩生年赎地案
【发文单位】 武威地方法院
【收文单位】 武威地方法院
【档案编号】 043-002-1444-001
【成文时间】 1936-06-05—1937-02-21
【收藏单位】 武威市档案馆
【涉及地域】 青云镇
【关 键 词】 赎地
【内容提要】
如题。

【叙录编号】 0797
【档案题名】
任焕赎地案；周保子赎地案
【发文单位】 武威地方法院
【收文单位】 武威地方法院
【档案编号】
045-002-1445-002；045-002-1445-003
【成文时间】 1934-04-07—1937-08-23
【收藏单位】 武威市档案馆
【涉及地域】 振育镇；丰乐乡
【关 键 词】 赎地
【内容提要】
如题。

【叙录编号】 0798
【档案题名】
赵光福赎地案
【发文单位】 武威地方法院
【收文单位】 武威地方法院
【档案编号】 043-002-1447-003
【成文时间】 1935-01-31—1936-10-08
【收藏单位】 武威市档案馆
【涉及地域】 武威县大渠双树沟
【关 键 词】 赎地
【内容提要】
如题。

【叙录编号】 0799
【档案题名】
王忠贤返还土地案
【发文单位】 武威地方法院
【收文单位】 武威地方法院
【档案编号】 043-002-1449-003
【成文时间】 19310-4-28—1936-12-25
【收藏单位】 武威市档案馆
【涉及地域】 武威县永渠白洪沟
【关 键 词】 返还土地
【内容提要】
如题。

【叙录编号】 0800
【档案题名】
高保元赎地案
【发文单位】 武威地方法院
【收文单位】 武威地方法院
【档案编号】 043-002-1461-001
【成文时间】 1938-02-09—1938-02-18
【收藏单位】 武威市档案馆
【涉及地域】 白塔乡
【关 键 词】 赎地
【内容提要】
如题。

【叙录编号】 0801
【档案题名】
潘世奎赎地案；吴兴玉放典赎地案
【发文单位】 武威地方法院
【收文单位】 武威地方法院
【档案编号】
043-002-1463-001；043-002-1463-002
【成文时间】 1938-02-15—1938-03-05
【收藏单位】 武威市档案馆
【涉及地域】 大柳乡；永昌乡
【关 键 词】 赎地
【内容提要】
如题。

【叙录编号】 0802
【档案题名】
史天庆回赎典地案
【发文单位】 武威地方法院
【收文单位】 武威地方法院
【档案编号】 043-002-1465-001
【成文时间】 1938-04-14—1938-07-27
【收藏单位】 武威市档案馆
【涉及地域】 白塔乡
【关 键 词】 回赎典地
【内容提要】
如题。

【叙录编号】 0803
【档案题名】
林占先赎地案
【发文单位】 武威地方法院
【收文单位】 武威地方法院
【档案编号】 043-002-1468-001
【成文时间】 1938-03-07—1938-04-12
【收藏单位】 武威市档案馆
【涉及地域】 丰乐乡
【关 键 词】 赎地
【内容提要】
如题。

【叙录编号】 0804
【档案题名】
张景芪赎地案
【发文单位】 武威地方法院
【收文单位】 武威地方法院
【档案编号】 043-002-1470-001
【成文时间】 1938-01-17—1938-04-15
【收藏单位】 武威市档案馆
【涉及地域】 金羊乡
【关 键 词】 赎地
【内容提要】
如题。

【叙录编号】 0805
【档案题名】
马怀仁赎地案；姜林德赎地案
【发文单位】 武威地方法院
【收文单位】 武威地方法院
【档案编号】
043-002-1471-001；043-002-1471-002
【成文时间】 1936-01-17—1936-12-25
【收藏单位】 武威市档案馆
【涉及地域】 武威县杂渠；金塔乡
【关 键 词】 赎地
【内容提要】
如题。

【叙录编号】 0806
【档案题名】
徐寿林赎地案
【发文单位】 武威地方法院
【收文单位】 武威地方法院
【档案编号】 043-002-1472-003
【成文时间】 1935-12-23—1938-01-27

【收藏单位】 武威市档案馆
【涉及地域】 丰乐乡
【关 键 词】 赎地
【内容提要】
如题。

【叙录编号】 0807
【档案题名】
王潘氏田地案
【发文单位】 武威地方法院
【收文单位】 武威地方法院
【档案编号】 043-002-1473-001
【成文时间】 1936-02-26—1936-03-22
【收藏单位】 武威市档案馆
【涉及地域】 古城乡
【关 键 词】 土地所有权
【内容提要】
如题。

【叙录编号】 0808
【档案题名】
王兆圣田地案
【发文单位】 武威地方法院
【收文单位】 武威地方法院
【档案编号】 043-002-1474-002
【成文时间】 1935-06-26—1937-09-06
【收藏单位】 武威市档案馆
【涉及地域】 白塔乡
【关 键 词】 田地
【内容提要】
如题。

【叙录编号】 0809
【档案题名】
罗长泰返还租地案
【发文单位】 武威地方法院
【收文单位】 武威地方法院
【档案编号】 043-002-1475-001
【成文时间】 1937-12-27—1938-03-10
【收藏单位】 武威市档案馆
【涉及地域】 大柳乡
【关 键 词】 返还租地
【内容提要】
如题。

【叙录编号】 0810
【档案题名】
张德文赎地案；龚朝元给付田地案
【发文单位】 武威地方法院
【收文单位】 武威地方法院
【档案编号】
043-002-1477-001；043-002-1477-002
【成文时间】 1938-01-17—1938-05-02
【收藏单位】 武威市档案馆
【涉及地域】 金羊乡；金塔乡
【关 键 词】 赎地；给付田地
【内容提要】
如题。

【叙录编号】 0811
【档案题名】
张仁清赎地案
【发文单位】 武威地方法院
【收文单位】 武威地方法院
【档案编号】 043-002-1480-002
【成文时间】 1933-01-07—1933-12-25
【收藏单位】 武威市档案馆
【涉及地域】 武威县大渠长山沟
【关 键 词】 赎地
【内容提要】
如题。

【叙录编号】 0812
【档案题名】
付德元交付应分田地案
【发文单位】 武威地方法院
【收文单位】 武威地方法院
【档案编号】 043-002-1484
【成文时间】 1937-07-12
【收藏单位】 武威市档案馆
【涉及地域】 武威县张英沟
【关 键 词】 应分田地
【内容提要】
如题。

【叙录编号】 0813
【档案题名】
闫万德赎地案
【发文单位】 武威地方法院
【收文单位】 武威地方法院
【档案编号】 043-002-1485-002
【成文时间】 1935-09-16—1937-01-26
【收藏单位】 武威市档案馆
【涉及地域】 金塔乡
【关 键 词】 赎地
【内容提要】
如题。

【叙录编号】 0814
【档案题名】
杨国亮返还田地案；姜国发赎地案
【发文单位】 武威地方法院
【收文单位】 武威地方法院
【档案编号】
043-002-1486-001；043-002-1486-002
【成文时间】 1935-06-11—1936-01-04
【收藏单位】 武威市档案馆
【涉及地域】 白塔乡；金羊乡
【关 键 词】 返还田地；赎地
【内容提要】
如题。

【叙录编号】 0815
【档案题名】
付元昇赎地案
【发文单位】 武威地方法院
【收文单位】 武威地方法院
【档案编号】 043-002-1487-002
【成文时间】 1936-12-22—1936-12-26
【收藏单位】 武威市档案馆
【涉及地域】 武威县本城西大街
【关 键 词】 赎地
【内容提要】
如题。

【叙录编号】 0816
【档案题名】
王万德返还田地案；李鹤年给付田地案
【发文单位】 武威地方法院
【收文单位】 武威地方法院
【档案编号】
043-002-1498-001；043-002-1498-002
【成文时间】 1936-02-04—1938-04-02
【收藏单位】 武威市档案馆
【涉及地域】 武威县
【关 键 词】 田地
【内容提要】
如题。

【叙录编号】 0817
【档案题名】
王庭田地案
【发文单位】 武威地方法院
【收文单位】 武威地方法院
【档案编号】 043-002-1510-002
【成文时间】 1936-02-21—1936-12-13

【收藏单位】 武威市档案馆
【涉及地域】 大柳乡
【关 键 词】 田地
【内容提要】
如题。

【叙录编号】 0818
【档案题名】
段春生赎地案
【发文单位】 武威地方法院
【收文单位】 武威地方法院
【档案编号】 043-002-1512-001
【成文时间】 1936-04-16—1937-04-26
【收藏单位】 武威市档案馆
【涉及地域】 西营乡
【关 键 词】 赎地
【内容提要】
如题。

【叙录编号】 0819
【档案题名】
金鸿赎地案
【发文单位】 武威地方法院
【收文单位】 武威地方法院
【档案编号】 043-002-1516-003
【成文时间】 1938-04-08—1938-04-22
【收藏单位】 武威市档案馆
【涉及地域】 大河乡
【关 键 词】 赎地
【内容提要】
如题。

【叙录编号】 0820
【档案题名】
王国泰赎地案
【发文单位】 武威地方法院
【收文单位】 武威地方法院
【档案编号】 043-002-1517-003
【成文时间】 1933-11-06—1936-03-15
【收藏单位】 武威市档案馆
【涉及地域】 白塔乡
【关 键 词】 赎地
【内容提要】
如题。

【叙录编号】 0821
【档案题名】
董开庆赎地案
【发文单位】 武威地方法院
【收文单位】 武威地方法院
【档案编号】 043-002-1518-001
【成文时间】 1938-01-02—1938-02-19
【收藏单位】 武威市档案馆
【涉及地域】 武威县
【关 键 词】 赎地
【内容提要】
如题。

【叙录编号】 0822
【档案题名】
吴学昌赎地案；李彤乡赎地案
【发文单位】 武威地方法院
【收文单位】 武威地方法院
【档案编号】
043-002-1519-001；043-002-1519-002
【成文时间】 1938-01-08—1938-04-19
【收藏单位】 武威市档案馆
【涉及地域】 金塔乡；金羊乡
【关 键 词】 赎地
【内容提要】
如题。

【叙录编号】 0823
【档案题名】
徐子洪赎地案；陈仁德回赎田地案
【发文单位】 武威地方法院
【收文单位】 武威地方法院
【档案编号】
043-002-1520-001；043-002-1520-003
【成文时间】 1938-01-10—1938-02-08
【收藏单位】 武威市档案馆
【涉及地域】 武威县
【关 键 词】 赎地
【内容提要】
如题。

【叙录编号】 0824
【档案题名】
俞宋基赎地案
【发文单位】 武威地方法院
【收文单位】 武威地方法院
【档案编号】 043-002-1530-002
【成文时间】 1936-12-09
【收藏单位】 武威市档案馆
【涉及地域】 武威县永渠九墩
【关 键 词】 赎地
【内容提要】
如题。

【叙录编号】 0825
【档案题名】
杨旺赎地案；刘郭氏伤害案
【发文单位】 武威地方法院
【收文单位】 武威地方法院
【档案编号】 043-002-1537-002
【成文时间】 1936-06-26—1937-01-09
【收藏单位】 武威市档案馆
【涉及地域】 武威县金渠海下堡
【关 键 词】 赎地
【内容提要】
如题。

【叙录编号】 0826
【档案题名】
王建生返还田地案
【发文单位】 武威地方法院
【收文单位】 武威地方法院
【档案编号】 043-002-1546-002
【成文时间】 1936-08-16—1938-04-29
【收藏单位】 武威市档案馆
【涉及地域】 武威县本城小北街
【关 键 词】 返还田地
【内容提要】
如题。

【叙录编号】 0827
【档案题名】
于登祥返还田地案
【发文单位】 武威地方法院
【收文单位】 武威地方法院
【档案编号】 043-002-1547-001
【成文时间】 1937-02-15—1938-02-18
【收藏单位】 武威市档案馆
【涉及地域】 永昌乡
【关 键 词】 返还田地
【内容提要】
如题。

【叙录编号】 0828
【档案题名】
胡大祥交付田地案
【发文单位】 武威地方法院
【收文单位】 武威地方法院
【档案编号】 043-002-1549-001
【成文时间】 1938-01-14—1938-03-28
【收藏单位】 武威市档案馆

【涉及地域】 古城乡
【关 键 词】 交付田地
【内容提要】
如题。

【叙录编号】 0829
【档案题名】
徐多年赎地案
【发文单位】 武威地方法院
【收文单位】 武威地方法院
【档案编号】 043-002-1550-001
【成文时间】 1933-12-06—1938-03-21
【收藏单位】 武威市档案馆
【涉及地域】 双城乡
【关 键 词】 赎地
【内容提要】
如题。

【叙录编号】 0830
【档案题名】
靳业基返还田地案
【发文单位】 武威地方法院
【收文单位】 武威地方法院
【档案编号】 043-002-1557-001
【成文时间】 1938-01-20—1938-02-28
【收藏单位】 武威市档案馆
【涉及地域】 大河乡
【关 键 词】 返还田地
【内容提要】
如题。

【叙录编号】 0831
【档案题名】
姚三勤分割田地案
【发文单位】 武威地方法院
【收文单位】 武威地方法院
【档案编号】 043-002-1560-002
【成文时间】 1937-12-01—1938-03-21
【收藏单位】 武威市档案馆
【涉及地域】 永昌乡
【关 键 词】 分割田地
【内容提要】
如题。

【叙录编号】 0832
【档案题名】
张进福返还租地案
【发文单位】 武威地方法院
【收文单位】 武威地方法院
【档案编号】 043-002-1563-002
【成文时间】 1938-01-13—1938-03-09
【收藏单位】 武威市档案馆
【涉及地域】 武威县本城北街
【关 键 词】 返还租地
【内容提要】
如题。

【叙录编号】 0833
【档案题名】
关于张兆勋确认土地所有权案
【发文单位】 武威地方法院
【收文单位】 武威地方法院
【档案编号】 043-002-1566-001
【成文时间】 1936-02-02—1938-05-14
【收藏单位】 武威市档案馆
【涉及地域】 武威县大渠沙子沟
【关 键 词】 土地所有权
【内容提要】
如题。

【叙录编号】 0834
【档案题名】
丁王莘返还田地案
【发文单位】 武威地方法院

【收文单位】 武威地方法院
【档案编号】 043-002-1569-002
【成文时间】 1935—1936
【收藏单位】 武威市档案馆
【涉及地域】 武威县金渠左二坝
【关 键 词】 返还田地
【内容提要】
如题。

【叙录编号】 0835
【档案题名】
郭登寿田地执行案；张得生输地执行案；张殿清输地执行案
【发文单位】 武威地方法院
【收文单位】 武威地方法院
【档案编号】
043-002-1578-002；043-002-1578-003；043-002-1578-004
【成文时间】 1935-04-15—1935-08-06
【收藏单位】 武威市档案馆
【涉及地域】 武威县杂渠、金渠、大渠
【关 键 词】 田地执行；输地；租粮
【内容提要】
如题。

【叙录编号】 0836
【档案题名】
曹耀臣赎地案
【发文单位】 武威地方法院
【收文单位】 武威地方法院
【档案编号】 043-002-1599-002
【成文时间】 1937
【收藏单位】 武威市档案馆
【涉及地域】 武威县本城东大街
【关 键 词】 赎地
【内容提要】
如题。

【叙录编号】 0837
【档案题名】
齐永党回赎典地案
【发文单位】 武威地方法院
【收文单位】 武威地方法院
【档案编号】 043-002-1600-001
【成文时间】 1936-02-28—1936-10-26
【收藏单位】 武威市档案馆
【涉及地域】 双城乡
【关 键 词】 回赎典地
【内容提要】
如题。

【叙录编号】 0838
【档案题名】
张训铭回赎田地案
【发文单位】 武威地方法院
【收文单位】 武威地方法院
【档案编号】 043-003-1602-001
【成文时间】 1936-02-20—1936-10-20
【收藏单位】 武威市档案馆
【涉及地域】 永昌乡
【关 键 词】 回赎田地
【内容提要】
如题。

【叙录编号】 0839
【档案题名】
邵宗成回赎田地案
【发文单位】 武威地方法院
【收文单位】 武威地方法院
【档案编号】 043-003-1608-002
【成文时间】 1934-03-07—1937-10-17
【收藏单位】 武威市档案馆
【涉及地域】 白塔乡
【关 键 词】 回赎田地

【内容提要】
如题。

【叙录编号】 0840
【档案题名】
孙长寿赎地案；齐兆庆确认土地所有权案
【发文单位】 武威地方法院
【收文单位】 武威地方法院
【档案编号】
043-003-1609-002；043-003-1609-003
【成文时间】 1937-01-25—1937-06-15
【收藏单位】 武威市档案馆
【涉及地域】 武威县本城东巷子；双城乡
【关 键 词】 赎地；土地所有权
【内容提要】
如题。

【叙录编号】 0841
【档案题名】
聂振芳回赎典地案；马中清回赎典地案；齐永党回赎地案
【发文单位】 武威地方法院
【收文单位】 武威地方法院
【档案编号】
043-003-1613-001；043-003-1613-002；043-003-1613-003
【成文时间】 1936-04-14—1936-05-22
【收藏单位】 武威市档案馆
【涉及地域】 泉山乡；钟楼巷；双城乡
【关 键 词】 回赎典地
【内容提要】
如题。

【叙录编号】 0842
【档案题名】
顾仁德重丈田地案
【发文单位】 武威地方法院
【收文单位】 武威地方法院
【档案编号】 043-003-1616-003
【成文时间】 1937-06-18—1938-03-10
【收藏单位】 武威市档案馆
【涉及地域】 大柳乡
【关 键 词】 丈量田地
【内容提要】
如题。

【叙录编号】 0843
【档案题名】
袁海山请求交付租股及租地案
【发文单位】 武威地方法院
【收文单位】 武威地方法院
【档案编号】 043-003-1628-001
【成文时间】 1936-12-31—1937-01-27
【收藏单位】 武威市档案馆
【涉及地域】 武威县金渠
【关 键 词】 租地
【内容提要】
如题。

【叙录编号】 0844
【档案题名】
李槐请求留买地案；枣民国请求返还田地案
【发文单位】 武威地方法院
【收文单位】 武威地方法院
【档案编号】
043-003-1629-001；043-003-1629-002
【成文时间】 1936-06-14—1936-08-01
【收藏单位】 武威市档案馆
【涉及地域】 武威县杂渠；白塔乡
【关 键 词】 买地；返还土地
【内容提要】
如题。

【叙录编号】 0845
【档案题名】
　　龚叔老请求返还田地；史尧天请求返还典地及租粮案
【发文单位】 武威地方法院
【收文单位】 武威地方法院
【档案编号】
　　043-003-1630-001；043-003-1630-002
【成文时间】 1936-05-28—1936-09-30
【收藏单位】 武威市档案馆
【涉及地域】 武威县金左四坝东沟
【关 键 词】 返还土地
【内容提要】
　　如题。

【叙录编号】 0846
【档案题名】
　　朱贤租地案
【发文单位】 武威地方法院
【收文单位】 武威地方法院
【档案编号】 043-003-1638
【成文时间】 1936-01-10
【收藏单位】 武威市档案馆
【涉及地域】 武威县
【关 键 词】 租地
【内容提要】
　　如题。

【叙录编号】 0847
【档案题名】
　　蔡丁氏确认土地所有权案
【发文单位】 武威地方法院
【收文单位】 武威地方法院
【档案编号】 043-003-1648
【成文时间】 1937-01-07
【收藏单位】 武威市档案馆
【涉及地域】 金塔乡
【关 键 词】 土地所有权
【内容提要】
　　如题。

【叙录编号】 0848
【档案题名】
　　王西天等确认土地所有权上诉案
【发文单位】 武威地方法院
【收文单位】 武威地方法院
【档案编号】 043-003-1649
【成文时间】 1936-03-26
【收藏单位】 武威市档案馆
【涉及地域】 大河乡
【关 键 词】 土地所有权
【内容提要】
　　如题。

【叙录编号】 0849
【档案题名】
　　王保元赎地案
【发文单位】 武威地方法院
【收文单位】 武威地方法院
【档案编号】 043-003-1658-001
【成文时间】 1936-01-31—1936-12-17
【收藏单位】 武威市档案馆
【涉及地域】 武威县永渠白横沟
【关 键 词】 赎地
【内容提要】
　　如题。

【叙录编号】 0850
【档案题名】
　　王炳棠田地调解案；闫伯静赎地案
【发文单位】 武威地方法院
【收文单位】 武威地方法院
【档案编号】
　　043-003-1659-002；043-003-1659-003

【成文时间】 1936-02-05—1936-02-30
【收藏单位】 武威市档案馆
【涉及地域】 武威县本城小南街；永渠烟墩
【关 键 词】 赎地
【内容提要】
如题。

【叙录编号】 0851
【档案题名】
李春林等请求赎地案
【发文单位】 武威地方法院
【收文单位】 武威地方法院
【档案编号】 043-003-1660-002
【成文时间】 1936-12-24—1937-10-10
【收藏单位】 武威市档案馆
【涉及地域】 武威县永渠六坝
【关 键 词】 赎地
【内容提要】
如题。

【叙录编号】 0852
【档案题名】
张泽田地案；沈银赎地案；张彭氏田地案
【发文单位】 武威地方法院
【收文单位】 武威地方法院
【档案编号】
043-003-1670-001；043-003-1670-002；043-003-1670-003
【成文时间】 1933-02-28—1933-06-05
【收藏单位】 武威市档案馆
【涉及地域】 武威县金渠
【关 键 词】 赎地
【内容提要】
如题。

【叙录编号】 0853
【档案题名】
张世昌偷买田地案
【发文单位】 武威地方法院
【收文单位】 武威地方法院
【档案编号】 043-003-1678-001
【成文时间】 1933-05-03—1936-09-17
【收藏单位】 武威市档案馆
【涉及地域】 双城乡
【关 键 词】 偷买田地
【内容提要】
如题。

【叙录编号】 0854
【档案题名】
杨华田地执行案
【发文单位】 武威地方法院
【收文单位】 武威地方法院
【档案编号】 043-003-1680-002
【成文时间】 1934-01-20—1935-03-09
【收藏单位】 武威市档案馆
【涉及地域】 武威县
【关 键 词】 土地所有权
【内容提要】
如题。

【叙录编号】 0855
【档案题名】
张景厂田地案
【发文单位】 武威地方法院
【收文单位】 武威地方法院
【档案编号】 043-003-1684-001
【成文时间】 1934-03-02—1934-07-06
【收藏单位】 武威市档案馆
【涉及地域】 武威县金渠
【关 键 词】 土地所有权

【内容提要】
如题。

【叙录编号】 0856
【档案题名】
严发林赎地案；郭才赎地案；赵永青赎地案
【发文单位】 武威地方法院
【收文单位】 武威地方法院
【档案编号】
043-003-1688-001；043-003-1688-002；043-003-1688-003
【成文时间】 1934-01-12—1934-09-13
【收藏单位】 武威市档案馆
【涉及地域】 张义乡；大渠河西沟；羊市巷
【关 键 词】 赎地
【内容提要】
如题。

【叙录编号】 0857
【档案题名】
马万生土地案；刘登鸿请求确认继承田地案
【发文单位】 武威地方法院
【收文单位】 武威地方法院
【档案编号】
043-043-1695-001；043-043-1695-002
【成文时间】 1933-09-12—1937-09-26
【收藏单位】 武威市档案馆
【涉及地域】 武威县
【关 键 词】 继承田地
【内容提要】
如题。

【叙录编号】 0858
【档案题名】
张国才田地上诉案
【发文单位】 武威地方法院
【收文单位】 武威地方法院
【档案编号】 043-003-1697-002
【成文时间】 1936-07-18—1936-09-15
【收藏单位】 武威市档案馆
【涉及地域】 大柳乡
【关 键 词】 土地所有权
【内容提要】
如题。

【叙录编号】 0859
【档案题名】
张兴义赎地案
【发文单位】 武威地方法院
【收文单位】 武威地方法院
【档案编号】 043-003-1717-001
【成文时间】 1933-02-17—1933-07-31
【收藏单位】 武威市档案馆
【涉及地域】 武威县
【关 键 词】 赎地
【内容提要】
如题。

【叙录编号】 0860
【档案题名】
董民国留买田地案
【发文单位】 武威地方法院
【收文单位】 武威地方法院
【档案编号】 043-003-1721-002
【成文时间】 1935-09-24—1937-05-14
【收藏单位】 武威市档案馆
【涉及地域】 白塔乡
【关 键 词】 买地
【内容提要】
如题。

【叙录编号】 0861
【档案题名】
王春元赎地案
【发文单位】 武威地方法院
【收文单位】 武威地方法院
【档案编号】 043-003-1725-001
【成文时间】 1934-03-08—1934-10-16
【收藏单位】 武威市档案馆
【涉及地域】 武威县
【关 键 词】 赎地
【内容提要】
如题。

【叙录编号】 0862
【档案题名】
桑茂金田地案
【发文单位】 武威地方法院
【收文单位】 武威地方法院
【档案编号】 043-003-1728-002
【成文时间】 1935-03-09—1937-09-16
【收藏单位】 武威市档案馆
【涉及地域】 武威县
【关 键 词】 土地所有权
【内容提要】
如题。

【叙录编号】 0863
【档案题名】
李耀返还土地案
【发文单位】 武威地方法院
【收文单位】 武威地方法院
【档案编号】 043-003-1736-001
【成文时间】 1935-06-07—1937-10-29
【收藏单位】 武威市档案馆
【涉及地域】 武威县大渠长山沟
【关 键 词】 返还土地
【内容提要】
如题。

【叙录编号】 0864
【档案题名】
徐加年土地案；郭得忠赎地案
【发文单位】 武威地方法院
【收文单位】 武威地方法院
【档案编号】
043-003-1746-002；043-003-1746-003
【成文时间】 1935-04-22—1937-07-15
【收藏单位】 武威市档案馆
【涉及地域】 金羊乡
【关 键 词】 赎地
【内容提要】
如题。

【叙录编号】 0865
【档案题名】
鲁生赎地案
【发文单位】 武威地方法院
【收文单位】 武威地方法院
【档案编号】 043-003-1750-001
【成文时间】 1935-04-03—1937-07-31
【收藏单位】 武威市档案馆
【涉及地域】 武威县本城大南街
【关 键 词】 赎地
【内容提要】
如题。

【叙录编号】 0866
【档案题名】
宋殿禧赎地案；安月孔等赎地案
【发文单位】 武威地方法院
【收文单位】 武威地方法院
【档案编号】
043-003-1754-002；043-003-1754-003

【成文时间】 1935-02-23—1935-05-04
【收藏单位】 武威市档案馆
【涉及地域】 武威县大渠发放亭；金渠
【关 键 词】 赎地
【内容提要】
如题。

【叙录编号】 0867
【档案题名】
杜万顺等田地案；于志武确认地基案
【发文单位】 武威地方法院
【收文单位】 武威地方法院
【档案编号】
043-003-1759-001；043-003-1759-001
【成文时间】 1935-02-13—1935-06-03
【收藏单位】 武威市档案馆
【涉及地域】 武威县
【关 键 词】 土地所有权
【内容提要】
如题。

【叙录编号】 0868
【档案题名】
俞存珏等土地案
【发文单位】 武威地方法院
【收文单位】 武威地方法院
【档案编号】 043-003-1761
【成文时间】 1935-07-08—1936-09-15
【收藏单位】 武威市档案馆
【涉及地域】 武威县永渠九墩沟
【关 键 词】 土地所有权
【内容提要】
如题。

【叙录编号】 0869
【档案题名】
柴国揖田地案
【发文单位】 武威地方法院
【收文单位】 武威地方法院
【档案编号】 043-003-1762-001
【成文时间】 1935-04-27—1935-10-02
【收藏单位】 武威市档案馆
【涉及地域】 武威县杂渠
【关 键 词】 土地所有权
【内容提要】
如题。

【叙录编号】 0870
【档案题名】
陈殿福赎地案
【发文单位】 武威地方法院
【收文单位】 武威地方法院
【档案编号】 043-003-1768-002
【成文时间】 1935-04-23—1935-05-12
【收藏单位】 武威市档案馆
【涉及地域】 金海乡松涛寺
【关 键 词】 赎地
【内容提要】
如题。

【叙录编号】 0871
【档案题名】
许侯氏赎地案
【发文单位】 武威地方法院
【收文单位】 武威地方法院
【档案编号】 043-003-1775-003
【成文时间】 1933-06-09—1937-09-16
【收藏单位】 武威市档案馆
【涉及地域】 武威县
【关 键 词】 赎地
【内容提要】
如题。

【叙录编号】 0872
【档案题名】
　　陈守山请求给付担保地价案
【发文单位】 武威地方法院
【收文单位】 武威地方法院
【档案编号】 043-003-1779-001
【成文时间】 1937-04-17—1937-09-20
【收藏单位】 武威市档案馆
【涉及地域】 古城乡
【关 键 词】 地价
【内容提要】
　　如题。

【叙录编号】 0873
【档案题名】
　　李好清租地案
【发文单位】 武威地方法院
【收文单位】 武威地方法院
【档案编号】 043-003-1787-002
【成文时间】 1935-05-04—1938-03-16
【收藏单位】 武威市档案馆
【涉及地域】 武威县杂渠
【关 键 词】 租地
【内容提要】
　　如题。

【叙录编号】 0874
【档案题名】
　　张振甲返还田地案
【发文单位】 武威地方法院
【收文单位】 武威地方法院
【档案编号】 043-003-1788-002
【成文时间】 1936-02-18—1936-02-26
【收藏单位】 武威市档案馆
【涉及地域】 张义乡
【关 键 词】 返还田地
【内容提要】
　　如题。

【叙录编号】 0875
【档案题名】
　　周子宝赎地案
【发文单位】 武威地方法院
【收文单位】 武威地方法院
【档案编号】 043-003-1797-002
【成文时间】 1936-06-07—1936-08-16
【收藏单位】 武威市档案馆
【涉及地域】 武威县
【关 键 词】 赎地
【内容提要】
　　如题。

【叙录编号】 0876
【档案题名】
　　张详赎地案；蒲文才交还田地案
【发文单位】 武威地方法院
【收文单位】 武威地方法院
【档案编号】
　　043-003-1798-001；043-003-1798-002
【成文时间】 1936-06-11—1936-06-28
【收藏单位】 武威市档案馆
【涉及地域】 金羊乡
【关 键 词】 赎地；交还田地
【内容提要】
　　如题。

【叙录编号】 0877
【档案题名】
　　吴仁泉田地案
【发文单位】 武威地方法院
【收文单位】 武威地方法院
【档案编号】 043-003-1804-002
【成文时间】 1933-06-30—1933-07-28

【收藏单位】 武威市档案馆
【涉及地域】 武威县
【关 键 词】 土地所有权
【内容提要】
如题。

【叙录编号】 0878
【档案题名】
杨恒年确认地权案
【发文单位】 武威地方法院
【收文单位】 武威地方法院
【档案编号】 043-003-1806-002
【成文时间】 1936-07-11—1937-05-26
【收藏单位】 武威市档案馆
【涉及地域】 武威县大渠
【关 键 词】 地权
【内容提要】
如题。

【叙录编号】 0879
【档案题名】
郝光明请求确认湖地所有权案
【发文单位】 武威地方法院
【收文单位】 武威地方法院
【档案编号】 043-003-1811-001
【成文时间】 1936-06-20—1936-07-01
【收藏单位】 武威市档案馆
【涉及地域】 金羊乡
【关 键 词】 湖地所有权
【内容提要】
如题。

【叙录编号】 0880
【档案题名】
刘荣确认地界案
【发文单位】 武威地方法院
【收文单位】 武威地方法院
【档案编号】 043-003-1813-001
【成文时间】 1935-06-05—1936-01-04
【收藏单位】 武威市档案馆
【涉及地域】 武威县大渠
【关 键 词】 确认地界
【内容提要】
如题。

【叙录编号】 0881
【档案题名】
赵延年田地案；张伯才等赎地案
【发文单位】 武威地方法院
【收文单位】 武威地方法院
【档案编号】
043-003-1814-001；043-003-1814-002
【成文时间】 1935-02-12—1935-12-30
【收藏单位】 武威市档案馆
【涉及地域】 淮城乡
【关 键 词】 赎地
【内容提要】
如题。

【叙录编号】 0882
【档案题名】
聂三友赎地案；李兴确认土地案
【发文单位】 武威地方法院
【收文单位】 武威地方法院
【档案编号】
043-003-1816-001；043-003-1816-003
【成文时间】 1935-01-06—1935-03-27
【收藏单位】 武威市档案馆
【涉及地域】 武威县大渠；武威县本城北
【关 键 词】 赎地；地权
【内容提要】
如题。

【叙录编号】 0883
【档案题名】
　　赵子贤赎地案
【发文单位】 武威地方法院
【收文单位】 武威地方法院
【档案编号】 043-003-1826-002
【成文时间】 1937-01-29—1937-07-26
【收藏单位】 武威市档案馆
【涉及地域】 金塔乡
【关 键 词】 赎地
【内容提要】
　　如题。

【叙录编号】 0884
【档案题名】
　　丁大辉赎地案
【发文单位】 武威地方法院
【收文单位】 武威地方法院
【档案编号】 043-003-1834-003
【成文时间】 1933-04-28—1933-04-30
【收藏单位】 武威市档案馆
【涉及地域】 武威县大渠
【关 键 词】 赎地
【内容提要】
　　如题。

【叙录编号】 0885
【档案题名】
　　林青贤地基案
【发文单位】 武威地方法院
【收文单位】 武威地方法院
【档案编号】 043-003-1860-002
【成文时间】 1937-01-18—1937-03-21
【收藏单位】 武威市档案馆
【涉及地域】 丰乐乡
【关 键 词】 地基
【内容提要】
　　如题。

【叙录编号】 0886
【档案题名】
　　王三党请求确认土地所有权案
【发文单位】 武威地方法院
【收文单位】 武威地方法院
【档案编号】 043-003-1864-002
【成文时间】 1936-10-06—1936-11-25
【收藏单位】 武威市档案馆
【涉及地域】 武威县永渠
【关 键 词】 土地所有权
【内容提要】
　　如题。

【叙录编号】 0887
【档案题名】
　　三宫会赎地上诉案
【发文单位】 武威地方法院
【收文单位】 武威地方法院
【档案编号】 043-003-1869-001
【成文时间】 1937-04-26—1937-10-28
【收藏单位】 武威市档案馆
【涉及地域】 武威县
【关 键 词】 赎地
【内容提要】
　　如题。

【叙录编号】 0888
【档案题名】
　　关于郑文乡请求赎地案
【发文单位】 武威地方法院
【收文单位】 武威地方法院
【档案编号】 043-003-1893-003
【成文时间】 1936-04-05—1936-09-27
【收藏单位】 武威市档案馆

【涉及地域】 武威县
【关 键 词】 赎地
【内容提要】
如题。

【叙录编号】 0889
【档案题名】
关于杨钖祥赎地案
【发文单位】 武威地方法院
【收文单位】 武威地方法院
【档案编号】 043-003-1894-003
【成文时间】 1935-03-15—1937-07-10
【收藏单位】 武威市档案馆
【涉及地域】 武威县
【关 键 词】 赎地
【内容提要】
如题。

【叙录编号】 0890
【档案题名】
关于王垚儒请求回赎典地案
【发文单位】 武威地方法院
【收文单位】 武威地方法院
【档案编号】 043-003-1897-002
【成文时间】 1937-03-04—1937-07-05
【收藏单位】 武威市档案馆
【涉及地域】 武威县
【关 键 词】 回赎典地
【内容提要】
如题。

【叙录编号】 0891
【档案题名】
郭殿中分割田地案；陈万福赎地案
【发文单位】 武威地方法院
【收文单位】 武威地方法院
【档案编号】
043-003-1899-002；043-003-1899-003
【成文时间】 1933-01-01—1935-04-24
【收藏单位】 武威市档案馆
【涉及地域】 武威县
【关 键 词】 分割田地；赎地
【内容提要】
如题。

【叙录编号】 0892
【档案题名】
谢登山租地案；刘长明赎地案；郭殿恒赎地案
【发文单位】 武威地方法院
【收文单位】 武威地方法院
【档案编号】
043-003-1904-001；043-003-1904-002；043-003-1904-003
【成文时间】 1935-02-27—1935-12-12
【收藏单位】 武威市档案馆
【涉及地域】 武威县
【关 键 词】 租地；赎地
【内容提要】
如题。

【叙录编号】 0893
【档案题名】
关于徐铭确认地权案
【发文单位】 武威地方法院
【收文单位】 武威地方法院
【档案编号】 043-003-1912-003
【成文时间】 1936-06-04—1937-03-25
【收藏单位】 武威市档案馆
【涉及地域】 武威县
【关 键 词】 地权
【内容提要】
如题。

【叙录编号】 0894
【档案题名】
孙锐赎地案
【发文单位】 武威地方法院
【收文单位】 武威地方法院
【档案编号】 043-003-1913-001
【成文时间】 1935-02-19—1935-10-12
【收藏单位】 武威市档案馆
【涉及地域】 武威县
【关 键 词】 赎地
【内容提要】
如题。

【叙录编号】 0895
【档案题名】
关于赵福返还田地田埂上诉案
【发文单位】 武威地方法院
【收文单位】 武威地方法院
【档案编号】 043-003-1916-002
【成文时间】 1936-03-15—1937-03-25
【收藏单位】 武威市档案馆
【涉及地域】 武威县
【关 键 词】 返还田地
【内容提要】
如题。

【叙录编号】 0896
【档案题名】
关于张吉利等确认田地所有权案
【发文单位】 武威地方法院
【收文单位】 武威地方法院
【档案编号】 043-003-1920
【成文时间】 1936-06-30
【收藏单位】 武威市档案馆
【涉及地域】 武威县
【关 键 词】 土地所有权
【内容提要】
如题。

【叙录编号】 0897
【档案题名】
牟清赎地案；王功光赎地案
【发文单位】 武威地方法院
【收文单位】 武威地方法院
【档案编号】
043-003-1925-001；043-003-1925-002
【成文时间】 1935-01-31—1935-02-22
【收藏单位】 武威市档案馆
【涉及地域】 武威县
【关 键 词】 赎地
【内容提要】
如题。

【叙录编号】 0898
【档案题名】
来发财分割田地案
【发文单位】 武威地方法院
【收文单位】 武威地方法院
【档案编号】 043-003-1943
【成文时间】 1936-02-28
【收藏单位】 武威市档案馆
【涉及地域】 武威县
【关 键 词】 分割田地
【内容提要】
如题。

【叙录编号】 0899
【档案题名】
褚长玉赎地案
【发文单位】 武威地方法院
【收文单位】 武威地方法院
【档案编号】 043-003-1946-003
【成文时间】 1935-05-01—1936-03-17

【收藏单位】 武威市档案馆
【涉及地域】 武威县
【关 键 词】 赎地
【内容提要】
如题。

【叙录编号】 0900
【档案题名】
陈恒返还田地案
【发文单位】 武威地方法院
【收文单位】 武威地方法院
【档案编号】 043-003-1949-001
【成文时间】 1936-06-23—1936-12-27
【收藏单位】 武威市档案馆
【涉及地域】 武威县
【关 键 词】 返还田地
【内容提要】
如题。

【叙录编号】 0901
【档案题名】
蔡国福回赎典地案
【发文单位】 武威地方法院
【收文单位】 武威地方法院
【档案编号】 043-003-1950-002
【成文时间】 1934-08-15—1936-03-25
【收藏单位】 武威市档案馆
【涉及地域】 武威县
【关 键 词】 回赎典地
【内容提要】
如题。

【叙录编号】 0902
【档案题名】
丁大才确认地基及树所有权案
【发文单位】 武威地方法院
【收文单位】 武威地方法院
【档案编号】 043-003-1987-002
【成文时间】 1933-05-27—1936-10-25
【收藏单位】 武威市档案馆
【涉及地域】 武威县
【关 键 词】 地基
【内容提要】
如题。

【叙录编号】 0903
【档案题名】
傅镜请求返还田地案
【发文单位】 武威地方法院
【收文单位】 武威地方法院
【档案编号】 043-003-1997-001
【成文时间】 1936-05-16—1937-11-15
【收藏单位】 武威市档案馆
【涉及地域】 武威县
【关 键 词】 返还田地
【内容提要】
如题。

【叙录编号】 0904
【档案题名】
冯永成债务案；王湾债务执行案；李万顺田地执行案
【发文单位】 武威地方法院
【收文单位】 武威地方法院
【档案编号】 043-003-2004
【成文时间】 1934-04-25—1934-10-01
【收藏单位】 武威市档案馆
【涉及地域】 武威县
【关 键 词】 债务；田地执行
【内容提要】
如题。

【叙录编号】 0905
【档案题名】
刘子仁等请求确认土地所有权案；吴张氏等窃占及伤害权利案；唐永发毁损案
【发文单位】 武威地方法院
【收文单位】 武威地方法院
【档案编号】 043-004-2012
【成文时间】 1937-03-31—1937-06-25
【收藏单位】 武威市档案馆
【涉及地域】 武威县
【关 键 词】 土地所有权
【内容提要】
如题。

【叙录编号】 0906
【档案题名】
魏登恒确认契约案；高吉仁田地执行案；徐堂立小麦执行案
【发文单位】 武威地方法院
【收文单位】 武威地方法院
【档案编号】 043-004-2024
【成文时间】 1934-04-09—1934-04-28
【收藏单位】 武威市档案馆
【涉及地域】 武威县
【关 键 词】 田地
【内容提要】
如题。

【叙录编号】 0907
【档案题名】
关于苏全才请求确认土地所有权案；张吉等盗窃及伤害案
【发文单位】 武威地方法院
【收文单位】 武威地方法院
【档案编号】 043-004-2040
【成文时间】 1935-05-23—1936-05-15
【收藏单位】 武威市档案馆
【涉及地域】 武威县
【关 键 词】 土地所有权
【内容提要】
如题。

【叙录编号】 0908
【档案题名】
苳元及等妨害权利案；王则党妨害权利案；赵辉元等请求给付地价案
【发文单位】 武威地方法院
【收文单位】 武威地方法院
【档案编号】 043-004-2049
【成文时间】 1938-01-24—1938-05-07
【收藏单位】 武威市档案馆
【涉及地域】 武威县
【关 键 词】 地价
【内容提要】
如题。

【叙录编号】 0909
【档案题名】
关于曹日昇确认典权案；关于赵瑞学等确认土地所有权案
【发文单位】 武威地方法院
【收文单位】 武威地方法院
【档案编号】 043-004-2057
【成文时间】 1935-06-11—1935-10-03
【收藏单位】 武威市档案馆
【涉及地域】 武威县
【关 键 词】 土地所有权
【内容提要】
如题。

【叙录编号】 0910
【档案题名】
关于宁长荣等确认土地所有权案
【发文单位】 武威地方法院

【收文单位】 武威地方法院
【档案编号】 043-004-2058
【成文时间】 1935-11-28
【收藏单位】 武威市档案馆
【涉及地域】 武威县
【关 键 词】 土地所有权
【内容提要】
如题。

【叙录编号】 0911
【档案题名】
关于汪□学确认土地所有权案；关于郭正元请求赎地案；关于王兴基田地案
【发文单位】 武威地方法院
【收文单位】 武威地方法院
【档案编号】 043-004-2060
【成文时间】 1935-02-07—1935-10-11
【收藏单位】 武威市档案馆
【涉及地域】 武威县
【关 键 词】 土地所有权；赎地
【内容提要】
如题。

【叙录编号】 0912
【档案题名】
关于杨才年请求确认地基所有权案；关于齐思昌等抢夺案
【发文单位】 武威地方法院
【收文单位】 武威地方法院
【档案编号】 043-004-2061
【成文时间】 1936-03-01—1936-07-21
【收藏单位】 武威市档案馆
【涉及地域】 武威县
【关 键 词】 地基所有权
【内容提要】
如题。

【叙录编号】 0913
【档案题名】
关于罗万国等确认地役权案；关于王海确认磨基所有权案
【发文单位】 武威地方法院
【收文单位】 武威地方法院
【档案编号】 043-004-2065
【成文时间】 1935-11-18—1937-04-16
【收藏单位】 武威市档案馆
【涉及地域】 武威县
【关 键 词】 地役权
【内容提要】
如题。

【叙录编号】 0914
【档案题名】
关于蒲学请求交还田地案；关于程开赎地案
【发文单位】 武威地方法院
【收文单位】 武威地方法院
【档案编号】 043-004-2074
【成文时间】 1936-04-18—1936-05-10
【收藏单位】 武威市档案馆
【涉及地域】 武威县
【关 键 词】 交还田地；赎地
【内容提要】
如题。

【叙录编号】 0915
【档案题名】
关于张奎学返还土地案
【发文单位】 武威地方法院
【收文单位】 武威地方法院
【档案编号】 043-004-2087-001
【成文时间】 1935-03-26—1936-03-10
【收藏单位】 武威市档案馆
【涉及地域】 武威县金头坝

【关 键 词】 返还土地
【内容提要】
　　如题。

【叙录编号】 0916
【档案题名】
　　关于张世放赎地上诉案
【发文单位】 武威地方法院
【收文单位】 武威地方法院
【档案编号】 043-004-2093-002
【成文时间】 1936-04-02—1936-10-04
【收藏单位】 武威市档案馆
【涉及地域】 永昌乡
【关 键 词】 赎地
【内容提要】
　　如题。

【叙录编号】 0917
【档案题名】
　　关于吴初学请求返还地价案
【发文单位】 武威地方法院
【收文单位】 武威地方法院
【档案编号】 043-004-2094-001
【成文时间】 1936-10-10—1937-08-19
【收藏单位】 武威市档案馆
【涉及地域】 白塔乡
【关 键 词】 返还地价
【内容提要】
　　如题。

【叙录编号】 0918
【档案题名】
　　关于王忠贤确认土地所有权案
【发文单位】 武威地方法院
【收文单位】 武威地方法院
【档案编号】 043-004-1098-002
【成文时间】 1936-04-07—1936-11-20
【收藏单位】 武威市档案馆
【涉及地域】 大河乡
【关 键 词】 土地所有权
【内容提要】
　　如题。

【叙录编号】 0919
【档案题名】
　　关于傅清元田地案
【发文单位】 武威地方法院
【收文单位】 武威地方法院
【档案编号】 043-004-2103-002
【成文时间】 1935-09-13—1937-08-18
【收藏单位】 武威市档案馆
【涉及地域】 武威县张英沟
【关 键 词】 田地
【内容提要】
　　如题。

【叙录编号】 0920
【档案题名】
　　关于郭殿恒赎地执行案
【发文单位】 武威地方法院
【收文单位】 武威地方法院
【档案编号】 043-004-2104-001
【成文时间】 1935-04—1937-03
【收藏单位】 武威市档案馆
【涉及地域】 金羊乡
【关 键 词】 赎地
【内容提要】
　　如题。

【叙录编号】 0921
【档案题名】
　　关于王嘉寿地价执行案；关于王生吉賸房执行案；关于苏作元赎地执行案
【发文单位】 武威地方法院

【收文单位】 武威地方法院
【档案编号】 043-004-2106
【成文时间】 1935-04-05—1935-04-27
【收藏单位】 武威市档案馆
【涉及地域】 武威县
【关 键 词】 地价；赎地
【内容提要】
如题。

【叙录编号】 0922
【档案题名】
关于张荣赎地执行案；关于蔡文元田地租粮执行案；关于刘高氏田地租粮执行案
【发文单位】 武威地方法院
【收文单位】 武威地方法院
【档案编号】
043-004-2108-001；043-004-2108-002；043-004-2108-003
【成文时间】 1935-02-21—1935-04-08
【收藏单位】 武威市档案馆
【涉及地域】 武威县大渠沙河沟；金左二坝；大柳乡
【关 键 词】 赎地；租粮
【内容提要】
如题。

【叙录编号】 0923
【档案题名】
关于杨快山赎地执行案
【发文单位】 武威地方法院
【收文单位】 武威地方法院
【档案编号】 043-004-2109-002
【成文时间】 1935-03-11—1936-02-28
【收藏单位】 武威市档案馆
【涉及地域】 双城乡
【关 键 词】 赎地
【内容提要】
如题。

【叙录编号】 0924
【档案题名】
关于丁有功赎地案
【发文单位】 武威地方法院
【收文单位】 武威地方法院
【档案编号】 043-004-2112-001
【成文时间】 1935-12-30—1936-10-10
【收藏单位】 武威市档案馆
【涉及地域】 金羊乡
【关 键 词】 赎地
【内容提要】
如题。

【叙录编号】 0925
【档案题名】
关于周积德请求返还土地案
【发文单位】 武威地方法院
【收文单位】 武威地方法院
【档案编号】 043-004-2125-003
【成文时间】 1936-03-31—1937-07-27
【收藏单位】 武威市档案馆
【涉及地域】 京城乡
【关 键 词】 返还土地
【内容提要】
如题。

【叙录编号】 0926
【档案题名】
关于张福元等交付买地案
【发文单位】 武威地方法院
【收文单位】 武威地方法院
【档案编号】 043-004-2128-001
【成文时间】 1934—1935
【收藏单位】 武威市档案馆

【涉及地域】 武威县金渠
【关 键 词】 买地
【内容提要】
如题。

【叙录编号】 0927
【档案题名】
郭万福返还地基案
【发文单位】 武威地方法院
【收文单位】 武威地方法院
【档案编号】 043-004-2131-001
【成文时间】 1934-03-23—1934-10-08
【收藏单位】 武威市档案馆
【涉及地域】 西营乡
【关 键 词】 返还地基
【内容提要】
如题。

【叙录编号】 0928
【档案题名】
唐生明确认土地所有权案
【发文单位】 武威地方法院
【收文单位】 武威地方法院
【档案编号】 043-004-2137-002
【成文时间】 1937-01-15—1937-11-20
【收藏单位】 武威市档案馆
【涉及地域】 武威县本城东
【关 键 词】 土地所有权
【内容提要】
如题。

【叙录编号】 0929
【档案题名】
王廷珍赎地案
【发文单位】 武威地方法院
【收文单位】 武威地方法院
【档案编号】 043-004-2154
【成文时间】 1935-02-25—1935-11-18
【收藏单位】 武威市档案馆
【涉及地域】 武威县金左坝
【关 键 词】 赎地
【内容提要】
如题。

【叙录编号】 0930
【档案题名】
贵求抢夺案；侯殿翠确认地基案
【发文单位】 武威地方法院
【收文单位】 武威地方法院
【档案编号】 043-004-2158-002
【成文时间】 1933-05-31—1935-04-04
【收藏单位】 武威市档案馆
【涉及地域】 武威县永渠
【关 键 词】 地基
【内容提要】
如题。

【叙录编号】 0931
【档案题名】
王庚氏田地案
【发文单位】 武威地方法院
【收文单位】 武威地方法院
【档案编号】 043-004-2159-002
【成文时间】 1936-08-21
【收藏单位】 武威市档案馆
【涉及地域】 古城乡
【关 键 词】 田地
【内容提要】
如题。

【叙录编号】 0932
【档案题名】
潘子祥赎地案
【发文单位】 武威地方法院

【收文单位】 武威地方法院
【档案编号】 043-004-2164-002
【成文时间】 1931-02-02—1937-10-02
【收藏单位】 武威市档案馆
【涉及地域】 武威县监院巷
【关 键 词】 租地；赎地
【内容提要】
如题。

【叙录编号】 0933
【档案题名】
苏川年赎地案
【发文单位】 武威地方法院
【收文单位】 武威地方法院
【档案编号】 043-004-2165-003
【成文时间】 1931-05-04—1931-10-13
【收藏单位】 武威市档案馆
【涉及地域】 武威县怀渠
【关 键 词】 赎地
【内容提要】
如题。

【叙录编号】 0934
【档案题名】
刘国珍确认土地所有权案
【发文单位】 武威地方法院
【收文单位】 武威地方法院
【档案编号】 043-004-2171-003
【成文时间】 1936-04-19—1936-12-29
【收藏单位】 武威市档案馆
【涉及地域】 大柳乡
【关 键 词】 土地所有权
【内容提要】
如题。

【叙录编号】 0935
【档案题名】
潘世新返还土地案
【发文单位】 武威地方法院
【收文单位】 武威地方法院
【档案编号】 043-004-2173-004
【成文时间】 1936-04-29—1937-07-07
【收藏单位】 武威市档案馆
【涉及地域】 大柳乡
【关 键 词】 返还土地
【内容提要】
如题。

【叙录编号】 0936
【档案题名】
赵海回赎地基案
【发文单位】 武威地方法院
【收文单位】 武威地方法院
【档案编号】 043-004-2176-001
【成文时间】 1936-07-31—1937-02-21
【收藏单位】 武威市档案馆
【涉及地域】 金羊乡
【关 键 词】 回赎地基
【内容提要】
如题。

【叙录编号】 0937
【档案题名】
蒋生英土地所有权案；吴加才确认土地所有权案
【发文单位】 武威地方法院
【收文单位】 武威地方法院
【档案编号】
043-004-2187-001；043-004-2187-002
【成文时间】 1931-04-26—1938-02-28
【收藏单位】 武威市档案馆
【涉及地域】 金塔乡

【关 键 词】 土地所有权
【内容提要】
如题。

【叙录编号】 0938
【档案题名】
苏□成确认土地所有权案
【发文单位】 武威地方法院
【收文单位】 武威地方法院
【档案编号】 043-004-2190-003
【成文时间】 1936-05-12—1937-05-20
【收藏单位】 武威市档案馆
【涉及地域】 西营乡
【关 键 词】 土地所有权
【内容提要】
如题。

【叙录编号】 0939
【档案题名】
徐光确认地权案
【发文单位】 武威地方法院
【收文单位】 武威地方法院
【档案编号】 043-004-2192-004
【成文时间】 1936-11-06
【收藏单位】 武威市档案馆
【涉及地域】 大柳乡
【关 键 词】 确认地权
【内容提要】
如题。

【叙录编号】 0940
【档案题名】
任焕等赎地案；邱玉赎地案
【发文单位】 武威地方法院
【收文单位】 武威地方法院
【档案编号】
043-004-2204-001；043-004-2204-002
【成文时间】 1936-03-07
【收藏单位】 武威市档案馆
【涉及地域】 古浪县
【关 键 词】 赎地
【内容提要】
如题。

【叙录编号】 0941
【档案题名】
徐法林人口案；朱忠确土地所有权案
【发文单位】 武威地方法院
【收文单位】 武威地方法院
【档案编号】 043-004-2217
【成文时间】 1932-11-29—1936-06-30
【收藏单位】 武威市档案馆
【涉及地域】 武威县
【关 键 词】 土地所有权
【内容提要】
如题。

【叙录编号】 0942
【档案题名】
冯王氏确认地役权案；赵国礼等确认田地所有权案
【发文单位】 武威地方法院
【收文单位】 武威地方法院
【档案编号】 043-004-2218
【成文时间】 1936-02-06—1936-08-23
【收藏单位】 武威市档案馆
【涉及地域】 武威县
【关 键 词】 地役权；田地所有权
【内容提要】
如题。

【叙录编号】 0943
【档案题名】
陈进思等请求土地所有权案；戴长玉请求

确认车路所有权案
【发文单位】 武威地方法院
【收文单位】 武威地方法院
【档案编号】 043-004-2219
【成文时间】 1936-07-15—1936-09-01
【收藏单位】 武威市档案馆
【涉及地域】 武威县
【关 键 词】 土地所有权
【内容提要】
如题。

【叙录编号】 0944
【档案题名】
王守基请求确认□址共有权案；樊清清请求确认土地所有权案
【发文单位】 武威地方法院
【收文单位】 武威地方法院
【档案编号】 043-004-2220
【成文时间】 1936-08-26—1936-11-15
【收藏单位】 武威市档案馆
【涉及地域】 武威县
【关 键 词】 土地所有权
【内容提要】
如题。

【叙录编号】 0945
【档案题名】
张文山确认坟地所有权案；陈进仁确认所有权案
【发文单位】 武威地方法院
【收文单位】 武威地方法院
【档案编号】 043-004-2221
【成文时间】 1936-05-17—1936-05-28
【收藏单位】 武威市档案馆
【涉及地域】 武威县
【关 键 词】 坟地所有权
【内容提要】
如题。

【叙录编号】 0946
【档案题名】
林朝瑞等脱逃案；金三功等田地案；李姚氏等腾房案
【发文单位】 武威地方法院
【收文单位】 武威地方法院
【档案编号】 043-005-006
【成文时间】 1935-01-21—1935-10-07
【收藏单位】 武威市档案馆
【涉及地域】 武威县
【关 键 词】 田地
【内容提要】
如题。

【叙录编号】 0947
【档案题名】
高永盛等没入金执行案；牛煜等田地执行案；曹瑞金等贪污案
【发文单位】 武威地方法院
【收文单位】 武威地方法院
【档案编号】 043-005-007
【成文时间】 1935-06-29—1936-03-04
【收藏单位】 武威市档案馆
【涉及地域】 武威县
【关 键 词】 田地；贪污
【内容提要】
如题。

【叙录编号】 0948
【档案题名】
周廷兰等请求回购典地及赔偿执行案
【发文单位】 武威地方法院
【收文单位】 武威地方法院
【档案编号】 043-005-009

【成文时间】 1935-12-22
【收藏单位】 武威市档案馆
【涉及地域】 武威县
【关 键 词】 回购典地
【内容提要】
如题。

【叙录编号】 0949
【档案题名】
李洪业等田赋执行案；丁克禄等田地案
【发文单位】 武威地方法院
【收文单位】 武威地方法院
【档案编号】
043-005-010-003；043-005-010-004
【成文时间】 1935-04-15—1935-09-16
【收藏单位】 武威市档案馆
【涉及地域】 武威县
【关 键 词】 田赋；土地所有权
【内容提要】
如题。

【叙录编号】 0950
【档案题名】
朱发田地执行案
【发文单位】 武威地方法院
【收文单位】 武威地方法院
【档案编号】 043-005-013-003
【成文时间】 1935-10-25—1936-01-03
【收藏单位】 武威市档案馆
【涉及地域】 武威县
【关 键 词】 土地所有权
【内容提要】
如题。

【叙录编号】 0951
【档案题名】
翟林吉返还田地案
【发文单位】 武威地方法院
【收文单位】 武威地方法院
【档案编号】 043-005-016-001
【成文时间】 1935-03-19—1935-03-22
【收藏单位】 武威市档案馆
【涉及地域】 武威县
【关 键 词】 返还田地
【内容提要】
如题。

【叙录编号】 0952
【档案题名】
付明房屋地基执行案
【发文单位】 武威地方法院
【收文单位】 武威地方法院
【档案编号】 043-005-020-002
【成文时间】 1935-06-22—1935-11-28
【收藏单位】 武威市档案馆
【涉及地域】 武威县
【关 键 词】 地基
【内容提要】
如题。

【叙录编号】 0953
【档案题名】
史积确认湖地所有权案
【发文单位】 武威地方法院
【收文单位】 武威地方法院
【档案编号】 043-005-026-001
【成文时间】 1937-04-27—1937-07-03
【收藏单位】 武威市档案馆
【涉及地域】 武威县
【关 键 词】 湖地所有权
【内容提要】
如题。

【叙录编号】 0954
【档案题名】
李万泰等撤约交地案
【发文单位】 武威地方法院
【收文单位】 武威地方法院
【档案编号】 043-005-032-001
【成文时间】 1935-12-19—1937-08-24
【收藏单位】 武威市档案馆
【涉及地域】 武威县
【关 键 词】 交付田地
【内容提要】
如题。

【叙录编号】 0955
【档案题名】
马新无购地案
【发文单位】 武威地方法院
【收文单位】 武威地方法院
【档案编号】 043-005-045-003
【成文时间】 1935-02-23—1937-04-07
【收藏单位】 武威市档案馆
【涉及地域】 武威县
【关 键 词】 购地
【内容提要】
如题。

【叙录编号】 0956
【档案题名】
刘润堂交付卖地案
【发文单位】 武威地方法院
【收文单位】 武威地方法院
【档案编号】 043-005-046-003
【成文时间】 1935-03-26—1935-12-19
【收藏单位】 武威市档案馆
【涉及地域】 武威县
【关 键 词】 卖地
【内容提要】
如题。

【叙录编号】 0957
【档案题名】
张立元请求返还田地案
【发文单位】 武威地方法院
【收文单位】 武威地方法院
【档案编号】 043-005-048-001
【成文时间】 1935-11-13
【收藏单位】 武威市档案馆
【涉及地域】 武威县
【关 键 词】 返还田地
【内容提要】
如题。

【叙录编号】 0958
【档案题名】
黄多年田地案
【发文单位】 武威地方法院
【收文单位】 武威地方法院
【档案编号】 043-005-057-001
【成文时间】 1934-12-06—1935-10-26
【收藏单位】 武威市档案馆
【涉及地域】 武威县
【关 键 词】 土地所有权
【内容提要】
如题。

【叙录编号】 0959
【档案题名】
王国虎请求确认土地所有权案
【发文单位】 武威地方法院
【收文单位】 武威地方法院
【档案编号】 043-005-059
【成文时间】 1935-12-18
【收藏单位】 武威市档案馆

【涉及地域】 武威县
【关 键 词】 土地所有权
【内容提要】
如题。

【叙录编号】 0960
【档案题名】
王才基返还典地案；王三善赎地案
【发文单位】 武威地方法院
【收文单位】 武威地方法院
【档案编号】
043-005-068-003；043-005-068-004
【成文时间】 1935-01-05—1935-11-23
【收藏单位】 武威市档案馆
【涉及地域】 武威县
【关 键 词】 赎地
【内容提要】
如题。

【叙录编号】 0961
【档案题名】
李廷才赎地案；刘福寿等交付买地案
【发文单位】 武威地方法院
【收文单位】 武威地方法院
【档案编号】
043-005-070-001；043-005-070-002
【成文时间】 1935-01-31—1935-11-11
【收藏单位】 武威市档案馆
【涉及地域】 武威县
【关 键 词】 赎地；买地
【内容提要】
如题。

【叙录编号】 0962
【档案题名】
邱宗元确认典地所有权案
【发文单位】 武威地方法院
【收文单位】 武威地方法院
【档案编号】 043-005-090
【成文时间】 1935-12-28
【收藏单位】 武威市档案馆
【涉及地域】 武威县
【关 键 词】 典地所有权
【内容提要】
如题。

【叙录编号】 0963
【档案题名】
朱殿禧赎地案
【发文单位】 武威地方法院
【收文单位】 武威地方法院
【档案编号】 043-005-096-001
【成文时间】 1935-03-23—1935-12-30
【收藏单位】 武威市档案馆
【涉及地域】 武威县
【关 键 词】 赎地
【内容提要】
如题。

【叙录编号】 0964
【档案题名】
王友用土地案
【发文单位】 武威地方法院
【收文单位】 武威地方法院
【档案编号】 043-005-115-001
【成文时间】 1935-06-30—1935-09-13
【收藏单位】 武威市档案馆
【涉及地域】 武威县
【关 键 词】 土地所有权
【内容提要】
如题。

【叙录编号】 0965
【档案题名】
郭生福田地执行案
【发文单位】 武威地方法院
【收文单位】 武威地方法院
【档案编号】 043-005-116-004
【成文时间】 1935-05-03—1935-11-06
【收藏单位】 武威市档案馆
【涉及地域】 武威县
【关 键 词】 土地所有权
【内容提要】
如题。

【叙录编号】 0966
【档案题名】
俞爱基田地执行案；臧东鲁田地执行案
【发文单位】 武威地方法院
【收文单位】 武威地方法院
【档案编号】
043-005-117-002；043-005-117-003
【成文时间】 1935-04-16—1936-05-02
【收藏单位】 武威市档案馆
【涉及地域】 武威县
【关 键 词】 田地执行
【内容提要】
如题。

【叙录编号】 0967
【档案题名】
齐世云等返还田地案
【发文单位】 武威地方法院
【收文单位】 武威地方法院
【档案编号】 043-005-125-004
【成文时间】 1935-06-18—1935-12-27
【收藏单位】 武威市档案馆
【涉及地域】 武威县
【关 键 词】 返还田地
【内容提要】
如题。

【叙录编号】 0968
【档案题名】
赵福返还田地案
【发文单位】 武威地方法院
【收文单位】 武威地方法院
【档案编号】 043-005-126-002
【成文时间】 1935-09-23—1935-12-04
【收藏单位】 武威市档案馆
【涉及地域】 武威县
【关 键 词】 返还田地
【内容提要】
如题。

【叙录编号】 0969
【档案题名】
李树英赎地案；杨其元赎地案
【发文单位】 武威地方法院
【收文单位】 武威地方法院
【档案编号】 043-005-127
【成文时间】 1935-02-23—1935-05-20
【收藏单位】 武威市档案馆
【涉及地域】 武威县
【关 键 词】 赎地
【内容提要】
如题。

【叙录编号】 0970
【档案题名】
郝宪文赎地执行案；张立元田地执行案；苏生武赎地执行案
【发文单位】 武威地方法院
【收文单位】 武威地方法院
【档案编号】
043-005-131-001；043-005-131-002；

043-005-131-003
【成文时间】 1935-02-19—1935-03-11
【收藏单位】 武威市档案馆
【涉及地域】 武威县
【关 键 词】 赎地
【内容提要】
如题。

【叙录编号】 0971
【档案题名】
刘大贵确认卖地无效案
【发文单位】 武威地方法院
【收文单位】 武威地方法院
【档案编号】 043-005-133-002
【成文时间】 1935-05-14—1935-08-28
【收藏单位】 武威市档案馆
【涉及地域】 武威县
【关 键 词】 卖地
【内容提要】
如题。

【叙录编号】 0972
【档案题名】
高生和租地执行案
【发文单位】 武威地方法院
【收文单位】 武威地方法院
【档案编号】 043-005-139-003
【成文时间】 1935-05-21—1935-07-25
【收藏单位】 武威市档案馆
【涉及地域】 武威县
【关 键 词】 租地
【内容提要】
如题。

【叙录编号】 0973
【档案题名】
毛锡权赎地案
【发文单位】 武威地方法院
【收文单位】 武威地方法院
【档案编号】 043-005-144-004
【成文时间】 1935-05-06—1935-12-16
【收藏单位】 武威市档案馆
【涉及地域】 武威县
【关 键 词】 赎地
【内容提要】
如题。

【叙录编号】 0974
【档案题名】
高尚永返还田地案
【发文单位】 武威地方法院
【收文单位】 武威地方法院
【档案编号】 043-005-147-005
【成文时间】 1935-02-09—1935-11-14
【收藏单位】 武威市档案馆
【涉及地域】 武威县
【关 键 词】 返还田地
【内容提要】
如题。

【叙录编号】 0975
【档案题名】
殷会贤等田地执行案
【发文单位】 武威地方法院
【收文单位】 武威地方法院
【档案编号】 043-005-173-003
【成文时间】 1935-04-25—1935-12-31
【收藏单位】 武威市档案馆
【涉及地域】 武威县
【关 键 词】 田地执行
【内容提要】
如题。

【叙录编号】 0976
【档案题名】
王光福田地执行案；李光宗田地执行案
【发文单位】 武威地方法院
【收文单位】 武威地方法院
【档案编号】
043-005-174-001；043-005-174-003
【成文时间】 1935-07-04—1935-08-20
【收藏单位】 武威市档案馆
【涉及地域】 武威县
【关 键 词】 田地执行
【内容提要】
如题。

【叙录编号】 0977
【档案题名】
吴兴泰等田地案
【发文单位】 武威地方法院
【收文单位】 武威地方法院
【档案编号】 043-005-175-001
【成文时间】 1935-07-29—1935-09-07
【收藏单位】 武威市档案馆
【涉及地域】 武威县
【关 键 词】 土地所有权
【内容提要】
如题。

【叙录编号】 0978
【档案题名】
徐国仓田地执行案
【发文单位】 武威地方法院
【收文单位】 武威地方法院
【档案编号】 043-005-180-001
【成文时间】 1935-05-25—1935-12-15
【收藏单位】 武威市档案馆
【涉及地域】 武威县
【关 键 词】 田地执行
【内容提要】
如题。

【叙录编号】 0979
【档案题名】
王阎氏田地案；阎廷柱赎地案
【发文单位】 武威地方法院
【收文单位】 武威地方法院
【档案编号】
043-005-181-001；043-005-181-002
【成文时间】 1935-04-16—1935-12-28
【收藏单位】 武威市档案馆
【涉及地域】 武威县
【关 键 词】 赎地
【内容提要】
如题。

【叙录编号】 0980
【档案题名】
曹成返还田地案
【发文单位】 武威地方法院
【收文单位】 武威地方法院
【档案编号】 043-005-182-001
【成文时间】 1935-10-30—1935-12-02
【收藏单位】 武威市档案馆
【涉及地域】 武威县
【关 键 词】 返还田地
【内容提要】
如题。

【叙录编号】 0981
【档案题名】
赵万保田地执行案
【发文单位】 武威地方法院
【收文单位】 武威地方法院
【档案编号】 043-005-185-002
【成文时间】 1935-07-17—1935-07-30

【收藏单位】　武威市档案馆
【涉及地域】　武威县
【关 键 词】　田地执行
【内容提要】
　　如题。

【叙录编号】　0982
【档案题名】
　　李子才告李子莱土地案；张得全告孙鹤年返还田地案
【发文单位】　武威地方法院
【收文单位】　武威地方法院
【档案编号】
　　043-005-191-003；043-005-191-004
【成文时间】　1936-06-24—1936-08-14
【收藏单位】　武威市档案馆
【涉及地域】　武威县
【关 键 词】　土地所有权；返还田地
【内容提要】
　　如题。

【叙录编号】　0983
【档案题名】
　　赵马氏告付大年赎地案
【发文单位】　武威地方法院
【收文单位】　武威地方法院
【档案编号】　043-005-194-002
【成文时间】　1935-07-30—1935-12-26
【收藏单位】　武威市档案馆
【涉及地域】　武威县
【关 键 词】　赎地
【内容提要】
　　如题。

【叙录编号】　0984
【档案题名】
　　孙国堂告韩卜存典地案
【发文单位】　武威地方法院
【收文单位】　武威地方法院
【档案编号】　043-005-197-001
【成文时间】　1935-04-25—1935-11-16
【收藏单位】　武威市档案馆
【涉及地域】　武威县
【关 键 词】　典地
【内容提要】
　　如题。

【叙录编号】　0985
【档案题名】
　　董永喜告蔡永恩田地案
【发文单位】　武威地方法院
【收文单位】　武威地方法院
【档案编号】　043-005-218-003
【成文时间】　1934-06-02—1934-09-24
【收藏单位】　武威市档案馆
【涉及地域】　武威县
【关 键 词】　土地所有权
【内容提要】
　　如题。

【叙录编号】　0986
【档案题名】
　　青云学校校董会告王子佐返还地基案
【发文单位】　武威地方法院
【收文单位】　武威地方法院
【档案编号】　043-005-219
【成文时间】　1934-03-15—1934-03-26
【收藏单位】　武威市档案馆
【涉及地域】　武威县
【关 键 词】　地基
【内容提要】
　　如题。

【叙录编号】 0987
【档案题名】
李张氏告李合福田地执行案
【发文单位】 武威地方法院
【收文单位】 武威地方法院
【档案编号】 043-005-227-003
【成文时间】 1934-03-14—1934-07-02
【收藏单位】 武威市档案馆
【涉及地域】 武威县
【关 键 词】 田地执行
【内容提要】
如题。

【叙录编号】 0988
【档案题名】
徐英告朱生开返还田地案
【发文单位】 武威地方法院
【收文单位】 武威地方法院
【档案编号】 043-005-242-003
【成文时间】 1935-09-30
【收藏单位】 武威市档案馆
【涉及地域】 武威县
【关 键 词】 返还田地
【内容提要】
如题。

【叙录编号】 0989
【档案题名】
周玉庆告张专年田地异议之诉案
【发文单位】 武威地方法院
【收文单位】 武威地方法院
【档案编号】 043-005-243-002
【成文时间】 1935-03-30—1935-10-12
【收藏单位】 武威市档案馆
【涉及地域】 武威县
【关 键 词】 土地所有权
【内容提要】
如题。

【叙录编号】 0990
【档案题名】
步慎喜告李含彪赎地案
【发文单位】 武威地方法院
【收文单位】 武威地方法院
【档案编号】 043-005-270-003
【成文时间】 1934-02-05—1934-11-24
【收藏单位】 武威市档案馆
【涉及地域】 武威县
【关 键 词】 赎地
【内容提要】
如题。

【叙录编号】 0991
【档案题名】
王宗年田地案；潘世功田地案；俞史氏田地执行案
【发文单位】 武威地方法院
【收文单位】 武威地方法院
【档案编号】
043-005-300-001；043-005-300-004；
043-005-300-005
【成文时间】 1934-05—1934-10
【收藏单位】 武威市档案馆
【涉及地域】 武威县
【关 键 词】 田地
【内容提要】
如题。

【叙录编号】 0992
【档案题名】
王开基田地执行案；马元田地执行案
【发文单位】 武威地方法院
【收文单位】 武威地方法院

【档案编号】
043-005-301-001；043-005-301-002
【成文时间】 1934-01-26—1934-10-20
【收藏单位】 武威市档案馆
【涉及地域】 武威县
【关 键 词】 田地执行
【内容提要】
如题。

【叙录编号】 0993
【档案题名】
吴忠信告董忠确认地权案
【发文单位】 武威地方法院
【收文单位】 武威地方法院
【档案编号】 043-005-309-001
【成文时间】 1934-03-03—1934-06-29
【收藏单位】 武威市档案馆
【涉及地域】 武威县
【关 键 词】 地权
【内容提要】
如题。

【叙录编号】 0994
【档案题名】
陆钊告陆耀祖田地房产案
【发文单位】 武威地方法院
【收文单位】 武威地方法院
【档案编号】 043-005-310
【成文时间】 1934-01-23—1934-12-06
【收藏单位】 武威市档案馆
【涉及地域】 武威县
【关 键 词】 土地所有权
【内容提要】
如题。

【叙录编号】 0995
【档案题名】
王光理确认土地案
【发文单位】 武威地方法院
【收文单位】 武威地方法院
【档案编号】 043-005-317-001
【成文时间】 1934-04-30—1934-07-23
【收藏单位】 武威市档案馆
【涉及地域】 武威县
【关 键 词】 土地所有权
【内容提要】
如题。

【叙录编号】 0996
【档案题名】
潘登龙田地执行案；冯万成田地执行案
【发文单位】 武威地方法院
【收文单位】 武威地方法院
【档案编号】
043-005-318-001；043-005-318-002
【成文时间】 1934-03-26—1934-04-23
【收藏单位】 武威市档案馆
【涉及地域】 武威县
【关 键 词】 田地执行
【内容提要】
如题。

【叙录编号】 0997
【档案题名】
陈开科告陈玉基田地执行案
【发文单位】 武威地方法院
【收文单位】 武威地方法院
【档案编号】 043-005-323
【成文时间】 1934-11-26—1934-11-27
【收藏单位】 武威市档案馆
【涉及地域】 武威县
【关 键 词】 田地执行

【内容提要】
如题。

【叙录编号】 0998
【档案题名】
郭陆氏告虎子珍确认空地所有权案
【发文单位】 武威地方法院
【收文单位】 武威地方法院
【档案编号】 043-005-328
【成文时间】 1933-12-12—1934-01-04
【收藏单位】 武威市档案馆
【涉及地域】 武威县
【关 键 词】 土地所有权
【内容提要】
如题。

【叙录编号】 0999
【档案题名】
李永贵田地案
【发文单位】 武威地方法院
【收文单位】 武威地方法院
【档案编号】 043-005-331-003
【成文时间】 1930-12-01—1934-04-23
【收藏单位】 武威市档案馆
【涉及地域】 武威县
【关 键 词】 土地所有权
【内容提要】
如题。

【叙录编号】 1000
【档案题名】
赵显侯地基执行案；黄文生田地执行案
【发文单位】 武威地方法院
【收文单位】 武威地方法院
【档案编号】
043-005-336-004；043-005-336-006
【成文时间】 1934-04-03—1934-05-04
【收藏单位】 武威市档案馆
【涉及地域】 武威县
【关 键 词】 地基；土地所有权
【内容提要】
如题。

【叙录编号】 1001
【档案题名】
王学员田地执行案；罗玉书田地执行案
【发文单位】 武威地方法院
【收文单位】 武威地方法院
【档案编号】
043-005-337-001；043-005-337-002
【成文时间】 1934-02-10—1934-03-25
【收藏单位】 武威市档案馆
【涉及地域】 武威县
【关 键 词】 田地执行
【内容提要】
如题。

【叙录编号】 1002
【档案题名】
周建熬返还田地案
【发文单位】 武威地方法院
【收文单位】 武威地方法院
【档案编号】 043-005-340-001
【成文时间】 1936-03-31—1936-08-06
【收藏单位】 武威市档案馆
【涉及地域】 武威县
【关 键 词】 返还田地
【内容提要】
如题。

【叙录编号】 1003
【档案题名】
徐作仁等告徐生盛确认地权及返还田地案
【发文单位】 武威地方法院

【收文单位】 武威地方法院
【档案编号】 043-005-343-001
【成文时间】 1936-05-06
【收藏单位】 武威市档案馆
【涉及地域】 武威县
【关 键 词】 地权；返还田地
【内容提要】
如题。

【叙录编号】 1004
【档案题名】
赵永福田地执行案
【发文单位】 武威地方法院
【收文单位】 武威地方法院
【档案编号】 043-005-344-002
【成文时间】 1936-03-14—1936-09-02
【收藏单位】 武威市档案馆
【涉及地域】 武威县
【关 键 词】 田地执行
【内容提要】
如题。

【叙录编号】 1005
【档案题名】
曹永祐确认田地所有权案
【发文单位】 武威地方法院
【收文单位】 武威地方法院
【档案编号】 043-005-345-002
【成文时间】 1937-01-13
【收藏单位】 武威市档案馆
【涉及地域】 武威县
【关 键 词】 田地所有权
【内容提要】
如题。

【叙录编号】 1006
【档案题名】
郭正元赎地执行案
【发文单位】 武威地方法院
【收文单位】 武威地方法院
【档案编号】 043-005-346-001
【成文时间】 1936-04-17—1936-04-23
【收藏单位】 武威市档案馆
【涉及地域】 武威县
【关 键 词】 赎地
【内容提要】
如题。

【叙录编号】 1007
【档案题名】
徐万永等告邱玉回赎典地案
【发文单位】 武威地方法院
【收文单位】 武威地方法院
【档案编号】 043-005-347-001
【成文时间】 1936-04-03—1936-12-22
【收藏单位】 武威市档案馆
【涉及地域】 武威县
【关 键 词】 回赎典地
【内容提要】
如题。

【叙录编号】 1008
【档案题名】
于蔡氏告于宗尧赎地案
【发文单位】 武威地方法院
【收文单位】 武威地方法院
【档案编号】 043-005-348-001
【成文时间】 1936-10-09—1936-12-31
【收藏单位】 武威市档案馆
【涉及地域】 武威县
【关 键 词】 赎地

【内容提要】
如题。

【叙录编号】 1009
【档案题名】
五圣宫告余所山田地案
【发文单位】 武威地方法院
【收文单位】 武威地方法院
【档案编号】 043-005-352-001
【成文时间】 1936-03-04
【收藏单位】 武威市档案馆
【涉及地域】 武威县
【关 键 词】 田地所有权
【内容提要】
如题。

【叙录编号】 1010
【档案题名】
林占贤回赎典地案
【发文单位】 武威地方法院
【收文单位】 武威地方法院
【档案编号】 043-005-357-002
【成文时间】 1936-02-20—1936-08-28
【收藏单位】 武威市档案馆
【涉及地域】 武威县
【关 键 词】 回赎典地
【内容提要】
如题。

【叙录编号】 1011
【档案题名】
吴泽选请求返还租地案
【发文单位】 武威地方法院
【收文单位】 武威地方法院
【档案编号】 043-005-364-001
【成文时间】 1936-11-03—1937-02-26
【收藏单位】 武威市档案馆
【涉及地域】 武威县
【关 键 词】 租地
【内容提要】
如题。

【叙录编号】 1012
【档案题名】
潘院氏告潘登龙田地案
【发文单位】 武威地方法院
【收文单位】 武威地方法院
【档案编号】 043-005-365-001
【成文时间】 1934-09-16—1935-06-28
【收藏单位】 武威市档案馆
【涉及地域】 武威县
【关 键 词】 田地所有权
【内容提要】
如题。

【叙录编号】 1013
【档案题名】
周廷兰告王廷珍回赎典地及赔偿损害案
【发文单位】 武威地方法院
【收文单位】 武威地方法院
【档案编号】 043-005-369
【成文时间】 1936-02-25
【收藏单位】 武威市档案馆
【涉及地域】 武威县
【关 键 词】 回赎典地
【内容提要】
如题。

【叙录编号】 1014
【档案题名】
陈积元告陈才元赎地案
【发文单位】 武威地方法院
【收文单位】 武威地方法院
【档案编号】 043-005-375-003

【成文时间】 1936-04—1936-07
【收藏单位】 武威市档案馆
【涉及地域】 武威县
【关 键 词】 赎地
【内容提要】
　　如题。

【叙录编号】 1015
【档案题名】
　　吴鼎天告李万禄赎地案；侯永年告侯哲明等请求确认土地典卖契约无效案
【发文单位】 武威地方法院
【收文单位】 武威地方法院
【档案编号】
　　043-005-380-001；043-005-380-002
【成文时间】 1936-10-23
【收藏单位】 武威市档案馆
【涉及地域】 武威县
【关 键 词】 赎地；土地典卖
【内容提要】
　　如题。

【叙录编号】 1016
【档案题名】
　　王伯芝等告伍嘉德请求交付祭田案
【发文单位】 武威地方法院
【收文单位】 武威地方法院
【档案编号】 043-005-388
【成文时间】 1937-03-18
【收藏单位】 武威市档案馆
【涉及地域】 武威县
【关 键 词】 交付土地
【内容提要】
　　如题。

【叙录编号】 1017
【档案题名】
　　李发泉土地案
【发文单位】 武威地方法院
【收文单位】 武威地方法院
【档案编号】 043-005-396-002
【成文时间】 1931-10—1933-09
【收藏单位】 武威市档案馆
【涉及地域】 武威县
【关 键 词】 土地所有权
【内容提要】
　　如题。

【叙录编号】 1018
【档案题名】
　　俞存章告俞走共田地执行案
【发文单位】 武威地方法院
【收文单位】 武威地方法院
【档案编号】 043-006-403
【成文时间】 1936-09-22
【收藏单位】 武威市档案馆
【涉及地域】 武威县
【关 键 词】 田地执行
【内容提要】
　　如题。

【叙录编号】 1019
【档案题名】
　　苏全才张生瑞田地执行案；李祖兴陈盛确土地所有权执行案
【发文单位】 武威地方法院
【收文单位】 武威地方法院
【档案编号】
　　043-006-409-001；043-006-409-002
【成文时间】 1936-03-01—1936-03-31
【收藏单位】 武威市档案馆
【涉及地域】 武威县

【关 键 词】 田地执行；土地所有权
【内容提要】
如题。

【叙录编号】 1020
【档案题名】
孙盛林告孙尚林赎地案
【发文单位】 武威地方法院
【收文单位】 武威地方法院
【档案编号】 043-006-418-002
【成文时间】 1936-04-16—1937-04-07
【收藏单位】 武威市档案馆
【涉及地域】 武威县
【关 键 词】 赎地
【内容提要】
如题。

【叙录编号】 1021
【档案题名】
赎地上诉案；请求返还田地案；地价执行案
【发文单位】 武威地方法院
【收文单位】 武威地方法院
【档案编号】
043-006-455-001；043-006-455-002；
043-006-455-001
【成文时间】 1936-04-29—1936-08-09
【收藏单位】 武威市档案馆
【涉及地域】 武威县
【关 键 词】 赎地；返还田地；地价
【内容提要】
如题。

【叙录编号】 1022
【档案题名】
请求确认土地所有权案
【发文单位】 武威地方法院
【收文单位】 武威地方法院
【档案编号】 043-006-475-001
【成文时间】 1936-04-14—1936-04-26
【收藏单位】 武威市档案馆
【涉及地域】 武威县
【关 键 词】 土地所有权
【内容提要】
如题。

【叙录编号】 1023
【档案题名】
王将元张延文田地执行案
【发文单位】 武威地方法院
【收文单位】 武威地方法院
【档案编号】 043-006-479-002
【成文时间】 1933-03-28—1936-08-26
【收藏单位】 武威市档案馆
【涉及地域】 武威县
【关 键 词】 田地执行
【内容提要】
如题。

【叙录编号】 1024
【档案题名】
张世志告张训铭赎地执行案
【发文单位】 武威地方法院
【收文单位】 武威地方法院
【档案编号】 043-006-552-002
【成文时间】 1936-04-16—1939-09-15
【收藏单位】 武威市档案馆
【涉及地域】 武威县
【关 键 词】 赎地
【内容提要】
如题。

【叙录编号】 1025
【档案题名】
王天民田地案
【发文单位】 武威地方法院
【收文单位】 武威地方法院
【档案编号】 043-006-566-002
【成文时间】 1936-05-08—1938-01-04
【收藏单位】 武威市档案馆
【涉及地域】 武威县
【关 键 词】 土地所有权
【内容提要】
如题。

【叙录编号】 1026
【档案题名】
返还田地案
【发文单位】 武威地方法院
【收文单位】 武威地方法院
【档案编号】 043-006-571-002
【成文时间】 1936-03-31—1937-06-08
【收藏单位】 武威市档案馆
【涉及地域】 武威县
【关 键 词】 返还田地
【内容提要】
如题。

【叙录编号】 1027
【档案题名】
回赎典地上诉案
【发文单位】 武威地方法院
【收文单位】 武威地方法院
【档案编号】 043-006-572-001
【成文时间】 1936-05-13—1936-10-02
【收藏单位】 武威市档案馆
【涉及地域】 武威县
【关 键 词】 回赎典地
【内容提要】
如题。

【叙录编号】 1028
【档案题名】
回赎典地案
【发文单位】 武威地方法院
【收文单位】 武威地方法院
【档案编号】 043-006-577-001
【成文时间】 1936-04-30
【收藏单位】 武威市档案馆
【涉及地域】 武威县
【关 键 词】 回赎典地
【内容提要】
如题。

【叙录编号】 1029
【档案题名】
请求赎地案
【发文单位】 武威地方法院
【收文单位】 武威地方法院
【档案编号】 043-006-584-003
【成文时间】 1931—1937
【收藏单位】 武威市档案馆
【涉及地域】 武威县
【关 键 词】 赎地
【内容提要】
如题。

【叙录编号】 1030
【档案题名】
请求赎地案
【发文单位】 武威地方法院
【收文单位】 武威地方法院
【档案编号】 043-006-585-003
【成文时间】 1937-08-21—1937-12-13
【收藏单位】 武威市档案馆

【涉及地域】 武威县
【关 键 词】 赎地
【内容提要】
　　如题。

【叙录编号】 1031
【档案题名】
　　请求返还土地案
【发文单位】 武威地方法院
【收文单位】 武威地方法院
【档案编号】 043-006-609-002
【成文时间】 1937-04-21—1937-10-15
【收藏单位】 武威市档案馆
【涉及地域】 武威县
【关 键 词】 返还土地
【内容提要】
　　如题。

【叙录编号】 1032
【档案题名】
　　李成氏等请求确认田地案
【发文单位】 武威地方法院
【收文单位】 武威地方法院
【档案编号】 043-006-622-002
【成文时间】 1936-08-22—1936-11-18
【收藏单位】 武威市档案馆
【涉及地域】 武威县
【关 键 词】 确认田地
【内容提要】
　　如题。

【叙录编号】 1033
【档案题名】
　　请求返还田地案
【发文单位】 武威地方法院
【收文单位】 武威地方法院
【档案编号】 043-006-625-002
【成文时间】 1937-11-06—1937-04-17
【收藏单位】 武威市档案馆
【涉及地域】 武威县
【关 键 词】 返还田地
【内容提要】
　　如题。

【叙录编号】 1034
【档案题名】
　　确认土地共有权上诉案
【发文单位】 武威地方法院
【收文单位】 武威地方法院
【档案编号】 043-006-629-001
【成文时间】 1937-08-23
【收藏单位】 武威市档案馆
【涉及地域】 武威县
【关 键 词】 土地共有权
【内容提要】
　　如题。

【叙录编号】 1035
【档案题名】
　　周大学等与周化玉请求返还土地案
【发文单位】 武威地方法院
【收文单位】 武威地方法院
【档案编号】 043-006-644-001
【成文时间】 1933-02-28—1937-01-17
【收藏单位】 武威市档案馆
【涉及地域】 武威县
【关 键 词】 返还土地
【内容提要】
　　如题。

【叙录编号】 1036
【档案题名】
　　请求确认土地所有权案
【发文单位】 武威地方法院

【收文单位】 武威地方法院
【档案编号】 043-006-648
【成文时间】 1937-03-29
【收藏单位】 武威市档案馆
【涉及地域】 武威县
【关 键 词】 土地所有权
【内容提要】
如题。

【叙录编号】 1037
【档案题名】
确认所有权存在及返还田地案
【发文单位】 武威地方法院
【收文单位】 武威地方法院
【档案编号】 043-006-655-003
【成文时间】 1936-04-10—1937-09-22
【收藏单位】 武威市档案馆
【涉及地域】 武威县
【关 键 词】 返还田地
【内容提要】
如题。

【叙录编号】 1038
【档案题名】
请求赎地案
【发文单位】 武威地方法院
【收文单位】 武威地方法院
【档案编号】 043-006-660-003
【成文时间】 1937-01-31—1937-07-15
【收藏单位】 武威市档案馆
【涉及地域】 武威县
【关 键 词】 赎地
【内容提要】
如题。

【叙录编号】 1039
【档案题名】
请求返还典地案
【发文单位】 武威地方法院
【收文单位】 武威地方法院
【档案编号】 043-006-664-003
【成文时间】 1937-03-31—1937-05-01
【收藏单位】 武威市档案馆
【涉及地域】 武威县
【关 键 词】 返还典地
【内容提要】
如题。

【叙录编号】 1040
【档案题名】
请求确认土地所有权案
【发文单位】 武威地方法院
【收文单位】 武威地方法院
【档案编号】 043-006-673-002
【成文时间】 1937-04-07—1937-12-10
【收藏单位】 武威市档案馆
【涉及地域】 武威县
【关 键 词】 土地所有权
【内容提要】
如题。

【叙录编号】 1041
【档案题名】
确认土地所有权案
【发文单位】 武威地方法院
【收文单位】 武威地方法院
【档案编号】 043-006-674-001
【成文时间】 不详
【收藏单位】 武威市档案馆
【涉及地域】 武威县
【关 键 词】 土地所有权

【内容提要】
如题。

【叙录编号】 1042
【档案题名】
赎地及赔偿上诉案
【发文单位】 武威地方法院
【收文单位】 武威地方法院
【档案编号】 043-006-676
【成文时间】 1936-04-28
【收藏单位】 武威市档案馆
【涉及地域】 武威县
【关 键 词】 赎地
【内容提要】
如题。

【叙录编号】 1043
【档案题名】
请求分割共有田地案件
【发文单位】 武威地方法院
【收文单位】 武威地方法院
【档案编号】 043-006-683-003
【成文时间】 1937-04-24
【收藏单位】 武威市档案馆
【涉及地域】 武威县
【关 键 词】 分割田地
【内容提要】
如题。

【叙录编号】 1044
【档案题名】
田赋执行案；土地所有权存在案
【发文单位】 武威地方法院
【收文单位】 武威地方法院
【档案编号】
043-006-693-001；043-006-693-002
【成文时间】 1937-01-08—1937-04-08
【收藏单位】 武威市档案馆
【涉及地域】 武威县
【关 键 词】 田赋；土地所有权
【内容提要】
如题。

【叙录编号】 1045
【档案题名】
张百泉确认土地所有权案
【发文单位】 武威地方法院
【收文单位】 武威地方法院
【档案编号】 043-006-704-002
【成文时间】 1938-01-25—1938-04-19
【收藏单位】 武威市档案馆
【涉及地域】 武威县
【关 键 词】 土地所有权
【内容提要】
如题。

【叙录编号】 1046
【档案题名】
姜配德田地执行案
【发文单位】 武威地方法院
【收文单位】 武威地方法院
【档案编号】 043-006-712-003
【成文时间】 1936-08-26—1938-02-24
【收藏单位】 武威市档案馆
【涉及地域】 武威县
【关 键 词】 田地执行
【内容提要】
如题。

【叙录编号】 1047
【档案题名】
赵锡员请求确认田地案
【发文单位】 武威地方法院
【收文单位】 武威地方法院

【档案编号】　043-007-728-002
【成文时间】　1937-08-26—1937-12-28
【收藏单位】　武威市档案馆
【涉及地域】　武威县
【关 键 词】　田地所有权
【内容提要】
如题。

【叙录编号】　1048
【档案题名】
徐中高等请求赎地案
【发文单位】　武威地方法院
【收文单位】　武威地方法院
【档案编号】　043-007-738-002
【成文时间】　1930-12-08—1938-01-14
【收藏单位】　武威市档案馆
【涉及地域】　武威县
【关 键 词】　赎地
【内容提要】
如题。

【叙录编号】　1049
【档案题名】
高福请求返还田地案；李占元请求赎地案
【发文单位】　武威地方法院
【收文单位】　武威地方法院
【档案编号】
043-007-756-001；043-007-756-003
【成文时间】　1937-04-07—1938-04-11
【收藏单位】　武威市档案馆
【涉及地域】　武威县
【关 键 词】　返还田地；赎地
【内容提要】
如题。

【叙录编号】　1050
【档案题名】
翟浩天请求回赎田地案
【发文单位】　武威地方法院
【收文单位】　武威地方法院
【档案编号】　043-007-758-003
【成文时间】　1933-01-31—1938-04-22
【收藏单位】　武威市档案馆
【涉及地域】　武威县
【关 键 词】　回赎田地
【内容提要】
如题。

【叙录编号】　1051
【档案题名】
李子英返还田地案
【发文单位】　武威地方法院
【收文单位】　武威地方法院
【档案编号】　043-007-779
【成文时间】　1933-08-04
【收藏单位】　武威市档案馆
【涉及地域】　武威县
【关 键 词】　返还田地
【内容提要】
如题。

【叙录编号】　1052
【档案题名】
张奋武等赎地文件案
【发文单位】　武威地方法院
【收文单位】　武威地方法院
【档案编号】　043-007-797-002
【成文时间】　1933-01-18—1933-07-10
【收藏单位】　武威市档案馆
【涉及地域】　武威县
【关 键 词】　赎地

【内容提要】
如题。

【叙录编号】 1053
【档案题名】
马中清田地案
【发文单位】 武威地方法院
【收文单位】 武威地方法院
【档案编号】 043-007-803-001
【成文时间】 1933-02-08—1937-07-25
【收藏单位】 武威市档案馆
【涉及地域】 武威县
【关 键 词】 土地所有权
【内容提要】
如题。

【叙录编号】 1054
【档案题名】
詹续如詹之润土地上诉案
【发文单位】 武威地方法院
【收文单位】 武威地方法院
【档案编号】 043-007-820-003
【成文时间】 1933-10-24—1938-01-06
【收藏单位】 武威市档案馆
【涉及地域】 武威县
【关 键 词】 土地上诉
【内容提要】
如题。

【叙录编号】 1055
【档案题名】
王永忠返还田地案
【发文单位】 武威地方法院
【收文单位】 武威地方法院
【档案编号】 043-007-824-002
【成文时间】 1938-01—1938-02
【收藏单位】 武威市档案馆
【涉及地域】 武威县
【关 键 词】 返还田地
【内容提要】
如题。

【叙录编号】 1056
【档案题名】
李玉美田地案
【发文单位】 武威地方法院
【收文单位】 武威地方法院
【档案编号】 043-007-856-002
【成文时间】 1931-03-09—1931-11-07
【收藏单位】 武威市档案馆
【涉及地域】 武威县
【关 键 词】 田地所有权
【内容提要】
如题。

【叙录编号】 1057
【档案题名】
宁瑞荣田地案
【发文单位】 武威地方法院
【收文单位】 武威地方法院
【档案编号】 043-007-865-002
【成文时间】 1931-07-18—1933-10-09
【收藏单位】 武威市档案馆
【涉及地域】 武威县
【关 键 词】 田地所有权
【内容提要】
如题。

【叙录编号】 1058
【档案题名】
刘钰田地案
【发文单位】 武威地方法院
【收文单位】 武威地方法院
【档案编号】 043-007-871

【成文时间】 1933-04-18
【收藏单位】 武威市档案馆
【涉及地域】 武威县
【关 键 词】 田地所有权
【内容提要】
如题。

【叙录编号】 1059
【档案题名】
卓□田地案
【发文单位】 武威地方法院
【收文单位】 武威地方法院
【档案编号】 043-007-886-002
【成文时间】 1932-08-20—1933-08-18
【收藏单位】 武威市档案馆
【涉及地域】 武威县
【关 键 词】 田地所有权
【内容提要】
如题。

【叙录编号】 1060
【档案题名】
朱生海田地案、赎地案
【发文单位】 武威地方法院
【收文单位】 武威地方法院
【档案编号】
043-007-902-001；043-007-902-002
【成文时间】 1933-01-29—1933-06-14
【收藏单位】 武威市档案馆
【涉及地域】 武威县
【关 键 词】 土地所有权；赎地
【内容提要】
如题。

【叙录编号】 1061
【档案题名】
土地案
【发文单位】 武威地方法院
【收文单位】 武威地方法院
【档案编号】 043-007-908-001
【成文时间】 1937-10-30
【收藏单位】 武威市档案馆
【涉及地域】 武威县
【关 键 词】 土地所有权
【内容提要】
如题。

【叙录编号】 1062
【档案题名】
冯殿英赎地案
【发文单位】 武威地方法院
【收文单位】 武威地方法院
【档案编号】 043-007-005-001
【成文时间】 1931-02-07—1931-07-07
【收藏单位】 武威市档案馆
【涉及地域】 武威县
【关 键 词】 赎地
【内容提要】
如题。

【叙录编号】 1063
【档案题名】
杨彪赎地案
【发文单位】 武威地方法院
【收文单位】 武威地方法院
【档案编号】 043-007-010-001
【成文时间】 1931-01-26—1931-03-16
【收藏单位】 武威市档案馆
【涉及地域】 武威县
【关 键 词】 赎地
【内容提要】
如题。

【叙录编号】 1064
【档案题名】
胡泽福田地案
【发文单位】 武威地方法院
【收文单位】 武威地方法院
【档案编号】 043-007-012-002
【成文时间】 1931-05-13—1931-07-17
【收藏单位】 武威市档案馆
【涉及地域】 武威县
【关 键 词】 田地所有权
【内容提要】
如题。

【叙录编号】 1065
【档案题名】
王院氏田地案
【发文单位】 武威地方法院
【收文单位】 武威地方法院
【档案编号】 043-007-015-001
【成文时间】 1932-06-08—1932-09-18
【收藏单位】 武威市档案馆
【涉及地域】 武威县
【关 键 词】 田地所有权
【内容提要】
如题。

【叙录编号】 1066
【档案题名】
王全赎地案
【发文单位】 武威地方法院
【收文单位】 武威地方法院
【档案编号】 043-007-016
【成文时间】 1932-12-31
【收藏单位】 武威市档案馆
【涉及地域】 武威县
【关 键 词】 赎地
【内容提要】
如题。

【叙录编号】 1067
【档案题名】
何增确认土地所有权案
【发文单位】 武威地方法院
【收文单位】 武威地方法院
【档案编号】 043-007-023-003
【成文时间】 1933-05-18—1933-11-14
【收藏单位】 武威市档案馆
【涉及地域】 武威县
【关 键 词】 土地所有权
【内容提要】
如题。

【叙录编号】 1068
【档案题名】
李宗才赎地案
【发文单位】 武威地方法院
【收文单位】 武威地方法院
【档案编号】 043-007-036-001
【成文时间】 1933-01-15—1933-08-30
【收藏单位】 武威市档案馆
【涉及地域】 武威县
【关 键 词】 赎地
【内容提要】
如题。

【叙录编号】 1069
【档案题名】
于得福田地案
【发文单位】 武威地方法院
【收文单位】 武威地方法院
【档案编号】 043-007-039
【成文时间】 1933-05-15
【收藏单位】 武威市档案馆

【涉及地域】 武威县
【关 键 词】 田地所有权
【内容提要】
如题。

【叙录编号】 1070
【档案题名】
朱玉祥田地案
【发文单位】 武威地方法院
【收文单位】 武威地方法院
【档案编号】 043-007-042-002
【成文时间】 1933-05-26—1933-09-08
【收藏单位】 武威市档案馆
【涉及地域】 武威县
【关 键 词】 田地所有权
【内容提要】
如题。

【叙录编号】 1071
【档案题名】
杨万青田地案
【发文单位】 武威地方法院
【收文单位】 武威地方法院
【档案编号】 043-007-049
【成文时间】 1933-05-24
【收藏单位】 武威市档案馆
【涉及地域】 武威县
【关 键 词】 田地所有权
【内容提要】
如题。

【叙录编号】 1072
【档案题名】
潘世勋赎地案
【发文单位】 武威地方法院
【收文单位】 武威地方法院
【档案编号】 043-007-050-001
【成文时间】 1933-08-17—1933-12-19
【收藏单位】 武威市档案馆
【涉及地域】 武威县
【关 键 词】 赎地
【内容提要】
如题。

【叙录编号】 1073
【档案题名】
丁宗尧赎地案
【发文单位】 武威地方法院
【收文单位】 武威地方法院
【档案编号】 043-007-057-001
【成文时间】 1933-02-21
【收藏单位】 武威市档案馆
【涉及地域】 武威县
【关 键 词】 赎地
【内容提要】
如题。

【叙录编号】 1074
【档案题名】
赵廷万田地案
【发文单位】 武威地方法院
【收文单位】 武威地方法院
【档案编号】 043-007-067
【成文时间】 1933-01-10
【收藏单位】 武威市档案馆
【涉及地域】 武威县
【关 键 词】 田地所有权
【内容提要】
如题。

【叙录编号】 1075
【档案题名】
张开善返还田地案
【发文单位】 武威地方法院

【收文单位】 武威地方法院
【档案编号】 043-007-069-003
【成文时间】 1933-07-10—1933-08-16
【收藏单位】 武威市档案馆
【涉及地域】 武威县
【关 键 词】 返还田地
【内容提要】
如题。

【叙录编号】 1076
【档案题名】
王大缘侵占土地案
【发文单位】 武威地方法院
【收文单位】 武威地方法院
【档案编号】 043-007-010
【成文时间】 1934-05-12
【收藏单位】 武威市档案馆
【涉及地域】 武威县
【关 键 词】 侵占土地
【内容提要】
如题。

【叙录编号】 1077
【档案题名】
李慎□等田地案
【发文单位】 武威地方法院
【收文单位】 武威地方法院
【档案编号】 043-007-021-002
【成文时间】 1934-11-09—1934-12-29
【收藏单位】 武威市档案馆
【涉及地域】 武威县
【关 键 词】 田地所有权
【内容提要】
如题。

【叙录编号】 1078
【档案题名】
李元赎地案
【发文单位】 武威地方法院
【收文单位】 武威地方法院
【档案编号】 043-007-025-001
【成文时间】 1934-03-03—1934-10-09
【收藏单位】 武威市档案馆
【涉及地域】 武威县
【关 键 词】 赎地
【内容提要】
如题。

【叙录编号】 1079
【档案题名】
张祯田地案
【发文单位】 武威地方法院
【收文单位】 武威地方法院
【档案编号】 043-007-033-001
【成文时间】 1934-03-23—1934-12-11
【收藏单位】 武威市档案馆
【涉及地域】 武威县
【关 键 词】 田地所有权
【内容提要】
如题。

【叙录编号】 1080
【档案题名】
顾五喜田地案
【发文单位】 武威地方法院
【收文单位】 武威地方法院
【档案编号】 043-007-036-001
【成文时间】 1934-10-11—1934-12-26
【收藏单位】 武威市档案馆
【涉及地域】 武威县
【关 键 词】 田地所有权

【内容提要】
　　如题。

【叙录编号】 1081
【档案题名】
　　丁贵赎地案
【发文单位】 武威地方法院
【收文单位】 武威地方法院
【档案编号】 043-007-039-001
【成文时间】 1934-01-16—1934-03-13
【收藏单位】 武威市档案馆
【涉及地域】 武威县
【关 键 词】 赎地
【内容提要】
　　如题。

【叙录编号】 1082
【档案题名】
　　卢开赎地案
【发文单位】 武威地方法院
【收文单位】 武威地方法院
【档案编号】 043-007-041
【成文时间】 1934-04-20
【收藏单位】 武威市档案馆
【涉及地域】 武威县
【关 键 词】 赎地
【内容提要】
　　如题。

【叙录编号】 1083
【档案题名】
　　田得铸确认土地所有权案
【发文单位】 武威地方法院
【收文单位】 武威地方法院
【档案编号】 043-007-042
【成文时间】 1934-09-05
【收藏单位】 武威市档案馆
【涉及地域】 武威县
【关 键 词】 土地所有权
【内容提要】
　　如题。

【叙录编号】 1084
【档案题名】
　　杨成赎地案
【发文单位】 武威地方法院
【收文单位】 武威地方法院
【档案编号】 043-007-050-002
【成文时间】 1934-02-27—1934-09-04
【收藏单位】 武威市档案馆
【涉及地域】 武威县
【关 键 词】 赎地
【内容提要】
　　如题。

【叙录编号】 1085
【档案题名】
　　吴金声赎地案
【发文单位】 武威地方法院
【收文单位】 武威地方法院
【档案编号】 043-007-058
【成文时间】 1934-03-27
【收藏单位】 武威市档案馆
【涉及地域】 武威县
【关 键 词】 赎地
【内容提要】
　　如题。

【叙录编号】 1086
【档案题名】
　　郑长庆典地案
【发文单位】 武威地方法院
【收文单位】 武威地方法院
【档案编号】 043-007-062-001

【成文时间】 1934-06-04—1934-10-11
【收藏单位】 武威市档案馆
【涉及地域】 武威县
【关 键 词】 典地
【内容提要】
如题。

【叙录编号】 1087
【档案题名】
杨震芳赎地案
【发文单位】 武威地方法院
【收文单位】 武威地方法院
【档案编号】 043-007-065-002
【成文时间】 1934-02-23—1934-03-25
【收藏单位】 武威市档案馆
【涉及地域】 武威县
【关 键 词】 赎地
【内容提要】
如题。

【叙录编号】 1088
【档案题名】
柴廷辅田地案
【发文单位】 武威地方法院
【收文单位】 武威地方法院
【档案编号】 043-007-083-003
【成文时间】 1934-05-08—1934-11-21
【收藏单位】 武威市档案馆
【涉及地域】 武威县
【关 键 词】 田地所有权
【内容提要】
如题。

【叙录编号】 1089
【档案题名】
张突元田地案；张福堂田地案
【发文单位】 武威地方法院
【收文单位】 武威地方法院
【档案编号】
043-007-085-001；043-007-085-002
【成文时间】 1934-06-21—1934-07-14
【收藏单位】 武威市档案馆
【涉及地域】 武威县
【关 键 词】 田地所有权
【内容提要】
如题。

【叙录编号】 1090
【档案题名】
杨金年土地案
【发文单位】 武威地方法院
【收文单位】 武威地方法院
【档案编号】 043-007-088-002
【成文时间】 1934-04-13—1934-05-23
【收藏单位】 武威市档案馆
【涉及地域】 武威县
【关 键 词】 土地所有权
【内容提要】
如题。

【叙录编号】 1091
【档案题名】
葛天顺赎地案；郭开赎地案
【发文单位】 武威地方法院
【收文单位】 武威地方法院
【档案编号】
043-007-089-001；043-007-089-002
【成文时间】 1934-03-09—1934-12-06
【收藏单位】 武威市档案馆
【涉及地域】 武威县
【关 键 词】 赎地
【内容提要】
如题。

【叙录编号】 1092
【档案题名】
张德海赎地案；于宋尧土地案
【发文单位】 武威地方法院
【收文单位】 武威地方法院
【档案编号】
043-007-090-001；043-007-090-003
【成文时间】 1934-05-15—1934-12-27
【收藏单位】 武威市档案馆
【涉及地域】 武威县
【关 键 词】 赎地；土地
【内容提要】
如题。

【叙录编号】 1093
【档案题名】
赵殿声赎地案
【发文单位】 武威地方法院
【收文单位】 武威地方法院
【档案编号】 043-007-011
【成文时间】 1935-03-08
【收藏单位】 武威市档案馆
【涉及地域】 武威县
【关 键 词】 赎地
【内容提要】
如题。

【叙录编号】 1094
【档案题名】
赵成庆确认土地案
【发文单位】 武威地方法院
【收文单位】 武威地方法院
【档案编号】 043-007-019-002
【成文时间】 1935-10-15—1935-11-09
【收藏单位】 武威市档案馆
【涉及地域】 武威县
【关 键 词】 确认土地
【内容提要】
如题。

【叙录编号】 1095
【档案题名】
王宋财赎地异议案
【发文单位】 武威地方法院
【收文单位】 武威地方法院
【档案编号】 043-007-020-001
【成文时间】 1935-05-31—1935-11-29
【收藏单位】 武威市档案馆
【涉及地域】 武威县
【关 键 词】 赎地
【内容提要】
如题。

【叙录编号】 1096
【档案题名】
赵义□确认地基案
【发文单位】 武威地方法院
【收文单位】 武威地方法院
【档案编号】 043-007-026
【成文时间】 1935-04-05
【收藏单位】 武威市档案馆
【涉及地域】 武威县
【关 键 词】 确认地基
【内容提要】
如题。

【叙录编号】 1097
【档案题名】
张松如田地案
【发文单位】 武威地方法院
【收文单位】 武威地方法院
【档案编号】 043-007-028
【成文时间】 1935-02-28
【收藏单位】 武威市档案馆

【涉及地域】 武威县
【关 键 词】 田地所有权
【内容提要】
如题。

【叙录编号】 1098
【档案题名】
冯毓生租地执行案
【发文单位】 武威地方法院
【收文单位】 武威地方法院
【档案编号】 043-007-032-001
【成文时间】 1935-05-20—1935-08-14
【收藏单位】 武威市档案馆
【涉及地域】 武威县
【关 键 词】 租地
【内容提要】
如题。

【叙录编号】 1099
【档案题名】
冯国章田地案
【发文单位】 武威地方法院
【收文单位】 武威地方法院
【档案编号】 043-007-039
【成文时间】 1935-01-10
【收藏单位】 武威市档案馆
【涉及地域】 武威县
【关 键 词】 田地
【内容提要】
如题。

【叙录编号】 1100
【档案题名】
李春生赎地案
【发文单位】 武威地方法院
【收文单位】 武威地方法院
【档案编号】 043-007-045-001
【成文时间】 1935-01-30
【收藏单位】 武威市档案馆
【涉及地域】 武威县
【关 键 词】 赎地
【内容提要】
如题。

【叙录编号】 1101
【档案题名】
顾仁德支付典地案
【发文单位】 武威地方法院
【收文单位】 武威地方法院
【档案编号】 043-007-047
【成文时间】 1935-07-11
【收藏单位】 武威市档案馆
【涉及地域】 武威县
【关 键 词】 典地
【内容提要】
如题。

【叙录编号】 1102
【档案题名】
萧国桂赎地案
【发文单位】 武威地方法院
【收文单位】 武威地方法院
【档案编号】 043-007-049
【成文时间】 1935-02-12
【收藏单位】 武威市档案馆
【涉及地域】 武威县
【关 键 词】 赎地
【内容提要】
如题。

【叙录编号】 1103
【档案题名】
张铭新返还田地案
【发文单位】 武威地方法院

【收文单位】　武威地方法院
【档案编号】　043-0007-050
【成文时间】　1935-06-05
【收藏单位】　武威市档案馆
【涉及地域】　武威县
【关 键 词】　返还田地
【内容提要】
　　如题。

【叙录编号】　1104
【档案题名】
　　王保德赎地案；王玉学等赎地案
【发文单位】　武威地方法院
【收文单位】　武威地方法院
【档案编号】
　　043-007-053-001；043-007-053-002
【成文时间】　1935-03-13
【收藏单位】　武威市档案馆
【涉及地域】　武威县
【关 键 词】　赎地
【内容提要】
　　如题。

【叙录编号】　1105
【档案题名】
　　蔡丁氏田地认证案
【发文单位】　武威地方法院
【收文单位】　武威地方法院
【档案编号】　043-007-066-002
【成文时间】　1935-09-06—1935-12-05
【收藏单位】　武威市档案馆
【涉及地域】　武威县
【关 键 词】　田地认证
【内容提要】
　　如题。

【叙录编号】　1106
【档案题名】
　　贾福返还地基案
【发文单位】　武威地方法院
【收文单位】　武威地方法院
【档案编号】　043-008-016-002
【成文时间】　1936-11-03—1936-12-02
【收藏单位】　武威市档案馆
【涉及地域】　武威县
【关 键 词】　返还地基
【内容提要】
　　如题。

【叙录编号】　1107
【档案题名】
　　韩生伟赎地案
【发文单位】　武威地方法院
【收文单位】　武威地方法院
【档案编号】　043-008-034-002
【成文时间】　1936-03-28—1936-10-15
【收藏单位】　武威市档案馆
【涉及地域】　武威县
【关 键 词】　赎地
【内容提要】
　　如题。

【叙录编号】　1108
【档案题名】
　　俞寿业等确认土地所有权案
【发文单位】　武威地方法院
【收文单位】　武威地方法院
【档案编号】　043-008-068-001
【成文时间】　1936-05-26
【收藏单位】　武威市档案馆
【涉及地域】　武威县
【关 键 词】　土地所有权

【内容提要】
如题。

【叙录编号】 1109
【档案题名】
卫克科返还田地案
【发文单位】 武威地方法院
【收文单位】 武威地方法院
【档案编号】 043-008-080-001
【成文时间】 1936-04-24
【收藏单位】 武威市档案馆
【涉及地域】 武威县
【关 键 词】 返还田地
【内容提要】
如题。

【叙录编号】 1110
【档案题名】
徐登殿赎地案
【发文单位】 武威地方法院
【收文单位】 武威地方法院
【档案编号】 043-008-090-001
【成文时间】 1936-02-26
【收藏单位】 武威市档案馆
【涉及地域】 武威县
【关 键 词】 赎地
【内容提要】
如题。

【叙录编号】 1111
【档案题名】
徐福文赎地案
【发文单位】 武威地方法院
【收文单位】 武威地方法院
【档案编号】 043-008-096-002
【成文时间】 1936-02-22—1936-05-23
【收藏单位】 武威市档案馆
【涉及地域】 武威县
【关 键 词】 赎地
【内容提要】
如题。

【叙录编号】 1112
【档案题名】
杨集魁赎地上诉案
【发文单位】 武威地方法院
【收文单位】 武威地方法院
【档案编号】 043-008-099-001
【成文时间】 1936-06-16
【收藏单位】 武威市档案馆
【涉及地域】 武威县
【关 键 词】 赎地
【内容提要】
如题。

【叙录编号】 1113
【档案题名】
管孙才赎地案
【发文单位】 武威地方法院
【收文单位】 武威地方法院
【档案编号】 043-008-118-001
【成文时间】 1936-01-29
【收藏单位】 武威市档案馆
【涉及地域】 武威县
【关 键 词】 赎地
【内容提要】
如题。

【叙录编号】 1114
【档案题名】
马锦等人赎地上诉案
【发文单位】 武威地方法院
【收文单位】 武威地方法院
【档案编号】 043-008-123-001

【成文时间】 1936-05-02
【收藏单位】 武威市档案馆
【涉及地域】 武威县
【关 键 词】 赎地
【内容提要】
　　如题。

【叙录编号】 1115
【档案题名】
　　何世均土地所有权上诉案
【发文单位】 武威地方法院
【收文单位】 武威地方法院
【档案编号】 043-008-139-001
【成文时间】 1936-05-06
【收藏单位】 武威市档案馆
【涉及地域】 武威县
【关 键 词】 土地所有权
【内容提要】
　　如题。

【叙录编号】 1116
【档案题名】
　　王得胜田地执行案
【发文单位】 武威地方法院
【收文单位】 武威地方法院
【档案编号】 043-008-150-001
【成文时间】 不详
【收藏单位】 武威市档案馆
【涉及地域】 武威县
【关 键 词】 田地
【内容提要】
　　如题。

【叙录编号】 1117
【档案题名】
　　张举仁赎地案
【发文单位】 武威地方法院
【收文单位】 武威地方法院
【档案编号】 043-008-156-002
【成文时间】 1936-01-20—1936-01-22
【收藏单位】 武威市档案馆
【涉及地域】 武威县
【关 键 词】 赎地
【内容提要】
　　如题。

【叙录编号】 1118
【档案题名】
　　葛兴顺赎地案
【发文单位】 武威地方法院
【收文单位】 武威地方法院
【档案编号】 043-008-158-001
【成文时间】 1936-04-14
【收藏单位】 武威市档案馆
【涉及地域】 武威县
【关 键 词】 赎地
【内容提要】
　　如题。

【叙录编号】 1119
【档案题名】
　　陈子臬田地执行案
【发文单位】 武威地方法院
【收文单位】 武威地方法院
【档案编号】 043-008-159-002
【成文时间】 1936-04-18—1936-04-24
【收藏单位】 武威市档案馆
【涉及地域】 武威县
【关 键 词】 田地
【内容提要】
　　如题。

【叙录编号】 1120
【档案题名】
吴海为回赎典地案
【发文单位】 武威地方法院
【收文单位】 武威地方法院
【档案编号】 043-008-161-001
【成文时间】 1936-04-05—1936-05-20
【收藏单位】 武威市档案馆
【涉及地域】 武威县
【关 键 词】 赎地
【内容提要】
如题。

【叙录编号】 1121
【档案题名】
李万保确认典权及返还典地案
【发文单位】 武威地方法院
【收文单位】 武威地方法院
【档案编号】 043-008-053-002
【成文时间】 1937-04-16—1937-06-23
【收藏单位】 武威市档案馆
【涉及地域】 武威县
【关 键 词】 典地
【内容提要】
如题。

【叙录编号】 1122
【档案题名】
韩维典地上诉案
【发文单位】 武威地方法院
【收文单位】 武威地方法院
【档案编号】 043-008-062-001
【成文时间】 1937-06-19—1937-07-15
【收藏单位】 武威市档案馆
【涉及地域】 武威县
【关 键 词】 典地
【内容提要】
如题。

【叙录编号】 1123
【档案题名】
冯化山回赎典地案
【发文单位】 武威地方法院
【收文单位】 武威地方法院
【档案编号】 043-008-066-001
【成文时间】 1937-03-31—1937-04-02
【收藏单位】 武威市档案馆
【涉及地域】 武威县
【关 键 词】 典地
【内容提要】
如题。

【叙录编号】 1124
【档案题名】
韩□赎地案
【发文单位】 武威地方法院
【收文单位】 武威地方法院
【档案编号】 043-008-085-002
【成文时间】 1937-04-13—1937-07-06
【收藏单位】 武威市档案馆
【涉及地域】 武威县
【关 键 词】 赎地
【内容提要】
如题。

【叙录编号】 1125
【档案题名】
张泰等确认土地所有权案
【发文单位】 武威地方法院
【收文单位】 武威地方法院
【档案编号】 043-008-092-001
【成文时间】 1937-05-13—1937-12-28
【收藏单位】 武威市档案馆

【涉及地域】 武威县
【关 键 词】 土地所有权
【内容提要】
如题。

【叙录编号】 1126
【档案题名】
潘院氏田地执行案
【发文单位】 武威地方法院
【收文单位】 武威地方法院
【档案编号】 043-008-096-002
【成文时间】 1937-05-17—1937-06-16
【收藏单位】 武威市档案馆
【涉及地域】 武威县
【关 键 词】 田地
【内容提要】
如题。

【叙录编号】 1127
【档案题名】
何天秀返还田地案
【发文单位】 武威地方法院
【收文单位】 武威地方法院
【档案编号】 043-008-111-001
【成文时间】 1937-03-04—1937-04-17
【收藏单位】 武威市档案馆
【涉及地域】 武威县
【关 键 词】 返还田地
【内容提要】
如题。

【叙录编号】 1128
【档案题名】
张景兴确认地基所有权案
【发文单位】 武威地方法院
【收文单位】 武威地方法院
【档案编号】 043-008-113-002
【成文时间】 1937-07-10—1937-09-21
【收藏单位】 武威市档案馆
【涉及地域】 武威县
【关 键 词】 地基所有权
【内容提要】
如题。

【叙录编号】 1129
【档案题名】
黄满氏确认土地所有权案
【发文单位】 武威地方法院
【收文单位】 武威地方法院
【档案编号】 043-008-126-002
【成文时间】 1937-07-21—1937-11-08
【收藏单位】 武威市档案馆
【涉及地域】 武威县
【关 键 词】 土地所有权
【内容提要】
如题。

【叙录编号】 1130
【档案题名】
杨国维回赎典地案
【发文单位】 武威地方法院
【收文单位】 武威地方法院
【档案编号】 043-008-127-002
【成文时间】 1937-03-11—1937-11-20
【收藏单位】 武威市档案馆
【涉及地域】 武威县
【关 键 词】 赎地
【内容提要】
如题。

【叙录编号】 1131
【档案题名】
方鸿儒确认土地所有权存在案
【发文单位】 武威地方法院

【收文单位】 武威地方法院
【档案编号】 043-008-137-001
【成文时间】 1937-05-01—1937-10-19
【收藏单位】 武威市档案馆
【涉及地域】 武威县
【关 键 词】 土地所有权
【内容提要】
　　如题。

【叙录编号】 1132
【档案题名】
　　刘刘氏回赎典地上诉案
【发文单位】 武威地方法院
【收文单位】 武威地方法院
【档案编号】 043-008-139-001
【成文时间】 1937-03-04—1937-03-22
【收藏单位】 武威市档案馆
【涉及地域】 武威县
【关 键 词】 赎地
【内容提要】
　　如题。

【叙录编号】 1133
【档案题名】
　　顾仁德田地执行案
【发文单位】 武威地方法院
【收文单位】 武威地方法院
【档案编号】 043-008-150-002
【成文时间】 1937-06-18—1937-06-30
【收藏单位】 武威市档案馆
【涉及地域】 武威县
【关 键 词】 田地执行案
【内容提要】
　　如题。

【叙录编号】 1134
【档案题名】
　　许之林赎地案
【发文单位】 武威地方法院
【收文单位】 武威地方法院
【档案编号】 043-008-156-001
【成文时间】 1937-03-12—1937-04-30
【收藏单位】 武威市档案馆
【涉及地域】 武威县
【关 键 词】 赎地
【内容提要】
　　如题。

【叙录编号】 1135
【档案题名】
　　张赵氏等确认土地所有权案
【发文单位】 武威地方法院
【收文单位】 武威地方法院
【档案编号】 043-008-160-001
【成文时间】 1937-05-31
【收藏单位】 武威市档案馆
【涉及地域】 武威县
【关 键 词】 土地所有权
【内容提要】
　　如题。

【叙录编号】 1136
【档案题名】
　　孙兆祥回赎典地案
【发文单位】 武威地方法院
【收文单位】 武威地方法院
【档案编号】 043-008-177-001
【成文时间】 1937-05-04—1937-08-13
【收藏单位】 武威市档案馆
【涉及地域】 武威县
【关 键 词】 赎地

【内容提要】
如题。

【叙录编号】 1137
【档案题名】
张国印赎地案
【发文单位】 武威地方法院
【收文单位】 武威地方法院
【档案编号】 043-008-182-001
【成文时间】 1937-03-12—1937-11-27
【收藏单位】 武威市档案馆
【涉及地域】 武威县
【关 键 词】 赎地
【内容提要】
如题。

【叙录编号】 1138
【档案题名】
赵得元回赎典地案
【发文单位】 武威地方法院
【收文单位】 武威地方法院
【档案编号】 043-008-183-001
【成文时间】 1937-02-16—1937-03-24
【收藏单位】 武威市档案馆
【涉及地域】 武威县
【关 键 词】 赎地
【内容提要】
如题。

【叙录编号】 1139
【档案题名】
张福旺赎地案
【发文单位】 武威地方法院
【收文单位】 武威地方法院
【档案编号】 043-008-189-001
【成文时间】 1937-01-21
【收藏单位】 武威市档案馆
【涉及地域】 武威县
【关 键 词】 赎地
【内容提要】
如题。

【叙录编号】 1140
【档案题名】
张汶赎地案
【发文单位】 武威地方法院
【收文单位】 武威地方法院
【档案编号】 043-008-191-001
【成文时间】 1937-03-11—1937-04-29
【收藏单位】 武威市档案馆
【涉及地域】 武威县
【关 键 词】 赎地
【内容提要】
如题。

【叙录编号】 1141
【档案题名】
王生华赎地案
【发文单位】 武威地方法院
【收文单位】 武威地方法院
【档案编号】 043-008-198-001
【成文时间】 1937-03-15—1937-09-30
【收藏单位】 武威市档案馆
【涉及地域】 武威县
【关 键 词】 赎地
【内容提要】
如题。

【叙录编号】 1142
【档案题名】
曹条禧确认土地所有权案
【发文单位】 武威地方法院
【收文单位】 武威地方法院
【档案编号】 043-008-201-001

【成文时间】 1937-06-20—1937-08-07
【收藏单位】 武威市档案馆
【涉及地域】 武威县
【关 键 词】 土地所有权
【内容提要】
如题。

【叙录编号】 1143
【档案题名】
叶生文返还田地案
【发文单位】 武威地方法院
【收文单位】 武威地方法院
【档案编号】 043-008-206-001
【成文时间】 1937-03-06—1937-10-29
【收藏单位】 武威市档案馆
【涉及地域】 武威县
【关 键 词】 返还田地
【内容提要】
如题。

【叙录编号】 1144
【档案题名】
王刘保给付抵押田地案
【发文单位】 武威地方法院
【收文单位】 武威地方法院
【档案编号】 043-008-212-001
【成文时间】 1937-05-28
【收藏单位】 武威市档案馆
【涉及地域】 武威县
【关 键 词】 田地
【内容提要】
如题。

【叙录编号】 1145
【档案题名】
王子明罚款执行案
【发文单位】 武威地方法院
【收文单位】 武威地方法院
【档案编号】 043-008-213-001
【成文时间】 1937-02-17—1937-02-24
【收藏单位】 武威市档案馆
【涉及地域】 武威县
【关 键 词】 罚款
【内容提要】
如题。

【叙录编号】 1146
【档案题名】
杜万铿赎地案
【发文单位】 武威地方法院
【收文单位】 武威地方法院
【档案编号】 043-008-216-001
【成文时间】 1937-02-06
【收藏单位】 武威市档案馆
【涉及地域】 武威县
【关 键 词】 赎地
【内容提要】
如题。

【叙录编号】 1147
【档案题名】
王得兴返还田地案
【发文单位】 武威地方法院
【收文单位】 武威地方法院
【档案编号】 043-008-238-002
【成文时间】 1937
【收藏单位】 武威市档案馆
【涉及地域】 武威县
【关 键 词】 田地
【内容提要】
如题。

【叙录编号】 1148
【档案题名】
许祯林请求赎地案
【发文单位】 武威地方法院
【收文单位】 武威地方法院
【档案编号】 043-008-239-001
【成文时间】 1937
【收藏单位】 武威市档案馆
【涉及地域】 武威县
【关 键 词】 赎地
【内容提要】
如题。

【叙录编号】 1149
【档案题名】
金钰放赎田地案
【发文单位】 武威地方法院
【收文单位】 武威地方法院
【档案编号】 043-008-252-001
【成文时间】 1937-06-24
【收藏单位】 武威市档案馆
【涉及地域】 武威县
【关 键 词】 赎地
【内容提要】
如题。

【叙录编号】 1150
【档案题名】
王全生赎地执行案
【发文单位】 武威地方法院
【收文单位】 武威地方法院
【档案编号】 043-008-274-002
【成文时间】 1937-03-23
【收藏单位】 武威市档案馆
【涉及地域】 武威县
【关 键 词】 赎地
【内容提要】
如题。

【叙录编号】 1151
【档案题名】
井永福赎地案
【发文单位】 武威地方法院
【收文单位】 武威地方法院
【档案编号】 043-008-019-002
【成文时间】 1938-01-17—1938-02-05
【收藏单位】 武威市档案馆
【涉及地域】 武威县
【关 键 词】 赎地
【内容提要】
如题。

【叙录编号】 1152
【档案题名】
张金福赎地案
【发文单位】 武威地方法院
【收文单位】 武威地方法院
【档案编号】 043-008-021-001
【成文时间】 1938-01-06—1938-05-16
【收藏单位】 武威市档案馆
【涉及地域】 武威县
【关 键 词】 赎地
【内容提要】
如题。

【叙录编号】 1153
【档案题名】
徐高元赎地案
【发文单位】 武威地方法院
【收文单位】 武威地方法院
【档案编号】 043-008-027-002
【成文时间】 1938-02-16—1938-07-12
【收藏单位】 武威市档案馆

【涉及地域】 武威县
【关 键 词】 赎地
【内容提要】
如题。

【叙录编号】 1154
【档案题名】
冯生才等人分割田地案
【发文单位】 武威地方法院
【收文单位】 武威地方法院
【档案编号】 043-008-030-001
【成文时间】 1938-02-28—1938-05-15
【收藏单位】 武威市档案馆
【涉及地域】 武威县
【关 键 词】 分割田地
【内容提要】
如题。

【叙录编号】 1155
【档案题名】
郑之功赎地案；王得天返还田地案
【发文单位】 武威地方法院
【收文单位】 武威地方法院
【档案编号】 043-008-039-001
【成文时间】 1938-01-25—1938-03-12
【收藏单位】 武威市档案馆
【涉及地域】 武威县
【关 键 词】 赎地
【内容提要】
如题。

【叙录编号】 1156
【档案题名】
韩登基赎地案
【发文单位】 武威地方法院
【收文单位】 武威地方法院
【档案编号】 043-008-041-003
【成文时间】 1938-01-26—1938-04-28
【收藏单位】 武威市档案馆
【涉及地域】 武威县
【关 键 词】 赎地
【内容提要】
如题。

【叙录编号】 1157
【档案题名】
赵占奎确认土地所有权案
【发文单位】 武威地方法院
【收文单位】 武威地方法院
【档案编号】 043-008-043-001
【成文时间】 1938-01-14—1938-04-25
【收藏单位】 武威市档案馆
【涉及地域】 武威县
【关 键 词】 土地所有权
【内容提要】
如题。

【叙录编号】 1158
【档案题名】
杨松瑞赎地案
【发文单位】 武威地方法院
【收文单位】 武威地方法院
【档案编号】 043-008-044-001
【成文时间】 1938-02-28—1938-03-22
【收藏单位】 武威市档案馆
【涉及地域】 武威县
【关 键 词】 赎地
【内容提要】
如题。

【叙录编号】 1159
【档案题名】
李慎庆赎地案
【发文单位】 武威地方法院

【收文单位】　武威地方法院
【档案编号】　043-009-403-001
【成文时间】　1935-04-03—1935-11-16
【收藏单位】　武威市档案馆
【涉及地域】　武威县
【关 键 词】　赎地
【内容提要】
　　如题。

【叙录编号】　1160
【档案题名】
　　刘殿清赔偿田地案
【发文单位】　武威地方法院
【收文单位】　武威地方法院
【档案编号】　043-009-404-001
【成文时间】　1935-11-23—1935-11-29
【收藏单位】　武威市档案馆
【涉及地域】　武威县
【关 键 词】　赔偿田地
【内容提要】
　　如题。

【叙录编号】　1161
【档案题名】
　　曾子生租地案
【发文单位】　武威地方法院
【收文单位】　武威地方法院
【档案编号】　043-009-405-001
【成文时间】　1935-08-19—1935-10-07
【收藏单位】　武威市档案馆
【涉及地域】　武威县
【关 键 词】　租地
【内容提要】
　　如题。

【叙录编号】　1162
【档案题名】
　　张心齐土地案
【发文单位】　武威地方法院
【收文单位】　武威地方法院
【档案编号】　043-009-406-001
【成文时间】　1935-07-08—1935-08-14
【收藏单位】　武威市档案馆
【涉及地域】　武威县
【关 键 词】　土地
【内容提要】
　　如题。

【叙录编号】　1163
【档案题名】
　　董元基赎地案
【发文单位】　武威地方法院
【收文单位】　武威地方法院
【档案编号】　043-009-409-002
【成文时间】　不详
【收藏单位】　武威市档案馆
【涉及地域】　武威县
【关 键 词】　赎地
【内容提要】
　　如题。

【叙录编号】　1164
【档案题名】
　　梁正洪返还田地案
【发文单位】　武威地方法院
【收文单位】　武威地方法院
【档案编号】　043-009-410-002
【成文时间】　1935-08-24—1936-03-09
【收藏单位】　武威市档案馆
【涉及地域】　武威县
【关 键 词】　返还田地

【内容提要】
如题。

【叙录编号】 1165
【档案题名】
赵万镒赎地案；张生俊返还田案
【发文单位】 武威地方法院
【收文单位】 武威地方法院
【档案编号】 043-009-411-001
【成文时间】 1935-04-28—1935-12-18
【收藏单位】 武威市档案馆
【涉及地域】 武威县
【关 键 词】 赎地；返还田地
【内容提要】
如题。

【叙录编号】 1166
【档案题名】
姬存林确认地亩案
【发文单位】 武威地方法院
【收文单位】 武威地方法院
【档案编号】 043-009-426-001
【成文时间】 1936-12-29—1937-11-27
【收藏单位】 武威市档案馆
【涉及地域】 武威县
【关 键 词】 确认地亩
【内容提要】
如题。

【叙录编号】 1167
【档案题名】
王振玉土地案；张兴祖田地案
【发文单位】 武威地方法院
【收文单位】 武威地方法院
【档案编号】 043-009-434-001
【成文时间】 1935-08-31—1935-09-24
【收藏单位】 武威市档案馆
【涉及地域】 武威县
【关 键 词】 土地
【内容提要】
如题。

【叙录编号】 1168
【档案题名】
张云天确认典地所有权案
【发文单位】 武威地方法院
【收文单位】 武威地方法院
【档案编号】 043-009-439
【成文时间】 不详
【收藏单位】 武威市档案馆
【涉及地域】 武威县
【关 键 词】 典地所有权
【内容提要】
如题。

【叙录编号】 1169
【档案题名】
陶旺光赎地案
【发文单位】 武威地方法院
【收文单位】 武威地方法院
【档案编号】 043-009-441-004
【成文时间】 1936-06-02—1936-08-24
【收藏单位】 武威市档案馆
【涉及地域】 武威县
【关 键 词】 赎地
【内容提要】
如题。

【叙录编号】 1170
【档案题名】
李维清赎地案
【发文单位】 武威地方法院
【收文单位】 武威地方法院
【档案编号】 043-009-442-003

【成文时间】 1936-03-31—1936-12-18
【收藏单位】 武威市档案馆
【涉及地域】 武威县
【关 键 词】 赎地
【内容提要】
　　如题。

【叙录编号】 1171
【档案题名】
　　杨廷章赎地案
【发文单位】 武威地方法院
【收文单位】 武威地方法院
【档案编号】 043-009-459-002
【成文时间】 不详
【收藏单位】 武威市档案馆
【涉及地域】 武威县
【关 键 词】 赎地
【内容提要】
　　如题。

【叙录编号】 1172
【档案题名】
　　高克基赎地案
【发文单位】 武威地方法院
【收文单位】 武威地方法院
【档案编号】 043-009-467-001
【成文时间】 1935-10-07—1936-04-27
【收藏单位】 武威市档案馆
【涉及地域】 武威县
【关 键 词】 赎地
【内容提要】
　　如题。

【叙录编号】 1173
【档案题名】
　　张登元赎地案
【发文单位】 武威地方法院
【收文单位】 武威地方法院
【档案编号】 043-009-468-002
【成文时间】 1932-07-20—1933-11-16
【收藏单位】 武威市档案馆
【涉及地域】 武威县
【关 键 词】 赎地
【内容提要】
　　如题。

【叙录编号】 1174
【档案题名】
　　张伯选回赎地案
【发文单位】 武威地方法院
【收文单位】 武威地方法院
【档案编号】 043-009-472-001
【成文时间】 1936-02-11—1936-03-26
【收藏单位】 武威市档案馆
【涉及地域】 武威县
【关 键 词】 赎地
【内容提要】
　　如题。

【叙录编号】 1175
【档案题名】
　　牛建基交付田地案
【发文单位】 武威地方法院
【收文单位】 武威地方法院
【档案编号】 043-009-473-001
【成文时间】 1936-05-13
【收藏单位】 武威市档案馆
【涉及地域】 武威县
【关 键 词】 交付田地
【内容提要】
　　如题。

【叙录编号】 1176
【档案题名】
何尔得赎地案
【发文单位】 武威地方法院
【收文单位】 武威地方法院
【档案编号】 043-009-477-003
【成文时间】 1932-10-07—1935-06-28
【收藏单位】 武威市档案馆
【涉及地域】 武威县
【关 键 词】 赎地
【内容提要】
如题。

【叙录编号】 1177
【档案题名】
梁瑞山请求回赎典地案
【发文单位】 武威地方法院
【收文单位】 武威地方法院
【档案编号】 043-009-490-002
【成文时间】 1937-05-31—1937-12-24
【收藏单位】 武威市档案馆
【涉及地域】 武威县
【关 键 词】 回赎典地
【内容提要】
如题。

【叙录编号】 1178
【档案题名】
康满堂田地案
【发文单位】 武威地方法院
【收文单位】 武威地方法院
【档案编号】 043-009-495-002
【成文时间】 1936-06—1938-06
【收藏单位】 武威市档案馆
【涉及地域】 武威县
【关 键 词】 田地
【内容提要】
如题。

【叙录编号】 1179
【档案题名】
董元基赎地案
【发文单位】 武威地方法院
【收文单位】 武威地方法院
【档案编号】 043-009-499-002
【成文时间】 1937—1938
【收藏单位】 武威市档案馆
【涉及地域】 武威县
【关 键 词】 赎地
【内容提要】
如题。

【叙录编号】 1180
【档案题名】
任国沼返还田地案
【发文单位】 武威地方法院
【收文单位】 武威地方法院
【档案编号】 043-009-500-002
【成文时间】 1937-05-19—1938-04-14
【收藏单位】 武威市档案馆
【涉及地域】 武威县
【关 键 词】 返还田地
【内容提要】
如题。

【叙录编号】 1181
【档案题名】
王伯案返还田地案
【发文单位】 武威地方法院
【收文单位】 武威地方法院
【档案编号】 043-009-505-002
【成文时间】 1936-03-26—1937-02-23
【收藏单位】 武威市档案馆

【涉及地域】　武威县
【关 键 词】　返还田地
【内容提要】
　　如题。

【叙录编号】　1182
【档案题名】
　　郭长伦赎地案
【发文单位】　武威地方法院
【收文单位】　武威地方法院
【档案编号】　043-009-507-002
【成文时间】　1937-07-15—1938-01-26
【收藏单位】　武威市档案馆
【涉及地域】　武威县
【关 键 词】　赎地
【内容提要】
　　如题。

【叙录编号】　1183
【档案题名】
　　杜保年赎地案
【发文单位】　武威地方法院
【收文单位】　武威地方法院
【档案编号】　043-009-510-001
【成文时间】　1935-08-13—1936-12-31
【收藏单位】　武威市档案馆
【涉及地域】　武威县
【关 键 词】　赎地
【内容提要】
　　如题。

【叙录编号】　1184
【档案题名】
　　于正喜确认空地基所有权案
【发文单位】　武威地方法院
【收文单位】　武威地方法院
【档案编号】　043-009-524-001
【成文时间】　1936-12-31—1937-01-19
【收藏单位】　武威市档案馆
【涉及地域】　武威县
【关 键 词】　空地基所有权
【内容提要】
　　如题。

【叙录编号】　1185
【档案题名】
　　王敏学回赎典地案
【发文单位】　武威地方法院
【收文单位】　武威地方法院
【档案编号】　043-009-569-001
【成文时间】　1936-02-25—1936-10-20
【收藏单位】　武威市档案馆
【涉及地域】　武威县
【关 键 词】　回赎典地
【内容提要】
　　如题。

【叙录编号】　1186
【档案题名】
　　张锋赎地案
【发文单位】　武威地方法院
【收文单位】　武威地方法院
【档案编号】　043-009-592-001
【成文时间】　1936-12-05—1937-03-25
【收藏单位】　武威市档案馆
【涉及地域】　武威县
【关 键 词】　赎地
【内容提要】
　　如题。

【叙录编号】　1187
【档案题名】
　　艾兆庆等分割田地案
【发文单位】　武威地方法院

【收文单位】 武威地方法院
【档案编号】 043-009-594-001
【成文时间】 1937-11-02—1938-01-21
【收藏单位】 武威市档案馆
【涉及地域】 武威县
【关 键 词】 分割田地
【内容提要】
如题。

【叙录编号】 1188
【档案题名】
徐生盛请求确认土地所有权并返还田地案
【发文单位】 武威地方法院
【收文单位】 武威地方法院
【档案编号】 043-009-598-001
【成文时间】 1936-04-21
【收藏单位】 武威市档案馆
【涉及地域】 武威县
【关 键 词】 土地所有权
【内容提要】
如题。

【叙录编号】 1189
【档案题名】
陆得恒赎地案
【发文单位】 武威地方法院
【收文单位】 武威地方法院
【档案编号】 043-009-600-001
【成文时间】 1935-04-05
【收藏单位】 武威市档案馆
【涉及地域】 武威县
【关 键 词】 赎地
【内容提要】
如题。

【叙录编号】 1190
【档案题名】
张经德赎地案；唐得茎赎地案；刘建荣赎地案
【发文单位】 武威地方法院
【收文单位】 武威地方法院
【档案编号】 043-009-601-001
【成文时间】 1934-02-07—1935-03-08
【收藏单位】 武威市档案馆
【涉及地域】 武威县
【关 键 词】 赎地
【内容提要】
如题。

【叙录编号】 1191
【档案题名】
刘永年请求赎地案
【发文单位】 武威地方法院
【收文单位】 武威地方法院
【档案编号】 043-009-609-002
【成文时间】 1936-06-27—1938-02-25
【收藏单位】 武威市档案馆
【涉及地域】 武威县
【关 键 词】 赎地
【内容提要】
如题。

【叙录编号】 1192
【档案题名】
于卿魁等确认土地案
【发文单位】 武威地方法院
【收文单位】 武威地方法院
【档案编号】 043-009-616-002
【成文时间】 1936-03-31—1936-09-06
【收藏单位】 武威市档案馆
【涉及地域】 武威县
【关 键 词】 确认土地

【内容提要】
如题。

【叙录编号】 1193
【档案题名】
刘子元请求赎地案
【发文单位】 武威地方法院
【收文单位】 武威地方法院
【档案编号】 043-009-629-002
【成文时间】 1937-01-24—1938-04-05
【收藏单位】 武威市档案馆
【涉及地域】 武威县
【关 键 词】 赎地
【内容提要】
如题。

【叙录编号】 1194
【档案题名】
赵□堂田地案
【发文单位】 武威地方法院
【收文单位】 武威地方法院
【档案编号】 043-009-633-002
【成文时间】 1935-07-28—1937-07-03
【收藏单位】 武威市档案馆
【涉及地域】 武威县
【关 键 词】 田地
【内容提要】
如题。

【叙录编号】 1195
【档案题名】
于忠林等返还地基案
【发文单位】 武威地方法院
【收文单位】 武威地方法院
【档案编号】 043-009-642-002
【成文时间】 1937-02-08—1938-01-13
【收藏单位】 武威市档案馆
【涉及地域】 武威县
【关 键 词】 返还地基
【内容提要】
如题。

【叙录编号】 1196
【档案题名】
高义忠回赎地案
【发文单位】 武威地方法院
【收文单位】 武威地方法院
【档案编号】 043-009-643-001
【成文时间】 1936-09-06—1937-02-03
【收藏单位】 武威市档案馆
【涉及地域】 武威县
【关 键 词】 赎地
【内容提要】
如题。

【叙录编号】 1197
【档案题名】
王廷房田地案
【发文单位】 武威地方法院
【收文单位】 武威地方法院
【档案编号】 043-009-655-001
【成文时间】 1934-04-30—1935-10-26
【收藏单位】 武威市档案馆
【涉及地域】 武威县
【关 键 词】 田地
【内容提要】
如题。

【叙录编号】 1198
【档案题名】
杨振芳赎地案
【发文单位】 武威地方法院
【收文单位】 武威地方法院
【档案编号】 043-009-661-002

【成文时间】 1934-07-21
【收藏单位】 武威市档案馆
【涉及地域】 武威县
【关 键 词】 赎地
【内容提要】
如题。

【叙录编号】 1199
【档案题名】
袁禧赎地案
【发文单位】 武威地方法院
【收文单位】 武威地方法院
【档案编号】 043-009-675-003
【成文时间】 1934-10-31—1934-12-25
【收藏单位】 武威市档案馆
【涉及地域】 武威县
【关 键 词】 赎地
【内容提要】
如题。

【叙录编号】 1200
【档案题名】
杨开生田地案
【发文单位】 武威地方法院
【收文单位】 武威地方法院
【档案编号】 043-009-676-002
【成文时间】 1934-11-07—1934-12-02
【收藏单位】 武威市档案馆
【涉及地域】 武威县
【关 键 词】 田地
【内容提要】
如题。

【叙录编号】 1201
【档案题名】
龚奎元赎地案
【发文单位】 武威地方法院
【收文单位】 武威地方法院
【档案编号】 043-009-685-002
【成文时间】 1934-04-23
【收藏单位】 武威市档案馆
【涉及地域】 武威县
【关 键 词】 赎地
【内容提要】
如题。

【叙录编号】 1202
【档案题名】
张锥国赎地案
【发文单位】 武威地方法院
【收文单位】 武威地方法院
【档案编号】 043-009-686-002
【成文时间】 1934-03-19—1934-03-26
【收藏单位】 武威市档案馆
【涉及地域】 武威县
【关 键 词】 赎地
【内容提要】
如题。

【叙录编号】 1203
【档案题名】
孔高山赎地案
【发文单位】 武威地方法院
【收文单位】 武威地方法院
【档案编号】 043-009-694-002
【成文时间】 1935-11-21—1938-02-24
【收藏单位】 武威市档案馆
【涉及地域】 武威县
【关 键 词】 赎地
【内容提要】
如题。

【叙录编号】 1204
【档案题名】
王国保返还田地案
【发文单位】 武威地方法院
【收文单位】 武威地方法院
【档案编号】 043-009-702-002
【成文时间】 1935-10-24—1937-10-08
【收藏单位】 武威市档案馆
【涉及地域】 武威县
【关 键 词】 返还田地
【内容提要】
如题。

【叙录编号】 1205
【档案题名】
杨积年赎地案
【发文单位】 武威地方法院
【收文单位】 武威地方法院
【档案编号】 043-009-707-001
【成文时间】 1935-02-12—1935-03-13
【收藏单位】 武威市档案馆
【涉及地域】 武威县
【关 键 词】 赎地
【内容提要】
如题。

【叙录编号】 1206
【档案题名】
董兴国赎地案
【发文单位】 武威地方法院
【收文单位】 武威地方法院
【档案编号】 043-009-715-001
【成文时间】 1935-03-28—1937-08-23
【收藏单位】 武威市档案馆
【涉及地域】 武威县
【关 键 词】 赎地
【内容提要】
如题。

【叙录编号】 1207
【档案题名】
李鹤年赎地案
【发文单位】 武威地方法院
【收文单位】 武威地方法院
【档案编号】 043-009-716-003
【成文时间】 1935-02-20—1935-08-26
【收藏单位】 武威市档案馆
【涉及地域】 武威县
【关 键 词】 赎地
【内容提要】
如题。

【叙录编号】 1208
【档案题名】
张应寿田地案
【发文单位】 武威地方法院
【收文单位】 武威地方法院
【档案编号】 043-009-717-002
【成文时间】 1935-06-21—1935-08-23
【收藏单位】 武威市档案馆
【涉及地域】 武威县
【关 键 词】 田地
【内容提要】
如题。

【叙录编号】 1209
【档案题名】
龚殿有赎地案
【发文单位】 武威地方法院
【收文单位】 武威地方法院
【档案编号】 043-009-718-003
【成文时间】 1935-01-15—1937-04-31
【收藏单位】 武威市档案馆

【涉及地域】 武威县
【关 键 词】 赎地
【内容提要】
如题。

【叙录编号】 1210
【档案题名】
任希成确认土地所有权案；金生荣确认土地所有权及赎地案
【发文单位】 武威地方法院
【收文单位】 武威地方法院
【档案编号】 043-009-722-002
【成文时间】 1938-01-07—1938-02-25
【收藏单位】 武威市档案馆
【涉及地域】 武威县
【关 键 词】 土地所有权；赎地
【内容提要】
如题。

【叙录编号】 1211
【档案题名】
张天氏土地案；李天十土地案；吴绍基卖地案
【发文单位】 武威地方法院
【收文单位】 武威地方法院
【档案编号】 043-009-736-001
【成文时间】 不详
【收藏单位】 武威市档案馆
【涉及地域】 武威县
【关 键 词】 土地；卖地
【内容提要】
如题。

【叙录编号】 1212
【档案题名】
张克勤田地案；林多元确认地基案
【发文单位】 武威地方法院
【收文单位】 武威地方法院
【档案编号】 043-009-749-001
【成文时间】 1935-10-11—1935-12-03
【收藏单位】 武威市档案馆
【涉及地域】 武威县
【关 键 词】 田地；确认地基
【内容提要】
如题。

【叙录编号】 1213
【档案题名】
吴万福确认地界案
【发文单位】 武威地方法院
【收文单位】 武威地方法院
【档案编号】 043-009-752-001
【成文时间】 1935-04-12—1935-05-21
【收藏单位】 武威市档案馆
【涉及地域】 武威县
【关 键 词】 确认地界
【内容提要】
如题。

【叙录编号】 1214
【档案题名】
齐子生田地案；苳生祥赎地案；尹德才田地案
【发文单位】 武威地方法院
【收文单位】 武威地方法院
【档案编号】 043-009-755
【成文时间】 1935-04-15—1935-07-29
【收藏单位】 武威市档案馆
【涉及地域】 武威县
【关 键 词】 田地
【内容提要】
如题。

【叙录编号】 1215
【档案题名】
黄寿年田地案
【发文单位】 武威地方法院
【收文单位】 武威地方法院
【档案编号】 043-009-756-001
【成文时间】 1935-07-08—1935-10-15
【收藏单位】 武威市档案馆
【涉及地域】 武威县
【关 键 词】 田地
【内容提要】
如题。

【叙录编号】 1216
【档案题名】
张泰元田地案
【发文单位】 武威地方法院
【收文单位】 武威地方法院
【档案编号】 043-009-766-001
【成文时间】 1936-04-05—1936-04-15
【收藏单位】 武威市档案馆
【涉及地域】 武威县
【关 键 词】 田地
【内容提要】
如题。

【叙录编号】 1217
【档案题名】
周成德回赎地案
【发文单位】 武威地方法院
【收文单位】 武威地方法院
【档案编号】 043-009-775-001
【成文时间】 1936-12-21—1936-12-26
【收藏单位】 武威市档案馆
【涉及地域】 武威县
【关 键 词】 赎地
【内容提要】
如题。

【叙录编号】 1218
【档案题名】
张得隆赎地执行案
【发文单位】 武威地方法院
【收文单位】 武威地方法院
【档案编号】 043-009-779-001
【成文时间】 1934-01-18—1936-01-18
【收藏单位】 武威市档案馆
【涉及地域】 武威县
【关 键 词】 赎地
【内容提要】
如题。

【叙录编号】 1219
【档案题名】
李宗高赎地案
【发文单位】 武威地方法院
【收文单位】 武威地方法院
【档案编号】 043-009-780-001
【成文时间】 1933-01-17—1935-07-30
【收藏单位】 武威市档案馆
【涉及地域】 武威县
【关 键 词】 赎地
【内容提要】
如题。

【叙录编号】 1220
【档案题名】
张万德赎地案
【发文单位】 武威地方法院
【收文单位】 武威地方法院
【档案编号】 043-009-785-002
【成文时间】 1934-05-15—1938-01-29
【收藏单位】 武威市档案馆

【涉及地域】 武威县
【关 键 词】 赎地
【内容提要】
　　如题。

【叙录编号】 1221
【档案题名】
　　郭廷苓交换田地案
【发文单位】 武威地方法院
【收文单位】 武威地方法院
【档案编号】 043-010-010-003
【成文时间】 1936-07-09—1936-09-02
【收藏单位】 武威市档案馆
【涉及地域】 武威县
【关 键 词】 换地
【内容提要】
　　如题。

【叙录编号】 1222
【档案题名】
　　雷祥日赎地案
【发文单位】 武威地方法院
【收文单位】 武威地方法院
【档案编号】 043-010-018-003
【成文时间】 1936-04-05—1936-10-29
【收藏单位】 武威市档案馆
【涉及地域】 武威县
【关 键 词】 赎地
【内容提要】
　　如题。

【叙录编号】 1223
【档案题名】
　　李国良返还田地案
【发文单位】 武威地方法院
【收文单位】 武威地方法院
【档案编号】 043-010-021-002
【成文时间】 1938-02-14—1938-04-05
【收藏单位】 武威市档案馆
【涉及地域】 武威县
【关 键 词】 还地
【内容提要】
　　如题。

【叙录编号】 1224
【档案题名】
　　赵全堂赎地案；张奎生赎地案
【发文单位】 武威地方法院
【收文单位】 武威地方法院
【档案编号】
　　043-010-026-001；043-010-026-002
【成文时间】 1932-03-24—1937-04-21
【收藏单位】 武威市档案馆
【涉及地域】 武威县
【关 键 词】 赎地
【内容提要】
　　如题。

【叙录编号】 1225
【档案题名】
　　赵功学返还田地案
【发文单位】 武威地方法院
【收文单位】 武威地方法院
【档案编号】 043-010 -032-002
【成文时间】 不详
【收藏单位】 武威市档案馆
【涉及地域】 武威县
【关 键 词】 还地
【内容提要】
　　如题。

【叙录编号】 1226
【档案题名】
　　高其财赎地案

【发文单位】 武威地方法院
【收文单位】 武威地方法院
【档案编号】 043-010-038-001
【成文时间】 1935-02-25—1935-04-13
【收藏单位】 武威市档案馆
【涉及地域】 武威县
【关 键 词】 赎地
【内容提要】
　　如题。

【叙录编号】 1227
【档案题名】
　　张得明返还租地案
【发文单位】 武威地方法院
【收文单位】 武威地方法院
【档案编号】 043-010-040-001
【成文时间】 1935-10-29—1935-12-05
【收藏单位】 武威市档案馆
【涉及地域】 武威县
【关 键 词】 租地
【内容提要】
　　如题。

【叙录编号】 1228
【档案题名】
　　赵海赎地案
【发文单位】 武威地方法院
【收文单位】 武威地方法院
【档案编号】 043-010-042-002
【成文时间】 1937-04-07—1937-04-21
【收藏单位】 武威市档案馆
【涉及地域】 武威县
【关 键 词】 赎地
【内容提要】
　　如题。

【叙录编号】 1229
【档案题名】
　　胡殿隆田地案
【发文单位】 武威地方法院
【收文单位】 武威地方法院
【档案编号】 043-010-045-003
【成文时间】 1933-06-13—1934-06-22
【收藏单位】 武威市档案馆
【涉及地域】 武威县
【关 键 词】 田地
【内容提要】
　　如题。

【叙录编号】 1230
【档案题名】
　　周民遗确地基案
【发文单位】 武威地方法院
【收文单位】 武威地方法院
【档案编号】 043-010-047-001
【成文时间】 1935
【收藏单位】 武威市档案馆
【涉及地域】 武威县
【关 键 词】 地基
【内容提要】
　　如题。

【叙录编号】 1231
【档案题名】
　　孔仁返还典地案
【发文单位】 武威地方法院
【收文单位】 武威地方法院
【档案编号】 043-010-048-002
【成文时间】 1934-02-09—1935-07-08
【收藏单位】 武威市档案馆
【涉及地域】 武威县
【关 键 词】 典地

【内容提要】
如题。

【叙录编号】 1232
【档案题名】
郝宪文赎地案
【发文单位】 武威地方法院
【收文单位】 武威地方法院
【档案编号】 043-010-049-001
【成文时间】 1934-12-06—1935-11-07
【收藏单位】 武威市档案馆
【涉及地域】 武威县
【关 键 词】 赎地
【内容提要】
如题。

【叙录编号】 1233
【档案题名】
朱发赎地案
【发文单位】 武威地方法院
【收文单位】 武威地方法院
【档案编号】 043-010-052-001
【成文时间】 1935-10-19
【收藏单位】 武威市档案馆
【涉及地域】 武威县
【关 键 词】 赎地
【内容提要】
如题。

【叙录编号】 1234
【档案题名】
闫庭兰赎地案
【发文单位】 武威地方法院
【收文单位】 武威地方法院
【档案编号】 043-010-053-002
【成文时间】 1935—1936
【收藏单位】 武威市档案馆
【涉及地域】 武威县
【关 键 词】 赎地
【内容提要】
如题。

【叙录编号】 1235
【档案题名】
黄寿羊返还田地案
【发文单位】 武威地方法院
【收文单位】 武威地方法院
【档案编号】 043-010-055-002
【成文时间】 1935-06-15—1935-08-08
【收藏单位】 武威市档案馆
【涉及地域】 武威县
【关 键 词】 还地
【内容提要】
如题。

【叙录编号】 1236
【档案题名】
戚得元回赎典地案
【发文单位】 武威地方法院
【收文单位】 武威地方法院
【档案编号】 043-010-059-001
【成文时间】 1937-01-23—1937-02-05
【收藏单位】 武威市档案馆
【涉及地域】 武威县
【关 键 词】 典地
【内容提要】
如题。

【叙录编号】 1237
【档案题名】
王训文确认土地所有权案
【发文单位】 武威地方法院
【收文单位】 武威地方法院
【档案编号】 043-010-064-002

【成文时间】 不详
【收藏单位】 武威市档案馆
【涉及地域】 武威县
【关 键 词】 土地所有权
【内容提要】
如题。

【叙录编号】 1238
【档案题名】
胡生伟赎地案
【发文单位】 武威地方法院
【收文单位】 武威地方法院
【档案编号】 043-010-068-001
【成文时间】 1936-01-07—1936-05-24
【收藏单位】 武威市档案馆
【涉及地域】 武威县
【关 键 词】 赎地
【内容提要】
如题。

【叙录编号】 1239
【档案题名】
赵喜生回地案；李慎成赎地案
【发文单位】 武威地方法院
【收文单位】 武威地方法院
【档案编号】
043-010-070-001；043-010-070-003
【成文时间】 1933-04-03—1934-01-30
【收藏单位】 武威市档案馆
【涉及地域】 武威县
【关 键 词】 赎地
【内容提要】
如题。

【叙录编号】 1240
【档案题名】
高永中赎地案
【发文单位】 武威地方法院
【收文单位】 武威地方法院
【档案编号】 043-010-078-002
【成文时间】 1934-07-31—1937-08-21
【收藏单位】 武威市档案馆
【涉及地域】 武威县
【关 键 词】 赎地
【内容提要】
如题。

【叙录编号】 1241
【档案题名】
李恒赎地案
【发文单位】 武威地方法院
【收文单位】 武威地方法院
【档案编号】 043-010-083-003
【成文时间】 1932-01-14—1936-05-14
【收藏单位】 武威市档案馆
【涉及地域】 武威县
【关 键 词】 赎地
【内容提要】
如题。

【叙录编号】 1242
【档案题名】
李登云赎地案
【发文单位】 武威地方法院
【收文单位】 武威地方法院
【档案编号】 043-010-092-001
【成文时间】 1937-01-23—1937-07-19
【收藏单位】 武威市档案馆
【涉及地域】 武威县
【关 键 词】 赎地
【内容提要】
如题。

【叙录编号】 1243
【档案题名】
吴泽章田地执行案
【发文单位】 武威地方法院
【收文单位】 武威地方法院
【档案编号】 043-010-100-002
【成文时间】 1936-05-26—1937-09-25
【收藏单位】 武威市档案馆
【涉及地域】 武威县
【关 键 词】 田地
【内容提要】
如题。

【叙录编号】 1244
【档案题名】
徐守林赎地案
【发文单位】 武威地方法院
【收文单位】 武威地方法院
【档案编号】 043-010-102-001
【成文时间】 1935-01-26—1937-03-06
【收藏单位】 武威市档案馆
【涉及地域】 武威县
【关 键 词】 赎地
【内容提要】
如题。

【叙录编号】 1245
【档案题名】
杨崇苓赎地案；马殿禄返还田地案
【发文单位】 武威地方法院
【收文单位】 武威地方法院
【档案编号】
043-010-109-001；043-010-109-002
【成文时间】 1935-11-13—1937-07-31
【收藏单位】 武威市档案馆
【涉及地域】 武威县
【关 键 词】 赎地；还地
【内容提要】
如题。

【叙录编号】 1246
【档案题名】
刘铠确认地基所有权案
【发文单位】 武威地方法院
【收文单位】 武威地方法院
【档案编号】 043-010-112-003
【成文时间】 1935-08-06—1936-08-06
【收藏单位】 武威市档案馆
【涉及地域】 武威县
【关 键 词】 地基
【内容提要】
如题。

【叙录编号】 1247
【档案题名】
孙王氏回赎典房即祈增给典价案；何延福赎地案
【发文单位】 武威地方法院
【收文单位】 武威地方法院
【档案编号】
043-010-114-001；043-010-114-003
【成文时间】 1937-02-19—1937-04-16
【收藏单位】 武威市档案馆
【涉及地域】 武威县
【关 键 词】 赎地
【内容提要】
如题。

【叙录编号】 1248
【档案题名】
孙子钧赎地案；李作堂赎地案
【发文单位】 武威地方法院
【收文单位】 武威地方法院

【档案编号】
043-010-140-001；043-010-140-002
【成文时间】　不详
【收藏单位】　武威市档案馆
【涉及地域】　武威县
【关 键 词】　赎地
【内容提要】
如题。

【叙录编号】　1249
【档案题名】
马忠贤确认地权上诉案
【发文单位】　武威地方法院
【收文单位】　武威地方法院
【档案编号】　043-010-141-001
【成文时间】　1937-09-02—1938-04-04
【收藏单位】　武威市档案馆
【涉及地域】　武威县
【关 键 词】　地权
【内容提要】
如题。

【叙录编号】　1250
【档案题名】
徐俭赎地案
【发文单位】　武威地方法院
【收文单位】　武威地方法院
【档案编号】　043-010-146-001
【成文时间】　1934-12-29—1935-02-20
【收藏单位】　武威市档案馆
【涉及地域】　武威县
【关 键 词】　赎地
【内容提要】
如题。

【叙录编号】　1251
【档案题名】
杨玉文赎地案；丁克隆返还典地及租粮案
【发文单位】　武威地方法院
【收文单位】　武威地方法院
【档案编号】
043-010-147-002；043-010-147-004
【成文时间】　1935-06-18—1936-02-24
【收藏单位】　武威市档案馆
【涉及地域】　武威县
【关 键 词】　赎地；典地
【内容提要】
如题。

【叙录编号】　1252
【档案题名】
刘殿汉赎地案；徐灏元田地案
【发文单位】　武威地方法院
【收文单位】　武威地方法院
【档案编号】
043-010-150-001；043-010-150-003
【成文时间】　1933-02-04—1935-05-02
【收藏单位】　武威市档案馆
【涉及地域】　武威县
【关 键 词】　赎地；田地
【内容提要】
如题。

【叙录编号】　1253
【档案题名】
陈玉氏赎地案；董存基返还田地案
【发文单位】　武威地方法院
【收文单位】　武威地方法院
【档案编号】
043-010-164-001；043-010-164-002
【成文时间】　1935-04-08—1939-04-16
【收藏单位】　武威市档案馆

【涉及地域】 武威县
【关 键 词】 赎地；还地
【内容提要】
如题。

【叙录编号】 1254
【档案题名】
滕文祯赎地案；郭生福赎地案
【发文单位】 武威地方法院
【收文单位】 武威地方法院
【档案编号】
043-010-165-001；043-010-165-002
【成文时间】 1935-03-02—1935-03-23
【收藏单位】 武威市档案馆
【涉及地域】 武威县
【关 键 词】 赎地
【内容提要】
如题。

【叙录编号】 1255
【档案题名】
许桐赎地案；杨金节赎地案
【发文单位】 武威地方法院
【收文单位】 武威地方法院
【档案编号】
043-010-167-001；043-010-167-002
【成文时间】 1935-03-25—1935-03-27
【收藏单位】 武威市档案馆
【涉及地域】 武威县
【关 键 词】 赎地
【内容提要】
如题。

【叙录编号】 1256
【档案题名】
李共昌赎地及租粮案；张国庆返还土地案
【发文单位】 武威地方法院
【收文单位】 武威地方法院
【档案编号】
043-010-169-001；043-010-169-002
【成文时间】 1935-04-03—1935-08-08
【收藏单位】 武威市档案馆
【涉及地域】 武威县
【关 键 词】 赎地；还地
【内容提要】
如题。

【叙录编号】 1257
【档案题名】
赵学璞赎地案
【发文单位】 武威地方法院
【收文单位】 武威地方法院
【档案编号】 043-010-172-001
【成文时间】 1935-04-20—1935-07-06
【收藏单位】 武威市档案馆
【涉及地域】 武威县
【关 键 词】 赎地
【内容提要】
如题。

【叙录编号】 1258
【档案题名】
李存赎地案
【发文单位】 武威地方法院
【收文单位】 武威地方法院
【档案编号】 043-010-181-002
【成文时间】 1936-04-04—1937-04-04
【收藏单位】 武威市档案馆
【涉及地域】 武威县
【关 键 词】 赎地
【内容提要】
如题。

【叙录编号】 1259
【档案题名】
汪宗魁返还土地案
【发文单位】 武威地方法院
【收文单位】 武威地方法院
【档案编号】 043-010-182-003
【成文时间】 1935-03-10—1937-08-09
【收藏单位】 武威市档案馆
【涉及地域】 武威县
【关 键 词】 土地
【内容提要】
如题。

【叙录编号】 1260
【档案题名】
李兴财土地案；高万租赎地案；马玉生返还土地案
【发文单位】 武威地方法院
【收文单位】 武威地方法院
【档案编号】
043-010-184-001；043-010-184-002；043-010-184-003
【成文时间】 1935-02-26—1935-06-20
【收藏单位】 武威市档案馆
【涉及地域】 武威县
【关 键 词】 土地
【内容提要】
如题。

【叙录编号】 1261
【档案题名】
谢玉成租地案
【发文单位】 武威地方法院
【收文单位】 武威地方法院
【档案编号】 043-010-185-001
【成文时间】 1936-05-15
【收藏单位】 武威市档案馆
【涉及地域】 武威县
【关 键 词】 租地
【内容提要】
如题。

【叙录编号】 1262
【档案题名】
徐玉德排除侵害□□休地案
【发文单位】 武威地方法院
【收文单位】 武威地方法院
【档案编号】 043-010-189-002
【成文时间】 1936-03-22—1936-05-03
【收藏单位】 武威市档案馆
【涉及地域】 武威县
【关 键 词】 土地
【内容提要】
如题。

【叙录编号】 1263
【档案题名】
苏盛德赎地案
【发文单位】 武威地方法院
【收文单位】 武威地方法院
【档案编号】 043-010-216-001
【成文时间】 1936-03-28—1936-07-21
【收藏单位】 武威市档案馆
【涉及地域】 武威县
【关 键 词】 赎地
【内容提要】
如题。

【叙录编号】 1264
【档案题名】
翟伟武返还田地案
【发文单位】 武威地方法院
【收文单位】 武威地方法院
【档案编号】 043-010-220-001

【成文时间】 1936-04-05—1938-05-21
【收藏单位】 武威市档案馆
【涉及地域】 武威县
【关 键 词】 田地
【内容提要】
如题。

【叙录编号】 1265
【档案题名】
张文山确认□地案
【发文单位】 武威地方法院
【收文单位】 武威地方法院
【档案编号】 043-010-222-002
【成文时间】 1933-05-26—1938-04-05
【收藏单位】 武威市档案馆
【涉及地域】 武威县
【关 键 词】 田地
【内容提要】
如题。

【叙录编号】 1266
【档案题名】
龚科无返还田地案
【发文单位】 武威地方法院
【收文单位】 武威地方法院
【档案编号】 043-010-223-002
【成文时间】 1935-04-20—1936-12-18
【收藏单位】 武威市档案馆
【涉及地域】 武威县
【关 键 词】 还地
【内容提要】
如题。

【叙录编号】 1267
【档案题名】
徐殿汉赎地案
【发文单位】 武威地方法院
【收文单位】 武威地方法院
【档案编号】 043-010-233-002
【成文时间】 1935-03-23—1936-06-19
【收藏单位】 武威市档案馆
【涉及地域】 武威县
【关 键 词】 赎地
【内容提要】
如题。

【叙录编号】 1268
【档案题名】
苏生武田地案
【发文单位】 武威地方法院
【收文单位】 武威地方法院
【档案编号】 043-010-241-001
【成文时间】 1935-04-08—1935-04-17
【收藏单位】 武威市档案馆
【涉及地域】 武威县
【关 键 词】 田地
【内容提要】
如题。

【叙录编号】 1269
【档案题名】
张维傑返还田地案；吴泽选返还租地案
【发文单位】 武威地方法院
【收文单位】 武威地方法院
【档案编号】
043-010-251-001；043-010-251-002
【成文时间】 1936-03-27—1936-06-23
【收藏单位】 武威市档案馆
【涉及地域】 武威县
【关 键 词】 还地
【内容提要】
如题。

【叙录编号】 1270
【档案题名】
张进德赎地案
【发文单位】 武威地方法院
【收文单位】 武威地方法院
【档案编号】 043-010-252-002
【成文时间】 1936-11-29—1937-07-01
【收藏单位】 武威市档案馆
【涉及地域】 武威县
【关 键 词】 赎地
【内容提要】
如题。

【叙录编号】 1271
【档案题名】
张荣赎地案
【发文单位】 武威地方法院
【收文单位】 武威地方法院
【档案编号】 043-010-255-003
【成文时间】 1932-07-05—1935-09-27
【收藏单位】 武威市档案馆
【涉及地域】 武威县
【关 键 词】 赎地
【内容提要】
如题。

【叙录编号】 1272
【档案题名】
韩兆禄赎地案；胡泰赎地案
【发文单位】 武威地方法院
【收文单位】 武威地方法院
【档案编号】
043-010-256-001；043-010-256-002
【成文时间】 1935-02-28—1935-10-30
【收藏单位】 武威市档案馆
【涉及地域】 武威县
【关 键 词】 赎地
【内容提要】
如题。

【叙录编号】 1273
【档案题名】
丁克禄赎地及租粮案
【发文单位】 武威地方法院
【收文单位】 武威地方法院
【档案编号】 043-010-257-002
【成文时间】 1935-02-23—1937-09-01
【收藏单位】 武威市档案馆
【涉及地域】 武威县
【关 键 词】 赎地
【内容提要】
如题。

【叙录编号】 1274
【档案题名】
苏好得赎地案
【发文单位】 武威地方法院
【收文单位】 武威地方法院
【档案编号】 043-010-274-003
【成文时间】 1936-05-05—1936-07-19
【收藏单位】 武威市档案馆
【涉及地域】 武威县
【关 键 词】 赎地
【内容提要】
如题。

【叙录编号】 1275
【档案题名】
郭得忠赎地案
【发文单位】 武威地方法院
【收文单位】 武威地方法院
【档案编号】 043-010-275-002
【成文时间】 1937-08-04—1937-08-30
【收藏单位】 武威市档案馆

【涉及地域】 武威县
【关 键 词】 赎地
【内容提要】
如题。

【叙录编号】 1276
【档案题名】
杨廷章赎地案
【发文单位】 武威地方法院
【收文单位】 武威地方法院
【档案编号】 043-010-277-004
【成文时间】 1935-09-16—1937-08-06
【收藏单位】 武威市档案馆
【涉及地域】 武威县
【关 键 词】 赎地
【内容提要】
如题。

【叙录编号】 1277
【档案题名】
段文远返还苗地案
【发文单位】 武威地方法院
【收文单位】 武威地方法院
【档案编号】 043-010-278-003
【成文时间】 1933-10-30—1937-07-16
【收藏单位】 武威市档案馆
【涉及地域】 武威县
【关 键 词】 还地
【内容提要】
如题。

【叙录编号】 1278
【档案题名】
杜万安确认土地所有权案；赵成庆返还田地案
【发文单位】 武威地方法院
【收文单位】 武威地方法院
【档案编号】
043-010-287-002；043-010-287-003
【成文时间】 1936-07-18—1936-12-23
【收藏单位】 武威市档案馆
【涉及地域】 武威县
【关 键 词】 土地所有权；田地
【内容提要】
如题。

【叙录编号】 1279
【档案题名】
卢文贞确认土地所有权及排除侵害案
【发文单位】 武威地方法院
【收文单位】 武威地方法院
【档案编号】 043-010-295-003
【成文时间】 1938-01-28—1938-09-17
【收藏单位】 武威市档案馆
【涉及地域】 武威县
【关 键 词】 土地所有权
【内容提要】
如题。

【叙录编号】 1280
【档案题名】
陈大德确认田地所有权利案；王镜赎地案
【发文单位】 武威地方法院
【收文单位】 武威地方法院
【档案编号】
043-010-301-001；043-010-301-003
【成文时间】 1935-01-24—1935-06-06
【收藏单位】 武威市档案馆
【涉及地域】 武威县
【关 键 词】 地权；赎地
【内容提要】
如题。

【叙录编号】 1281
【档案题名】
　　张金瑞赎地案
【发文单位】 武威地方法院
【收文单位】 武威地方法院
【档案编号】 043-010-304-002
【成文时间】 1937-10-22—1937-12-17
【收藏单位】 武威市档案馆
【涉及地域】 武威县
【关 键 词】 赎地
【内容提要】
　　如题。

【叙录编号】 1282
【档案题名】
　　袁占泉地价上诉案
【发文单位】 武威地方法院
【收文单位】 武威地方法院
【档案编号】 043-010-315-002
【成文时间】 1933-04-26—1936-05-19
【收藏单位】 武威市档案馆
【涉及地域】 武威县
【关 键 词】 地价
【内容提要】
　　如题。

【叙录编号】 1283
【档案题名】
　　侯永年确认土地契约无效案
【发文单位】 武威地方法院
【收文单位】 武威地方法院
【档案编号】 043-010-316-002
【成文时间】 1933-07-03—1936-04-10
【收藏单位】 武威市档案馆
【涉及地域】 武威县
【关 键 词】 土地
【内容提要】
　　如题。

【叙录编号】 1284
【档案题名】
　　桑玉庆田地案
【发文单位】 武威地方法院
【收文单位】 武威地方法院
【档案编号】 043-010-326-002
【成文时间】 1935-03-27—1936-05-03
【收藏单位】 武威市档案馆
【涉及地域】 武威县
【关 键 词】 田地
【内容提要】
　　如题。

【叙录编号】 1285
【档案题名】
　　吴成返还田地案
【发文单位】 武威地方法院
【收文单位】 武威地方法院
【档案编号】 043-010-328-001
【成文时间】 1934-12-05—1936-02-20
【收藏单位】 武威市档案馆
【涉及地域】 武威县
【关 键 词】 田地
【内容提要】
　　如题。

【叙录编号】 1286
【档案题名】
　　邵怀德交休田地案；张福赎地案
【发文单位】 武威地方法院
【收文单位】 武威地方法院
【档案编号】
　　043-010-329-001；043-010-329-002
【成文时间】 1936-01-21—1936-02-04

【收藏单位】 武威市档案馆
【涉及地域】 武威县
【关 键 词】 赎地；田地
【内容提要】
如题。

【叙录编号】 1287
【档案题名】
李国生赎地案
【发文单位】 武威地方法院
【收文单位】 武威地方法院
【档案编号】 043-010-363-001
【成文时间】 1935-01-30—1937-07-27
【收藏单位】 武威市档案馆
【涉及地域】 武威县
【关 键 词】 赎地
【内容提要】
如题。

【叙录编号】 1288
【档案题名】
郑子堂赎地案
【发文单位】 武威地方法院
【收文单位】 武威地方法院
【档案编号】 043-010-368-001
【成文时间】 1935-03-14—1935-06-24
【收藏单位】 武威市档案馆
【涉及地域】 武威县
【关 键 词】 赎地
【内容提要】
如题。

【叙录编号】 1289
【档案题名】
丁大元田地案
【发文单位】 武威地方法院
【收文单位】 武威地方法院
【档案编号】 043-010-369-002
【成文时间】 1935-07-23—1936-06-21
【收藏单位】 武威市档案馆
【涉及地域】 武威县
【关 键 词】 田地
【内容提要】
如题。

【叙录编号】 1290
【档案题名】
赵恒赎地案
【发文单位】 武威地方法院
【收文单位】 武威地方法院
【档案编号】 043-010-379-002
【成文时间】 1935-01-30—1935-11-27
【收藏单位】 武威市档案馆
【涉及地域】 武威县
【关 键 词】 赎地
【内容提要】
如题。

【叙录编号】 1291
【档案题名】
杨廷章赎地案
【发文单位】 武威地方法院
【收文单位】 武威地方法院
【档案编号】 043-010-383-002
【成文时间】 1937-05-17—1937-10-26
【收藏单位】 武威市档案馆
【涉及地域】 武威县
【关 键 词】 赎地
【内容提要】
如题。

【叙录编号】 1292
【档案题名】
李慎□赎地及租粮案

【发文单位】　武威地方法院
【收文单位】　武威地方法院
【档案编号】　043-010-384-002
【成文时间】　1935-03-30—1935-09-04
【收藏单位】　武威市档案馆
【涉及地域】　武威县
【关 键 词】　赎地
【内容提要】
　　如题。

【叙录编号】　1293
【档案题名】
　　侯壮国等赎地案
【发文单位】　武威地方法院
【收文单位】　武威地方法院
【档案编号】　043-010-385-002
【成文时间】　1935-03-02—1937-12-28
【收藏单位】　武威市档案馆
【涉及地域】　武威县
【关 键 词】　赎地
【内容提要】
　　如题。

【叙录编号】　1294
【档案题名】
　　张三元赎地案；周廷□赎地案；丁克昌赎地案
【发文单位】　武威地方法院
【收文单位】　武威地方法院
【档案编号】
　　043-010-390-001；043-010-390-002；043-010-390-003
【成文时间】　1935-01-18—1935-11-21
【收藏单位】　武威市档案馆
【涉及地域】　武威县
【关 键 词】　赎地
【内容提要】
　　如题。

【叙录编号】　1295
【档案题名】
　　高尔福田地及租粮案
【发文单位】　武威地方法院
【收文单位】　武威地方法院
【档案编号】　043-010-393-001
【成文时间】　1935-07-02—1935-08-04
【收藏单位】　武威市档案馆
【涉及地域】　武威县
【关 键 词】　田地
【内容提要】
　　如题。

【叙录编号】　1296
【档案题名】
　　王志赎地案
【发文单位】　武威地方法院
【收文单位】　武威地方法院
【档案编号】　043-010-394-001
【成文时间】　1935-02-21—1937-10-28
【收藏单位】　武威市档案馆
【涉及地域】　武威县
【关 键 词】　赎地
【内容提要】
　　如题。

【叙录编号】　1297
【档案题名】
　　李力发赎地案
【发文单位】　武威地方法院
【收文单位】　武威地方法院
【档案编号】　043-010-396-003
【成文时间】　1935-12-30—1937-04-20
【收藏单位】　武威市档案馆

【涉及地域】 武威县
【关 键 词】 赎地
【内容提要】
如题。

【叙录编号】 1298
【档案题名】
□□典房价、租田地□□□的合同文约
【发文单位】 武威地方法院
【收文单位】 武威地方法院
【档案编号】 043-011-002
【成文时间】 不详
【收藏单位】 武威市档案馆
【涉及地域】 武威县
【关 键 词】 典地
【内容提要】
如题。

【叙录编号】 1299
【档案题名】
关于分典田地租种、房屋价的契约、合同
【发文单位】 武威地方法院
【收文单位】 武威地方法院
【档案编号】 043-011-003
【成文时间】 不详
【收藏单位】 武威市档案馆
【涉及地域】 武威县
【关 键 词】 典地
【内容提要】
如题。

【叙录编号】 1300
【档案题名】
分产业、遗言、杜买房屋、借纹银、租种泉水田地地价的文约
【发文单位】 武威地方法院
【收文单位】 武威地方法院
【档案编号】 043-011-004
【成文时间】 不详
【收藏单位】 武威市档案馆
【涉及地域】 武威县
【关 键 词】 买地
【内容提要】
如题。

【叙录编号】 1301
【档案题名】
□□杜买田地□□助银两的文契合同
【发文单位】 武威地方法院
【收文单位】 武威地方法院
【档案编号】 043-011-005
【成文时间】 1915
【收藏单位】 武威市档案馆
【涉及地域】 武威县
【关 键 词】 买地
【内容提要】
如题。

【叙录编号】 1302
【档案题名】
立借纹银、典房、租种、田地水利、命令扒厂、地价的文契约
【发文单位】 武威地方法院
【收文单位】 武威地方法院
【档案编号】 043-011-007
【成文时间】 1916—1920
【收藏单位】 武威市档案馆
【涉及地域】 武威县
【关 键 词】 典房；田地
【内容提要】
如题。

【叙录编号】 1303
【档案题名】
立遗言、复立地价、杜买田地、水利、树林、收租、房屋的文契
【发文单位】 武威地方法院
【收文单位】 武威地方法院
【档案编号】 043-011-007
【成文时间】 1921—1924
【收藏单位】 武威市档案馆
【涉及地域】 武威县
【关 键 词】 买地
【内容提要】
如题。

【叙录编号】 1304
【档案题名】
立典田地、房屋、借货、任用令的文契约
【发文单位】 武威地方法院
【收文单位】 武威地方法院
【档案编号】 043-011-008
【成文时间】 1921—1924
【收藏单位】 武威市档案馆
【涉及地域】 武威县
【关 键 词】 典地
【内容提要】
如题。

【叙录编号】 1305
【档案题名】
立典田地、买卖货物的文契合同
【发文单位】 武威地方法院
【收文单位】 武威地方法院
【档案编号】 043-011-009
【成文时间】 1931—1933
【收藏单位】 武威市档案馆
【涉及地域】 武威县
【关 键 词】 典地
【内容提要】
如题。

【叙录编号】 1306
【档案题名】
立书凭铺面、分关文卷、杜买租田地的文约，毕业证，《永登旬刊》
【发文单位】 武威地方法院
【收文单位】 武威地方法院
【档案编号】 043-011-010
【成文时间】 1934—1937
【收藏单位】 武威市档案馆
【涉及地域】 武威县
【关 键 词】 买租田地
【内容提要】
如题。

三、水利纠纷与诉讼类档案

【叙录编号】 1307
【档案题名】
中国国民党甘肃省执行委员会关于民勤湖属五乡代表朱廷兰呈请解决水利纠纷致甘肃省政府的公函及甘肃省政府回函
【发文单位】 中国国民党甘肃省执行委员会

【收文单位】 甘肃省政府
【档案编号】 004-004-0067-（0014-0015）
【成文时间】 不详
【收藏单位】 甘肃省档案馆
【涉及地域】 民勤县
【关 键 词】 水利纠纷
【内容提要】

民勤湖属五乡代表朱廷兰以川属红柳墩违犯水规酿成水利纠纷请设法补救护渠干涸地亩，由张维转送郭寄峤，甘肃省政府回函称饬妥为依法解决将主使送法院依法讯办。

【叙录编号】 1308
【档案题名】

永登县政府报送民国二十二年（1933）7月份地方情况政务工作报告表致甘肃省民政厅的呈

【发文单位】 永登县政府
【收文单位】 甘肃省民政厅
【档案编号】 004-008-0212-0013
【成文时间】 1933-08
【收藏单位】 甘肃省档案馆
【涉及地域】 永登县
【关 键 词】 雹灾；侵占田地；河流湍急；修渠；水利纠纷
【内容提要】

"市面概况"下记本年雨水不缺，粮价平稳处于低落状态。"内务"下记上月一二五区所受雹灾甚重。"司法"下记县民邓承信控诉郭建元侵占田地，已过去多年，案情复杂待细查。"交通"下记令商轮民船调查表将河流湍急不能行驶及无船只各情形调表呈报。近来雨多且大，将各处汽车路冲坏，各区区长随时补修。大路堵成淖坑，不利于车行，需要随时疏通沟渠。"建设"下记7日内填报县内各区成活树木表；第四区四沟渠其中一道，轮浇不公，争端不已。第二区十三渠头人袁国杰诉许正明，阻挠水利。

【叙录编号】 1309
【档案题名】

民勤县政府关于报送本县本年（1944）3月份县长巡视报告表致甘肃省政府的呈

【发文单位】 民勤县政府
【收文单位】 甘肃省政府
【档案编号】 004-008-0470-0009
【成文时间】 1944-04-22
【收藏单位】 甘肃省档案馆
【涉及地域】 民勤县
【关 键 词】 水利纠纷；柳林湖水利
【内容提要】

主要涉及《甘肃省民勤县县长巡视报告表》，民国三十三年（1944）3月份泉山、西外、中渠、正大4乡，红沙堡、大滩、红沙梁、下外梁、西大庙、柳湖镇、红柳园等地，曾经直接予以纠正或解决的事项包括各项水利纠纷妥善解决，湖坝均水及继续召集民工修河计划；拟请甘肃省政府或中央应予以改进事项的建议包括请甘肃省政府筹拨专款办理柳林湖水利。

【叙录编号】 1310
【档案题名】

永昌县县长陈阁丞关于报送本年（1941）6月份下乡巡视报告书致甘肃省政府的呈

【发文单位】 永昌县政府
【收文单位】 甘肃省政府
【档案编号】 004-008-0500-0022
【成文时间】 1941-07-11
【收藏单位】 甘肃省档案馆
【涉及地域】 永昌县；武威县
【关 键 词】 水利案；赔水
【内容提要】

6月2日，赴武永交界之沙河会同武威县长查勘并商讨两县人民争讼水利案。3、4日往永昌三四坝监督为武威沙河坝赔水。

【叙录编号】 1311
【档案题名】
永昌县县长陈阁丞关于报送本年（1941）7月份下乡巡视报告书致甘肃省政府的呈
【发文单位】 永昌县政府
【收文单位】 甘肃省政府
【档案编号】 004-008-0500-0010
【成文时间】 1941-08-07
【收藏单位】 甘肃省档案馆
【涉及地域】 永昌县
【关 键 词】 湖地泉源讼案
【内容提要】
7月15日，至云川镇查勘上下坝及河南坝农民因湖地泉源讼案。

【叙录编号】 1312
【档案题名】
永昌县县长李兆瑞关于报送下乡巡视经过情况致甘肃省政府的呈
【发文单位】 永昌县政府
【收文单位】 甘肃省政府
【档案编号】 004-008-0500-0002
【成文时间】 1944-07-03
【收藏单位】 甘肃省档案馆
【涉及地域】 永昌县；武威县
【关 键 词】 争水
【内容提要】
巡视永安、永宁、宁远乡，“纠正或解决事项”记永安人民与武威争水，兹邀请武威绅民及本乡保甲人员将所争水利划分二渠。

【叙录编号】 1313
【档案题名】
上诉人李生元等与被诉人韩殿柱等请求确认泉源案的民事判决
【发文单位】 最高法院
【收文单位】 不详
【档案编号】 038-001-0121-0001
【成文时间】 1947-12-04
【收藏单位】 甘肃省档案馆
【涉及地域】 武威县
【关 键 词】 水利诉讼；泉源争夺
【内容提要】
1947年12月4日，武威县金羊乡七条沟李生元等人为上诉人，武威县金羊县海藏沟韩殿柱等人为被上诉人。被上诉人主张赵家庄旁的泉源为海藏沟居民所有，且有明确证据。上诉人于1946年5月两次将被上诉人所筑堤坝毁掘，因此驳回上诉人上诉，维持原有判决，泉源为被上诉人所有，上诉人不得侵害，且应赔偿被上诉人30万元。本件所谓泉源根据《水利法施行细则》第二条规定，应视为地面水。

【叙录编号】 1314
【档案题名】
转呈金羊乡海藏沟农民与七条沟水利纠纷判决呈；据转呈金羊乡海藏沟民与七条沟水利纠纷判决书案指令
【发文单位】 武威县政府；甘肃省政府
【收文单位】 甘肃省政府；武威县政府
【档案编号】 038-001-0121-（0011、0014）
【成文时间】 1948-05-05—1948-05-11
【收藏单位】 甘肃省档案馆
【涉及地域】 武威县
【关 键 词】 海藏沟；七条沟
【内容提要】
武威县金羊乡海藏沟与七条沟水利纠纷的呈和指令，如题。

【叙录编号】 1315
【档案题名】
甘肃省水利法案卷宗目录

【发文单位】 不详
【收文单位】 不详
【档案编号】 039-001-0396-0012
【成文时间】 不详
【收藏单位】 甘肃省档案馆
【涉及地域】 兰州市；庄浪县；酒泉县；永靖县；武都县；夏河县；民勤县；靖远县；红柳乡；张掖县；天水县；永靖县；临洮县；定西县
【关 键 词】 水利法案；水事纠纷；水利勘测；考察
【内容提要】
共1份文件，内容如题。

【叙录编号】 1316
【档案题名】
甘肃省财政厅、民勤县政府、兵站处、商会会长等关于抗债，诈取敦煌石宝，委任，改变籍名，古物保存，因水涉讼，指驼诈财，收支粮石、草料、木料，新陇报的定价的训令、指令、呈书、电训
【发文单位】 甘肃省财政厅；民勤县政府等
【收文单位】 民勤县政府
【档案编号】 040-012
【成文时间】 1930-02-04—1932-10-24
【收藏单位】 武威市档案馆
【涉及地域】 民勤县
【关 键 词】 因水涉讼
【内容提要】
如题。

【叙录编号】 1317
【档案题名】
甘肃省政府、武威县政府、甘肃省建设厅、甘肃省财政厅、武威县商会、武威县公安局、武威烟酒税征局关于禁商贩暗谋水利，新币图案，卷烟昌牌商标及商标独有权，奸商捣乱金融重利滚剥，出售仓粮、兑换券，中山市场民众学校，前方及捐躯将士，党、国旗悬挂，总理像铸造的训令、办法、函
【发文单位】 武威县公安局；武威烟酒税征局等
【收文单位】 民勤县政府
【档案编号】 040-013
【成文时间】 1933-08-21—1934-07-08
【收藏单位】 武威市档案馆
【涉及地域】 武威县
【关 键 词】 商贩暗谋水利
【内容提要】
如题。

【叙录编号】 1318
【档案题名】
杨金山关于违规浇水、挪用水时的诉状、呈文及民勤县政府、县长的处理意见
【发文单位】 杨金山
【收文单位】 民勤县政府
【档案编号】 040-061
【成文时间】 1941
【收藏单位】 武威市档案馆
【涉及地域】 民勤县
【关 键 词】 违规浇水；挪用水时
【内容提要】
如题。

【叙录编号】 1319
【档案题名】
第六区行政督察专员公署、民勤县政府、小坝乡渠务所、曹得位等关于逞凶打人、例卖抢夺水时、违规浇水破坏水利、阴谋暴动堵筑坝底、补修校舍等问题的呈文、批示、报告、训令、代电、记录
【发文单位】 第六区行政督察专员公署；民勤县政府；小坝乡渠务所；曹得位等

【收文单位】 民勤县政府
【档案编号】 040-124
【成文时间】 1944-07-18—1949-08-12
【收藏单位】 武威市档案馆
【涉及地域】 民勤县
【关 键 词】 抢夺水时；违规浇水；破坏水利
【内容提要】
如题。

【叙录编号】 1320
【档案题名】
关于补修河坝底坝的呈文；关于刘培诗等偷灌湖水的控诉材料等
【发文单位】 罗贵；民勤县政府等
【收文单位】 民勤县政府
【档案编号】 040-163-1；040-163-27等
【成文时间】 1944-03-18—1945-01-27
【收藏单位】 武威市档案馆
【涉及地域】 民勤县
【关 键 词】 偷灌湖水；退水闸修理
【内容提要】
如题。

【叙录编号】 1321
【档案题名】
关于退水闸漫水的报告；关于退水闸接头河堤被水冲毁的电报等
【发文单位】 民勤县政府
【收文单位】 民勤县政府
【档案编号】 040-164-1；040-164-2等
【成文时间】 1944-01-22—1944-06-06
【收藏单位】 武威市档案馆
【涉及地域】 民勤县
【关 键 词】 补修退水闸；挪用水款
【内容提要】
如题。

【叙录编号】 1322
【档案题名】
另派水首上河的训令；处理抢水案的呈文等
【发文单位】 民勤县政府；刘培诗等
【收文单位】 民勤县政府
【档案编号】 040-166-1；040-166-4等
【成文时间】 1944-11-04—1945-12-21
【收藏单位】 武威市档案馆
【涉及地域】 民勤县
【关 键 词】 抢水案；偷浇湖水
【内容提要】
如题。

【叙录编号】 1323
【档案题名】
要求票催各渠水款的呈文；抢浇湖水要求拘案的呈文等
【发文单位】 刘培汥；高如元等
【收文单位】 民勤县政府
【档案编号】 040-167-21；040-167-26等
【成文时间】 1945-02-05—1945-05-23
【收藏单位】 武威市档案馆
【涉及地域】 民勤县
【关 键 词】 抢浇湖水
【内容提要】
如题。

【叙录编号】 1324
【档案题名】
法办地痞香贺来等违犯水规的报告；关于法办香贺来违犯水规的批示等
【发文单位】 上坝渠河山岔；民勤县政府等
【收文单位】 民勤县政府
【档案编号】 040-176-11；040-176-12等
【成文时间】 1944-08-15—1945-09-10
【收藏单位】 武威市档案馆

【涉及地域】 民勤县
【关 键 词】 浇水纠纷
【内容提要】
如题。

【叙录编号】 1325
【档案题名】
王国彪依势凌民强浇要水捣乱水规的报告；迫塞坪口断绝水利诉状等
【发文单位】 小坝乡；大坝乡等
【收文单位】 民勤县政府
【档案编号】 040-183-7；040-183-8等
【成文时间】 1944-11-23—1945-08-22
【收藏单位】 武威市档案馆
【涉及地域】 民勤县
【关 键 词】 强浇乱水
【内容提要】
如题。

【叙录编号】 1326
【档案题名】
李树德挪沟倒水情形；查李树德挪沟倒水的训令；分时浇水的请求等
【发文单位】 上坝渠务所；民勤县政府；冯开国等
【收文单位】 民勤县政府
【档案编号】 040-206-1；040-206-2
【成文时间】 1945-10-30—1946-04-27
【收藏单位】 武威市档案馆
【涉及地域】 民勤县
【关 键 词】 违规浇水；决水殃民
【内容提要】
如题。

【叙录编号】 1327
【档案题名】
告赵铜章等人违犯水规；赵铜章等人违犯水规的训令；查赵铜章等人违犯水规的报告等
【发文单位】 李振威；民勤县政府；李玉文等
【收文单位】 民勤县政府
【档案编号】 040-225-1；040-225-2
【成文时间】 1946-02-25—1946-12-21
【收藏单位】 武威市档案馆
【涉及地域】 民勤县
【关 键 词】 违犯水规；强买水时
【内容提要】
如题。

【叙录编号】 1328
【档案题名】
民勤县政府、四联处、大坝、新河渠、姜子鸿等关于浇水纠葛、贪污毁林、破坏河堤、薪津、修坝、经费、放沙防耕的状纸、报告、训令、指令
【发文单位】 民勤县政府；四联处；大坝；新河渠；姜子鸿等
【收文单位】 民勤县政府
【档案编号】 040-238
【成文时间】 1945-03-31—1946-01-17
【收藏单位】 武威市档案馆
【涉及地域】 武威县
【关 键 词】 浇水纠葛
【内容提要】
如题。

【叙录编号】 1329
【档案题名】
民勤县政府、甘肃水利林牧公司武威站、潘生中等人关于召开水利会、抢劫水、违水规水法、河流渠道纠纷等的呈报、公函、训令、通知
【发文单位】 民勤县政府
【收文单位】 民勤县政府
【档案编号】 040-242

【成文时间】 1945-08-25—1946-10-05
【收藏单位】 武威市档案馆
【涉及地域】 武威县
【关 键 词】 抢劫水；违水规水法
【内容提要】
如题。

【叙录编号】 1330
【档案题名】
民勤县政府，东、西、中、外渠及渠长，四沟民众关于水利纠纷、水利案件、水规、委任状及王日书横行掠财物的遵照、备考、公便
【发文单位】 民勤县政府
【收文单位】 民勤县政府
【档案编号】 040-272
【成文时间】 1945-12—1947-01
【收藏单位】 武威市档案馆
【涉及地域】 武威县
【关 键 词】 水利纠纷
【内容提要】
如题。

【叙录编号】 1331
【档案题名】
民勤县政府、地方法院、东坝等乡关于依法惩治抢水、偷水、妨害水规、破坏水利设施与修复河道的审讯、传票、训令、查报、报告
【发文单位】 民勤县政府
【收文单位】 民勤县政府
【档案编号】 040-326
【成文时间】 1948-04-23—1948-09-02
【收藏单位】 武威市档案馆
【涉及地域】 武威县
【关 键 词】 抢水；偷水；破坏水利设施
【内容提要】
如题。

【叙录编号】 1332
【档案题名】
甘肃省政府、民勤县政府、地方法院关于水利纠纷、捣毁房屋案、传捕、拘捕、外逃、民武公路、虚构事实、蒙蔽官府的训令、代电、呈、指令、函、报告
【发文单位】 民勤县政府
【收文单位】 民勤县政府
【档案编号】 040-328
【成文时间】 1948-03-26—1948-05-23
【收藏单位】 武威市档案馆
【涉及地域】 武威县
【关 键 词】 水利纠纷
【内容提要】
如题。

【叙录编号】 1333
【档案题名】
民勤县政府、县执委、县参议会、新河乡等关于水利问题、水规及抢水、非法行凶致伤人命的提案、报告、案由
【发文单位】 民勤县政府
【收文单位】 民勤县政府
【档案编号】 040-348
【成文时间】 1948-02—1948-12
【收藏单位】 武威市档案馆
【涉及地域】 武威县
【关 键 词】 水利；水规；抢水
【内容提要】
如题。

【叙录编号】 1334
【档案题名】
甘肃省政府、第六区行政督察专员公署、民勤县政府、地方法院、外河渠等关于调解、处理、严办韩文德、韩殿青捣毁红柳墩等水利纠纷案的电报、报告、公函、指令、代电、通

知、批答、会议记录
【发文单位】 民勤县政府
【收文单位】 民勤县政府
【档案编号】 040-379
【成文时间】 1947-01-14—1949-02-21
【收藏单位】 武威市档案馆
【涉及地域】 武威县
【关 键 词】 水利纠纷
【内容提要】
如题。

【叙录编号】 1335
【档案题名】
民勤县政府、参议会、警察局、陈秀甫等关于水利纠纷、妨害治安、惩办暴徒、派员视察河堤及拘捕、传讯、解决水利案的训令、代电、呈、咨、报告、证明、批示
【发文单位】 民勤县政府
【收文单位】 民勤县政府
【档案编号】 040-380
【成文时间】 1948-01-30—1948-04-24
【收藏单位】 武威市档案馆
【涉及地域】 武威县
【关 键 词】 水利纠纷
【内容提要】
如题。

【叙录编号】 1336
【档案题名】
甘肃省高等法院、武威地方法院关于辞程引贿、贪污、水利、货物等案疑议的指令、代电
【发文单位】 甘肃省高等法院；武威地方法院
【收文单位】 武威县政府
【档案编号】 041-231
【成文时间】 1936-04-29—1947-07-15
【收藏单位】 武威市档案馆
【涉及地域】 武威县
【关 键 词】 水利；疑议
【内容提要】
如题

【叙录编号】 1337
【档案题名】
景如基等妨害水利案
【发文单位】 武威地方法院
【收文单位】 武威地方法院
【档案编号】 043-001-842-002
【成文时间】 1936-05-20—1936-12-19
【收藏单位】 武威市档案馆
【涉及地域】 武威县
【关 键 词】 妨害水利
【内容提要】
景如基与其弟景有基截他人浇地之水，并殴打他人。

【叙录编号】 1338
【档案题名】
徐炳庆等妨害水利案
【发文单位】 武威地方法院
【收文单位】 武威地方法院
【档案编号】 043-001-862-002
【成文时间】 1932-11-03—1936-08-12
【收藏单位】 武威市档案馆
【涉及地域】 武威县
【关 键 词】 妨害水利
【内容提要】
如题。

【叙录编号】 1339
【档案题名】
施特生请求确认水利所有权利案
【发文单位】 武威地方法院
【收文单位】 武威地方法院

【档案编号】 043-001-871-002
【成文时间】 1933-01-18—1936-07-12
【收藏单位】 武威市档案馆
【涉及地域】 武威县
【关 键 词】 水利所有权
【内容提要】
如题。

【叙录编号】 1340
【档案题名】
杨济回赎水利案
【发文单位】 武威地方法院
【收文单位】 武威地方法院
【档案编号】 043-001-883-002
【成文时间】 1937-07-08—1937-08-21
【收藏单位】 武威市档案馆
【涉及地域】 武威县
【关 键 词】 水利案
【内容提要】
如题。

【叙录编号】 1341
【档案题名】
关于张镜回赎水利案
【发文单位】 武威地方法院
【收文单位】 武威地方法院
【档案编号】 043-001-920-002
【成文时间】 1937-05-20—1937-06-29
【收藏单位】 武威市档案馆
【涉及地域】 武威县
【关 键 词】 水利案
【内容提要】
如题。

【叙录编号】 1342
【档案题名】
关于□□等劝害水利抗告案
【发文单位】 武威地方法院
【收文单位】 武威地方法院
【档案编号】 043-001-921-003
【成文时间】 1932-09-23—1936-05-19
【收藏单位】 武威市档案馆
【涉及地域】 武威县
【关 键 词】 水利案
【内容提要】
如题。

【叙录编号】 1343
【档案题名】
张生先等妨害水利案
【发文单位】 武威地方法院
【收文单位】 武威地方法院
【档案编号】 043-001-925-002
【成文时间】 1935-02-16—1938-03-25
【收藏单位】 武威市档案馆
【涉及地域】 武威县
【关 键 词】 妨害水利
【内容提要】
如题。

【叙录编号】 1344
【档案题名】
党郑氏等妨害水利案
【发文单位】 武威地方法院
【收文单位】 武威地方法院
【档案编号】 043-001-936-001
【成文时间】 1936-03-03—1936-06-07
【收藏单位】 武威市档案馆
【涉及地域】 武威县
【关 键 词】 妨害水利
【内容提要】
如题。

【叙录编号】 1345
【档案题名】
王常庆妨害水利案
【发文单位】 武威地方法院
【收文单位】 武威地方法院
【档案编号】 043-001-937-001
【成文时间】 1936-03-28—1936-11-29
【收藏单位】 武威市档案馆
【涉及地域】 武威县
【关 键 词】 妨害水利
【内容提要】
如题。

【叙录编号】 1346
【档案题名】
周浩等妨害水利案
【发文单位】 武威地方法院
【收文单位】 武威地方法院
【档案编号】 043-001-938-001
【成文时间】 1936-06-30
【收藏单位】 武威市档案馆
【涉及地域】 武威县
【关 键 词】 妨害水利
【内容提要】
如题。

【叙录编号】 1347
【档案题名】
鲁中孝等妨害水利案；张善等妨害水利案
【发文单位】 武威地方法院
【收文单位】 武威地方法院
【档案编号】
043-001-942-002；043-001-942-003
【成文时间】 1938-03-05—1938-06-16
【收藏单位】 武威市档案馆
【涉及地域】 武威县
【关 键 词】 妨害水利
【内容提要】
如题。

【叙录编号】 1348
【档案题名】
马俊喜等妨害水利案
【发文单位】 武威地方法院
【收文单位】 武威地方法院
【档案编号】 043-001-1000-002
【成文时间】 1935-09-03—1937-07-03
【收藏单位】 武威市档案馆
【涉及地域】 金塔乡
【关 键 词】 妨害水利
【内容提要】
如题。

【叙录编号】 1349
【档案题名】
刘得甲妨害水利案
【发文单位】 武威地方法院
【收文单位】 武威地方法院
【档案编号】 043-001-1004-001
【成文时间】 1932-05-19—1937-04-06
【收藏单位】 武威市档案馆
【涉及地域】 武威县
【关 键 词】 妨害水利
【内容提要】
如题。

【叙录编号】 1350
【档案题名】
张正喜妨害水利案
【发文单位】 武威地方法院
【收文单位】 武威地方法院
【档案编号】 043-001-1025-002
【成文时间】 1937-06-14—1937-11-21
【收藏单位】 武威市档案馆

【涉及地域】　双城乡
【关 键 词】　妨害水利
【内容提要】
　　如题。

【叙录编号】　1351
【档案题名】
　　周子存等妨害水利案
【发文单位】　武威地方法院
【收文单位】　武威地方法院
【档案编号】　043-001-1051-001
【成文时间】　1937-02-20—1937-08-26
【收藏单位】　武威市档案馆
【涉及地域】　金塔乡
【关 键 词】　妨害水利
【内容提要】
　　如题。

【叙录编号】　1352
【档案题名】
　　武威分院令调梁维屏等水利一案
【发文单位】　武威地方法院
【收文单位】　武威地方法院
【档案编号】　043-001-1052-001
【成文时间】　1937-01-14—1937-07-31
【收藏单位】　武威市档案馆
【涉及地域】　武威县
【关 键 词】　妨害水利
【内容提要】
　　如题。

【叙录编号】　1353
【档案题名】
　　杨长丰妨害水利案
【发文单位】　武威地方法院
【收文单位】　武威地方法院
【档案编号】　043-001-1066-001
【成文时间】　1937-03-17—1937-11-06
【收藏单位】　武威市档案馆
【涉及地域】　永昌乡
【关 键 词】　妨害水利
【内容提要】
　　如题。

【叙录编号】　1354
【档案题名】
　　齐祝昌等妨害水利案；杨清春等妨害水利案
【发文单位】　武威地方法院
【收文单位】　武威地方法院
【档案编号】
　　043-001-1111-001；043-001-1111-002
【成文时间】　1936-08-16—1937-07-04
【收藏单位】　武威市档案馆
【涉及地域】　双城乡；金塔乡
【关 键 词】　妨害水利
【内容提要】
　　如题。

【叙录编号】　1355
【档案题名】
　　张科贞等妨害水利案
【发文单位】　武威地方法院
【收文单位】　武威地方法院
【档案编号】　043-001-1154-002
【成文时间】　1932-02-29—1932-09-29
【收藏单位】　武威市档案馆
【涉及地域】　永昌乡
【关 键 词】　妨害水利
【内容提要】
　　如题。

【叙录编号】 1356
【档案题名】
吴百福等妨害水利案
【发文单位】 武威地方法院
【收文单位】 武威地方法院
【档案编号】 043-001-1158-003
【成文时间】 1936-04-05—1937-03-26
【收藏单位】 武威市档案馆
【涉及地域】 金塔乡
【关 键 词】 妨害水利
【内容提要】
因私仇故意报复，妨害水利，致田禾枯槁。

【叙录编号】 1357
【档案题名】
张建福等妨害水利案
【发文单位】 武威地方法院
【收文单位】 武威地方法院
【档案编号】 043-001-1170-002
【成文时间】 1936-08-23—1936-10-02
【收藏单位】 武威市档案馆
【涉及地域】 丰乐乡；双城乡
【关 键 词】 妨害水利
【内容提要】
如题。

【叙录编号】 1358
【档案题名】
张得寿等妨害水利案
【发文单位】 武威地方法院
【收文单位】 武威地方法院
【档案编号】 043-001-1171-001
【成文时间】 1936-09-18
【收藏单位】 武威市档案馆
【涉及地域】 西营乡
【关 键 词】 妨害水利
【内容提要】
如题。

【叙录编号】 1359
【档案题名】
赵永金妨害水利案
【发文单位】 武威地方法院
【收文单位】 武威地方法院
【档案编号】 043-001-1181-001
【成文时间】 1935-05-13
【收藏单位】 武威市档案馆
【涉及地域】 金塔乡
【关 键 词】 妨害水利
【内容提要】
耽误浇灌，违犯水规，抢夺水利。

【叙录编号】 1360
【档案题名】
郜克章妨害水利案
【发文单位】 武威地方法院
【收文单位】 武威地方法院
【档案编号】 043-001-1191-001
【成文时间】 1934-07-28—1934-08-01
【收藏单位】 武威市档案馆
【涉及地域】 武威县
【关 键 词】 妨害水利
【内容提要】
抢夺水利并伤人。

【叙录编号】 1361
【档案题名】
薛德等妨害水利案
【发文单位】 武威地方法院
【收文单位】 武威地方法院
【档案编号】 043-001-1192-002
【成文时间】 1934-08-18—1934-09-04
【收藏单位】 武威市档案馆

【涉及地域】 武威县
【关 键 词】 妨害水利
【内容提要】
　　如题。

【叙录编号】 1362
【档案题名】
　　马俊德等妨害水利案
【发文单位】 武威地方法院
【收文单位】 武威地方法院
【档案编号】 043-001-1194-2
【成文时间】 1934-08-30—1934-11-03
【收藏单位】 武威市档案馆
【涉及地域】 双城乡
【关 键 词】 妨害水利
【内容提要】
　　如题。

【叙录编号】 1363
【档案题名】
　　秦康泰妨害水利案
【发文单位】 武威地方法院
【收文单位】 武威地方法院
【档案编号】 043-001-1195-001
【成文时间】 1935-01-30—1937-07-10
【收藏单位】 武威市档案馆
【涉及地域】 武威县
【关 键 词】 妨害水利
【内容提要】
　　如题。

【叙录编号】 1364
【档案题名】
　　张天保妨害水利案
【发文单位】 武威地方法院
【收文单位】 武威地方法院
【档案编号】 043-002-1200-001
【成文时间】 1934-04-10—1934-08-30
【收藏单位】 武威市档案馆
【涉及地域】 武威县
【关 键 词】 水利
【内容提要】
　　如题。

【叙录编号】 1365
【档案题名】
　　田永昌等妨害水利案；杨杏文等妨害水利案
【发文单位】 武威地方法院
【收文单位】 武威地方法院
【档案编号】
　　043-002-1216-001；043-002-1216-002
【成文时间】 1934-07-04—1934-07-25
【收藏单位】 武威市档案馆
【涉及地域】 武威县
【关 键 词】 水利
【内容提要】
　　如题。

【叙录编号】 1366
【档案题名】
　　杨发保妨害水利案
【发文单位】 武威地方法院
【收文单位】 武威地方法院
【档案编号】 043-002-1287-002
【成文时间】 1933-06-09—1933-12-28
【收藏单位】 武威市档案馆
【涉及地域】 武威县
【关 键 词】 水利
【内容提要】
　　如题。

【叙录编号】 1367
【档案题名】
梁进忠等妨害水利案
【发文单位】 武威地方法院
【收文单位】 武威地方法院
【档案编号】 043-002-1290-001
【成文时间】 1936-09-08—1936-09-09
【收藏单位】 武威市档案馆
【涉及地域】 西营乡
【关 键 词】 水利
【内容提要】
如题。

【叙录编号】 1368
【档案题名】
秦康泰妨害水利案
【发文单位】 武威地方法院
【收文单位】 武威地方法院
【档案编号】 043-002-1295-001
【成文时间】 1935-01-30—1937-07-10
【收藏单位】 武威市档案馆
【涉及地域】 武威县
【关 键 词】 水利
【内容提要】
如题。

【叙录编号】 1369
【档案题名】
马生有妨害水利案；汪廷保妨害水利案
【发文单位】 武威地方法院
【收文单位】 武威地方法院
【档案编号】
043-002-1308-001；043-002-1308-002
【成文时间】 1934-07-13—1935-05-28
【收藏单位】 武威市档案馆
【涉及地域】 武威县；永昌乡
【关 键 词】 水利
【内容提要】
如题。

【叙录编号】 1370
【档案题名】
赵庚业妨害水利案
【发文单位】 武威地方法院
【收文单位】 武威地方法院
【档案编号】 043-002-1355-002
【成文时间】 1934-10-03—1937-04-29
【收藏单位】 武威市档案馆
【涉及地域】 金羊乡
【关 键 词】 水利
【内容提要】
如题。

【叙录编号】 1371
【档案题名】
蔡春生妨害水利案
【发文单位】 武威地方法院
【收文单位】 武威地方法院
【档案编号】 043-002-1358-001
【成文时间】 1936-08-21—1936-11-09
【收藏单位】 武威市档案馆
【涉及地域】 武威县
【关 键 词】 水利
【内容提要】
如题。

【叙录编号】 1372
【档案题名】
朱云等妨害水利案
【发文单位】 武威地方法院
【收文单位】 武威地方法院
【档案编号】 043-002-1367-003
【成文时间】 1936-07-16—1938-05-23
【收藏单位】 武威市档案馆

【涉及地域】 西营乡
【关 键 词】 水利
【内容提要】
如题。

【叙录编号】 1373
【档案题名】
关于告刘登山等妨害水利案
【发文单位】 武威地方法院
【收文单位】 武威地方法院
【档案编号】 043-002-1399-002
【成文时间】 1932-05-06—1936-08-04
【收藏单位】 武威市档案馆
【涉及地域】 大河乡
【关 键 词】 水利
【内容提要】
如题。

【叙录编号】 1374
【档案题名】
关于魏让妨害水利案；关于王鸿基等妨害水利案
【发文单位】 武威地方法院
【收文单位】 武威地方法院
【档案编号】
043-002-1403-001；043-002-1403-002
【成文时间】 1935-12-11—1936-08-04
【收藏单位】 武威市档案馆
【涉及地域】 大河乡；永昌乡
【关 键 词】 水利
【内容提要】
如题。

【叙录编号】 1375
【档案题名】
关于王东生等妨害水利案；关于刘元忠等妨害水利上诉底奏案；关于褚金山妨害水利案
【发文单位】 武威地方法院
【收文单位】 武威地方法院
【档案编号】
043-002-1404-001；043-002-1404-002；043-002-1404-004
【成文时间】 1936-02-04—1936-12-20
【收藏单位】 武威市档案馆
【涉及地域】 金塔乡；武威县；双城乡
【关 键 词】 水利
【内容提要】
如题。

【叙录编号】 1376
【档案题名】
朱蒲妨害水利案
【发文单位】 武威地方法院
【收文单位】 武威地方法院
【档案编号】 043-002-1436-003
【成文时间】 1936-07-20—1937-12-09
【收藏单位】 武威市档案馆
【涉及地域】 西营乡
【关 键 词】 妨害水利
【内容提要】
如题。

【叙录编号】 1377
【档案题名】
许君山妨害水利案
【发文单位】 武威地方法院
【收文单位】 武威地方法院
【档案编号】 043-002-1476-002
【成文时间】 1936-01-21—1936-06-22
【收藏单位】 武威市档案馆
【涉及地域】 金塔乡
【关 键 词】 水利
【内容提要】
如题。

【叙录编号】 1378
【档案题名】
丁大相妨害水利案；张兴祖妨害水利案
【发文单位】 武威地方法院
【收文单位】 武威地方法院
【档案编号】
043-002-1478-001；043-002-1478-002
【成文时间】 1936-06-20—1936-09-20
【收藏单位】 武威市档案馆
【涉及地域】 武威县
【关 键 词】 水利
【内容提要】
如题。

【叙录编号】 1379
【档案题名】
施特生妨害水利案
【发文单位】 武威地方法院
【收文单位】 武威地方法院
【档案编号】 043-002-1494-001
【成文时间】 不详
【收藏单位】 武威市档案馆
【涉及地域】 武威县
【关 键 词】 水利
【内容提要】
如题。

【叙录编号】 1380
【档案题名】
辛鸿又妨害水利案；唐思生妨害水利案
【发文单位】 武威地方法院
【收文单位】 武威地方法院
【档案编号】
043-002-1499-001；043-002-1499-002
【成文时间】 1936-01-07—1936-06-11
【收藏单位】 武威市档案馆
【涉及地域】 武威县
【关 键 词】 水利
【内容提要】
如题。

【叙录编号】 1381
【档案题名】
张芪奎妨害水利案
【发文单位】 武威地方法院
【收文单位】 武威地方法院
【档案编号】 043-002-1511-001
【成文时间】 1932-12-08—1936-05-30
【收藏单位】 武威市档案馆
【涉及地域】 永昌乡
【关 键 词】 水利
【内容提要】
如题。

【叙录编号】 1382
【档案题名】
赵师堂妨害水利案
【发文单位】 武威地方法院
【收文单位】 武威地方法院
【档案编号】 043-002-1513-001
【成文时间】 1936-03-31—1936-12-09
【收藏单位】 武威市档案馆
【涉及地域】 金羊乡
【关 键 词】 水利
【内容提要】
如题。

【叙录编号】 1383
【档案题名】
王子福妨害水利案
【发文单位】 武威地方法院
【收文单位】 武威地方法院
【档案编号】 043-002-1532-002
【成文时间】 1936-07-15—1936-09-30

【收藏单位】　武威市档案馆
【涉及地域】　大河乡
【关 键 词】　水利
【内容提要】
　　如题。

【叙录编号】　1384
【档案题名】
　　徐殿玉妨害水利案
【发文单位】　武威地方法院
【收文单位】　武威地方法院
【档案编号】　043-002-1542-002
【成文时间】　1936-08-13—1937-11-27
【收藏单位】　武威市档案馆
【涉及地域】　永渠乡
【关 键 词】　水利
【内容提要】
　　如题。

【叙录编号】　1385
【档案题名】
　　张世甲妨害水利案
【发文单位】　武威地方法院
【收文单位】　武威地方法院
【档案编号】　043-002-1556-002
【成文时间】　1936-07-03
【收藏单位】　武威市档案馆
【涉及地域】　永昌乡
【关 键 词】　水利
【内容提要】
　　如题。

【叙录编号】　1386
【档案题名】
　　关于杨丕德妨害水利案
【发文单位】　武威地方法院
【收文单位】　武威地方法院
【档案编号】　043-002-1565-001
【成文时间】　1936—1937
【收藏单位】　武威市档案馆
【涉及地域】　丰乐乡
【关 键 词】　水利
【内容提要】
　　如题。

【叙录编号】　1387
【档案题名】
　　关于田文科等妨害水利案
【发文单位】　武威地方法院
【收文单位】　武威地方法院
【档案编号】　043-002-1567-001
【成文时间】　1931-09-18—1932-09-13
【收藏单位】　武威市档案馆
【涉及地域】　武威县
【关 键 词】　水利
【内容提要】
　　如题。

【叙录编号】　1388
【档案题名】
　　关于刘恒山抢夺水利案
【发文单位】　武威地方法院
【收文单位】　武威地方法院
【档案编号】　043-002-1568-002
【成文时间】　1932-05-11—1938-02-25
【收藏单位】　武威市档案馆
【涉及地域】　武威县
【关 键 词】　抢夺水利
【内容提要】
　　如题。

【叙录编号】　1389
【档案题名】
　　关于任得奎等妨害水利案；关于陈伯宽等

妨害水利案
【发文单位】 武威地方法院
【收文单位】 武威地方法院
【档案编号】
043-002-1571-001；043-002-1571-002
【成文时间】 1937-06-07—1938-03-31
【收藏单位】 武威市档案馆
【涉及地域】 金渠乡；大河乡
【关 键 词】 妨害水利
【内容提要】
如题。

【叙录编号】 1390
【档案题名】
侯作功等妨害水利及伤害案；程主义等抢夺水利及伤害案；裴生荣等妨害水利案
【发文单位】 武威地方法院
【收文单位】 武威地方法院
【档案编号】
043-002-1579-001；043-002-1579-002；043-002-1579-003
【成文时间】 1936-07-19—1936-07-22
【收藏单位】 武威市档案馆
【涉及地域】 大河乡；双城乡；古城乡
【关 键 词】 水利
【内容提要】
如题。

【叙录编号】 1391
【档案题名】
马殿玉等妨害水利案；张堂福等妨害水利案；钱万才等妨害水利案
【发文单位】 武威地方法院
【收文单位】 武威地方法院
【档案编号】
043-002-1580-001；043-002-1580-002；043-002-1580-003
【成文时间】 1936-07-01—1936-07-10
【收藏单位】 武威市档案馆
【涉及地域】 武威县；永昌乡
【关 键 词】 水利
【内容提要】
如题。

【叙录编号】 1392
【档案题名】
王福有妨害水利案；陆光智妨害水利案
【发文单位】 武威地方法院
【收文单位】 武威地方法院
【档案编号】
043-002-1582-002；043-002-1582-003
【成文时间】 1936-07-29—1937-03-07
【收藏单位】 武威市档案馆
【涉及地域】 永昌乡；武威县
【关 键 词】 水利
【内容提要】
如题。

【叙录编号】 1393
【档案题名】
赵永金妨害水利案
【发文单位】 武威地方法院
【收文单位】 武威地方法院
【档案编号】 043-003-1605-002
【成文时间】 1936-07-19—1937-03-08
【收藏单位】 武威市档案馆
【涉及地域】 金塔乡
【关 键 词】 妨害水利
【内容提要】
如题。

【叙录编号】 1394
【档案题名】
李恩人妨害水利案

【发文单位】 武威地方法院
【收文单位】 武威地方法院
【档案编号】 043-003-1612-001
【成文时间】 1931-07-01
【收藏单位】 武威市档案馆
【涉及地域】 大渠双树沟
【关 键 词】 妨害水利
【内容提要】
如题。

【叙录编号】 1395
【档案题名】
刘敖妨害水利案
【发文单位】 武威地方法院
【收文单位】 武威地方法院
【档案编号】 043-003-1646-001
【成文时间】 1936-05-18
【收藏单位】 武威市档案馆
【涉及地域】 双城乡
【关 键 词】 妨害水利
【内容提要】
如题。

【叙录编号】 1396
【档案题名】
安夫守妨害水利案
【发文单位】 武威地方法院
【收文单位】 武威地方法院
【档案编号】 043-003-1673-001
【成文时间】 1933-06-24—1934-06-01
【收藏单位】 武威市档案馆
【涉及地域】 武威县
【关 键 词】 妨害水利
【内容提要】
如题。

【叙录编号】 1397
【档案题名】
魏克荣妨害水利及伤害案
【发文单位】 武威地方法院
【收文单位】 武威地方法院
【档案编号】 043-003-1692-002
【成文时间】 1936-06-12
【收藏单位】 武威市档案馆
【涉及地域】 大河乡
【关 键 词】 妨害水利
【内容提要】
如题。

【叙录编号】 1398
【档案题名】
严文山妨害水利案
【发文单位】 武威地方法院
【收文单位】 武威地方法院
【档案编号】 043-003-1693-002
【成文时间】 1934-08-01—1934-08-17
【收藏单位】 武威市档案馆
【涉及地域】 永渠东坡沟
【关 键 词】 妨害水利
【内容提要】
如题。

【叙录编号】 1399
【档案题名】
徐辉元妨害水利案
【发文单位】 武威地方法院
【收文单位】 武威地方法院
【档案编号】 043-003-1696-001
【成文时间】 1931-04-07—1933-06-28
【收藏单位】 武威市档案馆
【涉及地域】 武威县
【关 键 词】 妨害水利

【内容提要】
如题。

【叙录编号】 1400
【档案题名】
陶有等妨害水利案
【发文单位】 武威地方法院
【收文单位】 武威地方法院
【档案编号】 043-003-1708-002
【成文时间】 1934-06-15—1936-06-18
【收藏单位】 武威市档案馆
【涉及地域】 武威县
【关 键 词】 妨害水利
【内容提要】
如题。

【叙录编号】 1401
【档案题名】
赵怀思等妨害水利案；陈魁生等妨害水利案；查永文等妨害水利案
【发文单位】 武威地方法院
【收文单位】 武威地方法院
【档案编号】
043-003-1714-001；043-003-1714-002；043-003-1714-003
【成文时间】 1934-07-25—1934-11-01
【收藏单位】 武威市档案馆
【涉及地域】 永渠四坝沟；武威县；金塔乡
【关 键 词】 妨害水利
【内容提要】
如题。

【叙录编号】 1402
【档案题名】
周子存等妨害水利上诉案
【发文单位】 武威地方法院
【收文单位】 武威地方法院
【档案编号】 043-003-1718-001
【成文时间】 1936-08-10—1937-11-11
【收藏单位】 武威市档案馆
【涉及地域】 大柳乡
【关 键 词】 妨害水利
【内容提要】
如题。

【叙录编号】 1403
【档案题名】
田应昌等妨害水利案；徐存先等妨害水利案
【发文单位】 武威地方法院
【收文单位】 武威地方法院
【档案编号】
043-003-1730-001；043-003-1730-003
【成文时间】 1935-06-19—1935-06-22
【收藏单位】 武威市档案馆
【涉及地域】 武威县；西营乡
【关 键 词】 妨害水利
【内容提要】
如题。

【叙录编号】 1404
【档案题名】
冉功李妨害水利案
【发文单位】 武威地方法院
【收文单位】 武威地方法院
【档案编号】 043-003-1731-003
【成文时间】 1935-03-26—1935-06-15
【收藏单位】 武威市档案馆
【涉及地域】 金羊乡
【关 键 词】 妨害水利
【内容提要】
如题。

【叙录编号】 1405
【档案题名】
张学先妨害水利案
【发文单位】 武威地方法院
【收文单位】 武威地方法院
【档案编号】 043-003-1732-001
【成文时间】 1935-07-03—1937-08-10
【收藏单位】 武威市档案馆
【涉及地域】 永昌乡
【关 键 词】 妨害水利
【内容提要】
如题。

【叙录编号】 1406
【档案题名】
许柏山妨害水利及伤害上诉案
【发文单位】 武威地方法院
【收文单位】 武威地方法院
【档案编号】 043-003-1743-002
【成文时间】 1935-11-20—1937-09-03
【收藏单位】 武威市档案馆
【涉及地域】 金塔乡
【关 键 词】 妨害水利
【内容提要】
如题。

【叙录编号】 1407
【档案题名】
冯光儒妨害水利案
【发文单位】 武威地方法院
【收文单位】 武威地方法院
【档案编号】 043-003-1777-003
【成文时间】 1934-06-25—1937-07-16
【收藏单位】 武威市档案馆
【涉及地域】 武威县
【关 键 词】 妨害水利
【内容提要】
如题。

【叙录编号】 1408
【档案题名】
武春奎妨害水利案；周大甲等妨害水利案
【发文单位】 武威地方法院
【收文单位】 武威地方法院
【档案编号】
043-003-1781-001；043-003-1781-003
【成文时间】 1936-06-05—1936-08-15
【收藏单位】 武威市档案馆
【涉及地域】 右城乡；古城乡
【关 键 词】 妨害水利
【内容提要】
如题。

【叙录编号】 1409
【档案题名】
宋光先妨害水利案；郜可义等妨害水利案
【发文单位】 武威地方法院
【收文单位】 武威地方法院
【档案编号】
043-003-1817-001；043-003-1817-002
【成文时间】 1935-05-27—1935-11-29
【收藏单位】 武威市档案馆
【涉及地域】 武威县；怀渠三十里堡
【关 键 词】 妨害水利
【内容提要】
如题。

【叙录编号】 1410
【档案题名】
蒋明生等妨害水利上诉案
【发文单位】 武威地方法院
【收文单位】 武威地方法院
【档案编号】 043-003-1821-002

【成文时间】 1935-10-23—1937-02-04
【收藏单位】 武威市档案馆
【涉及地域】 双城乡
【关 键 词】 妨害水利
【内容提要】
如题。

【叙录编号】 1411
【档案题名】
关于李奎元妨害水利案；关于马万奎妨害水利案
【发文单位】 武威地方法院
【收文单位】 武威地方法院
【档案编号】
043-003-1831-002；043-003-1831-004
【成文时间】 1932-12-28—1936-09-12
【收藏单位】 武威市档案馆
【涉及地域】 金羊乡；武威县
【关 键 词】 妨害水利
【内容提要】
如题。

【叙录编号】 1412
【档案题名】
关于陈玉兴妨害水利案；关于严錡妨害水利案；关于于明年妨害水利案
【发文单位】 武威地方法院
【收文单位】 武威地方法院
【档案编号】
043-003-1832-001；043-003-1832-002；043-003-1832-003
【成文时间】 1936-05-21—1936-10-28
【收藏单位】 武威市档案馆
【涉及地域】 金渠右五坝；大柳乡；靖边乡
【关 键 词】 妨害水利
【内容提要】
如题。

【叙录编号】 1413
【档案题名】
王大英等妨害水利案
【发文单位】 武威地方法院
【收文单位】 武威地方法院
【档案编号】 043-003-1847-002
【成文时间】 1934-05-21—1936-12-31
【收藏单位】 武威市档案馆
【涉及地域】 西营乡
【关 键 词】 妨害水利
【内容提要】
如题。

【叙录编号】 1414
【档案题名】
高殿甲等妨害水利案
【发文单位】 武威地方法院
【收文单位】 武威地方法院
【档案编号】 043-003-1855-002
【成文时间】 1936-05-28—1937-08-07
【收藏单位】 武威市档案馆
【涉及地域】 武威县
【关 键 词】 妨害水利
【内容提要】
如题。

【叙录编号】 1415
【档案题名】
徐子乐妨害水利案；傅长润妨害水利案
【发文单位】 武威地方法院
【收文单位】 武威地方法院
【档案编号】
043-003-1857-002；043-003-1857-003
【成文时间】 1934-05-21—1934-10-01
【收藏单位】 武威市档案馆
【涉及地域】 武威县
【关 键 词】 妨害水利

【内容提要】
　　如题。

【叙录编号】 1416
【档案题名】
　　楚文金妨害水利案；吴尚学妨害水利案
【发文单位】 武威地方法院
【收文单位】 武威地方法院
【档案编号】
　　043-003-1861-001；043-003-1861-002
【成文时间】 1936-08-04—1936-09-30
【收藏单位】 武威市档案馆
【涉及地域】 大河乡；白塔乡
【关 键 词】 妨害水利
【内容提要】
　　如题。

【叙录编号】 1417
【档案题名】
　　侯丕先妨害水利案；陆芳妨害水利案
【发文单位】 武威地方法院
【收文单位】 武威地方法院
【档案编号】
　　043-003-1878-002；043-003-1878-003
【成文时间】 1935-01-18—1937-01-22
【收藏单位】 武威市档案馆
【涉及地域】 武威县
【关 键 词】 妨害水利
【内容提要】
　　如题。

【叙录编号】 1418
【档案题名】
　　刘发负等妨害水利案
【发文单位】 武威地方法院
【收文单位】 武威地方法院
【档案编号】 043-003-1882-001
【成文时间】 1936-07-06—1936-08-06
【收藏单位】 武威市档案馆
【涉及地域】 武威县
【关 键 词】 妨害水利
【内容提要】
　　如题。

【叙录编号】 1419
【档案题名】
　　李文贵妨害水利案
【发文单位】 武威地方法院
【收文单位】 武威地方法院
【档案编号】 043-003-1902-001
【成文时间】 1935-04-07—1935-06-17
【收藏单位】 武威市档案馆
【涉及地域】 武威县
【关 键 词】 妨害水利
【内容提要】
　　如题。

【叙录编号】 1420
【档案题名】
　　韩发生等妨害水利案
【发文单位】 武威地方法院
【收文单位】 武威地方法院
【档案编号】 043-003-1910-002
【成文时间】 1935-01-25—1935-06-25
【收藏单位】 武威市档案馆
【涉及地域】 武威县
【关 键 词】 妨害水利
【内容提要】
　　如题。

【叙录编号】 1421
【档案题名】
　　杨世昌妨害水利案
【发文单位】 武威地方法院

【收文单位】 武威地方法院
【档案编号】 043-003-1960-001
【成文时间】 1934-07-19—1934-09-21
【收藏单位】 武威市档案馆
【涉及地域】 武威县
【关 键 词】 妨害水利
【内容提要】
如题。

【叙录编号】 1422
【档案题名】
刘登山等妨害水利案
【发文单位】 武威地方法院
【收文单位】 武威地方法院
【档案编号】 043-003-1964-002
【成文时间】 1936-08-16—1937-09-14
【收藏单位】 武威市档案馆
【涉及地域】 武威县
【关 键 词】 妨害水利
【内容提要】
如题。

【叙录编号】 1423
【档案题名】
马世仁妨害水利案
【发文单位】 武威地方法院
【收文单位】 武威地方法院
【档案编号】 043-003-1982-003
【成文时间】 1935-02-11—1935-09-27
【收藏单位】 武威市档案馆
【涉及地域】 武威县
【关 键 词】 妨害水利
【内容提要】
如题。

【叙录编号】 1424
【档案题名】
陈克兴等妨害水利案；陈开明等妨害水利案
【发文单位】 武威地方法院
【收文单位】 武威地方法院
【档案编号】
043-003-2003-001；043-003-2003-002
【成文时间】 1936-08-29—1936-09-10
【收藏单位】 武威市档案馆
【涉及地域】 武威县
【关 键 词】 妨害水利
【内容提要】
如题。

【叙录编号】 1425
【档案题名】
沈国法等妨害水利案
【发文单位】 武威地方法院
【收文单位】 武威地方法院
【档案编号】 043-004-2026-002
【成文时间】 1936-07-30—1937-05-20
【收藏单位】 武威市档案馆
【涉及地域】 武威县
【关 键 词】 水利
【内容提要】
如题。

【叙录编号】 1426
【档案题名】
唐思生等水利案；陈玉奎妨害水利案
【发文单位】 武威地方法院
【收文单位】 武威地方法院
【档案编号】
043-004-2027-001；043-004-2027-003
【成文时间】 1934-03-07—1934-12-10
【收藏单位】 武威市档案馆

【涉及地域】 武威县
【关 键 词】 水利
【内容提要】
如题。

【叙录编号】 1427
【档案题名】
盛元魁妨害水利案
【发文单位】 武威地方法院
【收文单位】 武威地方法院
【档案编号】 043-004-2032-001
【成文时间】 1934-07-17—1935-07-16
【收藏单位】 武威市档案馆
【涉及地域】 武威县
【关 键 词】 水利
【内容提要】
如题。

【叙录编号】 1428
【档案题名】
陈大仓妨害水利案
【发文单位】 武威地方法院
【收文单位】 武威地方法院
【档案编号】 043-004-2072-002
【成文时间】 1934-11-26—1936-08-30
【收藏单位】 武威市档案馆
【涉及地域】 武威县
【关 键 词】 水利
【内容提要】
如题。

【叙录编号】 1429
【档案题名】
杨汉林等妨害水利及妨害自由案；徐万和等妨害水利案
【发文单位】 武威地方法院
【收文单位】 武威地方法院
【档案编号】
043-004-2083-001；043-004-2083-002
【成文时间】 1936-08-02—1936-08-08
【收藏单位】 武威市档案馆
【涉及地域】 靖边乡；大河乡
【关 键 词】 水利
【内容提要】
如题。

【叙录编号】 1430
【档案题名】
关于郭生回赎水利案
【发文单位】 武威地方法院
【收文单位】 武威地方法院
【档案编号】 043-004-2123-003
【成文时间】 1937-04-08—1937-08-07
【收藏单位】 武威市档案馆
【涉及地域】 金羊乡
【关 键 词】 回赎水利
【内容提要】
如题。

【叙录编号】 1431
【档案题名】
关于魏克让等妨害水利案
【发文单位】 武威地方法院
【收文单位】 武威地方法院
【档案编号】 043-004-2133-001
【成文时间】 1936-06-28—1936-12-27
【收藏单位】 武威市档案馆
【涉及地域】 大河乡
【关 键 词】 水利
【内容提要】
如题。

【叙录编号】 1432
【档案题名】
张德福等妨害水利案；张宗智等妨害水利案；景存基等赔偿水价案
【发文单位】 武威地方法院
【收文单位】 武威地方法院
【档案编号】
043-005-001-001；043-005-001-002；043-005-001-003
【成文时间】 1935-06-12—1936-01-08
【收藏单位】 武威市档案馆
【涉及地域】 武威县
【关 键 词】 妨害水利
【内容提要】
如题。

【叙录编号】 1433
【档案题名】
樊大生等妨害水利案
【发文单位】 武威地方法院
【收文单位】 武威地方法院
【档案编号】 043-005-003-001
【成文时间】 1935-06-19—1936-10-14
【收藏单位】 武威市档案馆
【涉及地域】 武威县
【关 键 词】 妨害水利
【内容提要】
如题。

【叙录编号】 1434
【档案题名】
周鑑错等妨害水利案
【发文单位】 武威地方法院
【收文单位】 武威地方法院
【档案编号】 043-005-004-001
【成文时间】 不详
【收藏单位】 武威市档案馆
【涉及地域】 武威县
【关 键 词】 妨害水利
【内容提要】
如题。

【叙录编号】 1435
【档案题名】
李兴海等妨害水利案
【发文单位】 武威地方法院
【收文单位】 武威地方法院
【档案编号】 043-005-071-004
【成文时间】 1935-09-05—1937-10-17
【收藏单位】 武威市档案馆
【涉及地域】 武威县
【关 键 词】 妨害水利
【内容提要】
如题。

【叙录编号】 1436
【档案题名】
张明泰妨害水利案；张勃等妨害水利案
【发文单位】 武威地方法院
【收文单位】 武威地方法院
【档案编号】
043-005-072-001；043-005-072-003
【成文时间】 1931-01-09—1937-12-20
【收藏单位】 武威市档案馆
【涉及地域】 武威县
【关 键 词】 妨害水利
【内容提要】
如题。

【叙录编号】 1437
【档案题名】
王保甲妨害水利案
【发文单位】 武威地方法院
【收文单位】 武威地方法院

【档案编号】　043-005-074-002
【成文时间】　1935-07-22—1935-08-26
【收藏单位】　武威市档案馆
【涉及地域】　武威县
【关 键 词】　妨害水利
【内容提要】
　　如题。

【叙录编号】　1438
【档案题名】
　　陈怀德等告陈开□等妨害水利案
【发文单位】　武威地方法院
【收文单位】　武威地方法院
【档案编号】　043-005-196-001
【成文时间】　1935
【收藏单位】　武威市档案馆
【涉及地域】　武威县
【关 键 词】　妨害水利
【内容提要】
　　如题。

【叙录编号】　1439
【档案题名】
　　任希洪等告陈开书妨害水利案；赵天喜告闫明文妨害水利案
【发文单位】　武威地方法院
【收文单位】　武威地方法院
【档案编号】
　　043-005-249-001；043-005-249-004
【成文时间】　1934-09-13—1934-09-26
【收藏单位】　武威市档案馆
【涉及地域】　武威县
【关 键 词】　妨害水利
【内容提要】
　　如题。

【叙录编号】　1440
【档案题名】
　　冯百寿告杨柱生妨害水利案；顾兆年告张天保等妨害水利案
【发文单位】　武威地方法院
【收文单位】　武威地方法院
【档案编号】
　　043-005-251-001；043-005-251-002
【成文时间】　1934-07-05—1935-12-16
【收藏单位】　武威市档案馆
【涉及地域】　武威县
【关 键 词】　妨害水利
【内容提要】
　　如题。

【叙录编号】　1441
【档案题名】
　　唐士贵告唐尚吉妨害水利案
【发文单位】　武威地方法院
【收文单位】　武威地方法院
【档案编号】　043-005-264-001
【成文时间】　1934-08-30—1934-09-21
【收藏单位】　武威市档案馆
【涉及地域】　武威县
【关 键 词】　妨害水利
【内容提要】
　　如题。

【叙录编号】　1442
【档案题名】
　　院建□告院俊生妨害水利案
【发文单位】　武威地方法院
【收文单位】　武威地方法院
【档案编号】　043-005-276-001
【成文时间】　1934-07-10—1934-10-26
【收藏单位】　武威市档案馆
【涉及地域】　武威县

【关 键 词】 妨害水利
【内容提要】
如题。

【叙录编号】 1443
【档案题名】
罗柏等妨害水利案；唐正林妨害水利案
【发文单位】 武威地方法院
【收文单位】 武威地方法院
【档案编号】
043-005-302-002；043-005-302-003
【成文时间】 1935-01-31
【收藏单位】 武威市档案馆
【涉及地域】 武威县
【关 键 词】 妨害水利
【内容提要】
如题。

【叙录编号】 1444
【档案题名】
陈增生等妨害水利案
【发文单位】 武威地方法院
【收文单位】 武威地方法院
【档案编号】 043-005-303-001
【成文时间】 1934-08-17—1934-09-18
【收藏单位】 武威市档案馆
【涉及地域】 武威县
【关 键 词】 妨害水利
【内容提要】
如题。

【叙录编号】 1445
【档案题名】
刘德如等告李林瑞等妨害水利案
【发文单位】 武威地方法院
【收文单位】 武威地方法院
【档案编号】 043-005-304-001
【成文时间】 1934-08-29
【收藏单位】 武威市档案馆
【涉及地域】 武威县
【关 键 词】 妨害水利
【内容提要】
如题。

【叙录编号】 1446
【档案题名】
王友贤告王泽堂妨害水利案
【发文单位】 武威地方法院
【收文单位】 武威地方法院
【档案编号】 043-005-366-004
【成文时间】 1936-03-31—1936-05-30
【收藏单位】 武威市档案馆
【涉及地域】 武威县
【关 键 词】 妨害水利
【内容提要】
如题。

【叙录编号】 1447
【档案题名】
张才祥等告张祯妨害水利案
【发文单位】 武威地方法院
【收文单位】 武威地方法院
【档案编号】 043-005-391-001
【成文时间】 1936-06-03—1936-08-23
【收藏单位】 武威市档案馆
【涉及地域】 武威县
【关 键 词】 妨害水利
【内容提要】
如题。

【叙录编号】 1448
【档案题名】
杨世昌告杨生花等妨害水利案
【发文单位】 武威地方法院

【收文单位】　武威地方法院
【档案编号】　043-005-392-003
【成文时间】　1936-04-10—1936-07-27
【收藏单位】　武威市档案馆
【涉及地域】　武威县
【关 键 词】　妨害水利
【内容提要】
如题。

【叙录编号】　1449
【档案题名】
王宗辉告包善德等妨害水利案
【发文单位】　武威地方法院
【收文单位】　武威地方法院
【档案编号】　043-005-393-002
【成文时间】　1936-05-27—1936-07-11
【收藏单位】　武威市档案馆
【涉及地域】　武威县
【关 键 词】　妨害水利
【内容提要】
如题。

【叙录编号】　1450
【档案题名】
冯培元妨害水利案
【发文单位】　武威地方法院
【收文单位】　武威地方法院
【档案编号】　043-006-498-005
【成文时间】　1936-10-02
【收藏单位】　武威市档案馆
【涉及地域】　武威县
【关 键 词】　妨害水利
【内容提要】
如题。

【叙录编号】　1451
【档案题名】
唐恩兴妨害水利案
【发文单位】　武威地方法院
【收文单位】　武威地方法院
【档案编号】　043-006-517-001
【成文时间】　1936-06-08—1936-12-15
【收藏单位】　武威市档案馆
【涉及地域】　武威县
【关 键 词】　妨害水利
【内容提要】
如题。

【叙录编号】　1452
【档案题名】
孔熙等妨害水利案
【发文单位】　武威地方法院
【收文单位】　武威地方法院
【档案编号】　043-006-519-001
【成文时间】　1936-05-24—1936-12-30
【收藏单位】　武威市档案馆
【涉及地域】　武威县
【关 键 词】　妨害水利
【内容提要】
如题。

【叙录编号】　1453
【档案题名】
韩永禄告丁克武等妨害水利案；陆委卿等告陈祥基妨害水利案
【发文单位】　武威地方法院
【收文单位】　武威地方法院
【档案编号】
043-006-526-002；043-006-526-003
【成文时间】　1936-03-05—1936-07-05
【收藏单位】　武威市档案馆
【涉及地域】　武威县

【关 键 词】 妨害水利
【内容提要】
如题。

【叙录编号】 1454
【档案题名】
李永年妨害水利案
【发文单位】 武威地方法院
【收文单位】 武威地方法院
【档案编号】 043-006-553-002
【成文时间】 1936-05-21—1936-12-25
【收藏单位】 武威市档案馆
【涉及地域】 武威县
【关 键 词】 妨害水利
【内容提要】
如题。

【叙录编号】 1455
【档案题名】
李许宗妨害水利案
【发文单位】 武威地方法院
【收文单位】 武威地方法院
【档案编号】 043-006-553-001
【成文时间】 1936-08-06
【收藏单位】 武威市档案馆
【涉及地域】 武威县
【关 键 词】 妨害水利
【内容提要】
如题。

【叙录编号】 1456
【档案题名】
妨害水利案
【发文单位】 武威地方法院
【收文单位】 武威地方法院
【档案编号】 043-006-587-002
【成文时间】 1937-07-10
【收藏单位】 武威市档案馆
【涉及地域】 武威县
【关 键 词】 妨害水利
【内容提要】
如题。

【叙录编号】 1457
【档案题名】
妨害水利及伤害案
【发文单位】 武威地方法院
【收文单位】 武威地方法院
【档案编号】 043-006-589-003
【成文时间】 1937-08-18—1937-11-25
【收藏单位】 武威市档案馆
【涉及地域】 武威县
【关 键 词】 妨害水利
【内容提要】
如题。

【叙录编号】 1458
【档案题名】
杨生芢等妨害水利案
【发文单位】 武威地方法院
【收文单位】 武威地方法院
【档案编号】 043-006-627-002
【成文时间】 1936-05-15—1936-08-05
【收藏单位】 武威市档案馆
【涉及地域】 武威县
【关 键 词】 妨害水利
【内容提要】
如题。

【叙录编号】 1459
【档案题名】
妨害农业□之水利及伤害案

【发文单位】 武威地方法院
【收文单位】 武威地方法院
【档案编号】 043-007-703-001
【成文时间】 1936-09-27
【收藏单位】 武威市档案馆
【涉及地域】 武威县
【关 键 词】 水利
【内容提要】
　　如题。

【叙录编号】 1460
【档案题名】
　　马世有等妨害水利案
【发文单位】 武威地方法院
【收文单位】 武威地方法院
【档案编号】 043-007-755-004
【成文时间】 1931—1937
【收藏单位】 武威市档案馆
【涉及地域】 武威县
【关 键 词】 妨害水利
【内容提要】
　　如题。

【叙录编号】 1461
【档案题名】
　　杨柏等妨害水利案
【发文单位】 武威地方法院
【收文单位】 武威地方法院
【档案编号】 043-007-793-001
【成文时间】 1937—1938
【收藏单位】 武威市档案馆
【涉及地域】 武威县
【关 键 词】 妨害水利
【内容提要】
　　如题。

【叙录编号】 1462
【档案题名】
　　杨天成妨害水利案
【发文单位】 武威地方法院
【收文单位】 武威地方法院
【档案编号】 043-007-851-003
【成文时间】 1933-06-08—1933-07-20
【收藏单位】 武威市档案馆
【涉及地域】 武威县
【关 键 词】 妨害水利
【内容提要】
　　如题。

【叙录编号】 1463
【档案题名】
　　徐恒等妨害水利案
【发文单位】 武威地方法院
【收文单位】 武威地方法院
【档案编号】 043-007-881-001
【成文时间】 1937-05-29—1937-07-30
【收藏单位】 武威市档案馆
【涉及地域】 武威县
【关 键 词】 妨害水利
【内容提要】
　　如题。

【叙录编号】 1464
【档案题名】
　　陈国生等妨害水利案
【发文单位】 武威地方法院
【收文单位】 武威地方法院
【档案编号】 043-007-901-001
【成文时间】 1930-07-29—1931-07-23
【收藏单位】 武威市档案馆
【涉及地域】 武威县
【关 键 词】 妨害水利

【内容提要】
如题。

【叙录编号】 1465
【档案题名】
王东生妨害水利案
【发文单位】 武威地方法院
【收文单位】 武威地方法院
【档案编号】 043-007-023-001
【成文时间】 1933-05-18—1933-11-14
【收藏单位】 武威市档案馆
【涉及地域】 武威县
【关 键 词】 妨害水利
【内容提要】
如题。

【叙录编号】 1466
【档案题名】
王柳堂妨害水利案
【发文单位】 武威地方法院
【收文单位】 武威地方法院
【档案编号】 043-007-051-002
【成文时间】 1933-05-26—1933-10-13
【收藏单位】 武威市档案馆
【涉及地域】 武威县
【关 键 词】 妨害水利
【内容提要】
如题。

【叙录编号】 1467
【档案题名】
徐炳庆等妨害水利案
【发文单位】 武威地方法院
【收文单位】 武威地方法院
【档案编号】 043-007-001-002
【成文时间】 1934
【收藏单位】 武威市档案馆
【涉及地域】 武威县
【关 键 词】 妨害水利
【内容提要】
如题。

【叙录编号】 1468
【档案题名】
王学中申请指示用水权案
【发文单位】 武威地方法院
【收文单位】 武威地方法院
【档案编号】 043-008-029-003
【成文时间】 1936-05-30—1936-11-27
【收藏单位】 武威市档案馆
【涉及地域】 武威县
【关 键 词】 用水权
【内容提要】
如题。

【叙录编号】 1469
【档案题名】
蔡盛年抢夺水利案；梁进武妨害水利案
【发文单位】 武威地方法院
【收文单位】 武威地方法院
【档案编号】
043-008-105-001；043-008-105-003
【成文时间】 1936-06-01—1936-11-11
【收藏单位】 武威市档案馆
【涉及地域】 武威县
【关 键 词】 妨害水利
【内容提要】
如题。

【叙录编号】 1470
【档案题名】
全占先妨害水利案；严国林妨害水利案

【发文单位】　武威地方法院
【收文单位】　武威地方法院
【档案编号】
043-008-142-001；043-008-142-002
【成文时间】　1936-05-21—1936-07-17
【收藏单位】　武威市档案馆
【涉及地域】　武威县
【关 键 词】　妨害水利
【内容提要】
如题。

【叙录编号】　1471
【档案题名】
王国忠妨害水利案
【发文单位】　武威地方法院
【收文单位】　武威地方法院
【档案编号】　043-008-153-001
【成文时间】　不详
【收藏单位】　武威市档案馆
【涉及地域】　武威县
【关 键 词】　妨害水利
【内容提要】
如题。

【叙录编号】　1472
【档案题名】
麻扣松等妨害水利案
【发文单位】　武威地方法院
【收文单位】　武威地方法院
【档案编号】　043-008-055-002
【成文时间】　不详
【收藏单位】　武威市档案馆
【涉及地域】　武威县
【关 键 词】　妨害水利
【内容提要】
如题。

【叙录编号】　1473
【档案题名】
刘克德等伤害及妨害水利案
【发文单位】　武威地方法院
【收文单位】　武威地方法院
【档案编号】　043-008-065-001
【成文时间】　不详
【收藏单位】　武威市档案馆
【涉及地域】　武威县
【关 键 词】　妨害水利
【内容提要】
如题。

【叙录编号】　1474
【档案题名】
张保福妨害水利案
【发文单位】　武威地方法院
【收文单位】　武威地方法院
【档案编号】　043-008-095-002
【成文时间】　1937-01-16—1937-08-28
【收藏单位】　武威市档案馆
【涉及地域】　武威县
【关 键 词】　妨害水利
【内容提要】
如题。

【叙录编号】　1475
【档案题名】
王希仁等妨害水利案；邓国生等妨害水利案
【发文单位】　武威地方法院
【收文单位】　武威地方法院
【档案编号】
043-008-122-001；043-008-122-002
【成文时间】　1937-06-24—1937-06-30
【收藏单位】　武威市档案馆

【涉及地域】 武威县
【关 键 词】 妨害水利
【内容提要】
如题。

【叙录编号】 1476
【档案题名】
张王廷等妨害水利案
【发文单位】 武威地方法院
【收文单位】 武威地方法院
【档案编号】 043-008-158-001
【成文时间】 1937-05-19—1937-07-23
【收藏单位】 武威市档案馆
【涉及地域】 武威县
【关 键 词】 妨害水利
【内容提要】
如题。

【叙录编号】 1477
【档案题名】
王大恒等妨害水利案及伤害案
【发文单位】 武威地方法院
【收文单位】 武威地方法院
【档案编号】 043-008-159-001
【成文时间】 1937-06-01—1937-10-09
【收藏单位】 武威市档案馆
【涉及地域】 武威县
【关 键 词】 妨害水利
【内容提要】
如题。

【叙录编号】 1478
【档案题名】
尚绪宗妨害水利案
【发文单位】 武威地方法院
【收文单位】 武威地方法院
【档案编号】 043-008-162-001
【成文时间】 1937-06-14
【收藏单位】 武威市档案馆
【涉及地域】 武威县
【关 键 词】 妨害水利
【内容提要】
如题。

【叙录编号】 1479
【档案题名】
孙寅年妨害水利案
【发文单位】 武威地方法院
【收文单位】 武威地方法院
【档案编号】 043-008-163-001
【成文时间】 1937-09-04
【收藏单位】 武威市档案馆
【涉及地域】 武威县
【关 键 词】 妨害水利
【内容提要】
如题。

【叙录编号】 1480
【档案题名】
徐魁等人妨害水利上诉案
【发文单位】 武威地方法院
【收文单位】 武威地方法院
【档案编号】 043-008-214-002
【成文时间】 1937-01-18—1937-12-17
【收藏单位】 武威市档案馆
【涉及地域】 武威县
【关 键 词】 妨害水利
【内容提要】
如题。

【叙录编号】 1481
【档案题名】
赵大文等妨害水利案
【发文单位】 武威地方法院
【收文单位】 武威地方法院
【档案编号】 043-008-217-001
【成文时间】 1937-08-31
【收藏单位】 武威市档案馆
【涉及地域】 武威县
【关 键 词】 妨害水利
【内容提要】
如题。

【叙录编号】 1482
【档案题名】
陈堂妨害水利案；刘光宪妨害水利案
【发文单位】 武威地方法院
【收文单位】 武威地方法院
【档案编号】
043-008-218-001；043-008-218-002
【成文时间】 1937-05-13—1937-07-23
【收藏单位】 武威市档案馆
【涉及地域】 武威县
【关 键 词】 妨害水利
【内容提要】
如题。

【叙录编号】 1483
【档案题名】
杨兆瑞妨害水利案
【发文单位】 武威地方法院
【收文单位】 武威地方法院
【档案编号】 043-008-218-001
【成文时间】 1937-05-19
【收藏单位】 武威市档案馆
【涉及地域】 武威县
【关 键 词】 妨害水利
【内容提要】
如题。

【叙录编号】 1484
【档案题名】
徐魁等妨害水利案
【发文单位】 武威地方法院
【收文单位】 武威地方法院
【档案编号】 043-008-236-003
【成文时间】 1937
【收藏单位】 武威市档案馆
【涉及地域】 武威县
【关 键 词】 妨害水利
【内容提要】
如题。

【叙录编号】 1485
【档案题名】
吴万元妨害水利案；王建思妨害水利案
【发文单位】 武威地方法院
【收文单位】 武威地方法院
【档案编号】
043-009-408-001；043-009-408-003
【成文时间】 1936-05-22—1936-07-01
【收藏单位】 武威市档案馆
【涉及地域】 武威县
【关 键 词】 妨害水利
【内容提要】
如题。

【叙录编号】 1486
【档案题名】
刘兆魁妨害水利案
【发文单位】 武威地方法院
【收文单位】 武威地方法院

【档案编号】 043-009-419-002
【成文时间】 1936-05-09—1937-09-09
【收藏单位】 武威市档案馆
【涉及地域】 武威县
【关 键 词】 妨害水利
【内容提要】
　　如题。

【叙录编号】 1487
【档案题名】
　　许涛妨害水利案
【发文单位】 武威地方法院
【收文单位】 武威地方法院
【档案编号】 043-009-425-001
【成文时间】 1936-04-23—1936-08-21
【收藏单位】 武威市档案馆
【涉及地域】 武威县
【关 键 词】 妨害水利
【内容提要】
　　如题。

【叙录编号】 1488
【档案题名】
　　赵文忠妨害水利案
【发文单位】 武威地方法院
【收文单位】 武威地方法院
【档案编号】 043-009-442-001
【成文时间】 1936-03-31—1936-12-18
【收藏单位】 武威市档案馆
【涉及地域】 武威县
【关 键 词】 妨害水利
【内容提要】
　　如题。

【叙录编号】 1489
【档案题名】
　　吴永文妨害水利案；张永銘妨害水利案；孔田光妨害水利案
【发文单位】 武威地方法院
【收文单位】 武威地方法院
【档案编号】
　　043-009-444-001；043-009-444-002；043-009-444-003
【成文时间】 1936-07-10—1936-08-15
【收藏单位】 武威市档案馆
【涉及地域】 武威县
【关 键 词】 妨害水利
【内容提要】
　　如题。

【叙录编号】 1490
【档案题名】
　　李开年妨害水利案
【发文单位】 武威地方法院
【收文单位】 武威地方法院
【档案编号】 043-009-477-004
【成文时间】 1932-10-07—1935-06-28
【收藏单位】 武威市档案馆
【涉及地域】 武威县
【关 键 词】 妨害水利
【内容提要】
　　如题。

【叙录编号】 1491
【档案题名】
　　潘登高伤害案；陈映□等妨害水利案；梁永发妨害水利案
【发文单位】 武威地方法院
【收文单位】 武威地方法院
【档案编号】
　　043-009-481-002；043-009-481-003

【成文时间】 1932-01-14—1936-07-31
【收藏单位】 武威市档案馆
【涉及地域】 武威县
【关 键 词】 妨害水利
【内容提要】
如题。

【叙录编号】 1492
【档案题名】
陈开妨害水利及伤害案；王孔妨害水利案；刘恒山伤害案
【发文单位】 武威地方法院
【收文单位】 武威地方法院
【档案编号】
043-009-484-001；043-009-484-002
【成文时间】 1932-06-15—1936-08-01
【收藏单位】 武威市档案馆
【涉及地域】 武威县
【关 键 词】 妨害水利
【内容提要】
如题。

【叙录编号】 1493
【档案题名】
刘春元妨害水利案
【发文单位】 武威地方法院
【收文单位】 武威地方法院
【档案编号】 043-009-512-002
【成文时间】 1934-07-24—1937-03-15
【收藏单位】 武威市档案馆
【涉及地域】 武威县
【关 键 词】 妨害水利
【内容提要】
如题。

【叙录编号】 1494
【档案题名】
唐正禄妨害水利案
【发文单位】 武威地方法院
【收文单位】 武威地方法院
【档案编号】 043-009-521-002
【成文时间】 1934-06-19—1935-09-09
【收藏单位】 武威市档案馆
【涉及地域】 武威县
【关 键 词】 妨害水利
【内容提要】
如题。

【叙录编号】 1495
【档案题名】
刘登成妨害水利案
【发文单位】 武威地方法院
【收文单位】 武威地方法院
【档案编号】 043-009-544-002
【成文时间】 1932-04-07—1937-08-30
【收藏单位】 武威市档案馆
【涉及地域】 武威县
【关 键 词】 妨害水利
【内容提要】
如题。

【叙录编号】 1496
【档案题名】
徐禄元等妨害水利案
【发文单位】 武威地方法院
【收文单位】 武威地方法院
【档案编号】 043-009-548-001
【成文时间】 1932-04-02—1937-04-26
【收藏单位】 武威市档案馆
【涉及地域】 武威县
【关 键 词】 妨害水利

【内容提要】
如题。

【叙录编号】 1497
【档案题名】
方学清等妨害水利案；杨开等妨害水利案
【发文单位】 武威地方法院
【收文单位】 武威地方法院
【档案编号】
043-009-550-001；043-009-550-003
【成文时间】 1936-05-24—1936-07-11
【收藏单位】 武威市档案馆
【涉及地域】 武威县
【关 键 词】 妨害水利
【内容提要】
如题。

【叙录编号】 1498
【档案题名】
赵国福妨害水利案；冯毓生妨害水利案；张得山妨害水利案
【发文单位】 武威地方法院
【收文单位】 武威地方法院
【档案编号】
043-009-551-001；043-009-551-002；043-009-551-003
【成文时间】 1936-06-17—1936-08-19
【收藏单位】 武威市档案馆
【涉及地域】 武威县
【关 键 词】 妨害水利
【内容提要】
如题。

【叙录编号】 1499
【档案题名】
郑得元妨害水利案
【发文单位】 武威地方法院
【收文单位】 武威地方法院
【档案编号】 043-009-587-001
【成文时间】 1936-06-09
【收藏单位】 武威市档案馆
【涉及地域】 武威县
【关 键 词】 妨害水利
【内容提要】
如题。

【叙录编号】 1500
【档案题名】
刘福昌等妨害水利抗告底卷案；魏永德妨害水利案
【发文单位】 武威地方法院
【收文单位】 武威地方法院
【档案编号】
043-009-593-001；043-009-593-003
【成文时间】 1936-07-19—1936-09-23
【收藏单位】 武威市档案馆
【涉及地域】 武威县
【关 键 词】 妨害水利
【内容提要】
如题。

【叙录编号】 1501
【档案题名】
胡殿润等妨害水利案
【发文单位】 武威地方法院
【收文单位】 武威地方法院
【档案编号】 043-009-596-002
【成文时间】 1936-08-07—1937-09-21
【收藏单位】 武威市档案馆
【涉及地域】 武威县
【关 键 词】 妨害水利

【内容提要】
　　如题。

【叙录编号】　1502
【档案题名】
　　张进智妨害水利案
【发文单位】　武威地方法院
【收文单位】　武威地方法院
【档案编号】　043-009-604-001
【成文时间】　1934-06-12—1934-08-12
【收藏单位】　武威市档案馆
【涉及地域】　武威县
【关 键 词】　妨害水利
【内容提要】
　　如题。

【叙录编号】　1503
【档案题名】
　　徐炳庆等妨害水利案
【发文单位】　武威地方法院
【收文单位】　武威地方法院
【档案编号】　043-009-666-001
【成文时间】　1934-08-31
【收藏单位】　武威市档案馆
【涉及地域】　武威县
【关 键 词】　妨害水利
【内容提要】
　　如题。

【叙录编号】　1504
【档案题名】
　　张廷吴等妨害水利案；曾仲玉妨害水利案
【发文单位】　武威地方法院
【收文单位】　武威地方法院
【档案编号】
　　043-009-667-001；043-009-667-002
【成文时间】　1934-07-17—1934-07-19
【收藏单位】　武威市档案馆
【涉及地域】　武威县
【关 键 词】　妨害水利
【内容提要】
　　如题。

【叙录编号】　1505
【档案题名】
　　樊恒年抢夺水利及伤害案；于明年妨害水利案；刘永恒抢夺水利及伤害案
【发文单位】　武威地方法院
【收文单位】　武威地方法院
【档案编号】
　　043-009-696-001；043-009-696-002；043-009-696-003
【成文时间】　1936-07-10—1936-11-27
【收藏单位】　武威市档案馆
【涉及地域】　武威县
【关 键 词】　抢夺水利；妨害水利
【内容提要】
　　如题。

【叙录编号】　1506
【档案题名】
　　徐殿选妨害水利案
【发文单位】　武威地方法院
【收文单位】　武威地方法院
【档案编号】　043-009-698-001
【成文时间】　1933-09-04—1937-05-13
【收藏单位】　武威市档案馆
【涉及地域】　武威县
【关 键 词】　妨害水利
【内容提要】
　　如题。

【叙录编号】 1507
【档案题名】
张自贤等妨害水利案
【发文单位】 武威地方法院
【收文单位】 武威地方法院
【档案编号】 043-009-699-001
【成文时间】 1936-06-19—1937-02-27
【收藏单位】 武威市档案馆
【涉及地域】 武威县
【关 键 词】 妨害水利
【内容提要】
如题。

【叙录编号】 1508
【档案题名】
王长庆妨害水利案
【发文单位】 武威地方法院
【收文单位】 武威地方法院
【档案编号】 043-009-739-001
【成文时间】 1936-08-30
【收藏单位】 武威市档案馆
【涉及地域】 武威县
【关 键 词】 妨害水利
【内容提要】
如题。

【叙录编号】 1509
【档案题名】
张德奄妨害水利案
【发文单位】 武威地方法院
【收文单位】 武威地方法院
【档案编号】 043-009-742-001
【成文时间】 1937-08-23—1937-11-18
【收藏单位】 武威市档案馆
【涉及地域】 武威县
【关 键 词】 妨害水利
【内容提要】
如题。

【叙录编号】 1510
【档案题名】
张兴仁妨害水利案
【发文单位】 武威地方法院
【收文单位】 武威地方法院
【档案编号】 043-009-777-001
【成文时间】 1936-09-11—1936-09-21
【收藏单位】 武威市档案馆
【涉及地域】 武威县
【关 键 词】 妨害水利
【内容提要】
如题。

【叙录编号】 1511
【档案题名】
陶延发确认用水利权案
【发文单位】 武威地方法院
【收文单位】 武威地方法院
【档案编号】 043-010-004-002
【成文时间】 1936-05-17—1936-07-14
【收藏单位】 武威市档案馆
【涉及地域】 武威县
【关 键 词】 水利权
【内容提要】
如题。

【叙录编号】 1512
【档案题名】
党兆光妨害水利案
【发文单位】 武威地方法院
【收文单位】 武威地方法院
【档案编号】 043-010-011-002
【成文时间】 不详

【收藏单位】 武威市档案馆
【涉及地域】 武威县
【关 键 词】 妨害水利
【内容提要】
如题。

【叙录编号】 1513
【档案题名】
刘廷德抢夺水利案
【发文单位】 武威地方法院
【收文单位】 武威地方法院
【档案编号】 043-010-019-001
【成文时间】 1935-02-28—1935-09-19
【收藏单位】 武威市档案馆
【涉及地域】 武威县
【关 键 词】 妨害水利
【内容提要】
如题。

【叙录编号】 1514
【档案题名】
韩光妨害水利及伤害案
【发文单位】 武威地方法院
【收文单位】 武威地方法院
【档案编号】 043-010-022-002
【成文时间】 1937-06-18—1937-09-28
【收藏单位】 武威市档案馆
【涉及地域】 武威县
【关 键 词】 妨害水利
【内容提要】
如题。

【叙录编号】 1515
【档案题名】
麻如松确认水利所有权并排除侵害案
【发文单位】 武威地方法院
【收文单位】 武威地方法院
【档案编号】 043-010-024-003
【成文时间】 1933-03-07—1937-06-14
【收藏单位】 武威市档案馆
【涉及地域】 武威县
【关 键 词】 水利所有权
【内容提要】
如题。

【叙录编号】 1516
【档案题名】
朱魁元妨害水利案
【发文单位】 武威地方法院
【收文单位】 武威地方法院
【档案编号】 043-010-028-003
【成文时间】 不详
【收藏单位】 武威市档案馆
【涉及地域】 武威县
【关 键 词】 妨害水利
【内容提要】
如题。

【叙录编号】 1517
【档案题名】
刘永秀妨害水利案
【发文单位】 武威地方法院
【收文单位】 武威地方法院
【档案编号】 043-010-030-002
【成文时间】 1936-04-22—1936-07-26
【收藏单位】 武威市档案馆
【涉及地域】 武威县
【关 键 词】 妨害水利
【内容提要】
如题。

【叙录编号】 1518
【档案题名】
曹永寿妨害水利案；王风山确认水利案
【发文单位】 武威地方法院
【收文单位】 武威地方法院
【档案编号】
043-010-031-001；043-010-031-002
【成文时间】 1936-06-24—1936-07-22
【收藏单位】 武威市档案馆
【涉及地域】 武威县
【关 键 词】 妨害水利
【内容提要】
如题。

【叙录编号】 1519
【档案题名】
王得绪等妨害水利案
【发文单位】 武威地方法院
【收文单位】 武威地方法院
【档案编号】 043-010-065-001
【成文时间】 1937-09-08—1937-09-16
【收藏单位】 武威市档案馆
【涉及地域】 武威县
【关 键 词】 妨害水利
【内容提要】
如题。

【叙录编号】 1520
【档案题名】
邓永禄确认水流使用权案
【发文单位】 武威地方法院
【收文单位】 武威地方法院
【档案编号】 043-010-080-001
【成文时间】 不详
【收藏单位】 武威市档案馆
【涉及地域】 武威县
【关 键 词】 水流使用权
【内容提要】
如题。

【叙录编号】 1521
【档案题名】
胡全海妨害水利案；刘禧妨害水利案
【发文单位】 武威地方法院
【收文单位】 武威地方法院
【档案编号】
043-010-084-003；043-010-084-004
【成文时间】 1936-11-09—1937-06-12
【收藏单位】 武威市档案馆
【涉及地域】 武威县
【关 键 词】 妨害水利
【内容提要】
如题。

【叙录编号】 1522
【档案题名】
李廷延妨害水利案
【发文单位】 武威地方法院
【收文单位】 武威地方法院
【档案编号】 043-010-101-001
【成文时间】 1931-05-09—1933-05-26
【收藏单位】 武威市档案馆
【涉及地域】 武威县
【关 键 词】 妨害水利
【内容提要】
如题。

【叙录编号】 1523
【档案题名】
刘生瑞抢夺水利案
【发文单位】 武威地方法院
【收文单位】 武威地方法院

【档案编号】 043-010-103-002
【成文时间】 1931-12-30—1933-05-11
【收藏单位】 武威市档案馆
【涉及地域】 武威县
【关 键 词】 水利
【内容提要】
如题。

【叙录编号】 1524
【档案题名】
蔡廷华妨害水利案
【发文单位】 武威地方法院
【收文单位】 武威地方法院
【档案编号】 043-010-130-002
【成文时间】 1932-03-30
【收藏单位】 武威市档案馆
【涉及地域】 武威县
【关 键 词】 妨害水利
【内容提要】
如题。

【叙录编号】 1525
【档案题名】
陈孟元妨害水利案
【发文单位】 武威地方法院
【收文单位】 武威地方法院
【档案编号】 043-010-156-003
【成文时间】 1937-03-04—1937-08-11
【收藏单位】 武威市档案馆
【涉及地域】 武威县
【关 键 词】 妨害水利
【内容提要】
如题。

【叙录编号】 1526
【档案题名】
周文兴妨害水利案
【发文单位】 武威地方法院
【收文单位】 武威地方法院
【档案编号】 043-010-186-001
【成文时间】 1937-05-12—1937-10-22
【收藏单位】 武威市档案馆
【涉及地域】 武威县
【关 键 词】 妨害水利
【内容提要】
如题。

【叙录编号】 1527
【档案题名】
张大昭妨害水利案；张□钧妨害水利案
【发文单位】 武威地方法院
【收文单位】 武威地方法院
【档案编号】
043-010-195-001；043-010-195-002
【成文时间】 1934-08-03—1934-08-28
【收藏单位】 武威市档案馆
【涉及地域】 武威县
【关 键 词】 妨害水利
【内容提要】
如题。

【叙录编号】 1528
【档案题名】
姜贵妨害水利案
【发文单位】 武威地方法院
【收文单位】 武威地方法院
【档案编号】 043-010-197-002
【成文时间】 1937-01-27—1937-12-28
【收藏单位】 武威市档案馆
【涉及地域】 武威县

【关 键 词】 妨害水利
【内容提要】
如题。

【叙录编号】 1529
【档案题名】
张文修妨害水利案；张国吉妨害水利案
【发文单位】 武威地方法院
【收文单位】 武威地方法院
【档案编号】
043-010-200-001；043-010-200-002
【成文时间】 1934-03-08—1936-07-27
【收藏单位】 武威市档案馆
【涉及地域】 武威县
【关 键 词】 妨害水利
【内容提要】
如题。

【叙录编号】 1530
【档案题名】
赵根□水利案；刘国贤妨害水利案；齐天祐妨害水利案
【发文单位】 武威地方法院
【收文单位】 武威地方法院
【档案编号】
043-010-203-001；043-010-203-002；043-010-203-003
【成文时间】 1935-06-27—1935-09-23
【收藏单位】 武威市档案馆
【涉及地域】 武威县
【关 键 词】 水利；妨害水利
【内容提要】
如题。

【叙录编号】 1531
【档案题名】
杜万泰妨害水利案
【发文单位】 武威地方法院
【收文单位】 武威地方法院
【档案编号】 043-010-243-001
【成文时间】 1935-08-21—1936-11-11
【收藏单位】 武威市档案馆
【涉及地域】 武威县
【关 键 词】 妨害水利
【内容提要】
如题。

【叙录编号】 1532
【档案题名】
刘兆魁妨害水利案
【发文单位】 武威地方法院
【收文单位】 武威地方法院
【档案编号】 043-010-250-001
【成文时间】 1937-05-11—1937-10-11
【收藏单位】 武威市档案馆
【涉及地域】 武威县
【关 键 词】 妨害水利
【内容提要】
如题。

【叙录编号】 1533
【档案题名】
张银妨害水利案及抢夺案；徐英妨害水利案
【发文单位】 武威地方法院
【收文单位】 武威地方法院
【档案编号】
043-010-263-002；043-010-263-003
【成文时间】 1930-12-21—1937-06-31
【收藏单位】 武威市档案馆

【涉及地域】 武威县
【关 键 词】 妨害水利
【内容提要】
如题。

【叙录编号】 1534
【档案题名】
郑有妨害水利案
【发文单位】 武威地方法院
【收文单位】 武威地方法院
【档案编号】 043-010-270-001
【成文时间】 1937-07-05—1938-05-12
【收藏单位】 武威市档案馆
【涉及地域】 武威县
【关 键 词】 妨害水利
【内容提要】
如题。

【叙录编号】 1535
【档案题名】
李殿春妨害水利案
【发文单位】 武威地方法院
【收文单位】 武威地方法院
【档案编号】 043-010-355-002
【成文时间】 1936-05-28—1937-01-17
【收藏单位】 武威市档案馆
【涉及地域】 武威县
【关 键 词】 妨害水利
【内容提要】
如题。

【叙录编号】 1536
【档案题名】
董兴元妨害水利案；孙立本妨害水利案
【发文单位】 武威地方法院
【收文单位】 武威地方法院
【档案编号】
043-010-356-002；043-010-356-003
【成文时间】 1935-05-24—1937-08-12
【收藏单位】 武威市档案馆
【涉及地域】 武威县
【关 键 词】 妨害水利
【内容提要】
如题。

【叙录编号】 1537
【档案题名】
马昭科妨害水利案；刘袁祥妨害水利案
【发文单位】 武威地方法院
【收文单位】 武威地方法院
【档案编号】
043-010-358-001；043-010-358-002
【成文时间】 1936-05-26—1936-05-29
【收藏单位】 武威市档案馆
【涉及地域】 武威县
【关 键 词】 妨害水利
【内容提要】
如题。

【叙录编号】 1538
【档案题名】
王国成妨害水利案；杨发金妨害水利案
【发文单位】 武威地方法院
【收文单位】 武威地方法院
【档案编号】
043-010-359-002；043-010-359-003
【成文时间】 1935-11-09—1936-07-11
【收藏单位】 武威市档案馆
【涉及地域】 武威县
【关 键 词】 妨害水利
【内容提要】
如题。

【叙录编号】 1539
【档案题名】
张清昭妨害水利及伤害案
【发文单位】 武威地方法院
【收文单位】 武威地方法院
【档案编号】 043-010-371-001
【成文时间】 1931-07-15—1937-04-06
【收藏单位】 武威市档案馆
【涉及地域】 武威县
【关 键 词】 妨害水利
【内容提要】
如题。

【叙录编号】 1540
【档案题名】
施特生确认水利所有权案
【发文单位】 武威地方法院
【收文单位】 武威地方法院
【档案编号】 043-010-381-002
【成文时间】 1936-07-03—1937-07-20
【收藏单位】 武威市档案馆
【涉及地域】 武威县
【关 键 词】 水利
【内容提要】
如题。

【叙录编号】 1541
【档案题名】
沈力文妨害水利案；史积鸿妨害水利案；吴昭妨害水利案
【发文单位】 武威地方法院
【收文单位】 武威地方法院
【档案编号】
043-010-386-001；043-010-386-002；043-010-386-003
【成文时间】 1936-08-20—1936-08-21
【收藏单位】 武威市档案馆
【涉及地域】 武威县
【关 键 词】 妨害水利
【内容提要】
如题。

【叙录编号】 1542
【档案题名】
梁荣山妨害水利案
【发文单位】 武威地方法院
【收文单位】 武威地方法院
【档案编号】 043-010-387-001
【成文时间】 1935-07-30—1936-08-01
【收藏单位】 武威市档案馆
【涉及地域】 武威县
【关 键 词】 水利
【内容提要】
如题。

【叙录编号】 1543
【档案题名】
私卖水利旧案
【发文单位】 武威地方法院
【收文单位】 武威地方法院
【档案编号】 043-011-001-002
【成文时间】 清代康雍乾咸同年间
【收藏单位】 武威市档案馆
【涉及地域】 武威县
【关 键 词】 水利
【内容提要】
如题。

四、林草纠纷与诉讼类档案

【叙录编号】 1544
【档案题名】
民勤县县长姚佑生关于请速制止第八战区兵站部驼运第一大队破坏田禾树柳致甘肃省政府的代电
【发文单位】 民勤县政府
【收文单位】 甘肃省政府
【档案编号】 027-001-0298-0007
【成文时间】 1944-07-26
【收藏单位】 甘肃省档案馆
【涉及地域】 民勤县
【关 键 词】 第八战区兵站总监部驼运第一大队；践踏田禾柳树
【内容提要】
民勤县县长姚佑生电呈甘肃省政府：第八战区兵站总监部驼运第一大队进入民勤县境后，放任骆驼践踏田禾及堤坝柳树，并闯入民宅，殴打保甲长，强借军粮，请甘肃省政府制止。

【叙录编号】 1545
【档案题名】
甘肃省政府、武威县政府、武威县古城乡乡民关于控告劣绅潘文藻砍伐森林的往来文件
【发文单位】 甘肃省政府；第六区行政督察专员公署等
【收文单位】 甘肃省政府；第六区行政督察专员公署
【档案编号】 027-007-0390-（0021-0024）
【成文时间】 1947-06-10—1947-07-02
【收藏单位】 甘肃省档案馆
【涉及地域】 武威县
【关 键 词】 砍伐树木；纠纷
【内容提要】
武威县古城乡乡长写证明书呈给甘肃省政府证明潘文藻于民国三十四（1945）、三十五年（1946）未砍伐树木。第六区行政督察专员公署呈文甘肃省政府亦查明没有此事，附抄原呈文一份。甘肃省政府回文调查期间时隔半年，令其再行详查具报。

【叙录编号】 1546
【档案题名】
徐文确认树株所有权案
【发文单位】 武威地方法院
【收文单位】 武威地方法院
【档案编号】 043-001-065-002
【成文时间】 1937-03-03—1937-09-08
【收藏单位】 武威市档案馆
【涉及地域】 武威县
【关 键 词】 确认树株
【内容提要】
如题。

【叙录编号】 1547
【档案题名】
何百功等偷伐森林案
【发文单位】 武威地方法院

【收文单位】 武威地方法院
【档案编号】 043-001-065-001
【成文时间】 1937-03-03—1937-09-08
【收藏单位】 武威市档案馆
【涉及地域】 武威县
【关 键 词】 偷伐森林
【内容提要】
如题。

【叙录编号】 1548
【档案题名】
张学等偷伐森林案
【发文单位】 武威地方法院
【收文单位】 武威地方法院
【档案编号】 043-004-2015-002
【成文时间】 1937-03-03—1937-09-08
【收藏单位】 武威市档案馆
【涉及地域】 武威县
【关 键 词】 偷伐森林
【内容提要】
如题。

【叙录编号】 1549
【档案题名】
于中林确认地基树株所有权案
【发文单位】 武威地方法院
【收文单位】 武威地方法院
【档案编号】 043-004-2169-001
【成文时间】 1936-01-10—1936-06-04
【收藏单位】 武威市档案馆
【涉及地域】 武威县
【关 键 词】 树株所有权
【内容提要】
如题。

【叙录编号】 1550
【档案题名】
杨国成树株案
【发文单位】 武威地方法院
【收文单位】 武威地方法院
【档案编号】 043-004-2206-002
【成文时间】 1932-12-28—1936-12-26
【收藏单位】 武威市档案馆
【涉及地域】 武威县
【关 键 词】 树株纠纷
【内容提要】
如题。

【叙录编号】 1551
【档案题名】
蔡国祯确认房屋及树株案
【发文单位】 武威地方法院
【收文单位】 武威地方法院
【档案编号】 043-009-453-001
【成文时间】 1936-08-18—1936-11-11
【收藏单位】 武威市档案馆
【涉及地域】 武威县
【关 键 词】 树株
【内容提要】
如题。

【叙录编号】 1552
【档案题名】
于尚林妨害森林案
【发文单位】 武威地方法院
【收文单位】 武威地方法院
【档案编号】 043-009-525-001
【成文时间】 1935-07-13—1938-06-24
【收藏单位】 武威市档案馆
【涉及地域】 武威县
【关 键 词】 妨害森林

【内容提要】

如题。

【叙录编号】 1553

【档案题名】

杨松林伤害案；张泰元田地案；王世清确认树株所有权案

【发文单位】 武威地方法院

【收文单位】 武威地方法院

【档案编号】 043-009-766

【成文时间】 1936-04-05—1936-04-15

【收藏单位】 武威市档案馆

【涉及地域】 武威县

【关 键 词】 树株所有权

【内容提要】

如题。